Schnittpunkt 6

Mathematik für Realschulen
Baden-Württemberg

Rainer Maroska
Achim Olpp
Rainer Pongs
Claus Stöckle
Hartmut Wellstein
Heiko Wontroba

Ernst Klett Verlag
Stuttgart · Leipzig

Schnittpunkt 6, Mathematik für Realschulen, Baden-Württemberg

Begleitmaterial:
Lösungsheft (ISBN 978-3-12-740303-9)
Schnittpunkt Kompakt, Klasse 5/6 (ISBN 978-3-12-740358-9)
Schnittpunkt Kompakt, Klasse 7/8 (ISBN 978-3-12-740378-7)
Schnittpunkt Kompakt, Klasse 9/10 (ISBN 978-3-12-740398-5)
Formelsammlung (ISBN 978-3-12-740322-0)
Realschulabschlussprüfung Mathematik, Original-Prüfungsaufgaben
mit Musterlösungen (jährlich aktualisiert)

1. Auflage 1 5 4 3 2 1 | **11 10 09 08 07**

Alle Drucke dieser Auflage sind unverändert und können im Unterricht nebeneinander verwendet werden. Die letzten Zahlen bezeichnen jeweils die Auflage und das Jahr des Druckes.

Internetadresse: www.klett.de

Autoren: Rainer Maroska, Achim Olpp, Rainer Pongs, Claus Stöckle,
Prof. Dr. Hartmut Wellstein, Heiko Wontroba
Redaktion: Annegret Weimer, Elke Linzmaier

Zeichnungen / Illustrationen: Uwe Alfer, Waldbreitbach
Umschlagfoto: Getty Images Deutschland GmbH

Reproduktion: Meyle + Müller, Medien-Management, Pforzheim
DTP / Satz: topset Computersatz, Nürtingen
Druck: J. P. Himmer, Augsburg
Printed in Germany

ISBN 978-3-12-740301-5

9 783127 403015

Liebe Schülerin, lieber Schüler,

der Schnittpunkt soll dich in diesem Schuljahr beim Lernen begleiten und unterstützen. Damit du dich jederzeit zurecht findest, wollen wir dir ein paar Hinweise geben.

Jedes neue Kapitel beginnt mit einer **Doppelseite**, auf der es viel zu entdecken und auszuprobieren gibt und auf der du nachlesen kannst, was du in diesem Kapitel lernen wirst. Innerhalb der Kapitel wirst du vor allem die **Aufgaben** bearbeiten – gemeinsam mit anderen oder allein.

Auf vielen Aufgabenseiten findest du immer wieder bunt hervorgehobene Kästen, die Verschiedenes bieten:

- Wichtige mathematische Methoden und Vorgehensweisen, die du immer wieder brauchen wirst.
- Informationen, Daten und Diagramme zu einem interessanten Thema sowie einige Fragestellungen, zu denen du Antworten und Fragen finden kannst.
- Den Anstoß zu einer ausführlichen Beschäftigung mit einem Thema, bei dem es einiges zu entdecken gibt.
- Wissenswertes aus alter Zeit.
- Schaufenster in die Mathematik mit Interessantem, Staunenswertem, mit Spielen, Bastelideen, Gedankenexperimenten und echten Knobelnüssen.

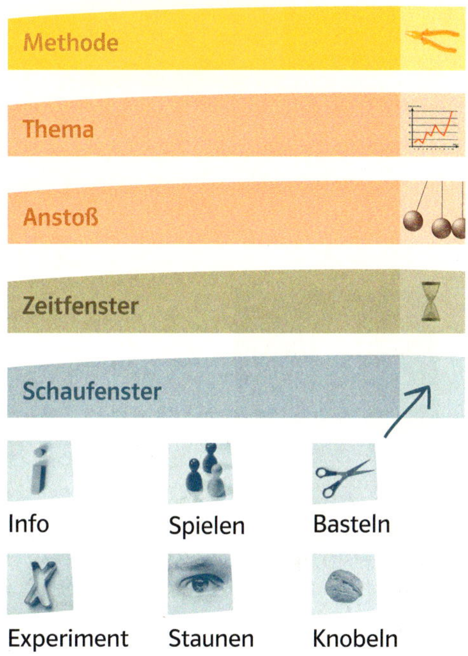

Am Ende jedes Kapitels findest du in der **Zusammenfassung** noch einmal alles, was du dazugelernt hast. Hier kannst du dich für die anstehenden Klassenarbeiten fit machen und jederzeit nachschlagen.

Unter **Üben • Anwenden • Nachdenken** sind Aufgaben zum Üben, Weiterdenken und Anknüpfen an früher Gelerntes zusammengestellt.

Die letzte Seite des Kapitels, der **Rückspiegel**, bietet dir eine Aufgabenauswahl, mit der du dein Wissen und Können testen kannst. Links findest du die leichteren, rechts die schwierigeren Aufgaben. Wenn du einen Aufgabentyp schon sehr gut beherrschst, kannst du nach rechts springen, wenn dir eine Art von Aufgaben noch Schwierigkeiten bereitet, wechselst du auf die linke Seite. Die Lösungen zu diesen Aufgaben findest du alle am Ende des Buches.

In der **Prüfungsvorbereitung** sind Aufgaben zusammengestellt, die aufgreifen, was du bis Klasse 10 gelernt hast. Auch zu diesen Aufgaben findest du Lösungen am Ende des Buches.

Und jetzt wünschen wir dir viel Spaß und Erfolg!

Inhalt

BAR
Rückgeld
MWST
19%
SUMME

Basiswissen | Potenzen

	$a^m \cdot a^n = a^{m+n}$ $\frac{a^m}{a^n} = a^{m-n}$ $(a \neq 0)$	$x^3 \cdot x^5 = x^{3+5} = x^8$ $\frac{y^7}{y^3} = y^{7-3} = y^4$	**Potenzen mit gleicher Basis** können **multipliziert** bzw. **dividiert** werden, indem man die Exponenten addiert bzw. subtrahiert und die Basis beibehält.
	$a^n \cdot b^n = (a \cdot b)^n$ $\frac{a^n}{b^n} = \left(\frac{a}{b}\right)^n$ $(b \neq 0)$	$3^x \cdot 4^x = (3 \cdot 4)^x = 12^x$ $\frac{12^x}{3^x} = \left(\frac{12}{3}\right)^x = 4^x$	**Potenzen mit gleichen Exponenten** können **multipliziert** bzw. **dividiert** werden, indem man ihre Basen multipliziert bzw. dividiert und den Exponenten beibehält.
	$(a^m)^n = a^{m \cdot n} = a^{mn}$	$(2^3)^4 = 2^{3 \cdot 4} = 2^{12}$	**Potenzen** können **potenziert** werden, indem man ihre Exponenten multipliziert.
$a^1 = a$	$a^0 = 1$ $(a \neq 0)$	$37^0 = 1$	**Potenzen** mit dem Exponenten **Null** haben immer den Potenzwert 1.
	$a^{-n} = \frac{1}{a^n}$ $(a \neq 0)$	$x^{-3} = \frac{1}{x^3}$	**Potenzen mit negativen ganzen Zahlen als Exponenten** können in der Bruchschreibweise dargestellt werden.
	$x \cdot b^n + y \cdot b^n = (x + y) \cdot b^n$ $12x^3 + 4x^3 - 5x^3 = (12 + 4 - 5)x^3 = 11x^3$		Summen bzw. Differenzen, in denen gleiche Potenzen vorkommen, können durch **Ausklammern** zusammengefasst werden.

1 Berechne ohne Taschenrechner.
a) $0{,}2^3$ b) $\left(\frac{1}{2}\right)^3$ c) $(-2)^3$
d) -2^4 e) $(-2)^4$ f) $\left(-\frac{1}{2}\right)^4$
g) -1^5 h) $(-0{,}1)^5$ i) $\left(\frac{1}{10}\right)^5$

2 Berechne.
a) $2^3 + 2^3$ b) $2^3 + 2^4$ c) $2^3 \cdot 2^4$
d) $2^3 - 2^3$ e) $2^4 - 2^3$ f) $2^4 : 2^3$
g) $(2^2)^3$ h) $(2^3)^2$ i) $2^{(2^3)}$

3 Vereinfache.
a) $a^2 \cdot a^3$ b) $b^3 \cdot b^4 \cdot b^5$ c) $c \cdot d^2 \cdot d^3$
d) $\frac{x^5}{x^3}$ e) $\frac{12x^{12}}{2x^2}$ f) $\frac{xy^5}{xy}$
g) $2a^2 \cdot 3a^2$ h) $2a^2 + 3a^2$ i) $2a^2 + 2a^3$
j) $x^2 \cdot 2x^3 \cdot 3x^4$ k) $x^2 \cdot 2x^3 + x \cdot 3x^4$

4 Vereinfache.
a) $a^n \cdot a^{2n}$ b) $2b^x \cdot 3b^{x+1}$
c) $c \cdot c^{y+1} \cdot c^{y-1}$ d) $\frac{a^{3n}}{a^n}$
e) $\frac{30e^6}{5e^2}$ f) $\frac{m^a \cdot m^{2a}}{m}$

5 Forme um.
a) $x^3 \cdot y^3$ b) $2^4 \cdot a^4$ c) $3a^5 \cdot b^5$
d) $\frac{x^7}{y^7}$ e) $\frac{(6a)^3}{(2a)^3}$ f) $\frac{10e^3}{5g^3}$

6 Löse die Klammern auf.
a) $(2a)^3$ b) $(3b^2)^2$ c) $(cd^2)^4$
d) $(-2x^3)^2$ e) $\left(\frac{x^3}{3}\right)^2$ f) $\left(\frac{15x}{3x^2}\right)^3$

7 Multipliziere aus.
a) $a^3(a^2 + 1)$ b) $2b^2(3b^2 - 4b)$
c) $(x^2 + 1)(x^2 - 1)$ d) $(x^3 + y^3)^2$
e) $(2a^3 - 3b^2)^2$ f) $(a^3 - 2)(a^3 + 2)$

8 Schreibe mit positivem Exponenten.
a) a^{-3} b) b^{-1} c) $2c^{-2}$
d) $(ab)^{-1}$ e) $2^{-2}x$ f) $1^{-5}y^{-5}$

9 Vereinfache.
a) $a^3 \cdot a^{x-3} \cdot a^x$ b) $2b^n \cdot 3b^{1-n} \cdot 4b$
c) $x^3 \cdot x + 2x^2 \cdot 4x^2$ d) $\frac{4a^{3x} \cdot 5b^{2y}}{10a^x \cdot b^{2y-1}}$

Basiswissen | Wurzeln

Quadratwurzeln kann man multiplizieren bzw. dividieren, indem man die Radikanden miteinander multipliziert bzw. dividiert und dann die Wurzel zieht.

$\sqrt{a} \cdot \sqrt{b} = \sqrt{a \cdot b}$ $\quad a, b \geqq 0$

$\frac{\sqrt{a}}{\sqrt{b}} = \sqrt{\frac{a}{b}}$ $\quad a \geqq 0;\ b > 0$

Summen bzw. Differenzen, in denen Quadratwurzeln mit gleichen Radikanden vorkommen, können durch **Ausklammern** zusammengefasst werden.

$3\sqrt{2} + 4\sqrt{2} = (3 + 4)\sqrt{2} = 7\sqrt{2}$

$13\sqrt{17} - 10\sqrt{17} = 3\sqrt{17}$

Beim **teilweisen Wurzelziehen** wird der Radikand so in ein Produkt zerlegt, dass einer der Faktoren eine Quadratzahl ist.

$\sqrt{108x^3} = \sqrt{36x^2 \cdot 3x} = \sqrt{36x^2} \cdot \sqrt{3x} = 6x \cdot \sqrt{3x}$

Eine Quadratwurzel im Nenner eines Bruches lässt sich durch Erweitern mit der Quadratwurzel beseitigen **(Rationalmachen des Nenners)**.

$\frac{50}{\sqrt{10}} = \frac{50 \cdot \sqrt{10}}{\sqrt{10} \cdot \sqrt{10}} = \frac{50 \cdot \sqrt{10}}{10} = 5 \cdot \sqrt{10}$

1 Bestimme die Wurzel.

a) $\sqrt{144}$ b) $\sqrt{3{,}24}$ c) $\sqrt{0{,}09}$
d) $\sqrt{49x^2}$ e) $\sqrt{121y^4}$ f) $\sqrt{4a^2b^4}$
g) $\sqrt{\frac{16}{49}}$ h) $\sqrt{\frac{169x^2}{225}}$ i) $\sqrt{\frac{1}{1024y^4}}$
j) $\sqrt[3]{27y^3}$ k) $\sqrt[5]{32x^5}$ l) $\sqrt[4]{0{,}0081z^8}$

2 Berechne.

a) $\sqrt{2x} \cdot \sqrt{18x}$ b) $\sqrt{3a} \cdot \sqrt{27a}$
c) $\sqrt{1{,}44 \cdot 0{,}25}$ d) $\sqrt{400x^2 \cdot 324y^2}$
e) $\sqrt{3a} \cdot \sqrt{5b} \cdot \sqrt{60ab}$ f) $\frac{\sqrt{252x^2}}{\sqrt{7y^2}}$
g) $\sqrt{12x} \cdot \sqrt{16xy \cdot 3y}$ h) $\sqrt{\frac{1024x^2}{144y^2}}$

3 Fasse zusammen.

a) $\sqrt{2} + 2\sqrt{2} + 3\sqrt{2} + 4\sqrt{2}$
b) $2\sqrt{7} + 3\sqrt{11} - \sqrt{7} - 2\sqrt{11}$
c) $\sqrt{5} + 6\sqrt{3} + 3\sqrt{5} - 5\sqrt{3}$
d) $4\sqrt{5a} - 2\sqrt{3a} + \sqrt{3a} - 3\sqrt{5a}$
e) $x\sqrt{y} - 2y\sqrt{x} + 2x\sqrt{y} - y\sqrt{x}$

4 Ziehe die Wurzel teilweise.

a) $\sqrt{20}$ b) $\sqrt{75}$ c) $\sqrt{288}$
d) $\sqrt{48a^2b}$ e) $\sqrt{363x^3y}$ f) $\sqrt{252x^5y^3}$
g) $\sqrt{\frac{98x^2}{256x}}$ h) $\sqrt{\frac{147x^3}{484xy^2}}$ i) $\sqrt{\frac{96x^3y^2z}{363xy^2}}$

5 Mache den Nenner rational.

a) $\frac{2}{\sqrt{5}}$ b) $\frac{1}{\sqrt{7}}$ c) $\frac{2}{3\sqrt{2}}$
d) $\frac{x}{\sqrt{x}}$ e) $\frac{7a}{2\sqrt{7a}}$ f) $\frac{3x - x\sqrt{3}}{\sqrt{3x}}$

6 Berechne.

a) $\sqrt{6x} \cdot \frac{\sqrt{30xy}}{\sqrt{5y}}$ b) $\frac{\sqrt{13x}}{\sqrt{3xy}} \cdot \frac{\sqrt{6y}}{\sqrt{26}}$
c) $\sqrt{3z^2} \cdot \frac{\sqrt{189x^2y^3}}{\sqrt{7y}}$ d) $\frac{\sqrt{132a^3b^2c}}{\sqrt{3c}} : \sqrt{11a}$
e) $\sqrt{\frac{7x}{75y}} : \frac{\sqrt{3x}}{\sqrt{28x^2y}}$ f) $\sqrt{\frac{225x^2}{144y^2}} : \frac{\sqrt{625x^2}}{\sqrt{36y^2}}$

7 Ziehe teilweise die Wurzel und fasse zusammen.

a) $\sqrt{32} + \sqrt{8} - \sqrt{50} + \sqrt{2}$
b) $\sqrt{147} + \sqrt{108} - \sqrt{75} - \sqrt{192}$
c) $\sqrt{45x^2y} + \sqrt{80x^2y} + \sqrt{125x^2y}$
d) $\sqrt{192a^3b} - \sqrt{48a^3b} - 2a\sqrt{3ab}$

8 Vereinfache.

a) $(4\sqrt{3} - \sqrt{147})^2$
b) $\frac{12}{\sqrt{3}} + (\sqrt{6} - \sqrt{2})^2$
c) $\frac{(\sqrt{18a} + \sqrt{8a})^2 \cdot (\sqrt{48a} - \sqrt{3a})^2}{\sqrt{22\,500a^2}}$
d) $\frac{\sqrt{3a} + \sqrt{8a}}{a \cdot \sqrt{2}} \cdot (\sqrt{6a} - \sqrt{4a})$

Basiswissen | Ähnlichkeit

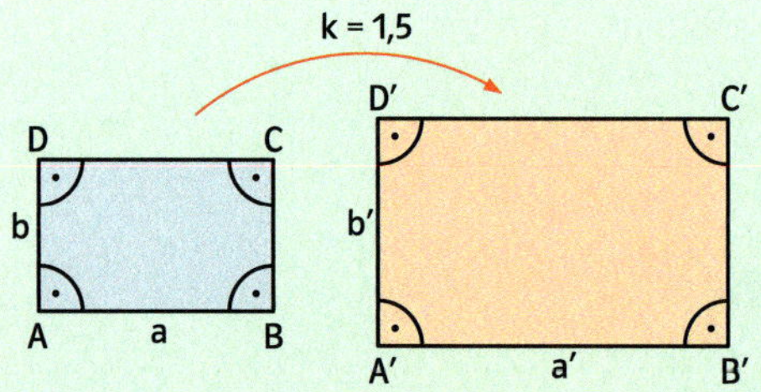

$a' = 1{,}5 \cdot a$
$b' = 1{,}5 \cdot b$

$\frac{a}{b} = \frac{a'}{b'}$

Wird eine Figur F mit einem positiven Faktor k vergrößert (k > 1) oder verkleinert (k < 1), so entsteht eine zu F **ähnliche** Figur F′. Alle Seitenlängen ändern sich mit dem Faktor k. Die Winkel bleiben gleich. Zwei ähnliche Figuren stimmen in den Verhältnissen entsprechender Seiten überein.
Kurz gesagt: Zwei ähnliche Figuren haben dieselbe Form. Auf die Größe und Lage kommt es nicht an.

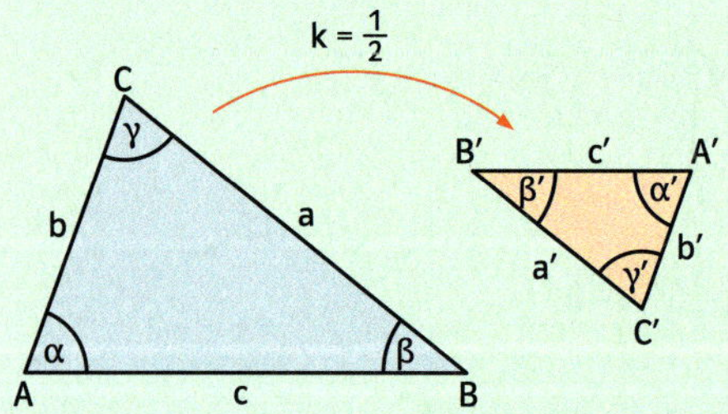

$a' = \frac{1}{2}a;\ b' = \frac{1}{2}b;$
$c' = \frac{1}{2}c$

$\frac{a}{b} = \frac{a'}{b'};\ \frac{b}{c} = \frac{b'}{c'}$

$\frac{a}{c} = \frac{a'}{c'}$

$\alpha = \alpha';\ \beta = \beta';\ \gamma = \gamma'$

Wird eine Figur oder ein Körper mit dem Faktor k vergrößert oder verkleinert, ändert sich der **Flächeninhalt** mit dem Faktor $\mathbf{k^2}$ und das **Volumen** mit dem Faktor $\mathbf{k^3}$.

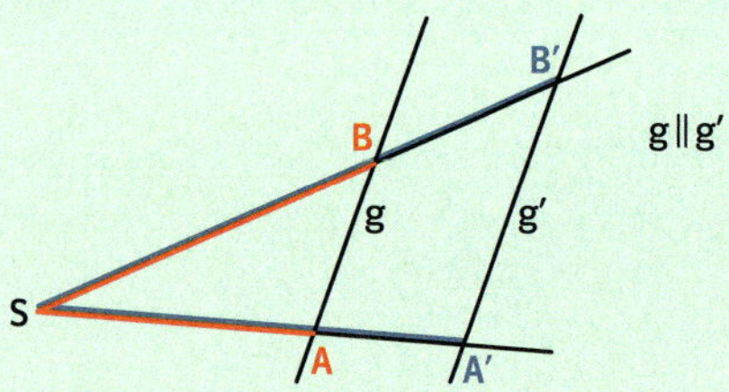

g‖g′

Erster Strahlensatz:

$\frac{\overline{SB'}}{\overline{SB}} = \frac{\overline{SA'}}{\overline{SA}}$

Schneiden zwei parallele Geraden die Schenkel eines Winkels, so gelten zwei **Strahlensätze**.

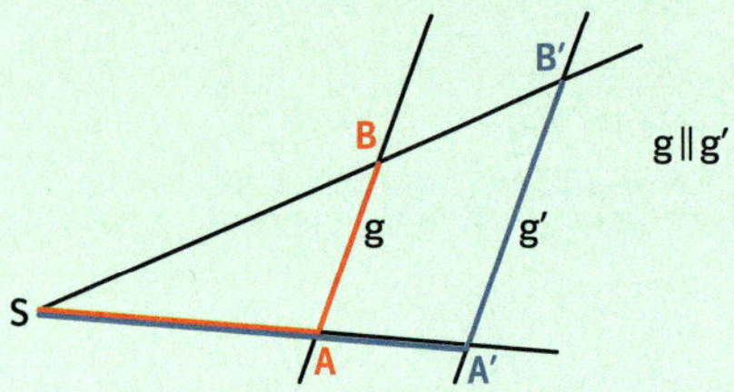

g‖g′

Zweiter Strahlensatz:

$\frac{\overline{A'B'}}{\overline{AB}} = \frac{\overline{SA'}}{\overline{SA}}$ und

$\frac{\overline{A'B'}}{\overline{AB}} = \frac{\overline{SB'}}{\overline{SB}}$

1 Zeichne das Dreieck mit den Eckpunkten A(1,5|3); B(6|4,5); C(3|7,5). Vergrößere mit $k_1 = \frac{4}{3}$, verkleinere mit $k_2 = \frac{2}{3}$.

2 Berechne die rot markierte Strecke.

a)

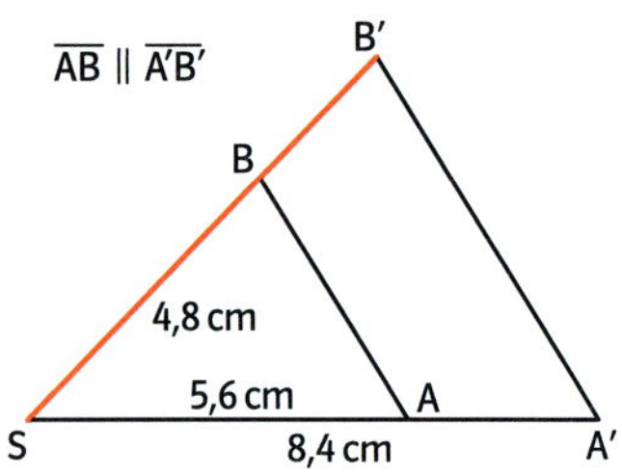

b)

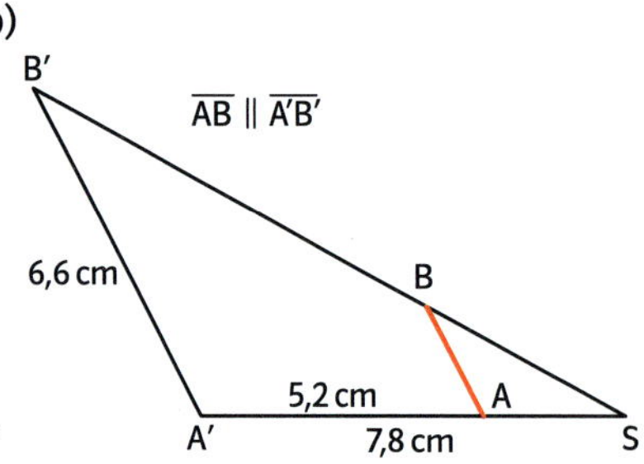

3 Gegeben sind drei Rechtecke:
R_1 mit $a_1 = 7{,}0\,cm;\ b_1 = 4{,}0\,cm$
R_2 mit $a_2 = 19{,}0\,cm;\ b_2 = 11{,}0\,cm$
R_3 mit $a_3 = 11{,}2\,cm;\ b_3 = 6{,}4\,cm$
Welche der Rechtecke sind zueinander ähnlich?

4 $\triangle ABC$, $\triangle A_1B_1C_1$ und $\triangle A_2B_2C_2$ sind zueinander ähnlich. Es gilt $c = 6\,cm$; $h_c = 5\,cm$.
a) Es gilt $c_1 = 7{,}2\,cm$. Berechne den Flächeninhalt A_1 von $\triangle A_1B_1C_1$.
b) $\triangle A_2B_2C_2$ hat den zweifachen Flächeninhalt von $\triangle ABC$. Berechne c_2 und h_{c2}.

Basiswissen | Flächenberechnungen

Für Berechnungen an ebenen Figuren gelten die folgenden Formeln:

Dreieck

allgemein: $u = a + b + c$; $A = \frac{1}{2}c \cdot h_c$

rechtwinklig ($\gamma = 90°$): $u = a + b + c$; $A = \frac{1}{2}a \cdot b$

gleichschenklig ($a = b$): $u = 2a + c$; $A = \frac{1}{2}c \cdot h_c$

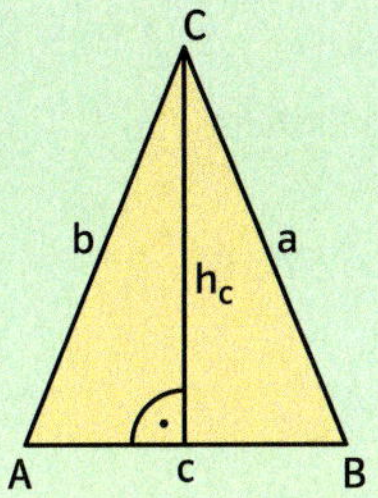

gegeben: $c = 4{,}0\,cm$; $h_c = 7{,}0\,cm$; $a = b$
gesucht: u; A

$a = \sqrt{\left(\frac{c}{2}\right)^2 + h_c^2}$ $\qquad A = \frac{1}{2}c \cdot h_c$

$a = 7{,}3\,cm$

$u = 2a + c$ $\qquad A = 14{,}0\,cm^2$

$u = 18{,}6\,cm$

gleichseitig: $u = 3a$; $h_a = \frac{a}{2}\sqrt{3}$; $A = \frac{a^2}{4}\sqrt{3}$

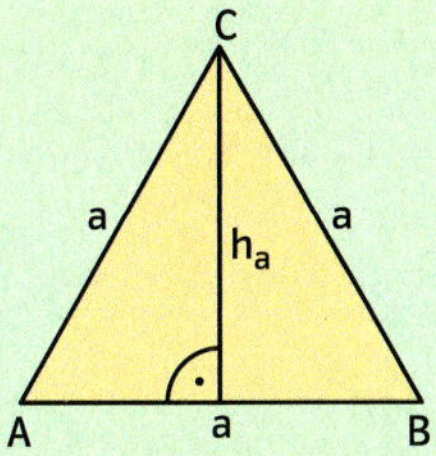

gegeben: $a = 5{,}0\,cm$; $a = b = c$
gesucht: u; A

$u = 3a$ $\qquad A = \frac{1}{2}a \cdot h_a$

$u = 15{,}0\,cm$ $\qquad A = \frac{a^2}{4}\sqrt{3}$

$A = 10{,}8\,cm^2$

Trapez

$u = a + b + c + d$

$A = \frac{1}{2} \cdot (a + c) \cdot h$

Vieleck

allgemein: $u = a_1 + a_2 + \ldots$; $A = A_1 + A_2 + \ldots$

regelmäßig: $u = n \cdot a$; $A = n \cdot A_\Delta$

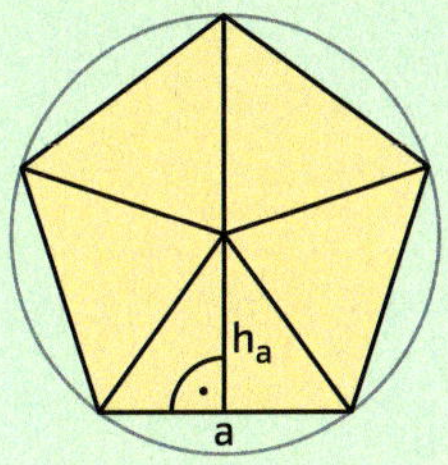

gegeben: $a = 6{,}0\,cm$; $h_a = 4{,}1\,cm$
gesucht: u; A

$u = 5a$ $\qquad A_\Delta = \frac{1}{2}a \cdot h_a$

$u = 30{,}0\,cm$ $\qquad A = \frac{5}{2}a \cdot h_a$

$A = 61{,}5\,cm^2$

Kreis

$u = 2\pi r$

$A = \pi r^2$

Kreisausschnitt

$\frac{b}{2\pi r} = \frac{\alpha}{360°}$

$\frac{A_S}{\pi r^2} = \frac{\alpha}{360°}$

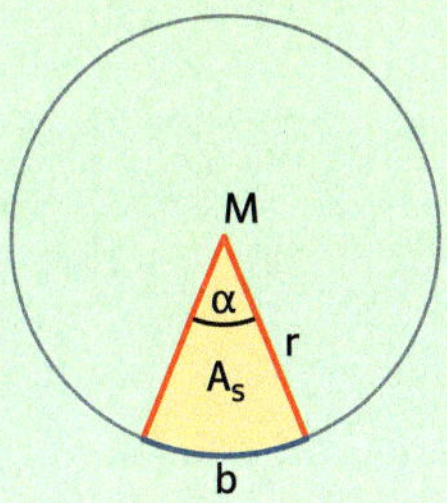

gegeben: $r = 6{,}0\,cm$; $\alpha = 45°$
gesucht: b; A_S

$b = 2\pi r \frac{\alpha}{360°}$ $\qquad A_S = \pi r^2 \frac{\alpha}{360°}$

$b = 4{,}7\,cm$ $\qquad A_S = 14{,}1\,cm^2$

1 Von einem rechtwinkligen Dreieck mit $\gamma = 90°$ sind $c = 10\,cm$; $b = 8\,cm$ und der Flächeninhalt $A = 24\,cm^2$ bekannt. Berechne a; h_c und den Umfang u.

2 Berechne Flächeninhalt und Umfang des symmetrischen Trapezes.

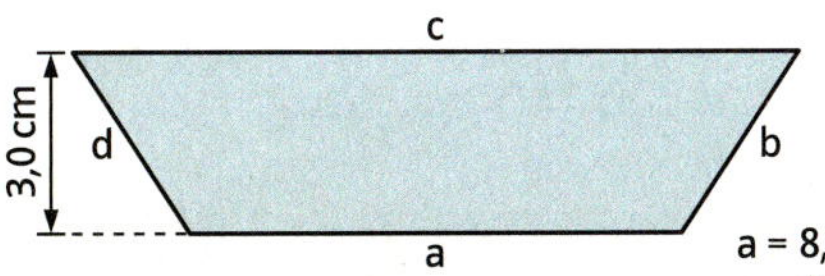

3 Ein gleichseitiges Dreieck hat einen Flächeninhalt von $24{,}4\,cm^2$. Berechne seinen Umfang.

4 Berechne Flächeninhalt und Umfang der farbigen Fläche.

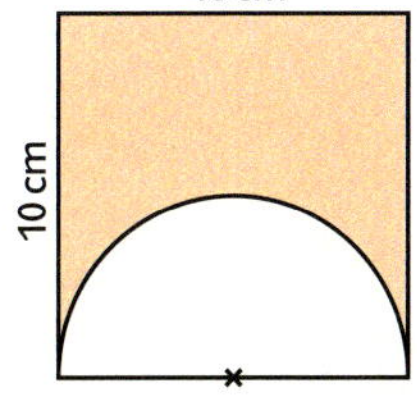

5 Berechne die fehlenden Stücke des Kreisausschnitts.

	r	α	b	A_S
a)		38°	4,5 cm	
b)		200°		75,3 cm²

Basiswissen | Satz des Pythagoras

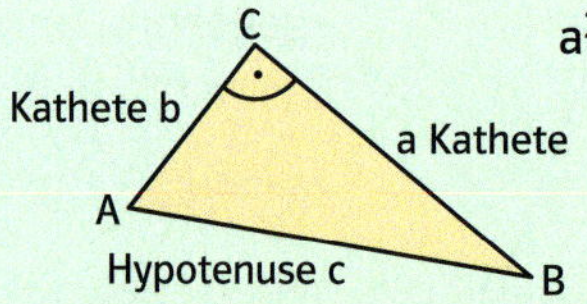

$a^2 + b^2 = c^2$

Satz des Pythagoras
Ist ein Dreieck rechtwinklig, so haben die Quadrate über den Katheten zusammen denselben Flächeninhalt wie das Quadrat über der Hypotenuse.

Berechnung von d:
$d^2 = h^2 + \left(\frac{a-c}{2}\right)^2$
$d = \sqrt{9 + 2{,}25}$
$d = 3{,}4\,\text{cm}$

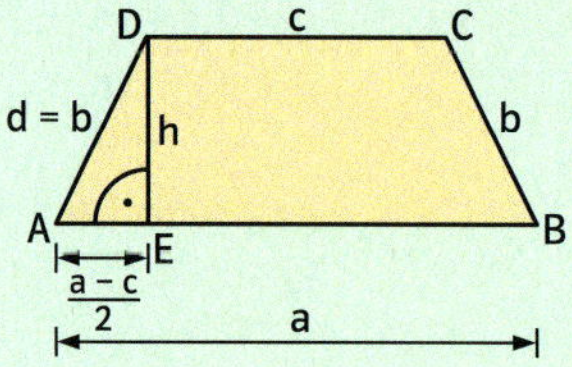

a = 8 cm
c = 5 cm
h = 3 cm

Zur Berechnung der Seiten d = b des symmetrischen Trapezes ABCD wird die Figur so aufgeteilt, dass sich die Länge der Seite d im rechtwinkligen Dreieck AED mithilfe des Satzes des Pythagoras bestimmen lässt.

Berechnung von e:
$e = \sqrt{4^2 + 5^2}$
$e = \sqrt{41}$

Berechnung von d:
$d = \sqrt{e^2 + c^2}$
$d = \sqrt{50} = 7{,}1\,\text{cm}$

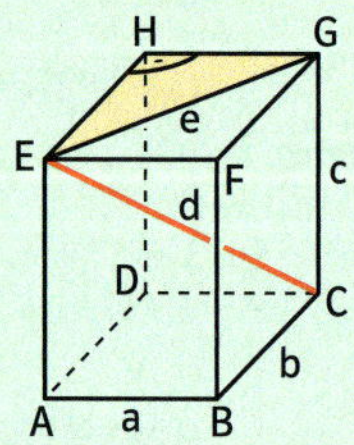

a = 4 cm
b = 5 cm
c = 3 cm

Zur Berechnung der Raumdiagonalen d eines Quaders berechnet man zuerst mit dem Satz des Pythagoras die Flächendiagonale $\overline{EG}$ des Mantelflächenrechtecks. Dann lässt sich d im rechtwinkligen Dreieck ECG als Hypotenuse $\overline{EC}$ berechnen.

Formeln

Diagonale im Quadrat
$e = a\sqrt{2}$

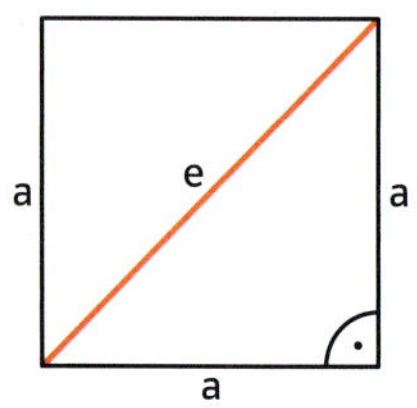

Höhe im gleichseitigen Dreieck:
$h = \frac{a}{2}\sqrt{3}$

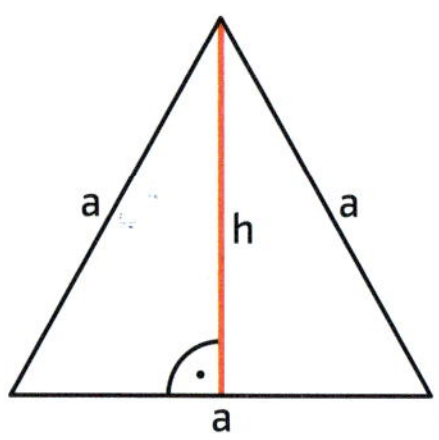

1 Berechne die Länge der Strecke x. (Maße in cm)

a)

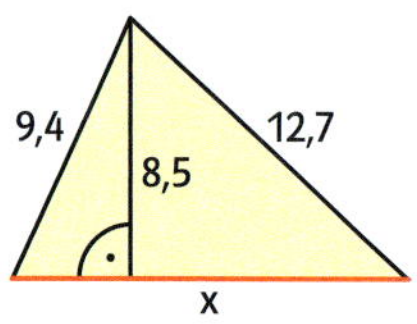

b)

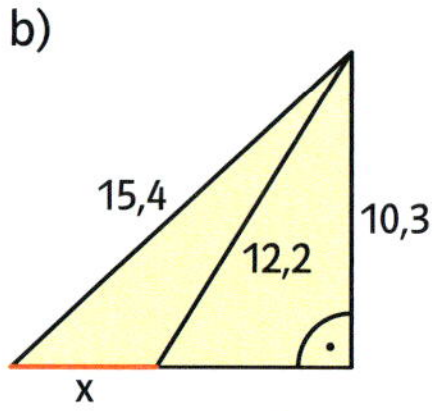

2 Berechne den Umfang und den Flächeninhalt des gleichschenkligen Dreiecks mit a = b = 17,5 cm und c = 8,4 cm.

3 Auf der Mantelfläche eines Würfels mit der Kantenlänge a = 12,0 cm verläuft ein Streckenzug.

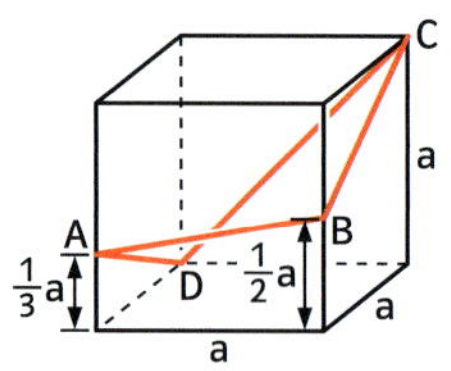

Berechne die Länge des Streckenzugs $\overline{ABCDA}$.

4 Gegeben ist eine Quadratpyramide, bei der Körperhöhe h und Grundkante a mit 6,0 cm gleich lang sind. Berechne die Seitenkantenlänge s und die Seitenflächenhöhe h_s.

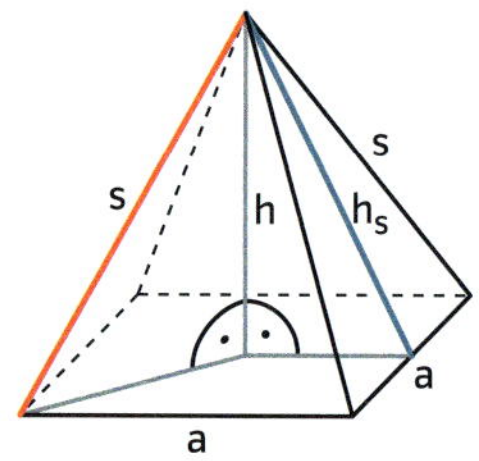

5 Berechne die Balkenlänge im Fachwerk. Die Dicke der Balken soll unberücksichtigt bleiben.

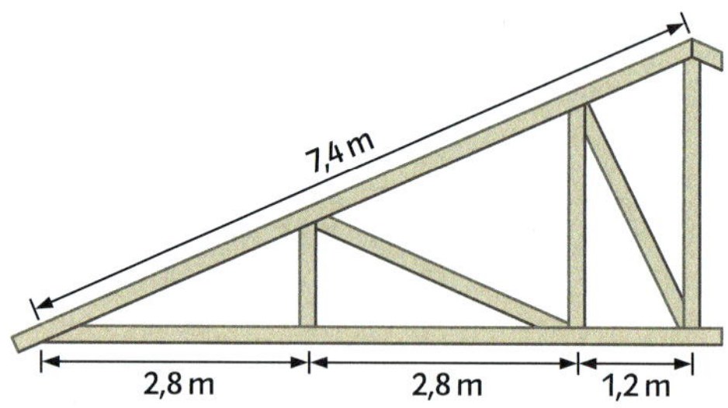

Basiswissen | Daten

Um statistische Erhebungen besser auswerten und vergleichen zu können, werden neben dem Mittelwert mithilfe einer Rangliste weitere **Kennwerte** ermittelt.

Der kleinste Wert einer Rangliste heißt **Minimum**, der größte **Maximum**.
Die Differenz aus dem Maximum und dem Minimum heißt **Spannweite**.

Quartile teilen die Rangliste in vier Abschnitte. In jedem befinden sich mindestens 25% aller Werte der Rangliste.

Bestimmung der Quartile
In einer Rangliste belegen die Daten die Plätze 1 bis n.
Multipliziere n mit $\frac{1}{4}$ **(unteres Quartil q_u)**, $\frac{1}{2}$ **(Zentralwert z)** und $\frac{3}{4}$ **(oberes Quartil q_o)**.
Ist das Ergebnis nicht ganzzahlig, so nimm den Wert auf dem nächst höheren Rangplatz, andernfalls den Mittelwert aus dem Wert auf dem errechneten und dem Wert auf dem nächst höheren Rangplatz.
Die Differenz aus dem oberen Quartil und dem unteren Quartil heißt **Quartilabstand q**.

Boxplot
Der **Boxplot** ist ein Kennwertdiagramm. Der erste und letzte Abschnitt zwischen Minimum und q_u bzw. q_o und dem Maximum wird als Antenne, der zweite und dritte Abschnitt als Box über eine Skala gezeichnet. In der Box wird der Zentralwert markiert.

Bei einem Vokabeltest wurden 20 Vokabeln abgefragt. Das Ergebnis des Test ist in der Rangliste aufgeführt.

Rangliste mit Rangplatznummerierung:

Rangplatz	1.	2.	3.	4.	5.	6.	7.	8.	9.	10.	11.	12.	13.	14.
richtige Vokabeln	3	4	6	6	8	10	11	13	14	16	16	17	19	20

Minimum: 3 Maximum: 20
Spannweite: 20 − 3 = 17

n = 14	3,5	7	10,5
Platz	4.	7./8.	11.
Quartil	$q_u = 6$	$z = 12$	$q_o = 16$

Quartilabstand: 16 − 6 = 10

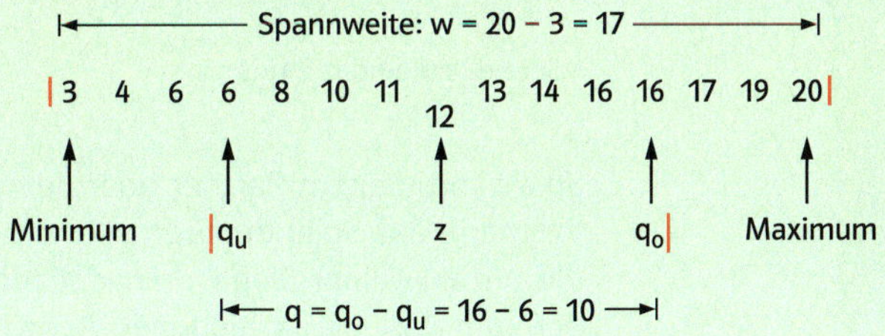

Boxplot zur Rangliste:

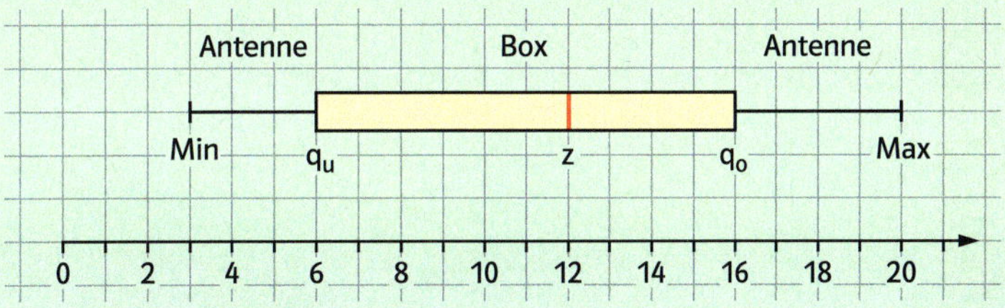

1 In einem Physiktest erreichten die Schülerinnen und Schüler folgende Punktzahlen:

23; 26; 5; 11; 2; 6; 16; 20; 16; 24; 14; 19; 19; 12; 17; 12; 11; 20; 23; 8; 25; 12; 17; 21; 18; 18; 22

Bestimme die Kennwerte und zeichne den Boxplot.

2 Ergänze die Tabelle in deinem Heft und zeichne den Boxplot.

	Min	q_u	z	q_o	Max	q	w
a)		20	24	30	36		21
b)	5		12	15	28	7	

3 Bestimme für die Fehltage die Kennwerte und zeichne den Boxplot.

Fehltage im Schuljahr
0; 0; 0; 1; 1; 1; 2; 3; 3; 3; 3; 4; 5; 5; 6; 9; 9; 10; 12; 13; 15; 31

Stein – Schere – Papier

Das Spiel „Stein, Schere, Papier“ kennst du bestimmt.

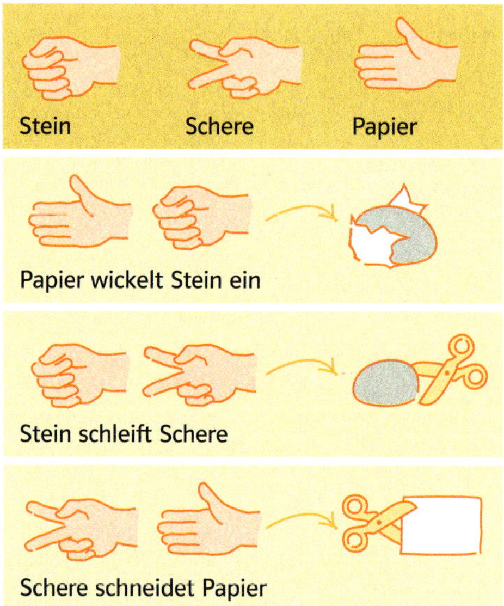

Spiele mit deinem Partner oder deiner Partnerin das Spiel dreißigmal und notiere die Anzahl deiner Siege, deiner Niederlagen und der unentschiedenen Ausgänge. Wie häufig erwartest du einen Sieg, wie häufig ein Unentschieden? Begründe deine Erwartung.

Fasst die Ergebnisse der ganzen Klasse zusammen. Welche relative Häufigkeit hat jedes der möglichen Ergebnisse Sieg, Niederlage oder Unentschieden? Stimmen die in der Klasse berechneten relativen Häufigkeiten mit eurer Erwartung überein?

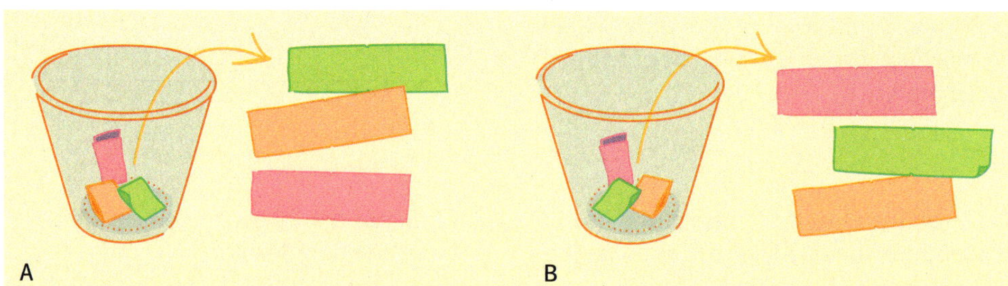

Die Ergebnisse des Spiels „Stein, Schere, Papier“ können auch mit anderen Zufallsgeräten ermittelt werden.

Ersetzt der Zufallsversuch das Spiel „Stein, Schere, Papier“ korrekt?

Ein Spieler zieht aus Behälter A einen Zettel, der andere Spieler aus Behälter B.

Die Zettel aus den beiden Behältern werden in einen Behälter C gelegt. Nun müssen die beiden Spieler nacheinander einen Zettel ziehen.
Muss der erste Spieler den Zettel wieder zurücklegen, bevor der zweite Spieler zieht, oder darf er ihn behalten?
Spielt in Partnerarbeit beide Möglichkeiten je zehnmal und notiert die Anzahl der unentschiedenen Ergebnisse.
Fasst die Ergebnisse der ganzen Klasse zusammen.
Welche der beiden möglichen Zufallsversuche ersetzt das Spiel „Stein, Schere, Papier" korrekt?

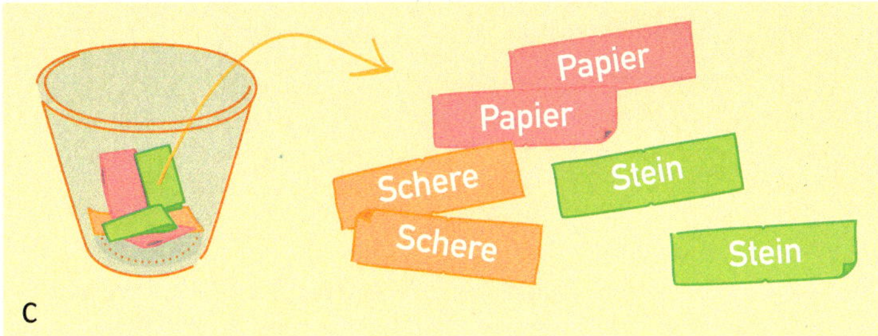

Lässt sich das Spiel „Stein, Schere, Papier" auch nachahmen, wenn im Becher D nur die drei Zettel „Stein", „Schere" und „Papier" liegen?
Beschreibe, wie du vorgehen musst.

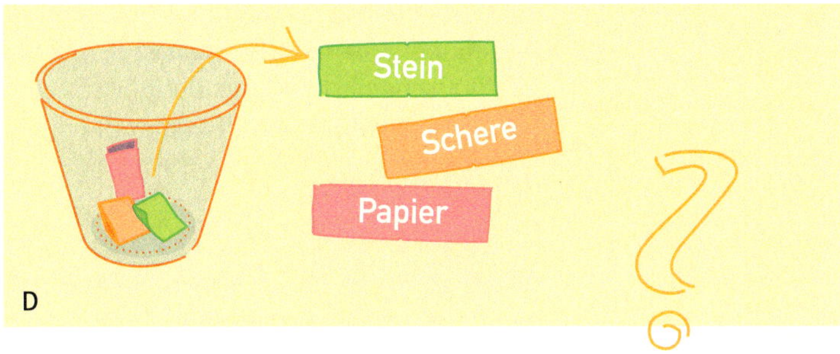

Eignen sich die abgebildeten Zufallsgeräte, um das Spiel „Stein, Schere, Papier" korrekt zu ersetzen? Beschreibe für jedes Zufallsgerät genau, wie der Zufallsversuch durchgeführt werden muss.

In diesem Kapitel lernst du,

- wie man Wahrscheinlichkeiten bestimmt,
- dass man Ergebnisse eines Zufallsversuchs zusammenfassen kann,
- dass ein Zufallsversuch auch zweimal hintereinander ausgeführt werden kann,
- wie man die Wahrscheinlichkeit eines zweimal hintereinander ausgeführten Zufallsversuchs bestimmt,
- was der Erwartungswert ist und wie man ihn bestimmt,
- ob ein Spiel fair ist oder nicht.

1 Ereignisse

Bei dem Spiel „Zahlen ziehen“ kann man sich einen Becher aussuchen, aus dem dann blind eine Kugel gezogen wird.
→ Gib für jede einzelne Ereigniskarte an, welchen Becher du wählen würdest, um die größere Gewinnchance zu haben. Begründe.

Beim Wurf eines Würfels gibt es die sechs **möglichen Ergebnisse** 1; 2; 3; 4; 5 und 6, von denen jedes mit der **gleichen Wahrscheinlichkeit** eintritt. Die Wahrscheinlichkeit für ein Ergebnis, z. B. die Augenzahl 2, beträgt deshalb $\frac{1}{6}$.
Stellt sich die Frage nach der Wahrscheinlichkeit, eine Zahl größer als 2 zu würfeln, so werden die **günstigen Ergebnisse** 3; 4; 5 und 6 zu einem **Ereignis** zusammengefasst. Die Wahrscheinlichkeit des Ereignisses „eine Zahl größer als 2 würfeln“ ist dann die Summe der Wahrscheinlichkeiten der zugehörigen günstigen Ergebnisse:
$\frac{1}{6} + \frac{1}{6} + \frac{1}{6} + \frac{1}{6} = \frac{4}{6} = \frac{2}{3}$.

Alle Ergebnisse, die zu einem **Ereignis** gehören, heißen **günstige Ergebnisse**.
Sind alle Ergebnisse gleich wahrscheinlich, so gilt:
Wahrscheinlichkeit eines Ereignisses = $\frac{\text{Anzahl der günstigen Ergebnisse}}{\text{Anzahl der möglichen Ergebnisse}}$
Ist m die Anzahl der günstigen und n die Anzahl der möglichen Ergebnisse, so schreibt man kurz: $P(E) = \frac{m}{n}$.

***P**robability englisch: Wahrscheinlichkeit*

Bemerkungen

- Ein Ereignis kann auch aus allen möglichen Ergebnissen bestehen. Dieses Ereignis tritt in jedem Fall ein und heißt deshalb **sicheres Ereignis**. Seine Wahrscheinlichkeit ist $\frac{n}{n} = 1$.
- Hat ein Ereignis kein mögliches Ergebnis, so tritt dieses Ereignis nie ein und heißt deshalb **unmögliches Ereignis**. Seine Wahrscheinlichkeit ist $\frac{0}{n} = 0$.
- Die Wahrscheinlichkeit eines Ereignisses kann nie kleiner als 0 und nie größer als 1 sein.

Beispiel

Aus einem Elfer-raus-Spiel mit 80 Karten soll einer der vier Elfer gezogen werden.

Ereignis:	eine Elf ziehen
Anzahl der möglichen Ergebnisse:	n = 80
Anzahl der günstigen Ergebnisse:	m = 4
Wahrscheinlichkeit des Ereignisses:	$P(\text{eine Elf ziehen}) = \frac{m}{n} = \frac{4}{80} = \frac{1}{20} = 0{,}05 = 5\,\%$

Aufgaben

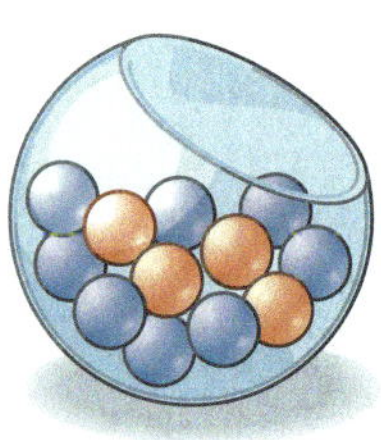

1 Wie groß ist die Wahrscheinlichkeit, aus dem nebenstehenden Behälter eine blaue Kugel zu ziehen? Wie sieht es für eine rote Kugel aus?

2 Ein Glücksrad hat 18 gleich große Felder. Davon sind zwei rot, fünf blau und der Rest weiß gefärbt. Mit welcher Wahrscheinlichkeit treten die Farben auf?

3 Bei einer Tombola soll ein Trostpreis mit 40 %, eine Taschenlampe mit 10 % und eine CD mit 5% Wahrscheinlichkeit gewonnen werden.
Färbe ein Glücksrad zur Auslosung der Gewinne. Denke dabei auch an eine attraktive Farbaufteilung.

4 In einem Becher liegen 17 Kugeln, die mit den Zahlen 1 bis 17 gekennzeichnet sind. Es wird eine Kugel gezogen.
Wie groß ist die Wahrscheinlichkeit für folgende Ereignisse?
a) eine gerade Zahl
b) eine Zahl mit der Ziffer 5
c) eine durch 4 teilbare Zahl
d) eine Zahl größer als 13
e) eine gerade und durch 3 teilbare Zahl
f) eine zweistellige Zahl

5 Anne besitzt ein Los mit der Nummer 3577261. Wie groß ist jeweils die Wahrscheinlichkeit, dass die letzte Ziffer,
die beiden letzten Ziffern,
die drei letzten Ziffern richtig sind?

6 Jedes vierte Los gewinnt.
a) Bestimme die Wahrscheinlichkeit für einen Gewinn.
b) Arno kauft vier Lose und sagt, er müsse genau einen Gewinn haben.
Was meinst du?

7 In einer Schublade befinden sich unsortiert 5 Paar schwarze, 7 Paar blaue und 3 Paar beige Socken. Wie groß ist die Wahrscheinlichkeit, dass Peter im Dunkeln ein passendes Paar Socken zieht, wenn er
a) bereits eine einzelne schwarze Socke gezogen hat?
b) bereits eine beige Socke gezogen hat?

8 Während der Fußballweltmeisterschaft 2006 gab es Sammelbilder zu kaufen.
Die 597 Bilder wurden in Tütchen mit fünf Bildern verkauft.
Mit welcher Wahrscheinlichkeit hatte man beim Kauf des ersten Tütchens den Fußballspieler Miroslav Klose unter den fünf Bildern?

9 Wie groß ist die Wahrscheinlichkeit, dass die rote Spielfigur beim nächsten Wurf
- die andere Spielfigur schlägt?
- ins Haus gelangt?
- weder eine Spielfigur schlägt noch ins Haus gelangt?

Addiere die drei berechneten Wahrscheinlichkeiten. Was fällt dir auf? Erkläre das Ergebnis.

10 In welchen Fällen ist ein sicheres Ereignis beschrieben?
a) Es wird eine gerade Zahl oder eine Zahl größer 2 gewürfelt.
b) Es wird eine ungerade oder eine gerade Zahl gewürfelt.
c) Entweder gewinnt der VfB Stuttgart oder er verliert.

11 In welchen Fällen wird ein unmögliches Ereignis beschrieben?
a) Es wird eine durch 4 teilbare Zahl gewürfelt.
b) Es wird keine Zahl kleiner 7 gewürfelt.
c) Der 1. FC Köln gewinnt.

12 Nadine und Uli stehen mit ihren Spielsteinen kurz vor dem Ziel. Sie dürfen nur entlang der Wege ziehen, die nicht durch eine andere Figur verstellt sind. Die gewürfelte Augenzahl muss genau der Schrittzahl entsprechen.
a) Wer hätte beim nächsten Wurf die bessere Gewinnchance, wenn er als erster Spieler wirft?
b) Nadine wirft als erste Spielerin eine Vier. Verändert sich dadurch die Gewinnchance für Uli?

2 Zusammengesetzte Ereignisse

→ Welche Ergebnisse können beim Ziehen einer Kugel erzielt werden? Gib die Wahrscheinlichkeiten eines Ergebnisses an.
→ Nenne Ereignisse, die eintreten können.
→ Bestimme die Wahrscheinlichkeit des Ereignisses „gelbe Kugel oder blaue Kugel" und des Ereignisses „gelbe Kugel oder Nummernkugel".
→ Bestimme die Wahrscheinlichkeit des Ereignisses „unbeschriftete Kugel oder rote Kugel". Was musst du dabei beachten?
→ Bestimme P(gelbe Kugel) und P(nicht gelbe Kugel). Was stellst du fest?

Ein Ereignis kann sich aus mehreren voneinander verschiedenen Ereignissen zusammensetzen, die kein Ergebnis gemeinsam haben.
In einer Lotterie befinden sich unter 1000 Losen 100 Trostpreise und 20 Hauptgewinne. Das Ereignis „einen Gewinn ziehen" setzt sich aus den beiden Ereignissen „einen Trostpreis ziehen" oder „einen Hauptgewinn ziehen" mit den Wahrscheinlichkeiten $\frac{100}{1000}$ und $\frac{20}{1000}$ zusammen. Da es kein Los gibt, auf das man sowohl einen Trostpreis als auch einen Hauptgewinn erhält, haben die beiden Ereignisse kein Ergebnis gemeinsam.
Das Ereignis „einen Gewinn" ziehen hat also 100 + 20 = 120 günstige Ergebnisse.
Die Wahrscheinlichkeit dieses **zusammengesetzten Ereignisses** beträgt demnach $\frac{120}{1000} = \frac{100}{1000} + \frac{20}{1000}$. Das Ereignis „eine Niete ziehen" ist das zugehörige **Gegenereignis**. Einen Gewinn oder keinen Gewinn zu erzielen ist sicher. Die Wahrscheinlichkeit dafür beträgt 1.
Damit ist die Wahrscheinlichkeit für das Gegenereignis $1 - \frac{120}{1000} = \frac{880}{1000}$.

! Es können auch mehr als zwei Ereignisse zu einem neuen Ereignis zusammengefasst werden. Auch in diesem Fall werden die Wahrscheinlichkeiten der Ereignisse addiert, falls sie jeweils voneinander verschiedene Ergebnisse haben.

Summenregel
Zwei Ereignisse E_1 und E_2 können zu einem neuen Ereignis E zusammengefasst werden. Haben zwei Ereignisse E_1 und E_2 kein Ergebnis gemeinsam, so gilt:
$P(E) = P(E_1 \text{ oder } E_2) = P(E_1) + P(E_2)$

Alle ungünstigen Ergebnisse eines Ereignisses E bilden das **Gegenereignis** $\bar{E}$.
Wahrscheinlichkeit des Gegenereignisses: $P(\bar{E}) = 1 - P(E)$

Beispiel
Für ein Glücksrad sind folgende Ereignisse mit den zugehörigen Wahrscheinlichkeiten bekannt: $P(\text{Rot}) = \frac{1}{36}$; $P(\text{Blau}) = \frac{7}{36}$; $P(\text{Gelb}) = \frac{21}{36}$.
Die restlichen Felder des Glücksrades sind transparent.
Das Ereignis „eine Farbe" setzt sich aus den drei Ereignissen „Rot", „Blau" und „Gelb" zusammen und hat die Wahrscheinlichkeit: $\frac{1}{36} + \frac{7}{36} + \frac{21}{36} = \frac{29}{36}$.
Das Ereignis „transparent" ist das Gegenereignis von „eine Farbe". Die Wahrscheinlichkeit dafür beträgt $1 - \frac{29}{36} = \frac{7}{36}$.

Aufgaben

1 In einem Sack befinden sich 10 blaue, 8 rote, 12 gelbe, 15 weiße und 5 grüne Murmeln. Es wird eine Murmel gezogen. Gib die folgenden Wahrscheinlichkeiten P(E) in Prozent an.
a) P(rote oder blaue Murmel)
b) P(gelbe, grüne oder weiße Murmel)
c) P(keine blaue Murmel)
d) P(weder weiße noch gelbe Murmel)

2 Du würfelst mit einem Dodekaeder.

Gib die Wahrscheinlichkeit an.
a) Eine Zahl kleiner als 5 oder größer als 9 werfen.
b) Eine durch 4 teilbare oder eine Primzahl werfen.
c) Keine 12 werfen.
d) Keine ungerade Zahl werfen.

3 In einem Hut befinden sich 400 Lose. Zu gewinnen gibt es 100 Kugelschreiber, 30 CDs, 10 Discmen und einen Fernseher. Bestimme für folgende Ereignisse die Wahrscheinlichkeit:
- wenigstens etwas gewinnen,
- etwas gewinnen, ausgenommen einen Kugelschreiber,
- nichts gewinnen,
- den Fernseher oder nichts gewinnen.

4 In einem Loseimer mit 120 Losen sind 38 Gewinnlose. Es gibt drei Hauptgewinne, der Rest sind Trostpreise. Bestimme die Wahrscheinlichkeit, einen Trostpreis zu gewinnen.

5 Bei einer Tombola hat man eine Gewinnwahrscheinlichkeit von $\frac{24}{120}$. Die Wahrscheinlichkeit, eine freie Auswahl aus allen Preisen zu bekommen, beträgt $\frac{3}{120}$. Mit welcher Wahrscheinlichkeit hat man etwas gewonnen, jedoch nicht die freie Auswahl?

6 Bei einer Tombola gibt es Toaster, MP3-Player und Fahrräder zu gewinnen. Darüber hinaus gibt es noch Trostpreise. Wie sind die 2000 Lose im Loseimer verteilt, wenn folgende Wahrscheinlichkeiten bekannt sind?
P(Gewinn) = 60 %
P(Trostpreis) = 35 %
P(Trostpreis oder Toaster) = 50 %
P(Toaster oder MP3-Player) = 20 %

? *In einer Lostrommel befinden sich dreimal so viele Nieten wie Gewinne. Bestimme die Gewinnwahrscheinlichkeit.*

7 Wie groß ist die Wahrscheinlichkeit, aus einem Skatspiel folgende Karten zu ziehen?
a) Herz- oder Kreuzkarte
b) Bube oder Dame
c) weder 7 noch 8
d) kein Bild

8 In einer Tasche befinden sich 15 schwarze und fünf gelbe Kugeln.
a) Bestimme P(gelbe Kugel) sowie P(schwarze Kugel).
b) Wie viele weiße Kugeln müssen hinzugefügt werden, damit P(schwarze Kugel) = 60 % gilt?
Könnte man statt der weißen auch gelbe Kugeln hinzufügen?
c) Wie viele schwarze Kugeln müssen herausgenommen werden, damit P(gelbe Kugel) = $\frac{1}{3}$ gilt?
d) Wie viele weiße Kugeln müssen hinzugefügt werden, damit P(schwarze oder gelbe Kugel) = 0,4 gilt?

9 In einen Behälter sollen rote, gelbe und blaue Kugeln gefüllt werden. Die Verteilung der Kugeln soll so sein, dass P(rote oder gelbe Kugel) = 0,4 und P(gelbe oder blaue Kugel) = 0,85 beträgt.
Wie viele Kugeln jeder Farbe müssen in den Behälter?
Es gibt mehrere Lösungen.

10 Finde das Gegenereignis.
a) eine gerade Zahl würfeln
b) eine Zahl größer als 4 würfeln
c) keine 1 würfeln
d) eine 1 oder 6 würfeln
e) eine Zahl größer als 6 würfeln

Vorsicht bei zusammengesetzten Ereignissen!

Aus einem Skat-Spiel soll eine rote Karte oder eine Karte mit einem Zahlenwert gezogen werden.
Leo berechnet dafür die Wahrscheinlichkeit:

Eine der 16 roten Karten wird mit der Wahrscheinlichkeit $\frac{16}{32} = \frac{1}{2}$ gezogen.

Eine der 16 Zahlkarten wird mit der Wahrscheinlichkeit $\frac{16}{32} = \frac{1}{2}$ gezogen.

Leo: Also hat das Ereignis „rote Karte oder Karte mit Zahlenwert" die Wahrscheinlichkeit $\frac{1}{2} + \frac{1}{2} = 1$. Somit ist das Ereignis sicher.
Anne gibt zu bedenken, dass man doch z. B. eine schwarze Dame ziehen kann.
Leo hat etwas übersehen.

♣	7	8	9	10	B	D	K	A
♠	7	8	9	10	B	D	K	A
♥	7	8	9	10	B	D	K	A
♦	7	8	9	10	B	D	K	A

Er hat die Wahrscheinlichkeit für die roten Karten mit Zahlenwert doppelt gezählt. Deshalb muss die Wahrscheinlichkeit für das Ereignis „rote Karte mit Zahlenwert" einmal abgezogen werden.
Die Lösung lautet dann: $\frac{1}{2} + \frac{1}{2} - \frac{1}{4} = \frac{3}{4}$.

Werden zwei Ereignisse E_1 und E_2 zu einem neuen Ereignis E zusammengefasst, so ist darauf zu achten, ob die beiden Ereignisse einige Ergebnisse gemeinsam haben oder nicht.

1. Fall
E_1 und E_2 haben kein Ergebnis gemeinsam:
$P(E) = P(E_1) + P(E_2)$

2. Fall
E_1 und E_2 haben einige Ergebnisse gemeinsam, die zusammen das Ereignis E_g bilden:
$P(E) = P(E_1) + P(E_2) - P(E_g)$

■ Bestimme für das Glücksrad folgende Wahrscheinlichkeiten:
- P(Rot oder Gelb),
- P(gerade Zahl oder Primzahl),
- P(Lila oder gerade Zahl),
- P(Gelb oder Rot oder ungerade Zahl).

■ Es wird ein Würfel geworfen.
Bestimme die Wahrscheinlichkeit für folgende Ereignisse:
- eine gerade Zahl oder eine Primzahl werfen,
- eine ungerade Zahl oder eine Zahl größer zwei werfen,
- eine durch zwei oder durch drei teilbare Zahl werfen.

3 Zweistufige Zufallsversuche mit Reihenfolge

Aus der Urne wird eine Kugel gezogen, deren Farbe notiert und zurückgelegt. Dann wird noch eine Kugel gezogen und deren Farbe notiert.
→ Gib mögliche Ergebnisse an.
→ Worin unterscheiden sich die beiden Ergebnisse (Gelb, Rot) und (Rot, Gelb)? Was haben sie gemeinsam?
→ Timo behauptet, die Wahrscheinlichkeit für das Ergebnis (Gelb, Rot) sei $\frac{1}{25}$. Wie kommt er darauf?
→ Sonja sagt, dann ist die Wahrscheinlichkeit für das Ereignis „(Gelb, Rot) oder (Rot, Gelb)“ $\frac{2}{25}$.

Wird eine Münze zweimal hintereinander geworfen, so bezeichnet man diesen Zufallsversuch als **zweistufigen Zufallsversuch**. Sowohl beim 1. als auch beim 2. Wurf kann Wappen W oder Zahl Z geworfen werden. Die möglichen Ergebnisse dieses zweistufigen Zufallsversuchs sind deshalb die **geordneten Paare** (W,W), (W,Z), (Z,W), (Z,Z).
Mit einem **Baumdiagramm** können die möglichen Ergebnisse und die Wahrscheinlichkeit jedes Ergebnisses ermittelt werden.

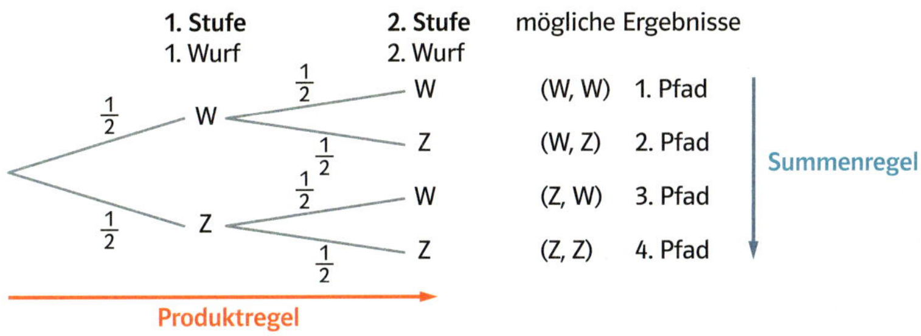

Jeder **Pfad** des Baumdiagramms führt auf ein mögliches Ergebnis des zweistufigen Zufallsversuchs. Die Wahrscheinlichkeit für „Zahl“ bzw. „Wappen“ beträgt bei jedem Wurf $\frac{1}{2}$ und ist an den Ästen des Pfades vermerkt. Es gibt vier mögliche, gleich wahrscheinliche Ergebnisse. Die Wahrscheinlichkeit jedes Ergebnisses ist somit $\frac{1}{4}$. Das Produkt $\frac{1}{2} \cdot \frac{1}{2}$ entlang des Pfades ist ebenfalls $\frac{1}{4}$.

Produktregel
Bei einem zweistufigen Zufallsversuch ist die Wahrscheinlichkeit eines Ergebnisses gleich dem Produkt der Wahrscheinlichkeiten entlang des zugehörigen Pfades.
P(Ergebnis) = P(Ergebnis 1. Stufe) · P(Ergebnis 2. Stufe)

Bemerkung
Die günstigen Ergebnisse eines Ereignisses können auch die Ergebnisse eines zweistufigen Zufallsversuchs sein. Auch in diesem Fall gilt die Summenregel.

Beispiel

Das Glücksrad wird zweimal gedreht.

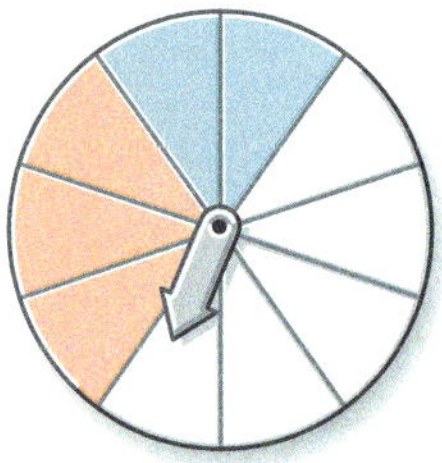

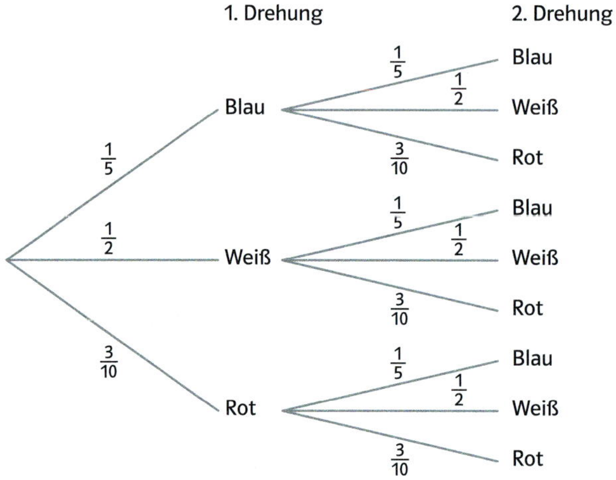

P(Blau, Blau) $= \frac{1}{5} \cdot \frac{1}{5} = \frac{1}{25} = 4\%$

P(Blau, Weiß) $= \frac{1}{5} \cdot \frac{1}{2} = \frac{1}{10} = 10\%$

P(Blau, Rot) $= \frac{1}{5} \cdot \frac{3}{10} = \frac{3}{50} = 6\%$

P(Weiß, Blau) $= \frac{1}{2} \cdot \frac{1}{5} = \frac{1}{10} = 10\%$

P(Weiß, Weiß) $= \frac{1}{2} \cdot \frac{1}{2} = \frac{1}{4} = 25\%$

P(Weiß, Rot) $= \frac{1}{2} \cdot \frac{3}{10} = \frac{3}{20} = 15\%$

P(Rot, Blau) $= \frac{3}{10} \cdot \frac{1}{5} = \frac{3}{50} = 6\%$

P(Rot, Weiß) $= \frac{3}{10} \cdot \frac{1}{2} = \frac{3}{20} = 15\%$

P(Rot, Rot) $= \frac{3}{10} \cdot \frac{3}{10} = \frac{9}{100} = 9\%$

Das Ereignis „zweimal die gleiche Farbe“ setzt sich aus den Ergebnissen (Blau, Blau), (Weiß, Weiß) und (Rot, Rot) zusammen. Somit ist die Wahrscheinlichkeit
P(zweimal gleiche Farbe) $= \frac{1}{25} + \frac{1}{4} + \frac{9}{100} = \frac{38}{100} = 38\,\%$.

Aufgaben

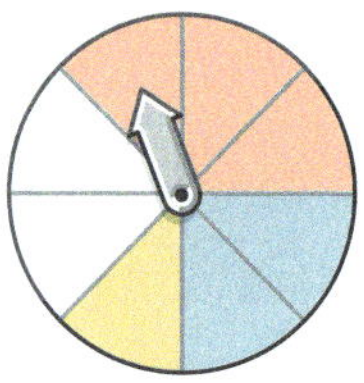

1 Das Glücksrad wird zweimal gedreht. Bestimme die Wahrscheinlichkeit.
a) zweimal hintereinander Rot
b) erst Rot, dann Blau
c) erst Rot, dann Gelb oder erst Gelb und dann Rot

2 Ein Würfel wird zweimal geworfen. Bestimme die Wahrscheinlichkeit.
a) zwei gleiche Zahlen werfen
b) im ersten Wurf eine Zahl kleiner als 3, im zweiten Wurf eine 6 werfen
c) die erste geworfene Zahl ist kleiner als die zweite geworfene Zahl

Vokale

Konsonanten

3 Der erste Buchstabe wird aus dem Topf der Vokale, der zweite aus dem Topf der Konsonanten gezogen. Mit welcher Wahrscheinlichkeit können folgende Wörter gebildet werden?

a) ah	b) oh
c) im	d) in
e) um	f) ab
f) au	g) if

4 In einem Topf befinden sich fünf blaue, drei gelbe, acht rote und vier grüne Kugeln. Es wird eine Kugel gezogen, die Farbe notiert und zurückgelegt. Dann wird wieder eine Kugel gezogen und deren Farbe notiert.
Bestimme die Wahrscheinlichkeit.
a) P(erst Rot, dann Blau)
b) P(erst Blau, dann Rot)
c) P(zweimal Rot)
d) P(Die erste Kugel ist rot.)
e) P(Die zweite Kugel ist rot.)
f) P(Keine Kugel ist rot.)

5 Gib für jedes der fünf möglichen Ergebnisse die Wahrscheinlichkeit an.

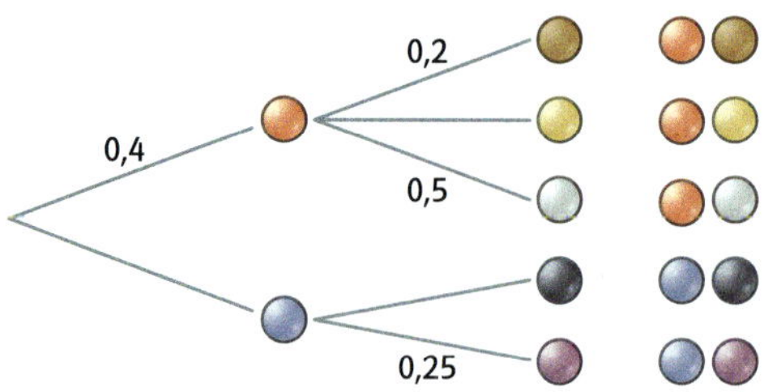

Ziehen mit und ohne Zurücklegen

In einem Behälter befinden sich zwei rote und drei blaue Kugeln. Nachdem eine Kugel gezogen wurde, kann sie behalten oder zurückgelegt werden, bevor die zweite Kugel gezogen wird. Dadurch ändert sich die Wahrscheinlichkeit, mit der ein Ergebnis eintritt.

Die gezogene Kugel wird behalten:

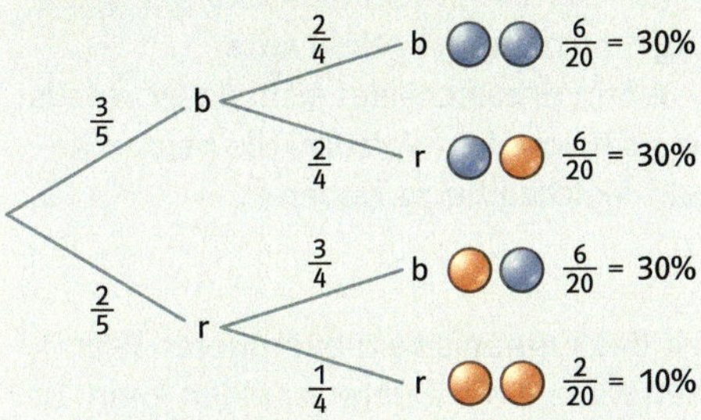

Die gezogene Kugel wird zurückgelegt:

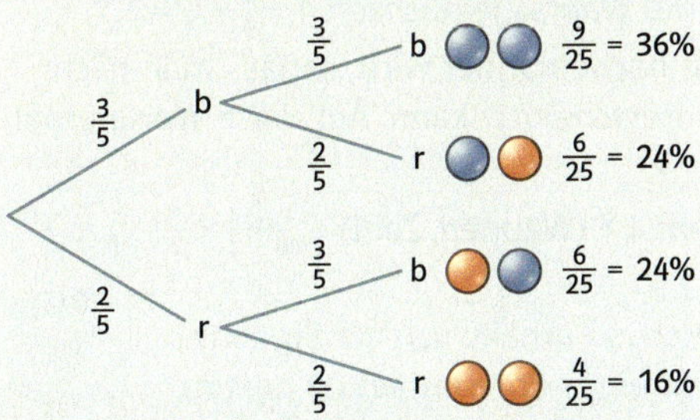

■ In einer Urne befinden sich drei blaue und sieben rote Kugeln. Es werden nacheinander zwei Kugeln gezogen. Gib die Wahrscheinlichkeit für alle möglichen Ergebnisse an. Die erste Kugel
- wird zurückgelegt.
- wird nicht zurückgelegt.

Löse diese Aufgabe auch, wenn sich in der Urne 30 bzw. 300 oder 3000 grüne und 70 bzw. 700 oder 7000 rote Kugeln befinden. Was fällt dir auf? Formuliere eine allgemeine Regel.

■ Aus einem Strumpf mit acht weißen und vier roten Kugeln werden zwei Kugeln gezogen. Wer zwei weiße Kugeln zieht, gewinnt. Ist es besser, die erste gezogene Kugel zurückzulegen oder zu behalten?

6 In einem Topf befinden sich fünf blaue, drei gelbe, acht rote und vier grüne Kugeln. Es wird eine Kugel gezogen und zur Seite gelegt. Dann wird noch eine Kugel gezogen. Bestimme.
a) P(erst Rot, dann Blau)
b) P(erst Blau, dann Rot)
c) P(zweimal Rot)
d) P(Die erste Kugel ist rot.)
e) P(Die zweite Kugel ist rot.)
f) P(Keine Kugel ist rot.)

7 In einer Lostrommel befinden sich Kugeln. Jede Kugel ist mit einer der Zahlen 0 bis 9 beschriftet. Jede Zahl kommt genau zweimal vor. Es werden zwei Kugeln gezogen. Die erste gezogene Zahl bildet die Zehnerziffer und die zweite gezogene Zahl die Einerziffer der zu bildenden Zahl.
a) Wie groß ist die Wahrscheinlichkeit die Zahl 21 zu bilden, wenn die erste gezogenen Zahl
- nicht zurückgelegt wird?
- wieder zurückgelegt wird?

b) Beantworte die Aufgaben a) für die Zahl 22. Was stellst du fest?

8 Im Lande Kalibund erhalten die Bürger einmal im Jahr die Gelegenheit, von der Steuer befreit zu werden.
Dazu müssen sie zunächst mit verbundenen Augen einen Behälter wählen und anschließend aus dem gewählten Behälter eine Kugel ziehen.
Wer eine weiße Kugel zieht, wird von der Steuer befreit.
a) Berechne die Chance, von der Steuer befreit zu werden, wenn die Kugeln wie abgebildet verteilt sind.
b) Wie ändert sich die Chance, wenn die zwei schwarzen Kugeln aus dem ersten Behälter in den zweiten Behälter gelegt werden?
c) Ein Bürger bittet darum, vor dem Ziehen die Kugeln selbst auf die drei Behälter verteilen zu dürfen. Wie muss er die Kugeln verteilen, damit er eine möglichst große Chance hat, von der Steuer befreit zu werden? Gib für diesen Fall die Wahrscheinlichkeit an.

(1)

(2)

(3)

4 Zweistufige Zufallsversuche ohne Reihenfolge

Aus der Urne werden zwei Kugeln gleichzeitig gezogen.

→ Nenne die möglichen Ergebnisse dieses Zufallsversuchs.

→ Bestimme die Wahrscheinlichkeit des Ergebnisses „eine rote und eine gelbe Kugel ziehen".

Statt die beiden Kugeln gleichzeitig zu ziehen, können sie auch nacheinander gezogen werden, wobei die erste gezogene Kugel nicht zurückgelegt wird.

→ Worin unterscheidet sich dieser Zufallsversuch von dem Versuch, die beiden Kugeln gleichzeitig zu ziehen?

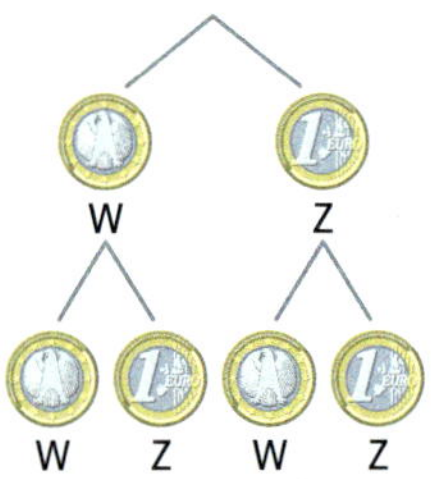

Werden zwei Münzen gleichzeitig geworfen, so ist das Ergebnis kein geordnetes Paar mehr, da man zwischen der ersten und der zweiten Münze nicht unterscheiden kann. Da jedes der Ergebnisse „zweimal Wappen" bzw. „zweimal Zahl" die Wahrscheinlichkeit $\frac{1}{4}$ hat, hat das Ergebnis „einmal Wappen, einmal Zahl" die Wahrscheinlichkeit $1 - \frac{1}{4} - \frac{1}{4} = \frac{1}{2}$.
Dies wird auch deutlich, wenn man zwei Münzen nacheinander wirft, sodass man nach dem Wurf zwischen erster und zweiter Münze unterscheiden kann. Auf diese Weise erhält man geordnete Paare.

P(einmal Zahl, einmal Wappen) = P(Zahl, Wappen) + P(Wappen, Zahl) = $\frac{1}{4} + \frac{1}{4} = \frac{1}{2}$.

Führt man zwei Zufallsversuche gleichzeitig durch, so erhält man als Ergebnis kein geordnetes Paar. Um die Wahrscheinlichkeit eines Ergebnisses zu bestimmen, betrachtet man den **zugehörigen zweistufigen Versuch** und addiert die Wahrscheinlichkeiten der entsprechenden geordneten Paare.

Beispiele

a) Die beiden Würfel werden gleichzeitig geworfen. Wie groß ist die Wahrscheinlichkeit, die Augensumme 3 zu erhalten?

1. Möglichkeit
erst roter Würfel, dann blauer Würfel

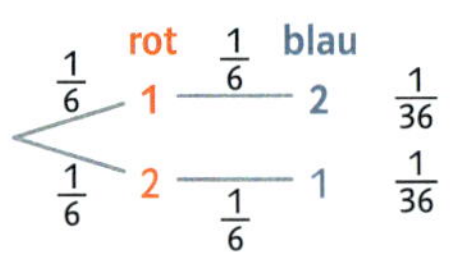

P (Augensumme 3) = $\frac{2}{36} = \frac{1}{18}$

2. Möglichkeit
erst blauer Würfel, dann roter Würfel

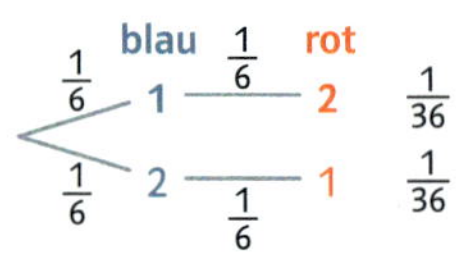

P (Augensumme 3) = $\frac{2}{36} = \frac{1}{18}$

b) In einer Kasse befinden sich 25 Ein-Euro-Stücke, darunter zehn aus Deutschland und fünf aus Belgien. Es werden mit einem Griff zwei Münzen entnommen. Wie groß ist die Wahrscheinlichkeit, eine deutsche und eine belgische Münze zu haben?

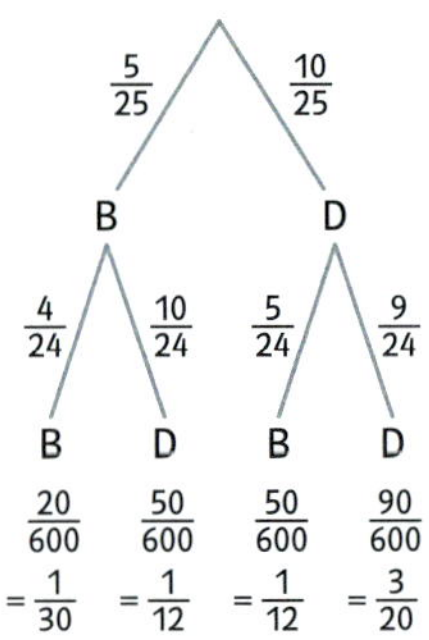

P(eine deutsche und eine belgische Münze) = P(D,B) + P(B,D) = $\frac{1}{12} + \frac{1}{12} = \frac{2}{12} = \frac{1}{6}$

Aufgaben

1 Aus der Schale werden zwei Kugeln gleichzeitig gezogen. Bestimme die Wahrscheinlichkeit.

a) Beide Kugeln haben die gleiche Farbe.
b) Eine Kugel ist rot, eine blau.
c) Keine Kugel ist rot.

2 In einem Loseimer befinden sich 70 Nieten und fünf Gewinne. Kelly zieht mit einem Griff zwei Lose. Wie groß ist die Wahrscheinlichkeit, mindestens einen Gewinn zu ziehen?

3 Zwei Münzen werden gleichzeitig geworfen. Dirk versucht sich als Hellseher. Welches Ergebnis sollte Dirk vorhersagen, damit er als Hellseher einen möglichst großen Erfolg hat?

4 Auf einem Wühltisch befinden sich schwarze und blaue Küchentücher. Frau Heger zieht unbesehen zwei Tücher. Mit welcher Wahrscheinlichkeit hat sie ein passendes Paar?
a) Von jeder Farbe befindet sich genau ein Paar auf dem Tisch.
b) Von jeder Farbe befinden sich zehn Paare auf dem Tisch.
c) Vergleiche die Ergebnisse der Aufgaben a) und b). Was stellst du fest? Formuliere eine Aussage über die Anzahl der Paare auf dem Tisch und die Wahrscheinlichkeit, ein passendes Paar zu ziehen.
d) Es befinden sich drei Paare schwarze und fünf Paare blaue Küchentücher auf dem Tisch.
e) Es befinden sich drei Paare schwarze und 50 Paare blaue Küchentücher auf dem Tisch.
f) Vergleiche die Ergebnisse von Aufgabe d) und e). Was stellst du fest? Formuliere eine Aussage über die Anzahl der Paare auf dem Tisch und der Wahrscheinlichkeit, ein passendes Paar zu ziehen.

Tabelle statt Baum

Für einen zweistufigen Zufallsversuch, können die Ergebnisse auch in einer Tabelle statt in einem Baumdiagramm dargestellt werden. Dies ist manchmal übersichtlicher.

Es werden zwei Würfel geworfen. Sind alle Ergebnisse gleich wahrscheinlich, lässt sich mithilfe der Tabelle die Wahrscheinlichkeit für ein Ereignis durch Auszählen schneller ermitteln als mit einem Baumdiagramm.

	1	2	3	4	5	6
1	(1,1)	(1,2)	(1,3)	(1,4)	(1,5)	(1,6)
2	(2,1)	(2,2)	(2,3)	(2,4)	(2,5)	(2,6)
3	(3,1)	(3,2)	(3,3)	(3,4)	(3,5)	(3,6)
4	(4,1)	(4,2)	(4,3)	(4,4)	(4,5)	(4,6)
5	(5,1)	(5,2)	(5,3)	(5,4)	(5,5)	(5,6)
6	(6,1)	(6,2)	(6,3)	(6,4)	(6,5)	(6,6)

Die Tabelle zeigt die 36 möglichen Ergebnisse. Das Ereignis „zwei gleiche Augenzahlen" besteht aus den sechs Ergebnissen (1,1); (2,2); (3,3); (4,4); (5,5) und (6,6).
$P(\text{zwei gleiche Augenzahlen}) = \frac{6}{36} = \frac{1}{6}$

- Es werden zwei Würfel geworfen und die Augenzahlen miteinander multipliziert. Bestimme P(Produkt größer 20).

- Beim Teilerspiel hat man zwei Würfe mit einem Dodekaeder. Lässt sich die Augensumme des ersten Wurfs durch die Augenzahl des zweiten Wurfs teilen, so erhält man einen Punkt. Wie groß ist die Wahrscheinlichkeit, einen Punkt zu bekommen?

- Auf einem Glücksrad mit acht gleich großen Feldern stehen die Zahlen 1 bis 8. Das Rad wird zweimal gedreht. Dann wird die kleinere von der größeren Zahl abgezogen. Sind beide Zahlen gleich groß, so ist das Ergebnis 0.
Stelle eine Tabelle auf und bestimme die Wahrscheinlichkeit, als Differenz den Wert null zu erhalten.

5 Erwartungswert

Bei einer Wohltätigkeitsveranstaltung erhält jeder der 250 Gäste ein Freilos. Als Gewinn gibt es einmal 500 €, fünfmal 50 € und fünfzigmal 5 €.

→ Wie viel Euro werden durchschnittlich pro Los ausgezahlt?

→ Berechne die durchschnittliche Auszahlung pro Los, wenn auf 2 % der Lose 100 €, auf 6 % der Lose 10 € und auf 16 % der Lose 5 € Gewinn fallen.

Werden den Ergebnissen eines Zufallsversuch Zahlenwerte zugeordnet, so kann man wie in der Statistik den Mittelwert berechnen. Dabei hat die Wahrscheinlichkeit dieselbe Bedeutung, wie die relative Häufigkeit in der Statistik. Der Mittelwert der Wahrscheinlichkeitsrechnung heißt **Erwartungswert**.

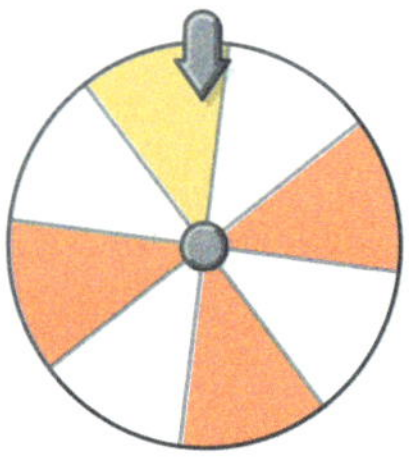

Das Glücksrad wird 120-mal gedreht. Bei Gelb erhält man 5 €, bei Rot 3 € und bei Weiß nichts. Der Einsatz beträgt 2 €. Von jedem gewonnenen Betrag muss deshalb der Einsatz 2 € abgezogen werden.

Mittelwert
der Statistik:

	Gelb	Rot	Weiß
Gewinn	3 €	1 €	−2 €
abs. H.	15	45	60
rel. H.	0,125	0,375	0,50

Mittelwert: $\frac{15 \cdot 3\,€ + 45 \cdot 1\,€ - 60 \cdot 2\,€ - 120 \cdot 2\,€}{120}$

$= 0{,}125 \cdot 3\,€ + 0{,}375 \cdot 1\,€ + 0{,}5 \cdot (-2\,€)$

$= -0{,}25\,€$

Im Durchschnitt werden pro Spiel 0,25 € verloren.

Mittelwert
der Wahrscheinlichkeitsrechnung:

Ergebnis	Gelb	Rot	Weiß
zugeordnete Größe	3 €	1 €	−2 €
Wahrscheinlichkeit	$\frac{1}{8}$	$\frac{3}{8}$	$\frac{1}{2}$

Erwartungswert:

$\frac{1}{8} \cdot 3\,€ + \frac{3}{8} \cdot 1\,€ + \frac{1}{2} \cdot (-2\,€) = -0{,}25\,€$

Im Durchschnitt ist mit einem Verlust von 0,25 € pro Spiel zu rechnen.

Der **Erwartungswert** wird so berechnet:
1. Jedem Ergebnis eines Zufallsversuchs wird eine Zahl oder Größe zugeordnet.
2. Die zugeordneten Zahlen oder Größen werden mit den zugehörigen Wahrscheinlichkeiten multipliziert.
3. Die Summe der Produkte bildet den **Erwartungswert**.

Bemerkungen

- Im Gegensatz zum Mittelwert der Statistik bezieht sich der Erwartungswert auf die Zukunft. Er beschreibt, womit auf lange Sicht pro Versuch gerechnet werden kann.
- Bei Glücksspielen gibt der Erwartungswert Auskunft über die Gewinnchancen. Ist der Erwartungswert größer null, so erhält man auf lange Sicht einen Gewinn, ist er kleiner als null, einen Verlust. Ist der Erwartungswert null, so erhält man auf lange Sicht weder einen Gewinn noch einen Verlust. Es handelt sich dann um ein faires Spiel.

Beispiel

Beim „Sternewürfeln" zählen nur die Punkte, die um einen mittleren Punkt herumliegen.

Ergebnisse:

Punkte:	0	0	2	0	4	0
Wahrscheinlichkeit:	$\frac{1}{6}$	$\frac{1}{6}$	$\frac{1}{6}$	$\frac{1}{6}$	$\frac{1}{6}$	$\frac{1}{6}$

Erwartungswert: $\frac{1}{6} \cdot 0 + \frac{1}{6} \cdot 0 + \frac{1}{6} \cdot 2 + \frac{1}{6} \cdot 0 + \frac{1}{6} \cdot 4 + \frac{1}{6} \cdot 0 = 1$

Auf lange Sicht, d.h. bei sehr vielen Würfen, kann im Durchschnitt mit einem Punkt pro Wurf gerechnet werden. Der Erwartungswert ist ein berechneter Mittelwert und muss deshalb nicht als Ergebnis des Zufallsversuchs vorkommen.

Aufgaben

1 Bei einem Kinderfest kann man an einem Glücksrad Bonbons gewinnen.

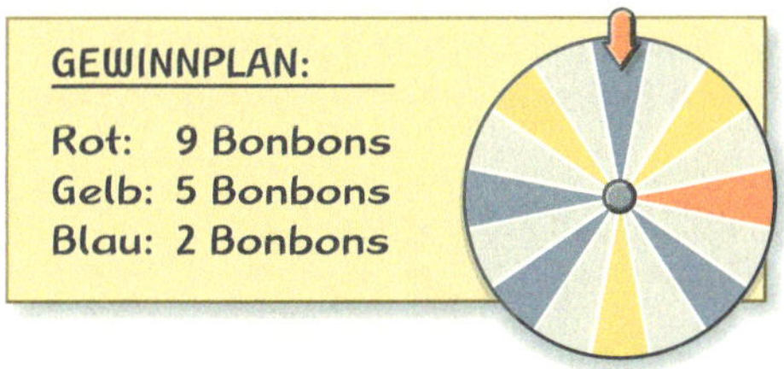

a) Welche Ergebnisse können beim Drehen des Glückrades erzielt werden?
b) Bestimme die Wahrscheinlichkeit für jedes Ergebnis.
c) Welche Zahlenwerte sind den Ergebnissen zuzuordnen?
d) Bestimme den Erwartungswert.

2 Die Losbude „King of luck" wirbt damit, dass jedes Los gewinnt. Unter den 500 Losen befinden sich folgende Gewinnmöglichkeiten:
280 Bleistifte, 170 Kuschelbären, 49 Radiowecker, 1 Play-Station.
Der Besitzer der Losbude kauft die Ware für folgende Preise ein:

Bleistift: 0,05 €
Kuschelbär: 1,50 €
Radiowecker: 6,00 €
Play-Station: 72,00 €

Der Lospreis beträgt 2€.
Berechne den Erwartungswert für den Kunden.

3 Ein Los kostet 5€. Es gilt folgender Gewinnplan.

die letzte Ziffer richtig	10 €
die letzten zwei Ziffern richtig	100 €
die letzten drei Ziffern richtig	1000 €

a) Bestimme den Erwartungswert für den Käufer.
b) Wie ändert sich der Erwartungswert, wenn die Losnummer vier Ziffern hat?

4 Bei einer Tombola beträgt der Einsatz 5 €. Für die Gewinne gelten die nebenstehenden Wahrscheinlichkeiten. Bestimme den Erwartungswert für den Veranstalter der Tombola.

Gewinn	P
100 €	1%
50 €	4%
20 €	8%

5 Ein Quader wird als Würfel benutzt. In der Tabelle ist die Wahrscheinlichkeitsverteilung und der Gewinn-Verlust-Plan für zwei Spielvarianten angegeben.

Augenzahl	Wahrscheinlichkeit	Gewinn – Verlust Spiel A	Gewinn – Verlust Spiel B
1	0,25	1€	−2€
2	0,15	−1€	2€
3	0,10	2€	2€
4	0,10	−1€	−2€
5	0,15	3€	−1€
6	0,25	−2€	2€

Welches der Spiele ist für den Spieler günstiger?

6 Bestimme den Erwartungswert.
a) Aus dem abgebildeten Glas wird eine Kugel gezogen. Zieht man die Zahl 2 oder 5, so erhält man entsprechend 2€ oder 5€. Sonst muss man 1€, 3€ oder 4€ bezahlen.
b) In einem anderen Becher sind die Kugeln wie folgt verteilt.

Kugelnummer	1	2	3	4	5
Anzahl	4	5	6	2	3

7 Es wird mit zwei Würfeln geworfen. Bestimme den Erwartungswert.
a) Augensumme
b) Augenprodukt
c) Führe den Versuch zur Augensumme 50-mal durch und bestimme den Mittelwert. Vergleiche ihn mit dem Erwartungswert.
d) Fasst alle Ergebnisse der Teilaufgabe c) in der Klasse zusammen. Berechnet den Mittelwert und vergleicht ihn mit dem Erwartungswert.

8 Für das Würfelspiel „Augensumme" stehen zwei unterschiedlich beschriftete Paare gleicher Würfel zur Verfügung.
1. Paar: 1, 3, 3, 4, 4, 5
2. Paar: 1, 2, 3, 3, 5, 6
Mit welchem Paar sollte man werfen, um auf lange Sicht eine möglichst hohe Augensumme zu erzielen?

9 Auf der Kirmes gibt es das Glücksspiel „Enten fangen". Dabei schwimmen 100 Plastikenten im Wasser, die verdeckt die Ziffern 00 bis 99 tragen. Pro Spiel wird eine Ente geangelt. Folgender Gewinnplan ist angegeben:

Doppelziffer 00:	10€
Doppelziffer (außer 00):	5€
Endziffer 0 (außer 00):	3€

Welchen Einsatz muss der Besitzer der Spielbude mindestens verlangen, damit er im Durchschnitt pro Spiel 50 Cent verdient?

10 Bei einem Glücksrad verteilen sich die Gewinne wie folgt:

Gewinn	5€	4€	3€
Wahrscheinlichkeit	10%	15%	20%

Der Einsatz beträgt 2€.
a) Ist das Spiel fair?
b) Was könnte man ändern, um das Spiel fair zu machen?
c) Ändere den Einsatz so ab, dass das Spiel fair wird.
d) Ändere den Gewinnplan so ab, dass das Spiel fair wird.

11 Wer aus einem Skatspiel ein Bild zieht, erhält 1€, wer eine Zahl zieht, muss 1€ zahlen. Welche Regel muss für das Ziehen eines Asses gelten, damit das Spiel fair ist?

12 Beim Spiel „17 und 4" werden den 32 Karten folgende Zahlenwerte zugeordnet:

7 8 9 10 2 3 4 11

a) Bestimme den Erwartungswert für die erste gezogene Karte.
b) Es sind bereits 3 Zehnen, 2 Buben, 1 Acht, 2 Sieben, 3 Könige und 1 Ass gezogen worden. Bestimme den Erwartungswert für die nächste zu ziehende Karte.
c) Verändere die Kartenwerte so, dass für die erste gezogene Karte der Erwartungswert fünf beträgt. Gib mindestens drei Beispiele an.

13 Beim Memory spielen liegen noch vier Pärchen verdeckt auf dem Tisch. Kati deckt eine Karte auf. Wie viele Karten muss sie im Durchschnitt noch aufdecken, bis sie die passende Karte findet, wenn sie die Verteilung der Karten nicht kennt und keine Karte zweimal aufdeckt?

Zusammenfassung

mögliche Ergebnisse

Jedes denkbare Ergebnis eines Zufallsversuchs heißt **mögliches Ergebnis**.

Ereignis

Alle Ergebnisse, die zu einem **Ereignis E** gehören, heißen **günstige Ergebnisse**.

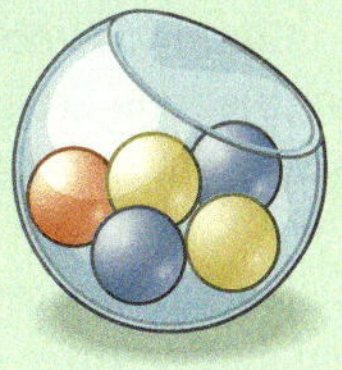

Es soll eine gelbe Kugel gezogen werden. Jede der fünf Kugeln ist ein mögliches Ergebnis ($n = 5$).

günstige Ergebnisse

Sind alle Ergebnisse gleich wahrscheinlich, so gilt für die Wahrscheinlichkeit P des Ereignisses E

Wahrscheinlichkeit

$P(E) = \frac{\text{Anzahl der günstigen Ergebnisse}}{\text{Anzahl der möglichen Ergebnisse}} = \frac{m}{n}$

Jede der zwei gelben Kugeln ist ein günstiges Ergebnis ($m = 2$).
Das Ereignis „gelbe Kugel" hat die Wahrscheinlichkeit $\frac{m}{n} = \frac{2}{5}$.

zusammengesetztes Ereignis

Werden zwei Ereignisse E_1 und E_2 zu einem neuen Ereignis E zusammengefasst, so heißt dieses Ereignis **zusammengesetztes Ereignis**.
Haben die beiden Ereignisse E_1 und E_2 kein Ergebnis gemeinsam, so gilt:
$P(E) = P(E_1 \text{ oder } E_2) = P(E_1) + P(E_2)$

Das Ereignis „gelbe oder rote Kugel" setzt sich aus den Ereignissen „gelbe Kugel" und „rote Kugel" zusammen.
P(gelbe oder rote Kugel) = P(gelbe Kugel) + P(rote Kugel) $= \frac{2}{5} + \frac{1}{5} = \frac{3}{5}$

Gegenereignis

Die ungünstigen Ergebnisse eines Ereignisses E bilden das **Gegenereignis** $\overline{E}$.
$P(\overline{E}) = 1 - P(E)$

Das Gegenereignis von „gelbe Kugel" ist „keine gelbe Kugel". P(keine gelbe Kugel) = 1 − P(gelbe Kugel) $= 1 - \frac{2}{5} = \frac{3}{5}$

zweistufiger Zufallsversuch

Besteht ein Zufallsversuch aus zwei Versuchen, so heißt dieser Zufallsversuch **zweistufiger Zufallsversuch**.

Es werden zwei Kugeln nacheinander gezogen. Die erste gezogene Kugel wird nicht zurückgelegt.

Baumdiagramm

Ein **Baumdiagramm** veranschaulicht die möglichen Ergebnisse eines zweistufigen Zufallsversuchs und deren Wahrscheinlichkeit.

Produktregel

Bei einem Zufallsversuch ist die Wahrscheinlichkeit eines Ergebnisses gleich dem Produkt der Wahrscheinlichkeiten entlang des zugehörigen Pfades.

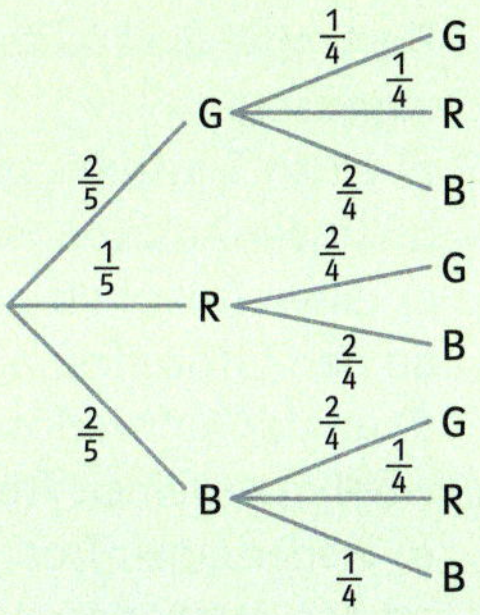

$P(G,G) = \frac{2}{5} \cdot \frac{1}{4} = \frac{1}{10}$
$P(G,R) = \frac{2}{5} \cdot \frac{1}{4} = \frac{1}{10}$
$P(G,B) = \frac{2}{5} \cdot \frac{2}{4} = \frac{1}{5}$
$P(R,G) = \frac{1}{5} \cdot \frac{2}{4} = \frac{1}{10}$
$P(R,B) = \frac{1}{5} \cdot \frac{2}{4} = \frac{1}{10}$
$P(B,G) = \frac{2}{5} \cdot \frac{2}{4} = \frac{1}{5}$
$P(B,R) = \frac{2}{5} \cdot \frac{1}{4} = \frac{1}{10}$
$P(B,B) = \frac{2}{5} \cdot \frac{1}{4} = \frac{1}{10}$

Summenregel

Die Wahrscheinlichkeit eines Ereignisses ist die Summe der Wahrscheinlichkeiten der zugehörigen Ergebnisse.

Das Ereignis „zwei gleiche Farben" setzt sich aus (G,G) und (B,B) zusammen.
P(zwei gleiche Farben) $= \frac{1}{10} + \frac{1}{10} = \frac{1}{5} = 20\,\%$

Erwartungswert

Werden den Ergebnissen eines Zufallsversuchs Zahlenwerte oder Größen zugeordnet, und diese mit den zugehörigen Wahrscheinlichkeiten multipliziert, so ist die Summe dieser Produkte der **Erwartungswert** des Zufallsversuchs.

Aus der Urne wird eine Kugel gezogen. Bei Rot erhält man 5 €, bei Gelb 1 € und bei Blau muss man 3 € zahlen. Erwartungswert: $\frac{1}{5} \cdot 5\,€ + \frac{2}{5} \cdot 1\,€ + \frac{2}{5} \cdot (-3\,€) = \frac{1}{5}\,€$
Im Mittel werden pro Spiel 0,20 € gewonnen.

Üben • Anwenden • Nachdenken

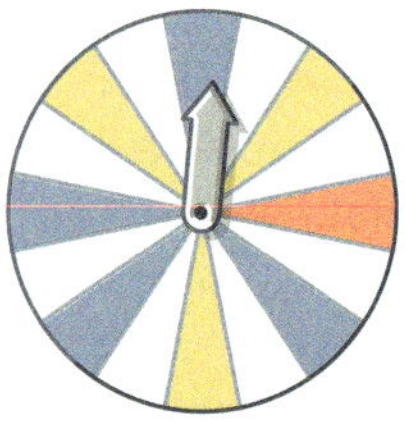

1 Gib für das abgebildete Glücksrad zwei verschiedene Ereignisse, ein sicheres Ereignis und ein unmögliches Ereignis an.

2 Für eine Lotterie werden farbige Kugeln in eine Urne gefüllt. Die Gewinnwahrscheinlichkeit soll wie folgt verteilt sein.

gelb: Trostpreis	40 %
blau: kleiner Preis	20 %
grün: großer Preis	8 %
rot: Hauptgewinn	2 %
schwarz:	Niete

a) In der Urne sollen sich insgesamt 300 Kugeln befinden.
b) Wie viele Kugeln jeder Farbe müssen sich mindestens in der Urne befinden?
c) Es stehen sechs Hauptgewinne zur Verfügung. Wie muss die Verteilung der Kugeln in der Urne sein? Es gibt mehrere Lösungen.

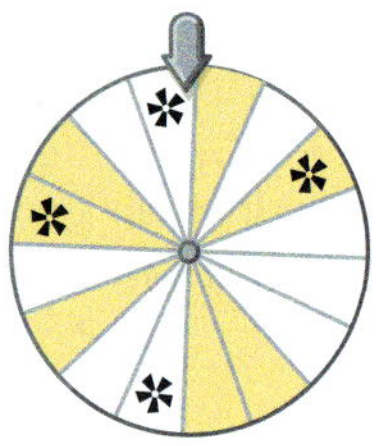

3 Das Autohaus „Fahrgut" veranstaltet zum 25jährigen Jubiläum eine Tombola.
Wer mit dem Glücksrad ein gelbes Feld trifft, erhält einen Trostpreis,
wer auf einen Stern trifft, nimmt an einer Auslosung teil, bei der ein Auto gewonnen werden kann.
Bestimme die Wahrscheinlichkeit des Ereignisses.
a) einen Trostpreis gewinnen
b) an der Autoverlosung teilnehmen
c) einen Trostpreis erhalten und zusätzlich an der Autoverlosung teilnehmen
d) an der Autoverlosung teilnehmen, obwohl man keinen Trostpreis erhält
e) weder einen Trostpreis erhalten, noch an der Autoverlosung teilnehmen

4 Wie lautet das Gegenereignis?
a) Mit dem Würfel wird eine gerade Zahl geworfen.
b) Bei der nächsten Ziehung der Lottozahlen werden nur gerade Zahlen gezogen.
c) Beim nächsten Spiel des VfB Stuttgart werden mehr als drei Tore geschossen.
d) In einem Test wird keine Frage richtig beantwortet.

5 Aus der Urne werden nacheinander zwei Kugeln gezogen.

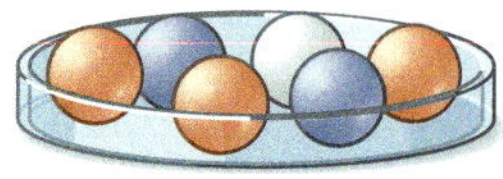

a) Bestimme die Wahrscheinlichkeit folgender Ereignisse, wenn die erste gezogene Kugel zurückgelegt wird.
- Es werden zwei rote Kugeln gezogen.
- Es werden zwei weiße Kugeln gezogen.
- Es werden zwei gleichfarbige Kugeln gezogen.
- Erst wird eine rote, dann eine weiße Kugel gezogen.
- Erst wird eine weiße, dann eine rote Kugel gezogen.
- Es wird eine rote und eine weiße Kugel gezogen.
- Es werden zwei verschiedenfarbige Kugeln gezogen.
- Unter den gezogenen Kugeln ist mindestens eine weiße Kugel.

b) Bestimme die Wahrscheinlichkeit folgender Ereignisse, wenn die erste gezogene Kugel nicht zurückgelegt wird.
- Es werden zwei rote Kugeln gezogen.
- Es werden zwei weiße Kugeln gezogen.
- Es werden zwei gleichfarbige Kugeln gezogen.
- Erst wird eine rote, dann eine weiße Kugel gezogen.
- Erst wird eine weiße, dann eine rote Kugel gezogen.
- Es wird eine rote und eine weiße Kugel gezogen.
- Es werden zwei verschiedenfarbige Kugeln gezogen.
- Unter den gezogenen Kugeln ist mindestens eine weiße Kugel.

6 Auf einem Glücksrad sind die 12 gleich großen Felder von 1 bis 12 nummeriert. Das Glücksrad wird zweimal gedreht. Stelle in einer Tabelle alle möglichen Ergebnisse dar und ermittle mithilfe der Tabelle die Wahrscheinlichkeit, mit der beide erhaltenen Zahlen jeweils durch drei teilbar sind.

Verkürzte Baumdiagramme

Ein Baumdiagramm kann schnell sehr umfangreich werden. Um die Wahrscheinlichkeit eines bestimmten Ereignisses zu ermitteln, genügt ein **verkürztes Baumdiagramm**, bei dem nur die Pfade gezeichnet werden, die zu den Ergebnissen des betrachteten Ereignisses führen.

Wie groß ist die Wahrscheinlichkeit, bei einem zweifachen Wurf mit einem Würfel ein Augenprodukt größer als 20 zu werfen? Beim ersten Wurf muss eine Augenzahl größer als 3 geworfen werden, da sonst ein Augenprodukt größer als 20 nicht mehr möglich ist. Ähnliche Überlegungen zum zweiten Wurf führen zum abgebildeten verkürzten Baumdiagramm. In dem Baumdiagramm ist die Wahrscheinlichkeit für jeden Ast $\frac{1}{6}$ und somit für jeden Pfad $\frac{1}{36}$.

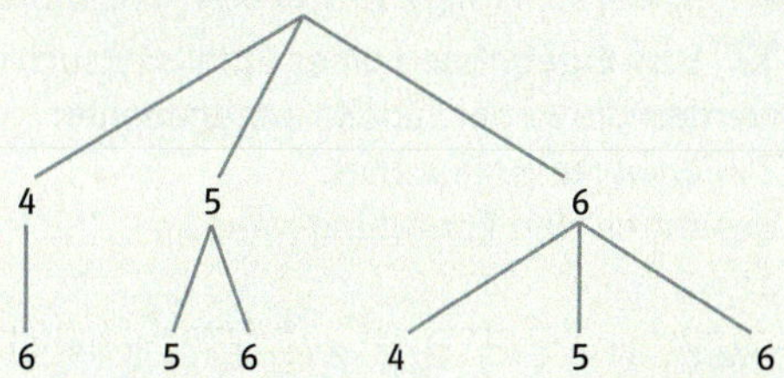

Alle Pfade führen zu Ergebnissen, die zum betrachteten Ereignis „Augenprodukt größer 20" führen.

$P(\text{Augenprodukt größer 20}) = \frac{6}{36} \approx 16{,}7\%$

Die Wahrscheinlichkeit, eine 6 zu würfeln, wenn man höchstens zwei Versuche hat, soll bestimmt werden. Die fünf Möglichkeiten, keine 6 zu würfeln, sind in nur einem Pfad dargestellt. Dieser Pfad beschreibt das Gegenereignis.

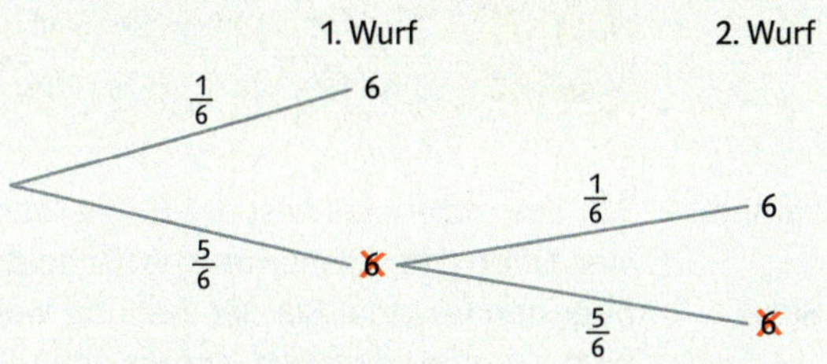

$P(6) = \frac{1}{6}$

$P(\not{6},6) = \frac{5}{6} \cdot \frac{1}{6} = \frac{5}{36}$

$P(\not{6},\not{6}) = \frac{5}{6} \cdot \frac{5}{6} = \frac{25}{36}$

$P(\text{6 im ersten oder zweiten Versuch}) = \frac{1}{6} + \frac{5}{36} = \frac{11}{36} = 30{,}6\%$

▪ Das Dodekaeder wird zweimal geworfen.
Bestimme die Wahrscheinlichkeit
- eine Augensumme größer als 21 erzielen.
- bei höchstens zwei Versuchen einmal eine 1 oder 12 werfen.

▪ Ein Glücksrad hat 30 gleich große Felder, die von 1 bis 30 beschriftet sind.
Wie groß ist die Wahrscheinlichkeit, bei zwei Drehungen
- jedes Mal eine durch 10 teilbare Zahl zu erhalten?
- eine Summe kleiner als 5 zu erzielen?

▪ In einer Vase befinden sich 12 rote, 24 weiße, 15 grüne, 21 gelbe, 30 blaue und 18 schwarze Kugeln. Es werden zwei Kugeln nacheinander gezogen, wobei die erste gezogene Kugel wieder zurückgelegt wird.
Mit welcher Wahrscheinlichkeit hat man zwei Kugeln gleicher Farbe gezogen?

7 Die Atemwegserkrankung COPD erleiden ca. 6 % der Bevölkerung. Die Wahrscheinlichkeit zu erkranken ist für einen Raucher 14-mal höher als für einen Nichtraucher. 35 % der Bevölkerung gelten als Raucher, da sie über einen längeren Zeitraum hinweg geraucht haben.
a) Stelle den Sachverhalt in einem Baumdiagramm dar.
b) Bestimme die Wahrscheinlichkeit mit der ein Raucher bzw. ein Nichtraucher erkrankt.
c) Wie viel Prozent der Bevölkerung erkranken auch als Nichtraucher?
c) Stelle dir weitere Fragen und beantworte sie mithilfe des Baumdiagramms.

8 Auf einem Glücksrad sind die vier Kreisausschnitte mit den Farben Weiß, Rot, Blau und Gelb wie folgt verteilt:

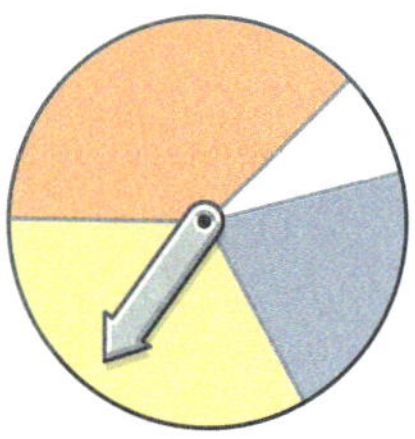

Farbe des Kreisausschnitts	Mittelpunktswinkel
Weiß	30°
Rot	135°
Blau	75°
Gelb	120°

a) Das Rad wird einmal gedreht. Bestimme die Wahrscheinlichkeiten.
P(Weiß), P(Weiß oder Rot), P(nicht Blau)
b) Das Rad wird zweimal gedreht. Bestimme die Wahrscheinlichkeiten.
P(zweimal Blau),
P(erst Blau, dann Gelb),
P(einmal Blau, einmal Gelb),
P(genau einmal Blau),
P(höchstens einmal Blau),
P(nicht Blau)

9 Die Wahrscheinlichkeit, mit der beim abgebildeten Körper eine der vier Flächen oben liegt, ist in der Tabelle angegeben.

Fläche	1	2	3	4
Wahrsch.	40 %	10 %	10 %	40 %

Der Körper wird zweimal geworfen.
Mit welcher Wahrscheinlichkeit wird die Augensumme 5 erzielt?

10 Marina spielt in zwei Lotterien. Bei der ersten Lotterie hat sie eine Gewinnchance von 30 %, bei der zweiten von 25 %. Mit welcher Wahrscheinlichkeit hat sie mindestens einen Gewinn?

11 Bei einer Lotterie werden 1000 Lose mit den Nummern 000 bis 999 verkauft. Berechne mit dem Gegenereignis die Wahrscheinlichkeit des Ereignisses.
a) als erste Ziffer keine 0 oder 9
b) nicht alle Ziffern gleich
c) keine Null unter den drei Ziffern

12 Den Ergebnissen eines Zufallsversuchs werden die in der Tabelle angegebenen Zahlenwerte zugeordnet.
Bestimme den Erwartungswert.
a)

Wert	0	2	3	5	8	9
Wahrsch.	$\frac{1}{5}$	$\frac{1}{8}$	$\frac{1}{6}$	$\frac{1}{4}$	$\frac{1}{8}$	$\frac{2}{15}$

b)

Wert	3	10	20	25	40	60
Wahrsch.	30 %	15 %	18 %	12 %	10 %	15 %

13 Ein Lotterielos kostet 2 €. Die letzten vier Ziffern der Losnummer entscheiden über den Gewinn. Bei der Ziehung wird eine Nummer gezogen, auf die 1000 € entfallen und 20 Nummern, auf die 100 € entfallen. Die weiteren Gewinne von 20 € und 5 € werden mithilfe von Endziffern ermittelt.

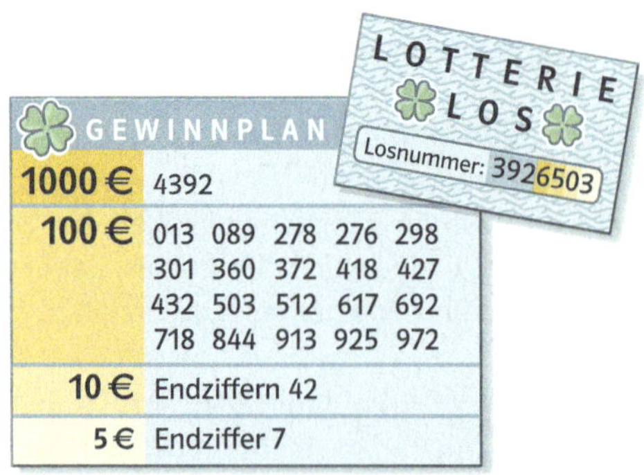

Berechne den Erwartungswert für den Spieler.

Mehrstufiger Zufallsversuch

Wird ein Zufallsversuch mehrfach hintereinander ausgeführt, so spricht man von einem **mehrstufigen Zufallsversuch**. Wie beim zweistufigen Zufallsversuch hilft das Baumdiagramm, die möglichen Ergebnisse und deren Wahrscheinlichkeit zu ermitteln.

Ein Reißnagel wird dreimal geworfen. Die Wahrscheinlichkeit für die Kopflage (⊥) beträgt $\frac{3}{5}$, für die Seitenlage (⋋) $\frac{2}{5}$. Das Baumdiagramm zeigt die möglichen Ergebnisse und die Wahrscheinlichkeit für diese Ergebnisse.

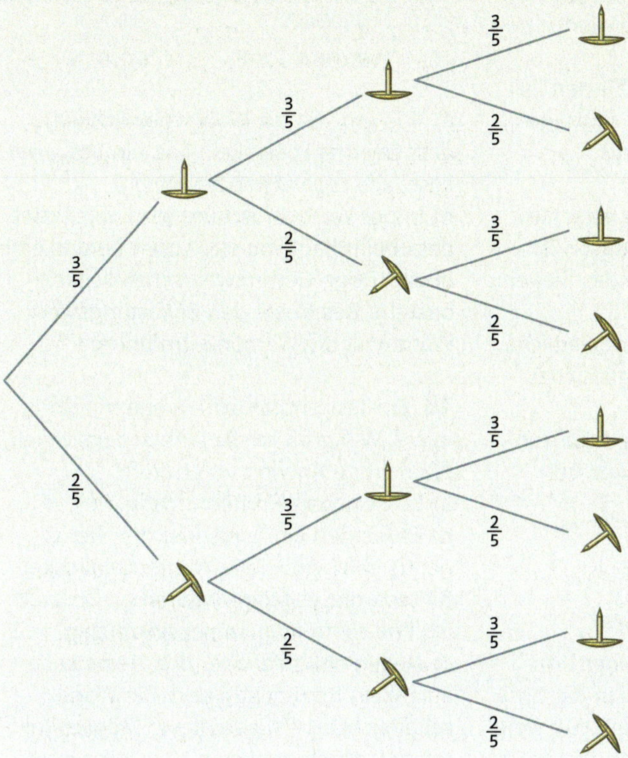

P(⊥⊥⊥) = $\frac{27}{125}$ = 21,6 %

P(⊥⊥⋋) = $\frac{18}{125}$ = 14,4 %

P(⊥⋋⊥) = $\frac{18}{125}$ = 14,4 %

P(⊥⋋⋋) = $\frac{12}{125}$ = 9,6 %

P(⋋⊥⊥) = $\frac{18}{125}$ = 14,4 %

P(⋋⊥⋋) = $\frac{12}{125}$ = 9,6 %

P(⋋⋋⊥) = $\frac{12}{125}$ = 9,6 %

P(⋋⋋⋋) = $\frac{8}{125}$ = 6,4 %

Summe: 1 = 100 %

Das Ereignis „mindestens zweimal Kopflage" setzt sich aus den Ergebnissen (⊥⊥⊥), (⊥⊥⋋), (⊥⋋⊥) und (⋋⊥⊥) zusammen.
P(mindestens zweimal Kopflage) = 21,6 % + 3 · 14,4 % = 64,8 %

■ Das Glücksrad wird dreimal gedreht.
Gib die Wahrscheinlichkeit für folgende Ereignisse an:
- Weiß, Blau und Rot je einmal
- kein Weiß
- mindestens zweimal Blau
- dreimal Weiß
- die Farben Weiß, Blau und Rot in genau dieser Reihenfolge.

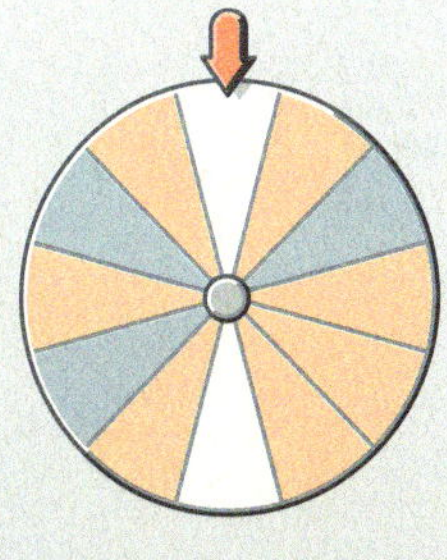

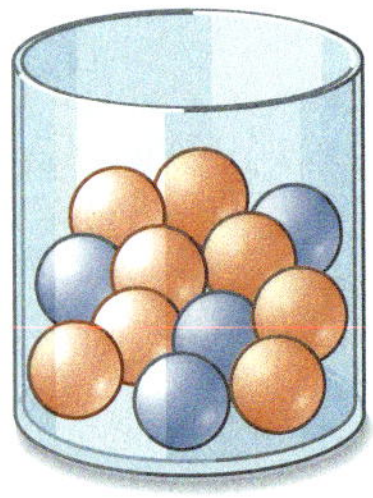

14 Aus dem abgebildeten Behälter werden drei Kugeln nacheinander ohne Zurücklegen gezogen.
Mit welcher Wahrscheinlichkeit tritt das folgende Ereignis ein?
Benutze verkürzte Baumdiagramme.
a) drei rote Kugeln
b) erst eine rote Kugel, dann zwei blaue
c) eine rote und zwei blaue Kugeln in beliebiger Reihenfolge
d) Löse die Aufgaben a) bis c) für den Fall, dass die Kugel nach jedem Zug wieder zurückgelegt wird.
e) Löse die Aufgaben a) bis c) für den Fall, dass die erste gezogene Kugel zurückgelegt wird, die zweite jedoch nicht.

15 Beim Pferderennen gibt es verschiedene Wettmöglichkeiten. Eine davon ist die Siegwette, bei der man auf das Siegerpferd setzt.
Nun hat aber jedes Pferd unterschiedliche Gewinnchancen, die vorher abgeschätzt werden können.
Für ein Rennen liegen folgende Schätzungen der Gewinnwahrscheinlichkeit vor:
Acapulco: $\frac{1}{12}$; Adlerflug: $\frac{1}{4}$; Blessi: $\frac{1}{45}$;
Dimpli: $\frac{7}{180}$; Falke: $\frac{1}{24}$; Inka: $\frac{3}{20}$;
Latus: $\frac{1}{8}$; Pegasus: $\frac{1}{5}$; Wirbel: $\frac{4}{45}$.

a) Das Pferderennen soll mit einer Urne simuliert werden. Dazu werden in die Urne Namenskarten der Pferde gelegt. Wie viele Karten müssen für die einzelnen Pferde in die Urne gelegt werden?
b) Wie groß ist die Gewinnwahrscheinlichkeit, wenn auf folgende Pferde gesetzt wird?
- Adlerflug, Falke und Latus
- Dimpli, Inka, Pegasus und Wirbel

c) Man möchte auf drei Pferde setzen und mit der größtmöglichen Wahrscheinlichkeit gewinnen.

16 Eine Maschine produziert Schrauben mit 10 % Ausschuss. Wie viele Schrauben muss man mindestens entnehmen, damit mit 99,5%iger Wahrscheinlichkeit mindestens eine Schraube einwandfrei ist?

17 Eine Lotterie wirbt damit, dass mehr als jedes zweite Los gewinnt. Der Lospreis beträgt 10 €.

Gewinnhöhe	Wahrscheinlichkeit
10 €	35 %
20 €	13 %
50 €	1,5 %
100 €	0,5 %
1000 €	0,01 %
10 000 €	0,005 %
100 000 €	0,0001 %

a) Wie groß ist die Wahrscheinlichkeit, dass bei drei Losen kein Los, ein Los, zwei Lose, alle Lose etwas gewinnen?
b) In der Werbebroschüre wird behauptet, dass beim Kauf von vier Losen bereits eine über 90%ige Gewinnwahrscheinlichkeit besteht. Bestimme den Erwartungswert. Warum ist die Werbung irreführend?

18 Ein Test enthält eine Frage mit drei Items. Wie groß ist die Wahrscheinlichkeit, die richtige Antwort zu erraten?
a) Es ist genau ein Item richtig.
b) Es können ein, zwei oder drei Items richtig sein, wobei die Wahrscheinlichkeit für jede dieser Möglichkeiten gleich groß ist. Wie sollte man immer ankreuzen?
c) Neben ein, zwei oder drei Items kann auch kein Item richtig sein. Die Wahrscheinlichkeit für jede dieser Möglichkeiten soll gleich groß sein. Wie sollte man immer ankreuzen?
d) Die Wahrscheinlichkeit, dass ein Item richtig ist, betrage 30 %, dass zwei Items richtig sind 60 % und dass alle drei Items richtig sind 10 %.
- Wie soll man ankreuzen, wenn man nichts weiß und nur rät?
- Wie soll man ankreuzen, wenn man ein Item weiß?

19 Für Mittwoch wird eine Regenwahrscheinlichkeit von 20 % und für Donnerstag von 60 % angegeben. Bestimme die Wahrscheinlichkeit, dass es mindestens an einem der beiden Tage regnet.

Rückspiegel

1 Aus der rechts abgebildeten Urne werden zwei Kugeln gezogen. Mit welcher Wahrscheinlichkeit werden zwei blaue Kugeln gezogen?
a) Die erste gezogene Kugel wird wieder zurückgelegt.
b) Die erste gezogene Kugel wird nicht zurückgelegt.

2 Es werden zwei Würfel nacheinander geworfen.
a) Stelle alle möglichen Ergebnisse in einer Tabelle dar.
b) Welche Wahrscheinlichkeit hat das Ereignis „Pasch"?

3 Das rechts abgebildete Glücksrad wird zweimal gedreht.
a) Mit welcher Wahrscheinlichkeit erhält man einmal Rot und einmal Blau?
b) Mit welcher Wahrscheinlichkeit bleibt das Glücksrad auf unterschiedlichen Farben stehen?

4 An einem Spielautomaten beträgt die Wahrscheinlichkeit etwas zu gewinnen 20 %. Doris spielt zweimal. Bestimme P.
a) P(mindestens ein Gewinn)
b) P(genau ein Gewinn)
c) P(kein Gewinn)
d) P(höchstens ein Gewinn)

5 Auf einem Glücksrad stehen die Zahlen −4; −2; 0; 3; 6. Die Wahrscheinlichkeit für die Ergebnisse entnimmst du der Tabelle.

Ergebnis	−4	−2	0	3	6
P(Ergebnis)	0,3	0,1	0,2	0,3	0,1

Bestimme den Erwartungswert.

6 An einem Spielautomaten beträgt der Einsatz pro Spiel 2 €. Die Gewinnausschüttung erfolgt gemäß der Tabelle.

Gewinn in €	4	5	10	20
Wahrscheinlichkeit	16 %	6 %	2 %	1 %

Berechne den zu erwartenden Verlust pro Spiel.

Rückspiegel

1 Aus der rechts abgebildeten Urne werden zwei Kugeln gezogen. Mit welcher Wahrscheinlichkeit ist mindestens eine der Kugeln rot?
a) Die erste gezogene Kugel wird wieder zurückgelegt.
b) Die erste gezogene Kugel wird nicht zurückgelegt.

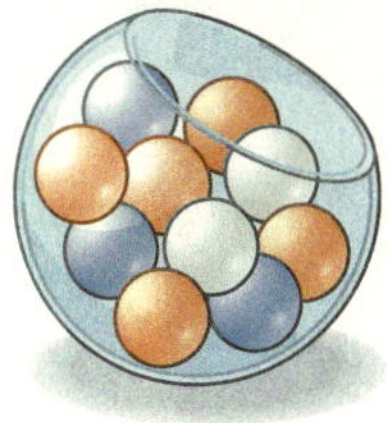

2 Es werden zwei Würfel nacheinander geworfen und die Augensumme gebildet.
a) Stelle alle möglichen Ergebnisse in einer Tabelle dar.
b) Welche Wahrscheinlichkeit hat das Ereignis „Augensumme größer als 9"?

3 Das rechts abgebildete Glücksrad wird zweimal gedreht. Bestimme die Wahrscheinlichkeit für folgende Ereignisse:
- genau zweimal Rot,
- mindestens einmal Rot,
- höchstens einmal Rot,
- kein Rot.

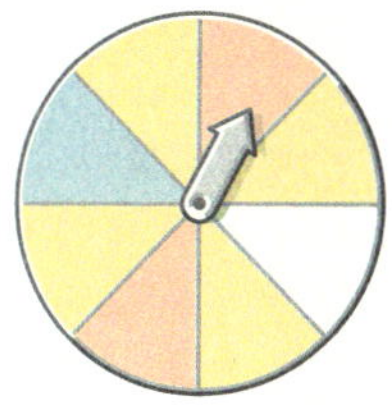

4 In einem Eimer mit 50 Losen befinden sich sechs Gewinne.
a) Bestimme die Wahrscheinlichkeit mit zwei Losen
- keinen Gewinn zu haben,
- zwei Gewinne zu haben,
- genau einen Gewinn zu haben.

b) Addiere die Wahrscheinlichkeiten von Aufgabe a). Erkläre das Ergebnis.

5 Folgende Gewinnausschüttung soll bei einem Glücksspiel erfolgen.

Gewinn in €	10	50	100	500
Wahrscheinlichkeit	5 %	2 %	1 %	0,5 %

Bei welchem Einsatz wäre das Spiel fair?

6 Bei einem Spiel beträgt der Einsatz 2 €. Mit einer Wahrscheinlichkeit von 16 % wird der Einsatz gewonnen (Freispiel), mit der Wahrscheinlichkeit von 3 % sind es 10 €. Der Erwartungswert pro Spiel beträgt für den Spieler −0,16 €. Mit welcher Wahrscheinlichkeit werden 5 € gewonnen?

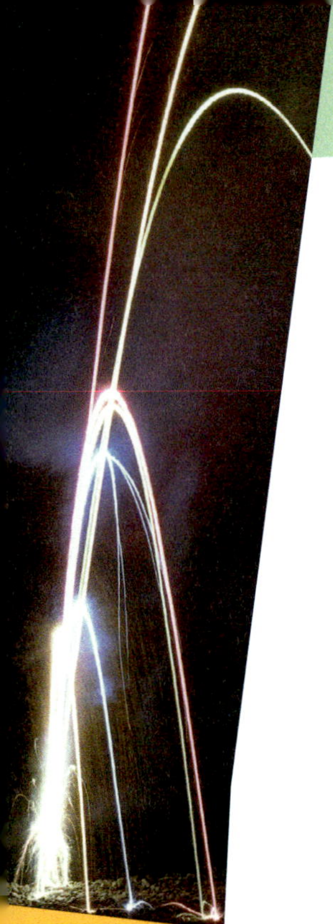

Immer geradeaus?

Im Schulhof könnt ihr euch zu „lebenden Graphen" aufstellen. Oben seht ihr eine „Gerade" mit der Steigung $m = 1$.

- Bildet auch Geraden mit anderen Steigungen.

Stellt euch auch so auf, dass die Gerade die y-Achse in jeweils einem anderen Punkt schneidet.

- Wie heißen die zugehörigen Funktionsgleichungen?

Versucht nun einen weiteren Graphen nach folgender Vorschrift aufzustellen:

Geht vom Startpunkt aus einen Schritt (zwei Schritte, drei Schritte ...) in x-Richtung nach rechts (bzw. nach links). Von dort bewegt ihr euch dann die Quadratzahl eurer Schritte in y-Richtung. Ihr dürft auch halbe Schrittweiten „einbauen".

- Wie könnte der neu gebildete Graph aussehen?
- Skizziere im Heft.
- Versuche den Verlauf des Graphen mit einer Funktionsgleichung zu beschreiben.

Markiere in ca. 8 cm Entfernung vom unteren Blattrand etwa in der Blattmitte einen Punkt P. Falte dann das Blatt so, dass die untere Blattkante durch den Punkt P verläuft. Wiederhole das Falten mit unterschiedlichen Neigungen etwa 10-mal.

- Zeichne die Faltkanten mit dem Stift nach.
- Beschreibe den Verlauf der Linien. Was fällt dir auf?

Nimm ein zweites Blatt und lege dort ebenso einen Punkt in der Mitte, aber nun 3 cm von der unteren Blattkante entfernt, fest. Wiederhole das Falten wie beschrieben.

- Zeichne die Faltlinien nach und vergleiche mit deinem ersten Ergebnis.

Faltlinien aus dem ersten Ergebnis

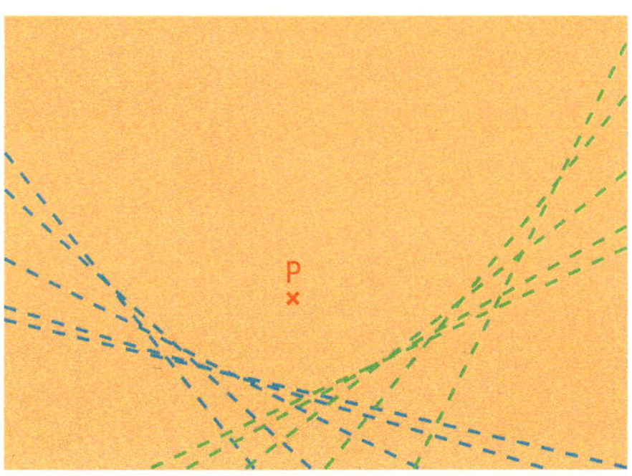

In diesem Kapitel lernst du,

- was man unter einer quadratischen Funktion versteht,
- was eine Normalparabel ist,
- dass es Parabeln verschiedener Form und Lage gibt,
- was Nullstellen der quadratischen Funktion sind und wie sie bestimmt werden,
- wie sich die Koordinaten der Schnittpunkte von Parabeln und Geraden rechnerisch ermitteln lassen,
- wie man mithilfe von quadratischen Funktionen modelliert.

1 Lineare Funktionen

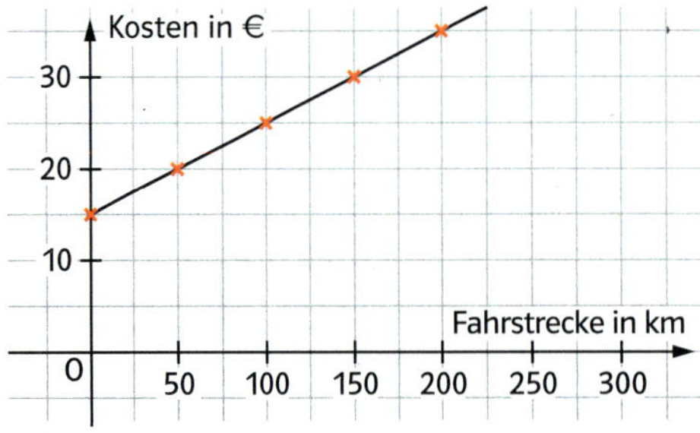

Dem Schaubild kann man die durchschnittlichen monatlichen Kosten für einen Motorroller entnehmen.

→ Wie hoch sind die Kosten für 50 km?
→ Wie lautet die Funktionsgleichung?
→ Wie weit kommt man für 30 €?
→ Wie verändern sich Funktionsgleichung und Graph für einen Roller mit anderem Kraftstoffverbrauch?

Den Graphen der linearen Funktion $y = \frac{1}{2}x + 2$ erhält man durch Verschieben der Geraden $y = \frac{1}{2}x$ um 2 Einheiten in positiver y-Richtung. Die Gerade schneidet die y-Achse im Punkt P(0 | 2).
Den Wert +2 auf der y-Achse bezeichnet man als **y-Achsenabschnitt b**.
Den Quotienten $\frac{1}{2}$ der beiden Katheten des Steigungsdreiecks nennt man die **Steigung m**.

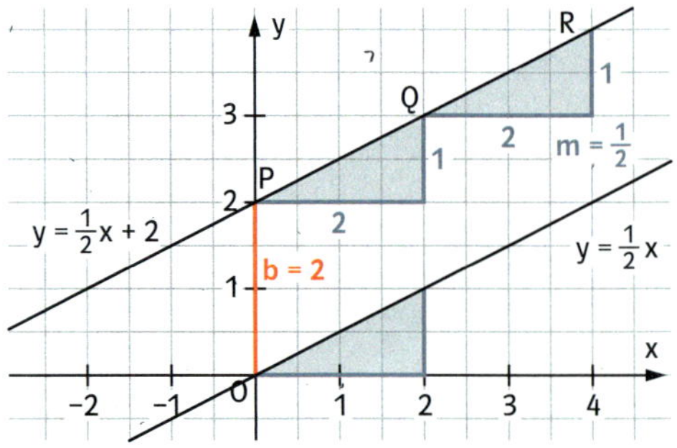

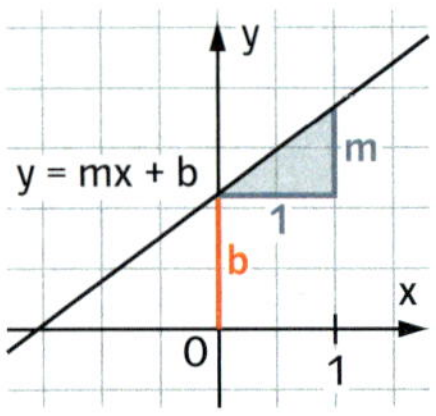

Eine Funktion mit der Gleichung **y = mx + b** heißt **lineare Funktion**.
Ihr Graph ist eine Gerade mit der **Steigung m**. Die Gerade schneidet die y-Achse im Punkt P(0 | b). Man bezeichnet b als **y-Achsenabschnitt**.

Bemerkung

Der Graph einer proportionalen Funktion geht durch O(0 | 0). Es gilt also b = 0.

Beispiele

! *Geraden mit gleicher Steigung m verlaufen parallel.*

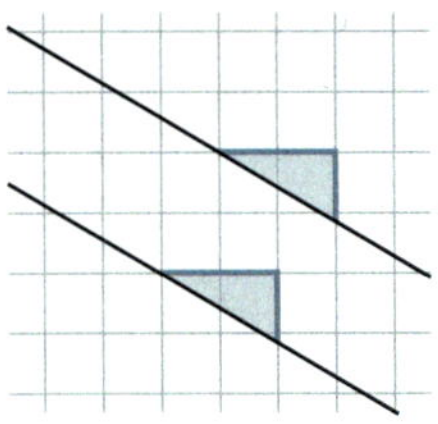

a) Der Graph der Funktion $y = \frac{1}{3}x + 0{,}5$ kann mithilfe des y-Achsenabschnitts $b = 0{,}5$ und der Steigung $m = \frac{1}{3}$ gezeichnet werden.

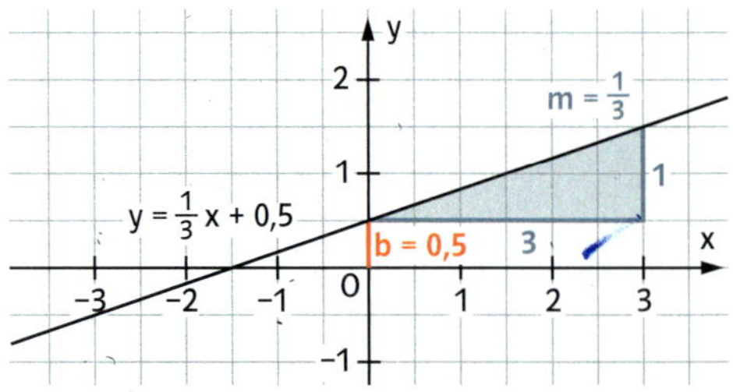

b) Die Gleichung einer Geraden durch die Punkte A(1 | 1) und B(3 | 0) lässt sich bestimmen aus der

Steigung $m = \frac{y_B - y_A}{x_B - x_A} = \frac{0 - 1}{3 - 1} = \frac{-1}{2} = -\frac{1}{2}$

und dem y-Achsenabschnitt $b = 1{,}5$.

Somit gilt: $y = -\frac{1}{2}x + 1{,}5$.

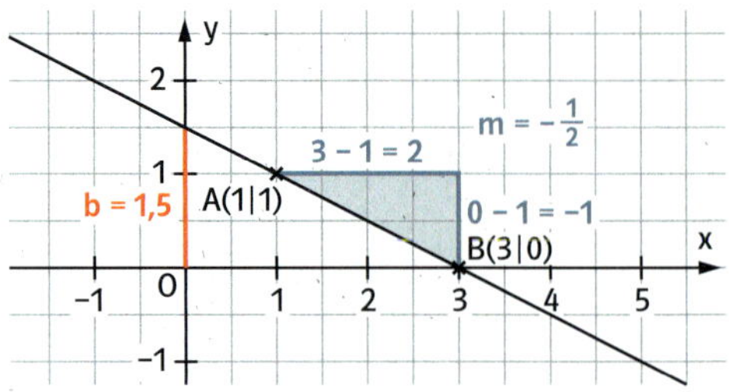

Aufgaben

1 Ordne den Graphen die Funktionsgleichungen zu. Begründe deine Entscheidung.

(A) $y = 2x + 1{,}5$ (B) $y = -\frac{3}{2}x + 2$

(C) $y = -\frac{1}{2}x - 1$ (D) $y = 1{,}5x - 1{,}5$

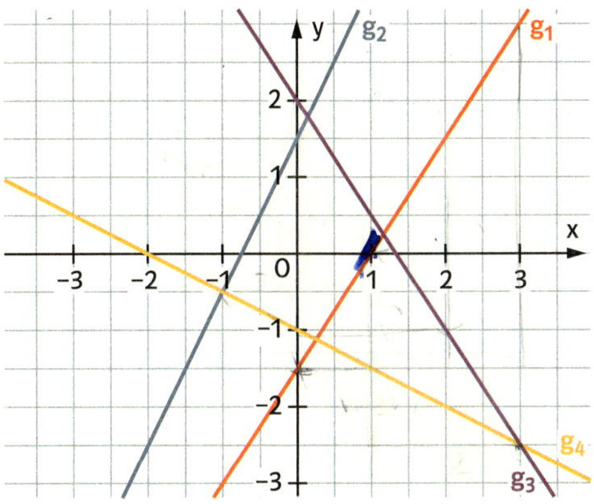

2 Zeichne den Graphen zur Funktionsgleichung. Verwende den y-Achsenabschnitt b und die Steigung m.

a) $y = x - 4$ b) $y = 0{,}5x + 2$

c) $y = \frac{2}{3}x - 1$ d) $y = -\frac{3}{4}x + 2{,}5$

e) $y = 2 - x$ f) $y = -1 - 0{,}4x$

3 Wie lauten die Funktionsgleichungen?

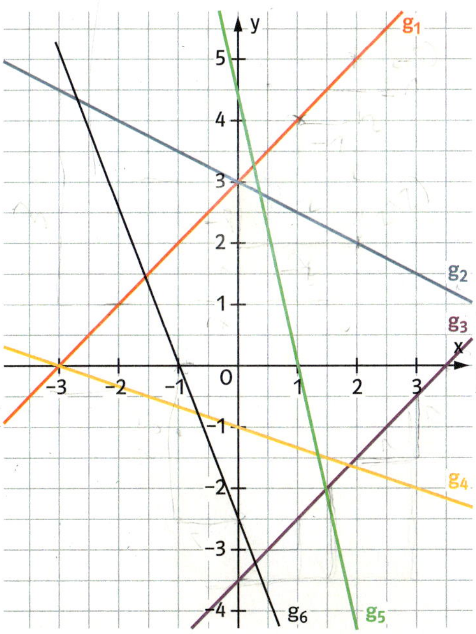

4 Zeichne die Gerade durch die Punkte A und B und bestimme die Funktionsgleichung.

a) A(1|5); B(4|8) b) A(2|7); B(6|15)

c) A(8|8), B(2|5) d) A(−2|−8); B(3|2)

e) A(0|6); B(−3|0) f) A(−3,5|5); B(−1|−2)

5 Die Gerade geht durch die Punkte P und Q. Bestimme die Funktionsgleichung ohne zu zeichnen.

a) P(2|3); Q(6|1) b) P(1|1); Q(−2|4)

c) P(4|5); Q(−2|1) d) P(−4|−3); Q(6|−1)

6 Gib die Gleichung der Geraden an, die durch den Punkt P(4|6) geht und die Steigung m besitzt.

a) $m = 1$ b) $m = \frac{1}{2}$

c) $m = -2$ d) $m = -\frac{1}{2}$

7 Ein Dreieck hat die Eckpunkte A(−4|−5), B(6|5) und C(2|7).
Bestimme die Gleichungen der drei Geraden, auf denen die Eckpunkte liegen.

8 Sind die Geraden g_1 durch A und B und g_2 durch C und D parallel? Weise auch durch Rechnung nach.

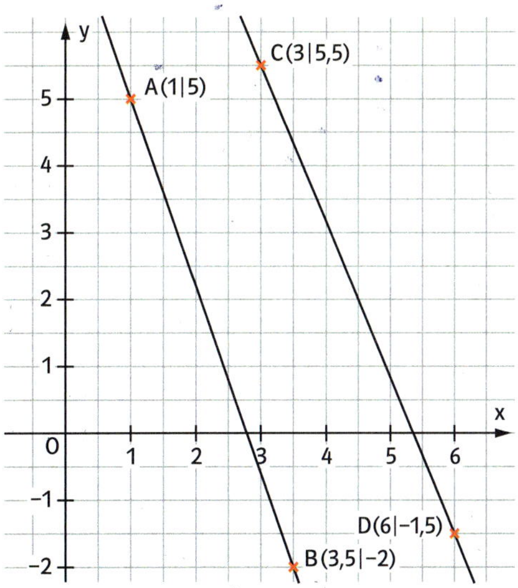

9 Die Gerade g geht durch die Punkte A(−4|−2) und B(2|10).
Liegt der Punkt C(−1|4) auf der Gerade g?
Entscheide auch für den Punkt D(40|86).

Geradensteigung aus 2 Punkten

Vergleiche die beiden Steigungsdreiecke.

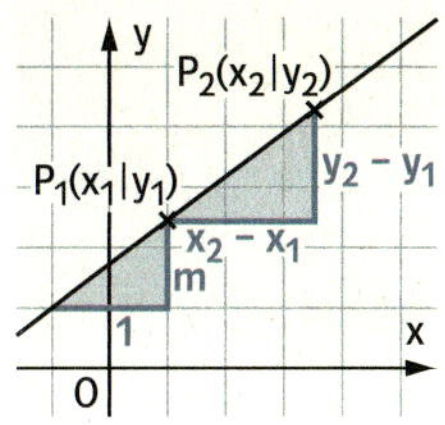

Für die Steigung gilt:
$m = \frac{y_2 - y_1}{x_2 - x_1}$

2 Lineare Gleichungssysteme

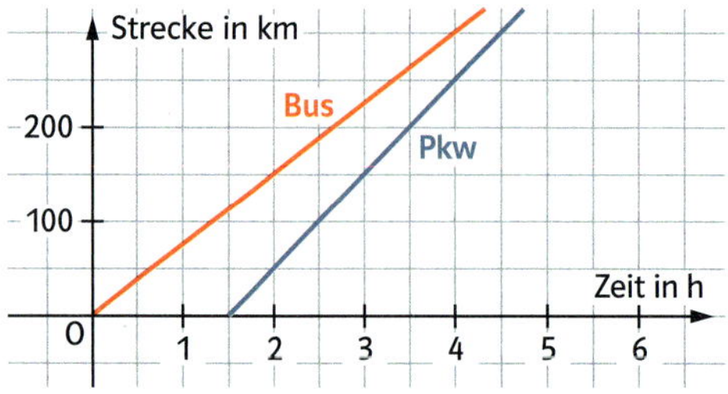

Wann holt der Pkw den Bus ein?
Erkläre anhand des Schaubilds.
→ Stelle Gleichungen für die Graphen der Fahrzeuge auf.
→ Was kannst du zusätzlich aus dem Schaubild ablesen?

Zwei lineare Gleichungen mit zwei Variablen bilden ein **lineares Gleichungssystem**. Zum Lösen des Systems muss man Zahlenpaare (x; y) finden, die beide Gleichungen erfüllen. Die drei rechnerischen Lösungsverfahren haben zum Ziel, aus zwei Gleichungen mit zwei Variablen eine Gleichung mit einer Variablen zu machen.

Gleichsetzungsverfahren

(1) $y = 5x - 7$
(2) $y = 2x + 2$

Gleichsetzen von (1) und (2):
$5x - 7 = 2x + 2$
$3x = 9$
$x = 3$
Einsetzen in (1):
$y = 5 \cdot 3 - 7$
$y = 8$
$L = \{(3; 8)\}$

Additionsverfahren

(1) $3x + 2y = 14$
(2) $5x - 2y = 2$

Addieren von (1) und (2):
$3x + 5x = 14 + 2$
$8x = 16$
$x = 2$
Einsetzen in (1):
$3 \cdot 2 + 2y = 14$
$y = 4$
$L = \{(2; 4)\}$

Einsetzungsverfahren

(1) $2x + y = 7$
(2) $y = x - 5$

Einsetzen von (2) in (1):
$2x + (x - 5) = 7$
$2x + x - 5 = 7$
$x = 4$
Einsetzen in (2):
$y = 4 - 5$
$y = -1$
$L = \{(4; -1)\}$

Lineare Gleichungssysteme lassen sich auch zeichnerisch lösen. Die Koordinaten des Schnittpunktes der beiden Geraden geben die Lösung des linearen Gleichungssystems an.

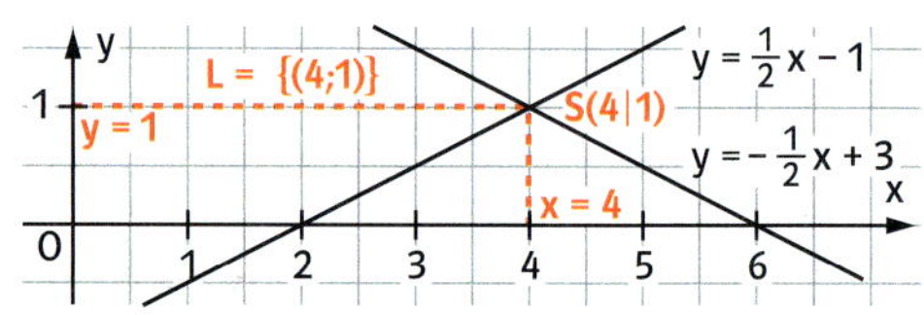

Lineare Gleichungssysteme mit zwei Variablen lassen sich mit dem Gleichsetzungs-, Einsetzungs- oder Additionsverfahren rechnerisch lösen.
Für die zeichnerische Lösung liest man die Koordinaten des Schnittpunktes der beiden Geraden ab.

Beispiele

a) Damit man das Additionsverfahren anwenden kann, muss man manchmal zuerst eine oder beide Gleichungen geschickt umformen:

(1) $5x + 2y = 16 \quad | \cdot 3$
(2) $8x - 3y = 7 \quad | \cdot 2$

(1′) $15x + 6y = 48$
(2′) $16x - 6y = 14$
Gleichungen (1′) und (2′) addieren:
$31x = 62 \quad | : 31$
$x = 2$

Einsetzen von x = 2 in (1):
$5 \cdot 2 + 2y = 16 \quad | - 10$
$2y = 6 \quad | : 2$
$y = 3$
$L = \{(2; 3)\}$

b) Lineare Gleichungssysteme mit zwei Variablen können eine Lösung, zwei Lösungen oder unendlich viele Lösungen haben.

Das Gleichungssystem

(1) $y = \frac{1}{2}x + 0{,}5$

(2) $y = \frac{1}{2}x + 1{,}5$

hat keine Lösung.

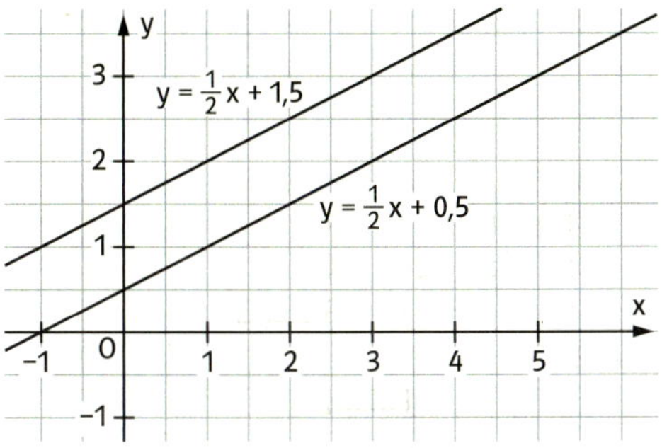

Die Geraden verlaufen parallel und haben keinen gemeinsamen Punkt.

Das Gleichungssystem

(1) $y = -x + 3$

(2) $2y + 2x = 6$

hat unendlich viele Lösungen.

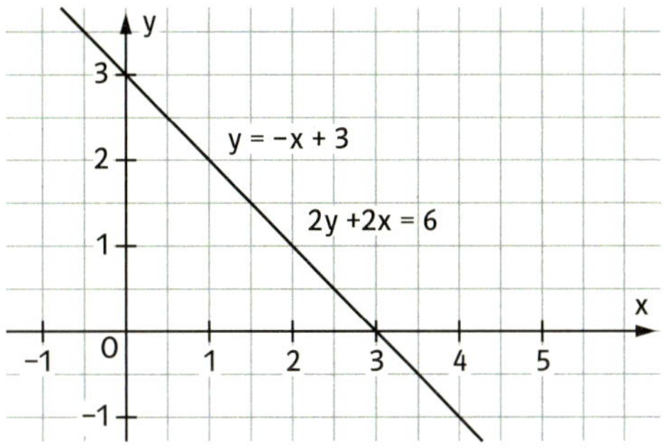

Die Geraden liegen aufeinander und haben unendlich viele gemeinsame Punkte.

Aufgaben

1 Wähle ein Lösungsverfahren.

a) $x + y = 9$
   $x = 19 - 3y$

b) $7x + 3y = 25$
   $7x = 2y - 5$

c) $4x = 1 + 2y$
   $4x = 6y - 17$

d) $5x + 6y = 2$
   $2x + 3y = 2$

e) $2y - 3x = 1$
   $3y + 5x = 11$

f) $2x = y + 3$
   $y + 3 = 7x - 5$

g) $3x + 5y = 28$
   $4x + 6y = 35$

h) $7x - 41 = -3y$
   $9x - 13y = 19$

2 Wie viele Lösungen hat das Gleichungssystem? Falls es eine einzige Lösung hat, bestimme sie.

a) $2x + 3y = 9$
   $x - y = 2$

b) $x + y = 1$
   $3y + 3x = 6$

c) $12x + 15y = 3$
   $4x + 5y = 1$

d) $2x - 6y - 21 = 0$
   $2x = \frac{3}{4}y$

e) $2x - 8y - 3 = 7$
   $2y + 10 = 2(x - 3y)$

f) $x - 0{,}5y - 1 = 4$
   $3(x - 5) - (y - 2) = 5$

3 Gib mögliche Gleichungen zweier Geraden mit dem Schnittpunkt S an.

a) S(3|2)
b) S(3|−2)
c) S(−3|2)
d) S(−3|−2)

4 Bestimme die Koordinaten des Schnittpunktes.
Zeichne besonders sorgfältig.
Überprüfe deine Lösung rechnerisch.

a) $y = -0{,}5x + 3$
   $y = \frac{1}{3}x + 5$

b) $y = 0{,}2x - 4$
   $y = -3x + 4$

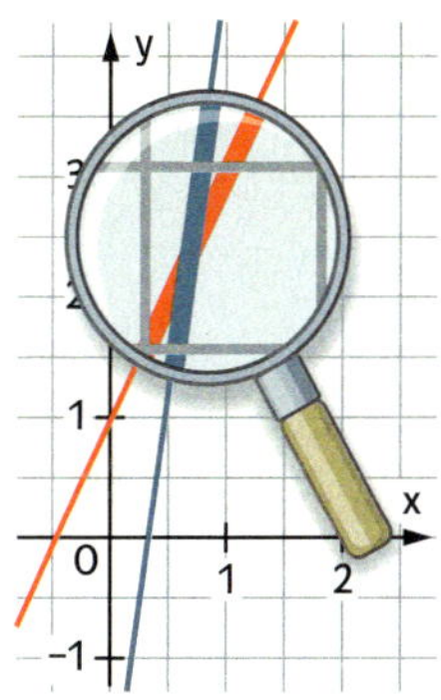

5 Löse das Gleichungssystem zeichnerisch.

a) $y = -3x + 7$
   $y = -\frac{1}{3}x - 1$

b) $y = -1{,}5x + 3$
   $y = 0{,}5x - 5$

6 Gegeben sind die Gerade g und der Punkt P. Gib die Gleichung der Geraden an, die durch P geht und g nicht schneidet.

a) g: $y = 2x - 3$ P(1|3)
b) g: $y = -0{,}5x + 2$ P(−3|1)
c) g: $2y = 3x + 4$ P(2|−2)
d) g: $3y - 4x = -3$ P(−5|1)

7 Gib ein lineares Gleichungssystem mit zwei Variablen an, das

a) keine Lösung hat.

b) (1; 1) und (2; 2) als Teil seiner Lösungsmenge hat.

3 Die quadratische Funktion $y = x^2 + c$

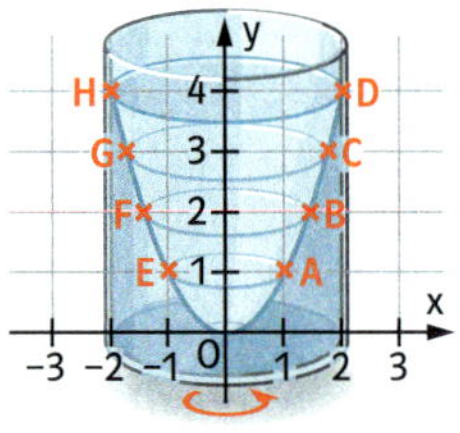

Ein Becherglas wird um seine Achse gedreht. Das Wasser bildet eine rotierende Fläche. Ihre Schnittfigur mit der x-y-Ebene ist eine charakteristische Kurve.
→ Lies die Koordinaten der Punkte A, B, C, D, E, F, G, und H in dem hinterlegten Koordinatensystem ab.

Viele Bogenformen in Architektur und Technik lassen sich mithilfe von Funktionsgleichungen beschreiben. Dabei kommt die Variable x im Quadrat vor wie z.B. in $y = x^2$. Man spricht deshalb von einer quadratischen Funktion.

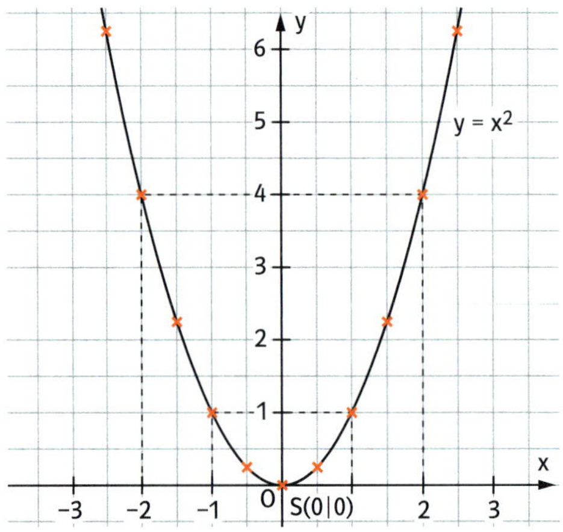

Zum Zeichnen des Schaubildes von $y = x^2$ wird eine Wertetabelle für den Bereich $-3 \leqq x \leqq 3$ mit der Schrittweite 0,5 erstellt:

x	−3	−2,5	−2	−1,5	−1	−0,5	0
y	9	6,25	4	2,25	1	0,25	0

x	0,5	1	1,5	2	2,5	3
y	0,25	1	2,25	4	6,25	9

Den tiefsten Punkt S(0|0) dieser **Normalparabel** bezeichnet man als **Scheitel S**. Die x-Werte 2 und −2 zum Beispiel haben denselben y-Wert 4. Da für andere x-Werte Ähnliches gilt, ist die Normalparabel achsensymmetrisch zur y-Achse.

Die einfachste **quadratische Funktion** hat die Gleichung $\mathbf{y = x^2}$.
Ihr Schaubild heißt **Normalparabel**.

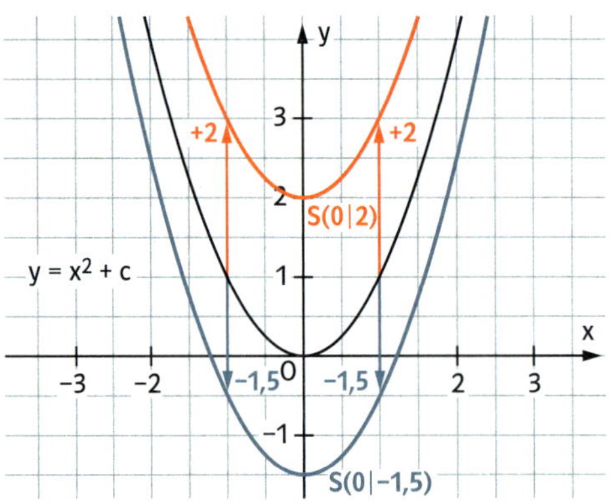

Addiert man zu den y-Werten der Normalparabel einen festen Summanden c, so verschiebt sich das Schaubild in y-Richtung. Die Form bleibt erhalten.
So entstehen die Schaubilder der Funktionen $\mathbf{y = x^2 + c}$ aus der Normalparabel durch Verschiebung in y-Richtung. Der Summand **c** gibt dabei die Länge und die Richtung der Verschiebung an:
$c > 0$ Verschiebung nach oben, $c < 0$ Verschiebung nach unten. Der Scheitel hat dann die Koordinaten **S(0|c)**.

Das Schaubild der Funktion $\mathbf{y = x^2 + c}$ entsteht aus der Normalparabel durch Verschiebung in y-Richtung. Der Scheitel hat die Koordinaten **S(0|c)**.

Aufgaben

1 Stelle eine Parabelschablone her. Zeichne dazu die Normalparabel möglichst genau auf Millimeterpapier. Wähle das Intervall $-3 \leqq x \leqq 3$ und die Schrittweite 0,2. Klebe das Schaubild auf Karton und schneide die Parabel aus.

2 Untersuche das Schaubild der Funktion $y = x^2$ im Intervall $-1 \leqq x \leqq 1$. Eine Einheit soll 10 cm betragen.

3 Entscheide und begründe, ob eine lineare oder eine quadratische Funktion vorliegt.

a) $y = 2x$ b) $y = x^2 + 2$
c) $y = -x + \left(\frac{1}{2}\right)^2$ d) $y = x^2 + 0,5$
e) $y = 3x + 2^2$ f) $y = 3x^2 + 2$

4 Welche Punkte liegen nicht auf der Normalparabel?

A(1|1) B(1|−1) C(−1|1)
D(2|−2) E(0,5|0,5) F(−2|4)
G(1,5|3) H(−1,5|−2,25) I(2,5|6,25)

5 Liegt der Punkt P auf der Normalparabel, oberhalb oder unterhalb der Kurve? Löse zunächst ohne Zeichnung und überprüfe dann dein Ergebnis mit dem Graphen.

a) P(3,5|12,25) b) P(−2,4|5,76)
c) P(1,4|2,1) d) P(0,9|1,0)
e) P(−0,4|0,4) f) P(−1,8|3,6)

6 Gib die Funktionsgleichungen der Parabeln an.

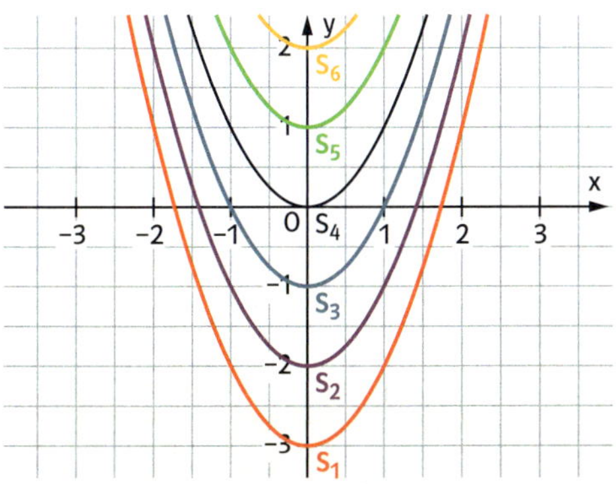

7 Die Punkte liegen auf der Normalparabel. Bestimme die fehlende Koordinate.

a) P_1(6|□) b) P_3(1,2|□)
P_2(1,2|□) P_4(0,8|□)
c) P_5(−0,5|□) d) P_7(−3,5|□)
P_6(0,1|□) P_8(2,9|□)
e) P_9(□|1,69) f) P_{11}(□|6)
P_{10}(□|10) P_{12}(□|3)

8 Zeichne das Schaubild.

a) $y = x^2 + 2$ b) $y = x^2 - 3$
c) $y = x^2 + 1,6$ d) $y = x^2 - 4,2$
e) $y = 5 + x^2$ f) $y = x^2 + \frac{13}{4}$

9 Wie heißt die Funktionsgleichung der verschobenen Normalparabel?

a) S(0|5) b) S(0|−7) c) S(0|−1,5)
d) S(0|8) e) S(0|−0,5) f) S(0|3,5)

10 Eine Parabel mit der Funktionsgleichung $y = x^2 + c$ verläuft durch den Punkt P. Bestimme die Parabelgleichung.
Beispiel: Der Punkt P(1|2) hat die Koordinaten $x = 1$ und $y = 2$. In $y = x^2 + c$ eingesetzt erhält man: $2 = 1 + c$; $c = 1$
Es gilt: $y = x^2 + 1$

a) P(1|3) b) P(2|6) c) P(−1|3)
d) P(1|−3) e) P(0,5|2,75) f) P(−2|2)
g) P(−3|1) h) P(−0,5|−1,75) i) P(−2|−7)

! *Mit 5 Punkten kannst du die Normalparabel schnell skizzieren.*

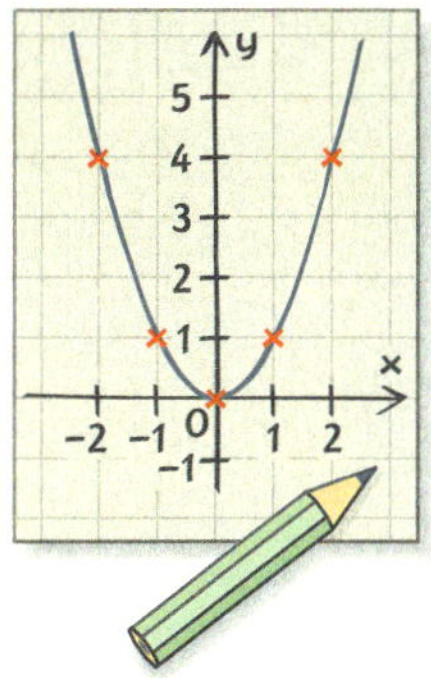

Schülerparabeln

- Stellt euch im Schulhof so auf, dass eine Normalparabel zu sehen ist.
- Bewegt euch nun alle in gleich großen Schritten und mit vereinbarter Anzahl von Schritten in Richtung der y-Achse.
- Habt ihr eure neue Parabel gebildet, dann findet die Parabelgleichung.

4 Die quadratische Funktion $y = ax^2 + c$

x	−2	−1	0	1	2	3
y	5	2	1	2	5	10

x	−2	−1	0	1	2	3
y	7	1	−1	1	7	17

x	−2	−1	0	1	2	3
y	8	2	0	2	8	18

x	−2	−1	0	1	2	3
y	−4	−1	0	−1	−4	−9

x	−2	−1	0	1	2	3
y	1	0,25	0	0,25	1	2,25

$y = -x^2$

$y = \frac{1}{4} \cdot x^2$

$y = 2 \cdot x^2$

$y = 2 \cdot x^2 - 1$

$y = x^2 + 1$

Wertetabellen und Funktionsgleichungen sind durcheinandergeraten.

→ Welche Wertetabelle gehört zu welcher Gleichung?

→ Zwei Gleichungen beschreiben eine veränderte Lage der Normalparabel.

→ Drei Gleichungen beschreiben eine veränderte Form der Normalparabel. Versuche sie zu skizzieren.

Multipliziert man die y-Werte der Funktion $y = x^2$ mit einem konstanten Faktor a, erhält man die Funktionsgleichung $\mathbf{y = a \cdot x^2}$.
An a lässt sich die Form und Öffnung der Parabel erkennen.
Ist Faktor **a positiv** ($a > 0$), ist die Parabel nach oben geöffnet.
Ist Faktor **a negativ** ($a < 0$), ist die Parabel nach unten geöffnet.
Die Schaubilder zeigen:

$a > 0$		$a < 0$	
Die Parabel ist			
nach oben geöffnet		nach unten geöffnet	
$a > 1$	$0 < a < 1$	$a < -1$	$-1 < a < 0$
Die Parabel ist			
schmaler	breiter	schmaler	breiter
als die Normalparabel			

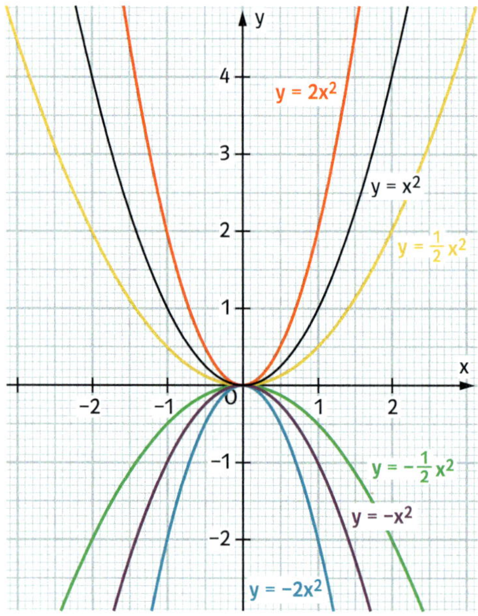

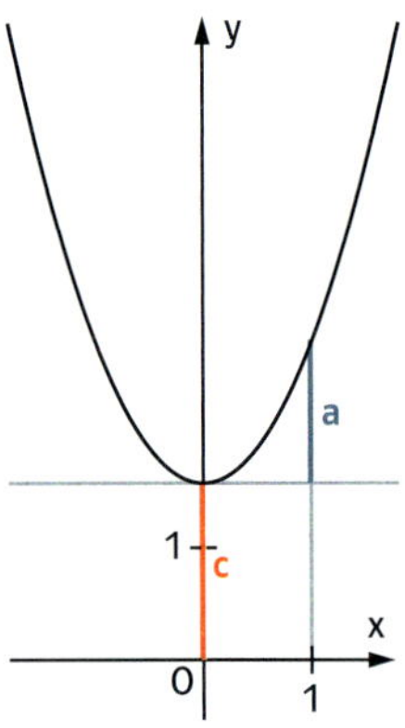

Das Schaubild der Funktion $\mathbf{y = ax^2 + c}$ ist eine Parabel.
Der Faktor a bestimmt die Form und Öffnung der Parabel, der Summand c die Lage. Der Scheitel hat die Koordinaten $S(0|c)$.

Beispiel

Das Schaubild der Funktion $y = \frac{1}{8}x^2 - 2{,}5$ ist eine nach oben geöffnete Parabel. Sie ist breiter als die Normalparabel und der Scheitel hat die Koordinaten $S(0|-2{,}5)$.

x	−6	−4	−2	0	2	4	6
y	2	−0,5	−2	−2,5	−2	−0,5	2

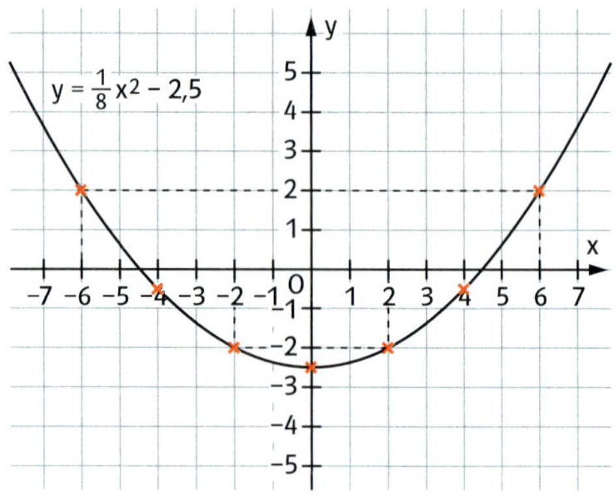

Aufgaben

1 Zeichne das Schaubild der Funktion. Erstelle dazu eine Wertetabelle. Wenn du Werte geschickt wählst, kannst du dir Arbeit sparen.

a) $y = 2x^2$ b) $y = \frac{1}{2}x^2$
c) $y = 3x^2$ d) $y = -\frac{1}{4}x^2$
e) $y = \frac{5}{2}x^2$ f) $y = -2x^2$

2 Beschreibe Form und Öffnung der Parabel. Skizziere dazu die Parabel im Koordinatensystem.

a) $y = 5x^2$ b) $y = \frac{1}{5}x^2$
c) $y = -4x^2$ d) $y = -\frac{1}{4}x^2$
e) $y = 0{,}3x^2$ f) $y = \frac{6}{5}x^2$

3 Zeichne das Schaubild der Funktion.

a) $y = 2x^2 + 1$ b) $y = \frac{1}{2}x^2 - 4$
c) $y = 3x^2 - 2$ d) $y = \frac{1}{3}x^2 + 2$
e) $y = \frac{5}{2}x^2 - 1$ f) $y = 1{,}5x^2 - 3$

4 Vergleiche die drei Parabeln und stelle ihre Unterschiede fest.
Wenn du nicht sicher bist, zeichne die drei Schaubilder.

a) $y = x^2 + 3$
$y = x^2 - 3$
$y = x^2$

b) $y = x^2$
$y = 2x^2$
$y = x^2 + 2$

c) $y = x^2 + 2$
$y = 2x^2 + 2$
$y = \frac{1}{2}x^2 + 2$

d) $y = \frac{1}{2}x^2 + 3$
$y = \frac{1}{3}x^2 + 3$
$y = \frac{1}{4}x^2 + 4$

5 Beschreibe Lage und Form der Parabel im Vergleich zur Normalparabel. Am besten ohne zu zeichnen.

a) $y = 10x^2$ b) $y = x^2 - 100$
c) $y = \frac{1}{10}x^2 + 10$ d) $y = 100x^2 - 100$
e) $y = -x^2 + 100$ f) $y = -0{,}01x^2 + 10$

6 Zeichne die Schaubilder der quadratischen Funktion $y = ax^2 - a$ für

a = 0,5 a = 1 a = 1,5
a = 2 a = 2,5 a = 3.

7 Stellt euch gegenseitig die Aufgabe, an einer Funktionsgleichung die Besonderheiten der zugehörigen Parabel zu erkennen, ohne zu zeichnen.
Beispiel: $y = -2{,}5x^2 + 1$
„Die Parabel ist nach unten geöffnet und ist schmaler als die Normalparabel. Ihr Scheitel ist S(0|1).“

8 Gib die Funktionsgleichung der Parabel in der Form $y = ax^2 + c$ an.

a) a = 1; S(0|−2) b) a = −0,5; S(0|4)
c) a = −3; S(0|3) d) $a = \frac{5}{6}$; S(0|−5)

9 Eine Parabel mit der Funktionsgleichung $y = ax^2$ verläuft durch den Punkt P. Bestimme die Parabelgleichung.

a) P(1|3) b) P(−1|−3) c) P(4|5)
d) P(2|0) e) P(−2|6) f) P(0|−2,5)

10 Es sind Funktionsgleichungen und Schaubilder quadratischer Funktionen gegeben. Welches Schaubild gehört zu welcher Funktionsgleichung?

a) $y = 3x^2$ b) $y = 2x^2 - 3$
c) $y = \frac{1}{2}x^2 - 3$ d) $y = \frac{1}{3}x^2$
e) $y = -x^2 + 2$ f) $y = x^2 + 2$
g) $y = -2x^2 + 3$ h) $y = -\frac{1}{3}x^2 + 3$

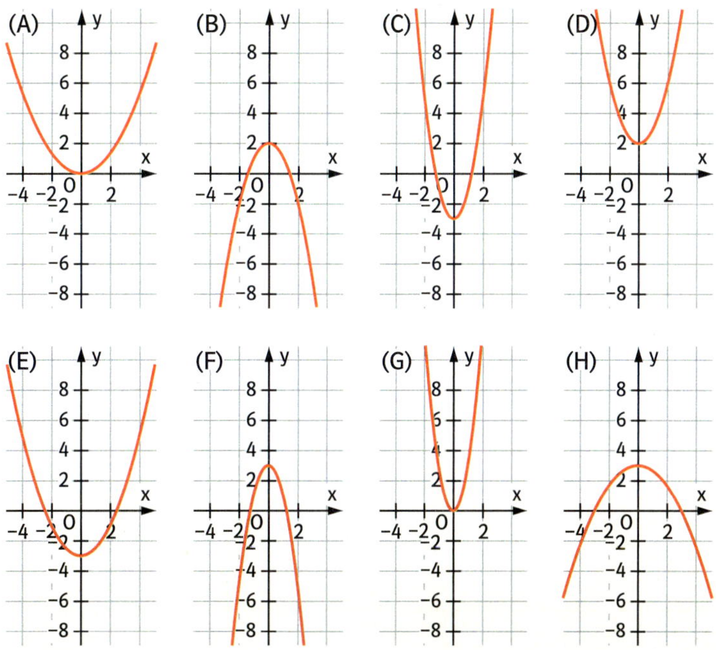

! *Zum raschen Skizzieren von Parabeln multipliziert man die y-Werte der Normalparabel mit dem angegebenen Faktor.*

Für $y = \frac{1}{2}x^2$ erhält man:

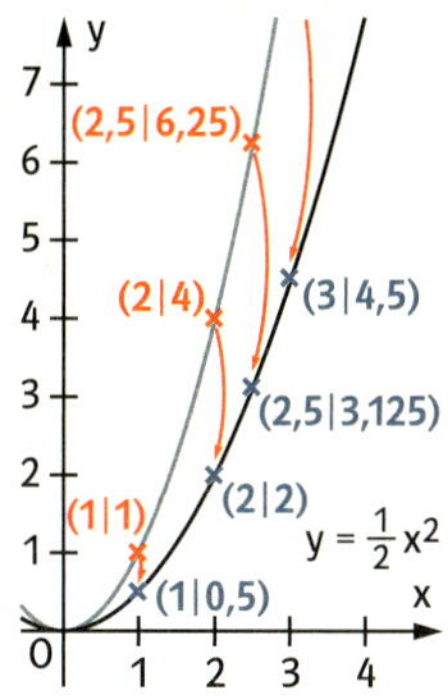

11 Lies den Faktor a ab und gib die Funktionsgleichung an.

Beispiel:
Für A: P(2|1) eingesetzt in $y = a x^2$:

$1 = a \cdot 4;\ a = \frac{1}{4}$ Lösung: $y = \frac{1}{4}x^2$

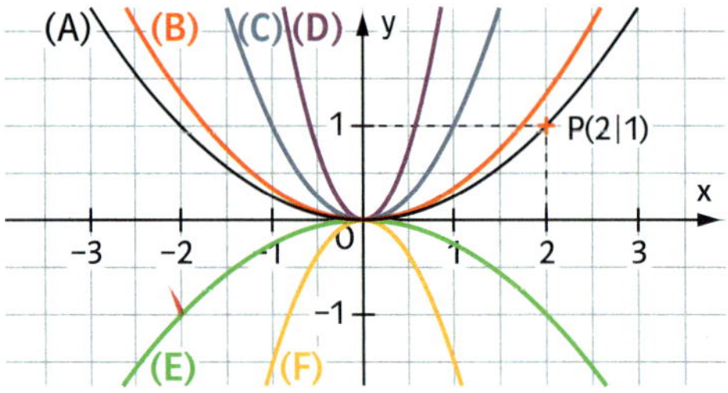

12 Bestimme die Funktionsgleichung der Form $y = a x^2 + c$. Gegeben sind c und der Punkt P.

a) $c = 1$; P(2|2) b) $c = -2$; P(1|3)
c) $c = 3$; P(−2|−4) d) $c = -4$; P(−4|−5)

13 Welcher Punkt liegt auf welchem Graph?

A(1|2)	$y = \frac{1}{2}x^2 + 4$
B(2|6)	$y = x^2 - 2$
C(−2|2)	$y = 2x^2 - 4$
D(1|−2)	$y = -2x^2 + 4$

DGS I

Mit dem Computer lassen sich quadratische Funktionen der Form $\mathbf{y = a \cdot x^2 + c}$ grafisch darstellen. Die Variablen **a** und **c** kann man über Schieberegler verändern.

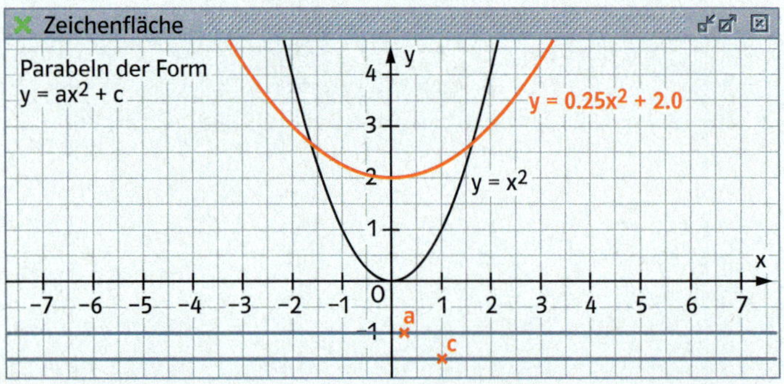

- Entdecke die Wirkung der beiden Variablen a und c experimentell.
- Beschreibe die Graphen $y = a x^2 - c$ für $a = c$. Skizziere einige ins Heft. Was fällt dir auf?

14 Die Wertetabelle gehört zu einer quadratischen Funktion. Bestimme ihre Funktionsgleichung.

a)

x	−2	−1	0	1	2
y	9	3	1	3	9

b)

x	−2	−1	0	1	2
y	−4	−2,5	−2	−2,5	−4

15 Die Parabel wird an der x-Achse gespiegelt. Gib die neue Funktionsgleichung an.

a) $y = -x^2$ b) $y = 3x^2$
c) $y = x^2 - 1$ d) $y = \frac{1}{2}x^2 + 2$

16 Bestimme die fehlenden Koordinaten der Parabelpunkte. Es können mehrere Lösungen möglich sein.

a) $y = 2x^2 - 1$ P(0|▢) Q(2|▢)
b) $y = -x^2 + 1$ P(0|▢) Q(▢|0)
c) $y = x^2 - 2$ P(▢|14) Q(3,5|▢)
d) $y = -3x^2 + 2$ P(0,5|▢) Q(−▢|0)

17 Haben die beiden Parabeln gemeinsame Punkte? Bestätige deine Antwort durch eine Skizze.

a) $y = 2x^2 + 3$
  $y = 2x^2 - 3$
b) $y = x^2 + 3$
  $y = 2x^2$
c) $y = 2x^2 + 3$
  $y = x^2 + 3$
d) $y = 2x^2 - 3$
  $y = \frac{1}{2}x^2 + 3$
e) $y = 2x^2 - 3$
  $y = -2x^2 + 3$
f) $y = -\frac{1}{2}x^2$
  $y = 2x^2 + \frac{1}{2}$

18 a) Wie groß muss a sein, damit der Punkt P(3|−6) auf der Parabel $y = 3x^2$ liegt?
b) Wie muss c gewählt werden, damit der Punkt P(−1|−1) auf der Parabel $y = 9x^2 + c$ liegt? Wo liegt dann der Scheitel S?
c) Wie groß muss a sein, damit der Punkt P(−1|5) auf der Parabel $y = ax^2 + 3$ liegt?
d) Eine Parabel hat die Gleichung $y = -x^2 + c$. Sie schneidet die x-Achse in den Punkten $P_1(3|0)$ und $P_2(-3|0)$. Wo liegt der Scheitel S der Parabel?

5 Die quadratische Funktion $y = (x - d)^2 + c$

→ Ergänze die Wertetabellen.
→ Was fällt dir beim Ausfüllen auf?
→ Wo vermutest du den Scheitel?
→ Siehst du einen Zusammenhang zwischen Scheitel und Funktionsgleichung?

x	−4	−3	−2	−1	0	1	2
$y = (x + 1)^2$	9	□	□	□	□	□	□

x	−2	−1	0	1	2	3	4
$y = (x - 1)^2$	□	4	□	□	□	□	□

x	−5	−4	−3	−2	−1	0	1
$y = (x + 2)^2$	□	□	1	□	□	□	□

x	−1	0	1	2	3	4	5
$y = (x - 2)^2$	□	□	□	□	1	□	□

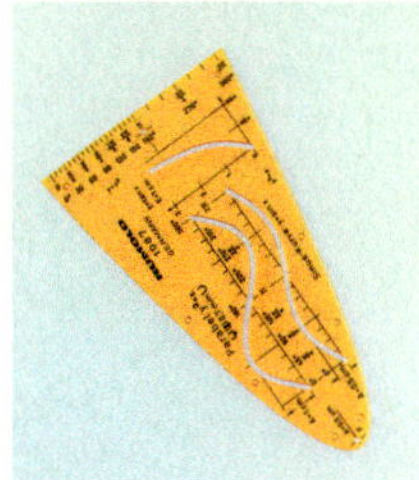

Setzt man in die Funktionsgleichung $y = (x - 4)^2$ für x den Wert 4 ein, erhält man die y-Koordinate des Scheitels S(4|0). Man erkennt an der blauen Parabel, dass die Symmetrieachse gegenüber der Normalparabel um 4 LE nach rechts verschoben ist.
Allgemein gilt, dass die Graphen der Funktionsgleichungen $y = (x - d)^2$ für alle **positiven** Werte von **d** nach **rechts** verschoben sind. Für **d < 0** ergibt sich demnach eine Verschiebung nach **links**.

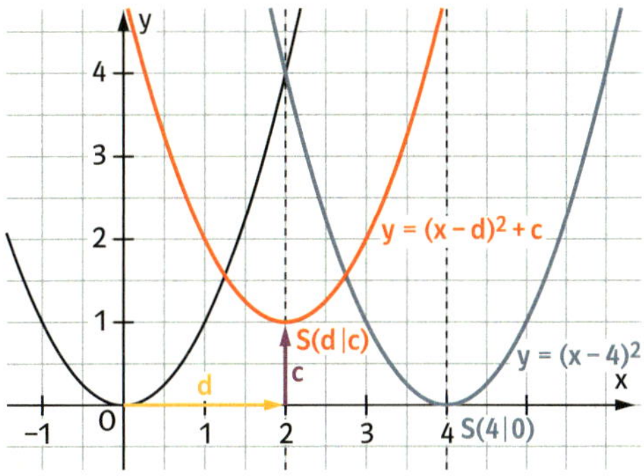

Das rote Schaubild der Funktion $\mathbf{y = (x - d)^2 + c}$ erhält man, indem die Normalparabel zunächst um d Einheiten in x-Richtung und um c Einheiten in y-Richtung verschoben wird. Da man die Koordinaten des Scheitels S(d|c) leicht bestimmen kann, nennt man $y = (x - d)^2 + c$ die Scheitelform der quadratischen Funktion.

Das Schaubild einer quadratischen Funktion mit $\mathbf{y = (x - d)^2 + c}$ ist eine um **d in x-Richtung** und um **c in y-Richtung** verschobene Normalparabel mit dem Scheitel **S(d|c)**. Man nennt $y = (x - d)^2 + c$ die **Scheitelform** der quadratischen Funktion.

Beispiele

a) Zum Zeichnen des Schaubilds der Funktion $y = (x + 4)^2 + 3$ verschiebt man den Scheitel der Normalparabel um 4 Einheiten in x-Richtung nach links und um 3 Einheiten in y-Richtung nach oben.
b) Eine verschobene Normalparabel hat den Scheitel S(−1,5|−2,5).
Man bestimmt die zugehörige Funktionsgleichung, indem man die Koordinaten in die Scheitelform einsetzt:
$y = (x - (-1{,}5))^2 - 2{,}5$
Die Funktionsgleichung lautet:
$y = (x + 1{,}5)^2 - 2{,}5$

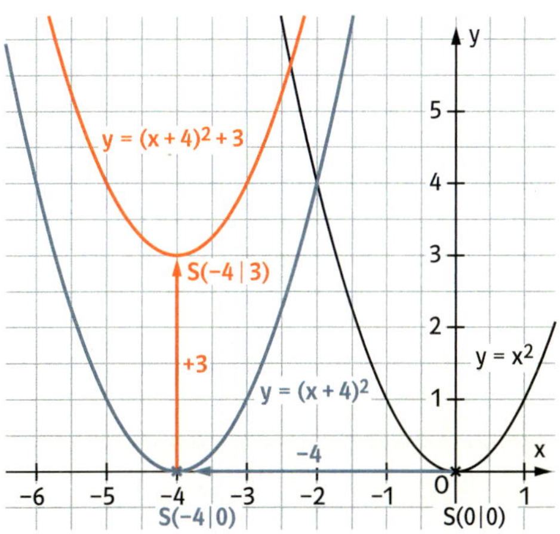

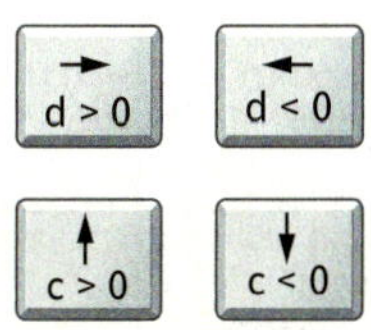

$x^2 + 6x + ...$
$x^2 + 2 \cdot 3 \cdot x + ...$
$a^2 + 2 \cdot a \cdot b + ...$

Auch quadratische Funktionen der Form $y = x^2 + px + q$ haben verschobene Normalparabeln als Graphen. Das erkennt man, indem man sie auf die Scheitelform $y = (x - d)^2 + c$ bringt.

Für $y = x^2 + 6x + 7$ gilt:

$$y = x^2 + 6x + \left(\frac{6}{2}\right)^2 + 7 - \left(\frac{6}{2}\right)^2$$
$$y = (x + 3)^2 - 2$$
$$y = (x - (-3))^2 - 2$$
$$S(-3|-2)$$

Für $y = x^2 + px + q$ gilt allgemein:

$$y = x^2 + px + \left(\frac{p}{2}\right)^2 + q - \left(\frac{p}{2}\right)^2$$
$$y = \underbrace{\left(x + \frac{p}{2}\right)^2}_{-d} + \underbrace{\left(q - \frac{p}{2}\right)^2}_{+c} \qquad S(d|c)$$

Die Funktionsgleichung $y = x^2 + px + q$ lässt sich durch quadratisches Ergänzen auf die Scheitelform bringen. Dann lassen sich die Scheitelkoordinaten der verschobenen Normalparabel ablesen.

Beispiele

c) Bestimmung des Scheitelpunkts der quadratischen Funktion mit

$$y = x^2 - 3x + 2,75$$
$$y = x^2 - 3x + \left(\frac{3}{2}\right)^2 + 2,75 - \left(\frac{3}{2}\right)^2$$
$$y = (x - 1,5)^2 + 0,5$$

Damit ergibt sich der Scheitelpunkt $S(1,5|0,5)$.

d) Eine Parabel besitzt den Scheitel $S(-\frac{1}{2}|\frac{3}{4})$. Daraus lässt sich die Funktionsgleichung bestimmen.

$$y = \left(x - \left(-\frac{1}{2}\right)\right)^2 + \frac{3}{4}$$
$$y = x^2 + x + \frac{1}{4} + \frac{3}{4}$$

Funktionsgleichung: $y = x^2 + x + 1$.

Aufgaben

1 Gib die Koordinaten des Scheitels der Parabel an und zeichne dann.
a) $y = (x - 2)^2 + 3$ b) $y = (x + 1)^2 + 2$
c) $y = (x + 3)^2 - 6$ d) $y = (x - 4)^2 - 7$

! Skizzieren
- *Gehe vom Scheitel aus 1 LE nach rechts und 1 LE nach oben, dann 2 LE nach rechts und 4 LE nach oben usw.*
- *Nutze dann die Achsensymmetrie der Parabel.*
Beispiel:
$y = (x + 1,5)^2 + 1$

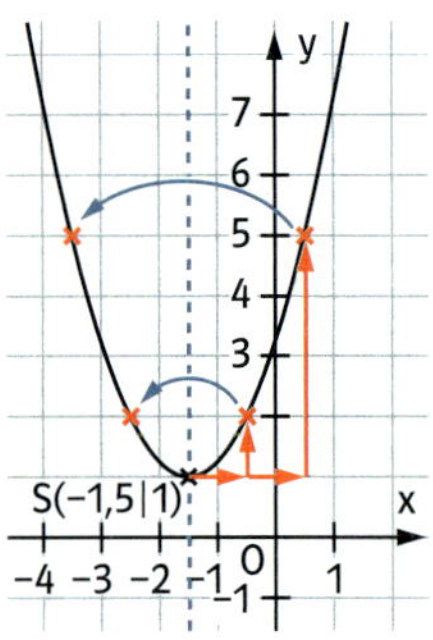

2 Gib die Funktionsgleichung und die Koordinaten des Scheitels an.
Die Normalparabel ist verschoben um
a) 3 LE nach rechts und um 2 LE nach oben.
b) 2,5 LE nach rechts und um 4,5 LE nach unten.

3 Eine verschobene Normalparabel hat den Scheitel S.
Gib die Funktionsgleichung in Scheitelform an.
a) $S(3|2)$ b) $S(4|-3)$ c) $S(-2|1)$
d) $S(-3|-6)$ e) $S(0|1)$ f) $S(-5|0)$

4 a) Skizziere wie auf dem Rand gezeigt:
$y = (x - 0,5)^2 - 3,5$
b) Notiere verschiedene Scheitel und skizziere die zugehörigen Parabeln.

5 Stelle eine mögliche Funktionsgleichung der Parabel auf.
a) Scheitel S liegt im 1. Quadranten und die Parabel ist nach oben geöffnet.
b) Scheitel S liegt im 4. Quadranten und die Parabel ist nach unten geöffnet.
c) Stelle selbst solche Aufgaben.

6 Liegt der Punkt P auf der Parabel? Rechne und überprüfe durch Zeichnung.
a) $y = (x - 4)^2$ $P(1|9)$
b) $y = (x - 2)^2 - 1$ $P(0|-5)$
c) $y = (x + 1)^2 + 2$ $P(-2|3)$
d) $y = (x + 3)^2 - 3$ $P(-4|-2)$

7 Zeichne das Parabelpaar und lies die Koordinaten der Schnittpunkte ab.
a) $y = (x + 3)^2 + 2$
$y = (x - 1)^2 + 2$
b) $y = (x + 1)^2 - 2$
$y = (x - 2)^2 + 1$
c) $y = (x - 1,5)^2 - 1,5$
$y = (x + 1,5)^2 + 1,5$
d) $y = (x - 6,5)^2 + 0,5$
$y = (x - 1,5)^2 - 4,5$
e) $y = x^2 + 6x + 6$
$y = x^2 - 2x + 6$
f) $y = x^2 - 8x + 12$
$y = x^2 - 2x$

8 Eine verschobene Normalparabel geht durch die Punkte P_1 und P_2. Finde über die Achsensymmetrie den Scheitel. Du kannst dir auch mit einer Schablone helfen.

a) $P_1(1|3)$ und $P_2(3|3)$
b) $P_1(3|4)$ und $P_2(7|4)$
c) $P_1(-2|0)$ und $P_2(-4|0)$
d) $P_1(-2|-6)$ und $P_2(4|6)$
e) $P_1(-2|1)$ und $P_2(-3|2)$

9 Forme mithilfe der quadratischen Ergänzung um.

$x^2 + 2x + 2$
$x^2 - 2x + 3$
$x^2 + 4x + 8$
$x^2 - 6x - 1$
$x^2 - 3x - 1{,}25$
$x^2 + 10x + 10$
$x^2 - 14x - 1$
$x^2 + 5x + 7{,}25$

10 Wandle um in die Scheitelform. Bestimme den Scheitel und zeichne dann die Parabel.

a) $y = x^2 + 2x - 3$
b) $y = x^2 - 4x + 3$
c) $y = x^2 + 6x + 3$
d) $y = x^2 - 8x + 19$
e) $y = x^2 + 5x + 4{,}75$
f) $y = x^2 - x + 5{,}75$

11 Gleichungen und Scheitel sind durcheinandergeraten. Ordne sie richtig zu.

$y = x^2 - 10x + 32$	$S(-3|10)$
$y = x^2 + 16x + 57$	$S(9|-6)$
$y = x^2 - 18x + 75$	$S(5|7)$
$y = x^2 + 6x - 1$	$S(-8|-7)$

12 Zeichne die Parabelserien. Was fällt dir auf?

a) $y = x^2 + 2x$
$y = x^2 + 4x$
$y = x^2 + 6x$

b) $y = x^2 - 2x$
$y = x^2 - 4x$
$y = x^2 - 6x$

c) $y = x^2 + 2x$
$y = x^2 + 4x + 6$
$y = x^2 + 6x + 12$

d) $y = x^2 - 2x + 2$
$y = x^2 - 4x + 6$
$y = x^2 - 6x + 12$

13 Welche Gleichung gehört zu welchem Schaubild?

a) $y = x^2 + 4x + 7$
b) $y = x^2 + 6x + 4$
c) $y = x^2 - 2x - 1$
d) $y = x^2 - 8x + 17$
e) $y = x^2 - 3x + 4{,}25$
f) $y = x^2 + x - 3{,}75$

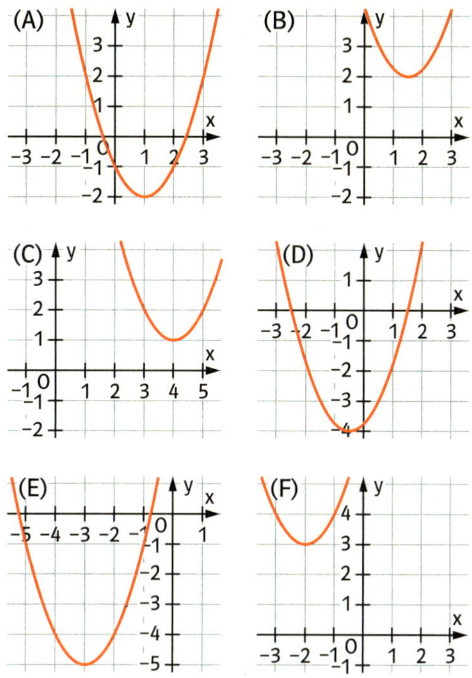

14 Die Parabel mit der Gleichung $y = x^2 + px + q$ verläuft durch die Punkte A und B. Bestimme die Koordinaten ihres Scheitels.
Hinweis: Löse mithilfe eines linearen Gleichungssystems.

a) $A(1|2)$ $B(4|5)$
b) $A(2|3)$ $B(5|12)$
c) $A(-5|6)$ $B(-2|3)$
d) $A(-2|7)$ $B(3|2)$
e) $A(-5|-2)$ $B(0|13)$

15 Zwei Punkte P und Q liegen auf einer Parabel mit der Gleichung $y = x^2 + px + q$. Bestimme die Scheitelform.
Hinweis: Stellst du die Parabelgleichung nach $px + q = y - x^2$ um, ist das Gleichungssystem einfacher zu lösen.

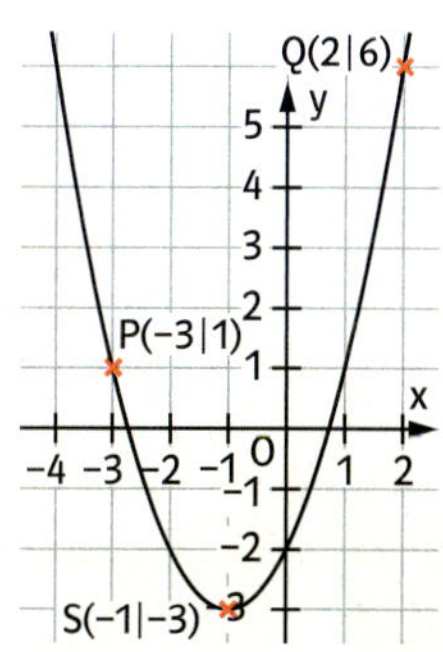

a) $P(-6{,}5|4)$ $Q(-2|-2{,}75)$
b) $P(-3|0)$ $Q(1|6)$
c) $P(-4|-2)$ $Q(-1|6)$
d) $P(2{,}5|-5)$ $Q(-2|5)$

16 Der Punkt P liegt auf der Parabel. Bestimme die vollständige Funktionsgleichung.

a) $y = x^2 + 6x + q$ $\quad P(1|17)$

b) $y = x^2 - 4x + q$ $\quad P(2|2)$

c) $y = x^2 - px - 4$ $\quad P(3|-1)$

d) $y = x^2 + px + 18{,}25$ $\quad P(-2{,}5|2)$

17 Bestimme aus den Koordinaten des Scheitels der Parabel die Funktionsgleichung in der Form $y = x^2 + px + q$.

a) $S(2|1)$ b) $S(-1|3)$

c) $S(3|-4)$ d) $S(-4|-5)$

e) $S(-2{,}5|0)$ f) $S(0|-12)$

18 Wo liegt der Scheitel der Parabel?

a) $y = x^2 + 8x + 7$ b) $y = x^2 - 12x + 1$

c) $y = x^2 - 10x + 25$ d) $y = x^2 + 20x + 50$

e) $y = x^2 + 5x + 1$ f) $y = x^2 - 9x - 9$

g) $y = x^2 - 7x$ h) $y = x^2 - x$

19 Zeichne die Parabel zur Funktionsgleichung $y = (x-2)^2 + 1$.

a) Spiegle die Parabel an der x-Achse und gib die neue Funktionsgleichung an.

b) Spiegle die Parabel an der y-Achse und gib die neue Funktionsgleichung an.

c) Drehe die Parabel um 180° um den Ursprung und gib die neue Funktionsgleichung an.

d) Wiederhole die Aufgaben von a) bis c) für die Funktion $y = (x+3)^2 - 2$.

20 Besitzt die Parabel einen tiefsten oder einen höchsten Punkt? Bestimme dessen Koordinaten.

a) $y = x^2 - 6x + 2$ b) $y = -x^2 + 3$

c) $y = x^2 + 3x + 2$ d) $y = -\frac{1}{2}x^2 - \frac{3}{4}$

e) $y = (x-4)(x+4)$ f) $y = (3-x)(x+3)$

g) $y = -(x-3)^2 + 2$ h) $y = -(x+2)^2 - 1$

Die Funktionsgleichung $y = a \cdot (x-d)^2 + c$

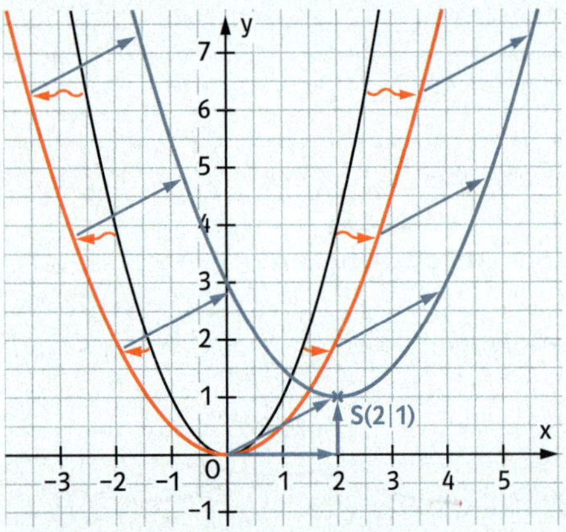

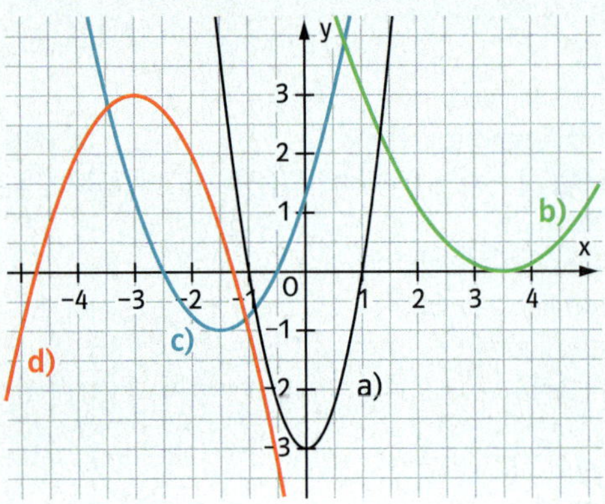

Der zusätzliche Faktor a ($a \neq 0$) bestimmt die Öffnung der Parabel.

Beispiel: $y = \frac{1}{2}(x-2)^2 + 1$

1. Schritt: Der Faktor $\frac{1}{2}$ bewirkt, dass die Parabel breiter wird als die Normalparabel.
2. Schritt: Verschiebung des Scheitels von (0|0) nach (2|1)

■ Zeichne ebenso:

$y = 2(x-2)^2 + 2$

$y = 0{,}5(x+1)^2 + 2$

$y = -(x-1)^2 - 3$

$y = -2(x+3)^2$

$y = \frac{1}{4}(x+2)^2 - 2$

■ Bestimme den Scheitel und skizziere die Parabel.

$y = \frac{1}{2}(x-3)^2$

$y = 3(x-2)^2 - 1$

$y = -(x+1)^2 + 4$

$y = -\frac{1}{3}(x-1)^2$

■ Gib die Gleichungen der Parabeln an.

■ Zeichne mithilfe einer Wertetabelle und bestimme den Scheitel sowie die Öffnung der Parabel.

a) $y = 2x^2 - 4x + 3$

b) $y = 3x^2 + 12x + 10$

c) $y = -x^2 - 4x - 7$

d) $y = -0{,}5x^2 - 4x - 6$

6 Nullstellen quadratischer Funktionen

Gegeben sind vier verschobene Normalparabeln und ihre Scheitel.
→ Gib die x-Koordinaten der Schnittpunkte mit der x-Achse an.
→ Bestimme die Funktionsgleichungen und setze die x-Werte der Schnittpunkte ein.
Was stellst du fest?

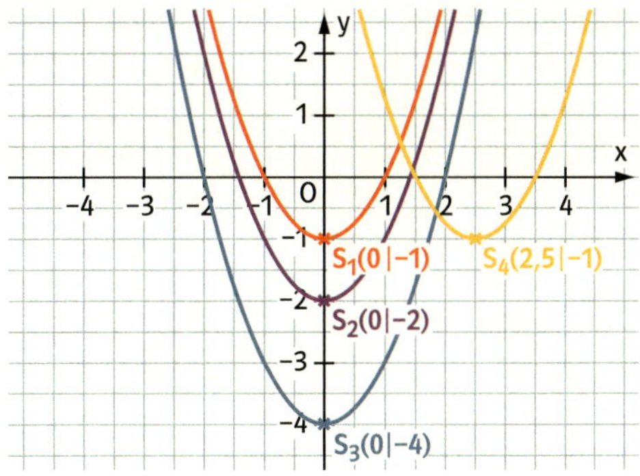

Am Schaubild der Funktion $y = (x - 1)^2 - 4$ mit $S(1|-4)$ sieht man, dass die x-Achse in den Punkten $P_1(-1|0)$ und $P_2(3|0)$ geschnitten wird.

Da die y-Koordinaten dieser Punkte Null sind, kann man die x-Koordinaten auch berechnen:

$0 = (x - 1)^2 - 4$

$(x - 1)^2 = 4 \qquad |\sqrt{}$

$x - 1 = \pm 2 \qquad | +1$

$x_{1,2} = \pm 2 + 1$

$x_1 = 3; \; x_2 = -1$

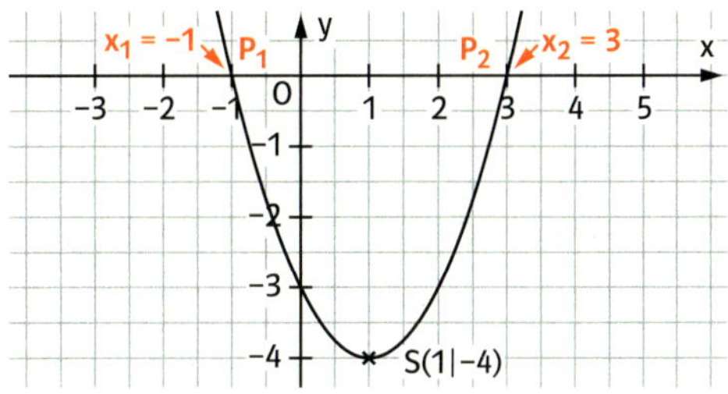

Die x-Koordinaten der Schnittpunkte von Parabel und x-Achse $x_1 = 3$ und $x_2 = -1$ nennt man **Nullstellen** der quadratischen Funktion.

Die x-Koordinaten der Schnittpunkte von x-Achse und Funktionsgraph heißen **Nullstellen der Funktion.**
Um die Nullstellen zu berechnen, setzt man den Funktionsterm gleich null.

Beispiel

Die Nullstellen der Funktion $y = x^2 + 6x + 8$ werden durch Zeichnung und Rechnung bestimmt.
Um die Parabel zu zeichnen, bringt man $y = x^2 + 6x + 8$ in die Scheitelform:
$y = (x + 3)^2 - 1 \qquad S(-3|-1)$

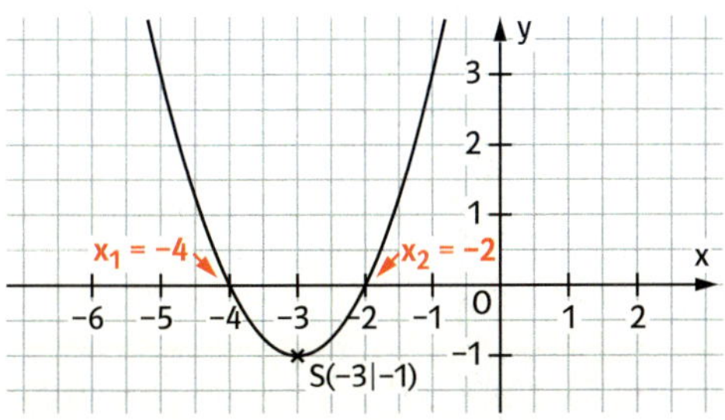

Für $y = 0$ gilt:
$x^2 + 6x + 8 = 0$
Mithilfe der Lösungsformel
$x_{1,2} = -\frac{p}{2} \pm \sqrt{\left(\frac{p}{2}\right)^2 - q}$
ergibt sich:
$x_{1,2} = -3 \pm \sqrt{9 - 8}$
$x_{1,2} = -3 \pm 1$
$x_1 = -4$
$x_2 = -2$
Die Nullstellen sind $x_1 = -4$ und $x_2 = -2$.

Bemerkung

Bei quadratischen Funktionen unterscheidet man drei Fälle:

zwei Nullstellen
Die Gleichung
$x^2 + 4x + 3 = 0$ hat die Lösungen -3 und -1:
$L = \{-3; -1\}$
Zeichnerische Lösung:
$y = x^2 + 4x + 3$
$y = (x + 2)^2 - 1$
$S(-2|-1)$

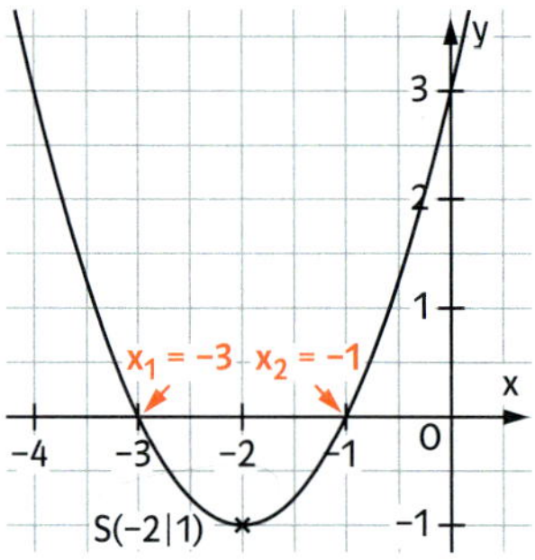

Es gibt zwei Nullstellen:
$x_1 = -3$; $x_2 = -1$

keine Nullstelle
Die Gleichung
$x^2 + 2x + 4 = 0$
hat keine Lösung:
$L = \{\ \}$
Zeichnerische Lösung:
$y = x^2 + 2x + 4$
$y = (x + 1)^2 + 3$
$S(-1|3)$

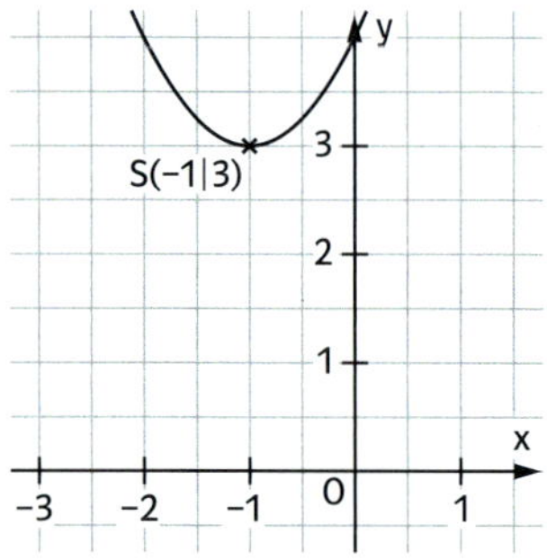

Es gibt keine Nullstellen.

genau eine Nullstelle
Die Gleichung
$x^2 + 2x + 1 = 0$
hat die Lösung $x = -1$:
$L = \{-1\}$
Zeichnerische Lösung:
$y = x^2 + 2x + 1$
$y = (x + 1)^2$
$S(-1|0)$

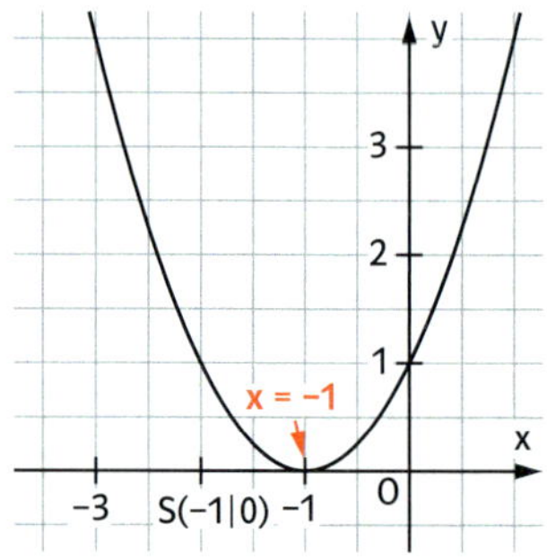

Es gibt eine Nullstelle:
$x_1 = -1$

Aufgaben

1 Bestimme die Nullstellen im Kopf.

a) $y = x^2 - 25$ b) $y = x^2 - 121$
c) $y = x^2 - 0{,}25$ d) $y = x^2 - 6{,}25$
e) $y = x^2 - \frac{4}{9}$ f) $y = x^2$

2 Bestimme die Funktionsgleichung und die Nullstellen.

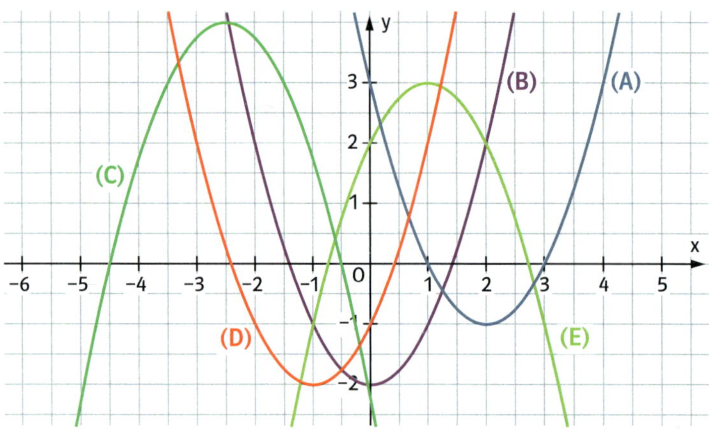

3 Lies die Nullstellen aus dem zugehörigen Schaubild ab.

a) $y = x^2 - 4$ b) $y = x^2 - 1$
c) $y = (x - 3)^2 - 1$ d) $y = (x + 2{,}5)^2 - 4$
e) $y = (x - 1{,}5)^2 - 9$ f) $y = (x + 3{,}5)^2 - 1$
g) $y = (x + 6)^2$ h) $y = (x - 0{,}5)^2 - 6\frac{1}{4}$

4 Bringe die Gleichung zuerst auf die Scheitelform und gib dann die Nullstellen an.

a) $y = x^2 + 6x + 9$ b) $y = x^2 - 7x + 12\frac{1}{4}$
c) $y = x^2 + 2x - 3$ d) $y = x^2 + 2x - 8$
e) $y = x^2 - 6x + 5$ f) $y = x^2 - 4x$
g) $x^2 - 3x + 1{,}25 = y$ h) $x^2 + x - 2 = y$

5 Bestimme die Nullstellen der Funktion durch Rechnung.

a) $y = x^2 - 16$ b) $y = x^2 + 9$
c) $y = (x + 2)^2 - 9$ d) $y = (x - 4)^2 - 1$
e) $y = x^2 + 3x$ f) $y = x^2 - 6x$
g) $y = x^2 + 6x + 5$ h) $y = x^2 + 6x - 2$
i) $y = x^2 - 12x + 36$ j) $y = x^2 - 7x - 9{,}75$

6 Entnimm dem Schaubild die Nullstellen und den Scheitel. Stelle die Funktionsgleichung auf. Überprüfe die Nullstellen durch Rechnung.

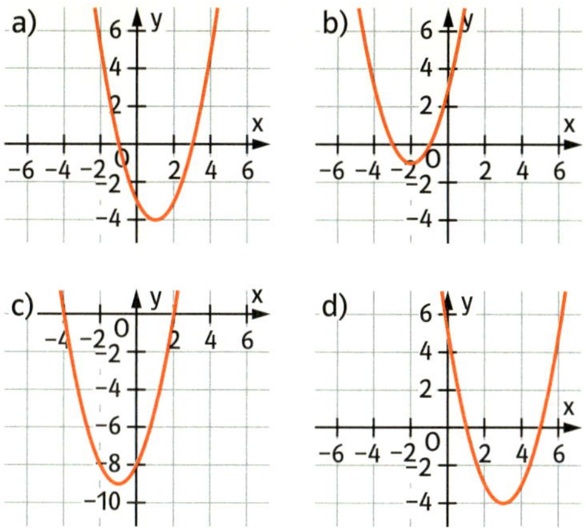

7 Die Scheitelform der Parabelgleichung lautet $y = (x - d)^2 + c$.
Gib an, für welche Werte von c die Parabel zwei Nullstellen, keine Nullstelle oder eine Nullstelle besitzt.

8 Gegeben sind die Normalparabeln p_1 und p_2 mit ihren Scheiteln S_1 und S_2.

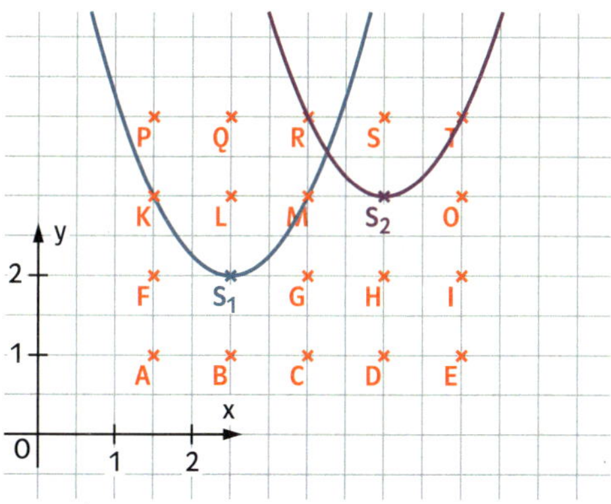

Lege den Ursprung O so auf die markierten Gitterpunkte, dass es für p_1 und p_2 jeweils zwei Nullstellen, keine Nullstelle oder eine Nullstelle gibt.

9 Gib zu den Nullstellen die Funktionsgleichung der verschobenen Normalparabel an.

a) $x_1 = 1;\ x_2 = 3$ b) $x_1 = -1;\ x_2 = 4$
c) $x_1 = 2;\ x_2 = -5$ d) $x_1 = -1{,}5;\ x_2 = 4{,}5$

10 Bestimme die x-Koordinate des Scheitels für die Nullstellen.

a) $x_1 = 3;\ x_2 = 5$ b) $x_1 = 0;\ x_2 = 4$
c) $x_1 = 1;\ x_2 = -3$ d) $x_1 = -2;\ x_2 = -7$

11 Zu den Schnittpunkten von x-Achse und Graph $P_1(-2|0)$ und $P_2(2|0)$ können viele Parabeln gehören. Gib verschiedene Funktionsgleichungen an.

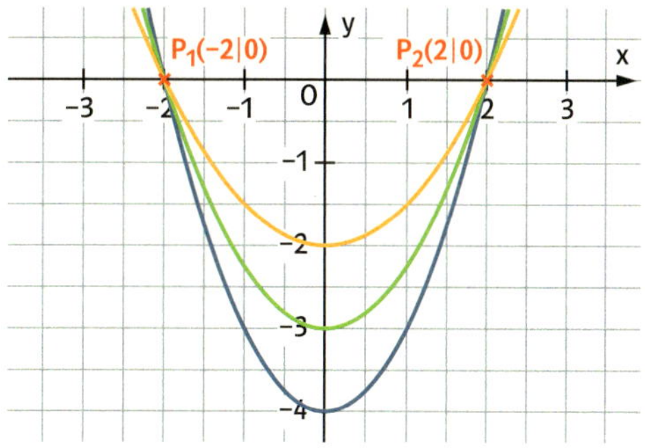

12 Bestimme aus den Nullstellen die Lage des Scheitels S und die Funktionsgleichung der verschobenen Normalparabel.

a) $x_1 = 1;\ x_2 = -1$ b) $x_1 = 2;\ x_2 = -2$
c) $x_1 = -1;\ x_2 = 3$ d) $x_1 = 3;\ x_2 = 4$
e) $x_1 = -1;\ x_2 = -5$ f) $x_1 = 1;\ x_2 = 7$

Besitzt eine Normalparabel zwei Nullstellen, liegt die x-Koordinate ihres Scheitels in der Mitte zwischen den beiden Nullstellen.

DGS II

Mit dem Computer lassen sich die Nullstellen der Funktion
y = x² + px + q
grafisch ermitteln. Die Variablen p und q kann man mit Schiebereglern verändern.

- Betrachte die verschiedenen Fälle für zwei Nullstellen, keine oder genau eine Nullstelle.
- Notiere Nullstellen und Scheitelkoordinaten. Beschreibe, was dir auffällt.

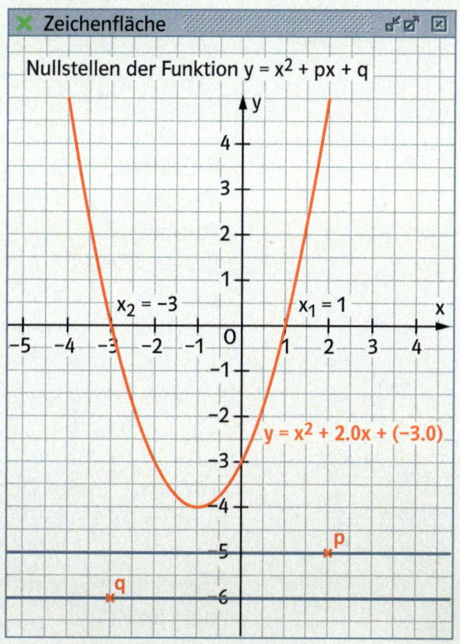

7 Schnittpunkte

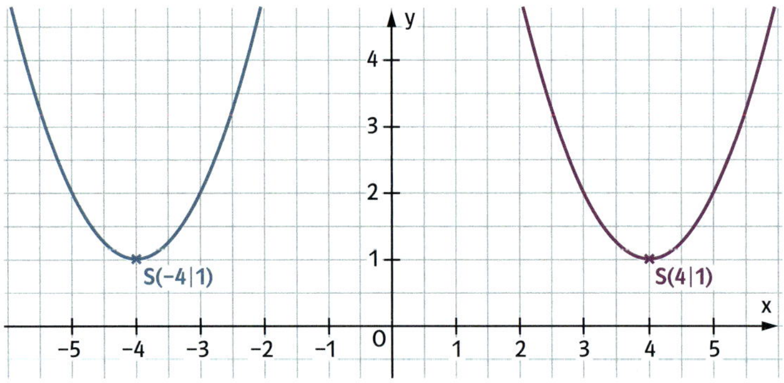

Arthur und Nina sind sich uneins, ob sich die beiden Parabeln schneiden. Arthur meint sogar, er könne den Schnittpunkt im Kopf bestimmen.

→ Was meinst du?

→ Haben die verschobenen Normalparabeln mit den Scheitelpunkten $S_1(-36|0)$ und $S_2(36|0)$ einen Schnittpunkt? Vielleicht hilft dir der Taschenrechner.

→ Bettina findet viele Paare von Parabeln, die sich nicht schneiden.

Will man Schnittpunkte von zwei Graphen rechnerisch ermitteln, setzt man die beiden Funktionsterme gleich.

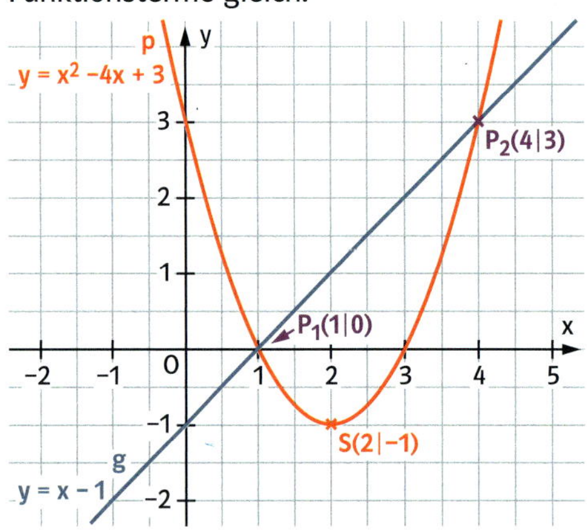

g: $y = x - 1$

p: $y = x^2 - 4x + 3$

Durch Gleichsetzen erhält man:

$x - 1 = x^2 - 4x + 3 \quad | -x + 1$

$x^2 - 5x + 4 = 0$

$x_{1,2} = 2{,}5 \pm \sqrt{(2{,}5)^2 - 4}$

$x_1 = 2{,}5 - 1{,}5 = 1$

$x_2 = 2{,}5 + 1{,}5 = 4$

Durch Einsetzen ergibt sich:

$y_1 = 1 - 1 = 0$; $y_2 = 4 - 1 = 3$

Die Schnittpunkte sind: $P_1(1|0)$ und $P_2(4|3)$.

Zur Bestimmung der **Schnittpunkte** einer Parabel und einer Geraden oder von zwei Parabeln setzt man die Funktionsterme gleich.

Beispiele

a) Gesucht sind Schnittpunkte von zwei Parabeln.

p_1: $y = x^2 + 2x - 1$

p_2: $y = x^2 - 4x + 5$

Durch Gleichsetzen erhält man:

$x^2 + 2x - 1 = x^2 - 4x + 5 \quad | -x^2 + 4x$

$6x - 1 = 5 \quad | +1$

$6x = 6$

$x = 1$

Für $x = 1$ ergibt sich:

$y = 1^2 + 2 \cdot 1 - 1$

$y = 2$

Der einzige Schnittpunkt der beiden Parabeln ist $P(1|2)$.

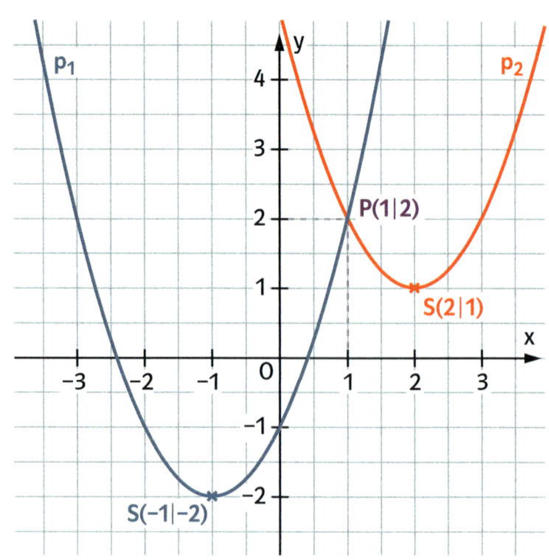

b) Gesucht sind gemeinsame Punkte der beiden Parabeln.
p_1: $y = (x + 2)^2 + 2$
p_2: $y = -x^2 + 4$
Durch Gleichsetzen erhält man

$$(x + 2)^2 + 2 = -x^2 + 4$$
$$x^2 + 4x + 6 = -x^2 + 4 \quad | + x^2 - 4$$
$$2x^2 + 4x + 2 = 0 \quad | : 2$$
$$x^2 + 2x + 1 = 0$$
$$x_{1,2} = -1 \pm \sqrt{(1)^2 - 1}$$
$$x = -1$$

Für $x = -1$ erhält man:
$y = -1 + 4$
$y = 3$ $\qquad$ T(−1|3)
Die Parabeln p_1 und p_2 haben nur den Punkt T(−1|3) gemeinsam, sie berühren einander.

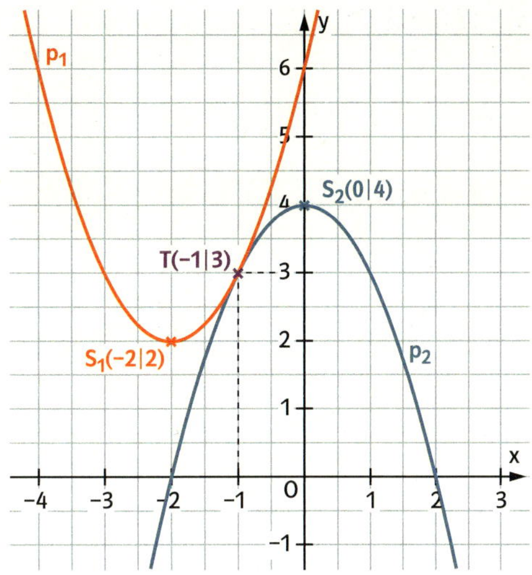

Aufgaben

1 Bestimme die gemeinsamen Punkte der Parabeln. Die Parabelschablone hilft.
a) $y = x^2$ $\qquad$ $y = (x - 1)^2$
b) $y = x^2 + 1$ $\qquad$ $y = (x - 2)^2$
c) $y = x^2 + 2$ $\qquad$ $y = (x - 3)^2$
d) $y = x^2 - 1$ $\qquad$ $y = (x + 1)^2$

2 Berechne die gemeinsamen Punkte der Parabeln.
Überprüfe das Ergebnis anschließend zeichnerisch.
a) $y = (x + 3)^2 + 1$ $\qquad$ $y = x^2 + 2$
b) $y = (x - 1)^2 + 3$ $\qquad$ $y = x^2 + 1$
c) $y = (x - 2)^2 - 10$ $\qquad$ $y = (x + 3)^2 + 11$
d) $y = x^2 - 4x - 4$ $\qquad$ $y = x^2 - x + 8$

3 Wie viele gemeinsame Punkte besitzen die Parabeln?
Löse im Kopf.
a) $y = x^2$ $\qquad$ $y = x^2 + 1$
b) $y = 2x^2$ $\qquad$ $y = -x^2$
c) $y = x^2 + 2$ $\qquad$ $y = -x^2 + 3$
d) $y = (x + 1)^2$ $\qquad$ $y = (x - 1)^2$

4 Wie viele Schnittpunkte kann es beim Schnitt der Normalparabel mit einer beliebigen Geraden geben?
Gib die Geradengleichung zu deiner Lösung an.

5 Berechne verschiedene Schnittpunkte der verschobenen Normalparabeln auf dem Rand. Was fällt dir bei den x-Koordinaten auf?

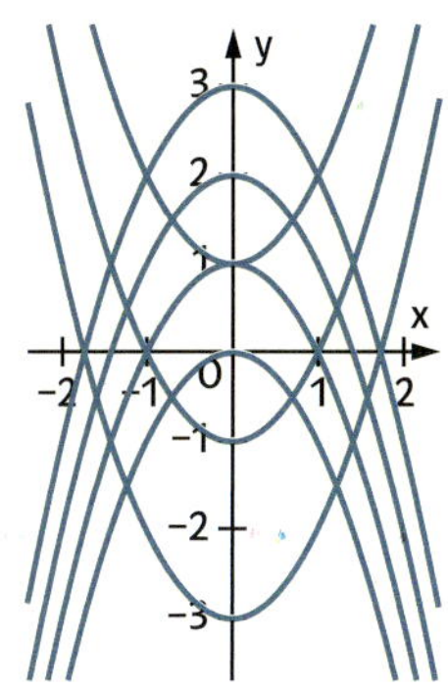

6 Berechne die Schnittpunkte von Parabel p und Gerade g.
a) p: $y = x^2 - 5$ $\qquad$ g: $y = 2x + 3$
b) p: $y = (x - 3)^2$ $\qquad$ g: $y = -2x + 6$
c) p: $y = (x + 2)^2$ $\qquad$ g: $y = x + 4$
d) p: $y = -(x - 1)^2 + 3$ $\qquad$ g: $y = 0{,}5x - 0{,}5$

7 Bestimme die Funktionsgleichungen der Parabeln und berechne ihre Schnittpunkte.

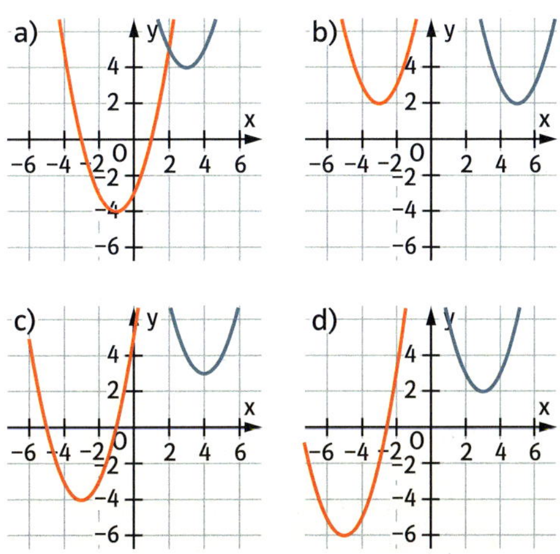

DGS III

Mit dem Computer lassen sich die Schnittpunkte von Parabeln und Geraden bestimmen.

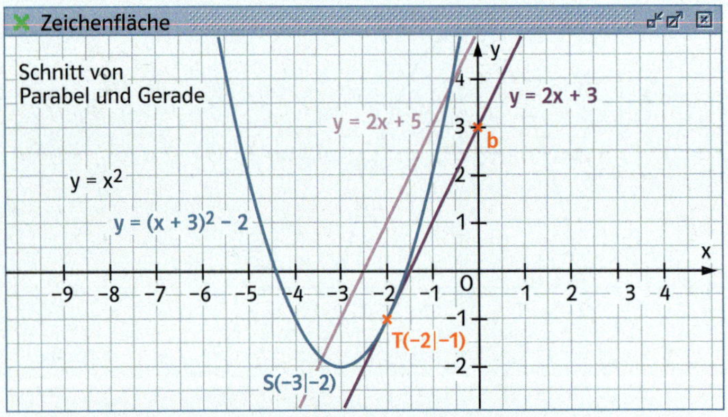

- Durch Ziehen am Schnittpunkt der Geraden mit der y-Achse lässt sich die Gerade parallel verschieben.
- Experimentiere mit der Geraden so, dass es zwei Schnittpunkte, keinen oder genau einen Schnittpunkt gibt. Prüfe deine Ergebnisse rechnerisch nach.

8 Gegeben ist die Parabel mit der Funktionsgleichung $y = (x + 2)^2$.
Bestimme jeweils mehrere Geraden, die mit der Parabel zwei Schnittpunkte, genau einen bzw. keinen Schnittpunkt haben.
Gib mehrere Lösungen an.

9 Verschiebe zwei Normalparabeln im Koordinatensystem so, dass sich ein Schnittpunkt oder kein Schnittpunkt ergibt. Gib dazu die Gleichungen in Scheitelform an.

10 Berechne die Schnittpunkte.

a) p_1: $y = -x^2 + 2$ $\quad$ p_2: $y = (x + 1)^2 - 2$
b) p_1: $y = 2x^2 - 1$ $\quad$ p_2: $y = (x - 2)^2 + 1$
c) p_1: $y = -\frac{1}{2}x^2 + 3$ $\quad$ p_2: $y = 3x^2 - 2$
d) p_1: $y = x^2 + 6x + 6$ $\quad$ p_2: $y = -2x^2 + 4$

11 Beschreibe zuerst die Lage der Parabeln. Berechne dann ihre Schnittpunkte.

a) p_1: $y = 1{,}01x^2$ $\quad$ p_2: $y = x^2 + 100$
b) p_1: $y = 0{,}99x^2$ $\quad$ p_2: $y = 1{,}01x^2 - 2$
c) p_1: $y = \frac{1}{100}x^2 + 100$ $\quad$ p_2: $y = \frac{1}{50}x^2$
d) p_1: $y = -\frac{1}{1000}x^2 + 80$ $\quad$ p_2: $y = -\frac{1}{2000}x^2$

12 Eine Gerade, die mit einer Parabel nur einen Punkt gemeinsam hat, heißt **Tangente** an der Parabel.
Berechne die Koordinaten des Berührpunktes T und überprüfe durch Zeichnung.

a) g: $y = 2x - 5$ $\quad$ p: $y = (x - 3)^2 + 2$
b) g: $y = -2x - 3$ $\quad$ p: $y = x^2 + 4x + 6$
c) g: $y = -x - 3{,}25$ $\quad$ p: $y = x^2 + 2x - 1$

13 Eine verschobene Normalparabel hat den Scheitel S(−3|−5). Eine Gerade verläuft durch den Punkt P(1|−3) und hat die Steigung $m = -1$.
a) Berechne die Koordinaten der Schnittpunkte der Parabel und der Geraden.
b) Eine weitere Gerade verläuft parallel zur ersten Geraden und geht durch den Scheitel der Parabel. Gib die Gleichung dieser zweiten Geraden an.

14 Eine nach oben geöffnete verschobene Normalparabel hat den Scheitel $S_1(4|-7)$. Eine zweite Parabel hat die Gleichung $y = x^2 - 4x + 3$.
a) Berechne die Koordinaten des Scheitels S_2 und gib die Entfernung $\overline{S_1S_2}$ an.
b) Berechne die Koordinaten des Schnittpunktes T.

15 a) Eine nach oben geöffnete verschobene Normalparabel hat den Scheitel S(1|2,5). Eine zweite Parabel hat die Funktionsgleichung $y = -x^2 + 5$. Berechne die Koordinaten der Schnittpunkte der beiden Parabeln.
b) Eine nach oben geöffnete verschobene Normalparabel geht durch die Punkte $P_1(-1|0)$ und $P_2(-6|5)$. Eine Gerade mit der Gleichung $y = x + 7{,}75$ schneidet die Parabel in den Punkten R und T.
Berechne die Koordinaten der Punkte R und T.
c) Eine Parabel hat die Gleichung $y = x^2 + 4x + 1$. Eine Gerade geht durch den Scheitel der Parabel und durch den Punkt P(3|4). Wie lautet ihre Funktionsgleichung?
Berechne, wie weit der zweite Schnittpunkt T von Parabel und Gerade vom Ursprung O entfernt ist.

8 Modellieren

An Brücken findet man oft Bogen, die die Form von Parabeln haben. Eine solche Hängebrücke soll gebaut werden.
Die Stützpfeiler A und B sollen 100 m hoch werden, die Spannweite der Brücke soll 1200 m betragen.
Sechs Halteseile werden in gleichmäßigen Abständen befestigt.
→ Wie lange müssen die einzelnen Halteseile sein?

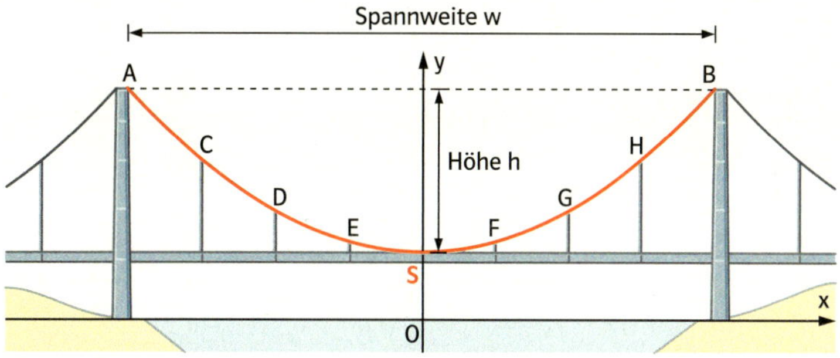

Mithilfe von quadratischen Funktionen kann man den Verlauf eines Brückenbogens oder einer Wurfparabel recht genau beschreiben und auch berechnen. Dazu braucht man Daten wie z. B. die Spannweite des Bogens oder die Höhe des Bogens vom Scheitel aus gemessen.
Es wird geprüft, ob ein Schwertransporter mit einer Überbreite von 10 m und einer Höhe von 4,80 m unter einer Brücke mit den gegebenen Maßen durchfahren kann.

Übersetzen

Reale Welt

Realsituation

Der Brückenbogen hat eine Spannweite von 24 m und eine Höhe von 6 m. Passt der Schwertransport unter der Brücke durch?

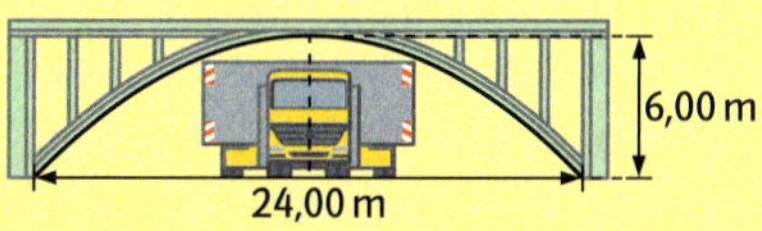

Mathematik

Mathematisches Modell

Mithilfe der Parabelgleichung $y = ax^2 + c$ wird für $x = 12$; $y = 0$ und $c = 6$ der Faktor a berechnet: $0 = a \cdot 12^2 + 6$

$a = \frac{-6}{144} = \frac{-1}{24}$

Die Parabelgleichung für den Brückenbogen lautet: $y = -\frac{1}{24}x^2 + 6$

Lösen

Mathematische Ergebnisse

Der Schwertransporter braucht von der Straßenmitte aus 5 m Breite nach beiden Seiten. Durch Einsetzen von $x = 5$ in die Parabelgleichung erhält man die Höhe des Brückenbogens.

$y = -\frac{1}{24} \cdot 5^2 + 6 = 4{,}96$

Interpretieren

Reale Ergebnisse

Die Höhe des Brückenbogens über dem Rand der Ladung ist 4,96 m. Zwischen Ladung und Brückenbogen verbleibt also ein Abstand von 0,16 m.

Bewerten

Für eine **Bewertung** muss der Fahrer des Transporters weitere Überlegungen anstellen:
- Lässt sich die Fahrbahnmitte exakt einhalten?
- Welche Rolle spielt der Reifendruck bzw. die Federung?
- Gibt es Befestigungen am Brückenbogen? …

Das **mathematische Modellieren** läuft in Stufen ab.
1. **Übersetzen** der Realsituation in ein mathematisches Modell
2. **Lösen:** Ermitteln der mathematischen Ergebnisse
3. **Interpretieren** der Lösung in der Realsituation
4. **Bewerten** des realen Ergebnisses.

Beispiel

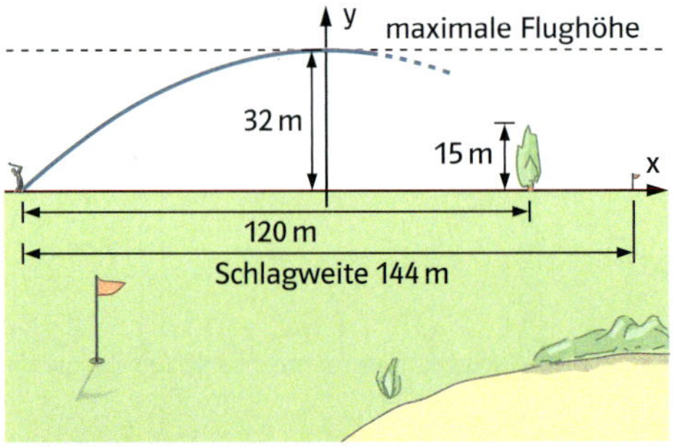

1. Realsituation:
Gelingt es der Golferin, das Hindernis „Baum" in 120 m Entfernung zu überspielen?

2. Mathematisches Modell
Die Flugkurve eines Golfballs lässt sich mit einer Parabel modellieren. Hier ist es günstig, den Ursprung des Koordinatensystems auf Höhe 0 m senkrecht unterhalb des Scheitels zu legen.
Allgemeine Parabelgleichung: $y = -a \cdot x^2 + c$
Durch Einsetzen der Zahlenwerte erhält man:
$0 = -a \cdot 72^2 + 32$
$a = \frac{32}{72^2} = \frac{1}{162}$
$y = -\frac{1}{162}x^2 + 32$

3. Mathematisches Ergebnis
$y_B = -\frac{1}{162} \cdot 48^2 + 32 = 17{,}8$

4. Reales Ergebnis
Im Idealfall fliegt der Ball etwa 2,8 m über den Baumwipfel hinweg.

Aufgaben

1 Der Bogen der Müngstener Brücke lässt sich durch eine Parabel mit der Gleichung $y = -\frac{1}{90}x^2$ beschreiben. Die Spannweite beträgt 158 m, die Bogenhöhe 69 m. Passen diese Daten zusammen?

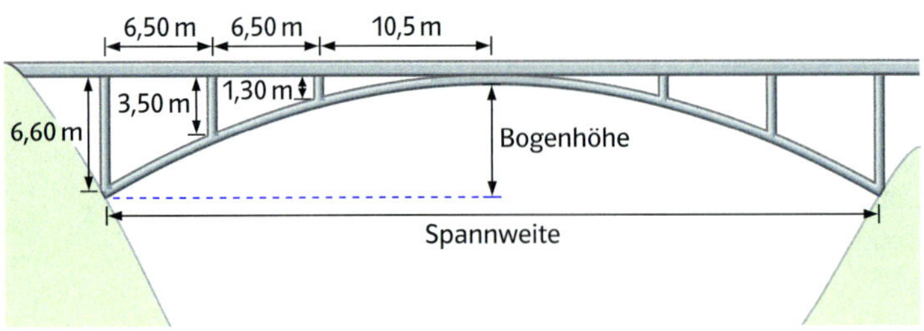

2 Die Hauptkabel von Hängebrücken beschreiben einen annähernd parabelförmigen Bogen.
Mit w ist die Spannweite, mit h die Bogenhöhe bezeichnet.

Bestimme die Funktionsgleichung $y = a x^2$ für die Brooklyn Bridge in New York:
$w = 486\,m$; $h = 88\,m$

3 Überprüfe anhand der Daten, ob der links abgebildete Brückenbogen die Form einer Parabel hat.
Wie lautet dann die Funktionsgleichung?

DGS IV

Mit dem Computer lassen sich Flugkurven von Skifahrern mit einer Parabel modellieren. Den Ursprung des Koordinatensystems legt man in den Scheitel der Kurve.

- Vergleiche die Flugbahn des Skifahrers mit dem Parabelbogen.
- Kannst du Abweichungen der Parabelkurve erklären?
- Suche ähnliche Sportbilder und hinterlege sie mit einer Parabel.

Erkläre deine Ergebnisse.

4 Bei einem Freistoß fliegt ein Fußball – horizontal gemessen – 50 m weit. Der höchste Punkt seiner parabelförmigen Flugbahn liegt 5 m hoch.
a) Skizziere die Flugbahn in einem Koordinatensystem.
b) Wähle den Ursprung des Koordinatensystems geschickt. Bestimme die Koordinaten des Scheitels und die Parabelgleichung.

5 Die Flugbahn des Fußballs bei einem Schuss lässt sich beschreiben mit
$y = -\frac{1}{160}x^2 + 4$ (x und y in m).
a) Wie hoch ist der Ball nach einem Meter Flug horizontal gerechnet?
b) Für welchen x-Wert hat der Ball die Höhe von 2 m?
c) Für welchen x-Wert erreicht der Ball seine größte Höhe?
d) Ein 1,90 m großer Gegenspieler steht 10 m entfernt.
Kann er den Ball abwehren?

6 Die Flugkurve eines Golfballs gleicht einer Parabel mit der Gleichung
$y = -\frac{1}{400}x^2 + 25$ (x und y in m).
a) Wie weit kann der Ball, horizontal gemessen, höchstens fliegen?
b) Für welchen x-Wert erreicht der Ball den höchsten Punkt der Flugbahn?

7 Der Körperschwerpunkt eines Hochspringers beschreibt annähernd eine parabelförmige Flugbahn mit der Gleichung
$y = -0{,}18x^2 + 2{,}4$ (x und y in m).
a) Welche Sprunghöhe kann der Hochspringer erreichen?
b) In welcher Entfernung zur Sprunglatte sollte der Hochspringer abspringen?

! Der Körperschwerpunkt eines Menschen liegt etwa auf Hüfthöhe.

8 Bob Beamons Weitsprungweltrekord von 8,90 m, den er bei der Olympiade 1968 in Mexiko-City aufstellte, ging als „Sprung ins nächste Jahrhundert" in die Sportgeschichte ein.
Die Flugbahn seines Körperschwerpunktes lässt sich annähernd durch eine Parabel beschreiben mit der Gleichung
$y = -\frac{2}{35}x^2 + 1{,}8$ (x und y in m).
a) Bei welcher horizontal gemessenen Entfernung lag der Körperschwerpunkt 1,50 m hoch?
b) Welche Höhe hatte sein Körperschwerpunkt bei der Hälfte der Sprungweite?
c) Wäre beim Rekordsprung ein Pkw übersprungen worden?
d) Vergleiche die Flugbahn des Rekordsprungs mit der Flugbahn eines Flohs
$y = -5x^2 + 0{,}3$.
e) Versuche aus der Funktionsgleichung auf die Sprungweite zu kommen.

Zusammenfassung

Normalparabel

Das Schaubild der einfachsten quadratischen Funktion $y = x^2$ ist die **Normalparabel**. Sie ist achsensymmetrisch zur y-Achse und ihr **Scheitel** liegt im Koordinatenursprung.

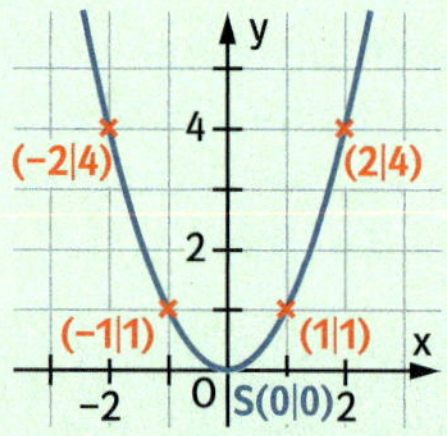

quadratische Funktionsgleichung $y = a \cdot x^2 + c$

Der Graph der Funktion $y = a x^2 + c$ ist eine nach oben oder unten geöffnete Parabel, die schmaler oder breiter als die Normalparabel sein kann. Sie ist zusätzlich um den Summanden c in Richtung der y-Achse verschoben. Ihr Scheitel ist $S(0|c)$.

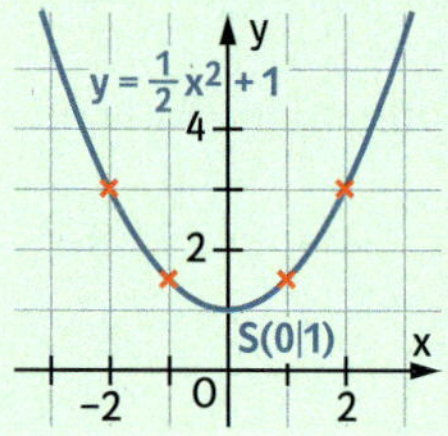

$0 < a < 1$: breiter
$a > 1$: schmaler als die Normalparabel

quadratische Funktionsgleichung in der Scheitelform $y = (x - d)^2 + c$

Der Graph der Funktion $y = (x - d)^2 + c$ ist eine um d in Richtung der x-Achse und um c in Richtung der y-Achse **verschobene Normalparabel**.
Ihr **Scheitel** ist $S(d|c)$.
Durch quadratisches Ergänzen kann die Parabelgleichung $y = x^2 + px + q$ in die Scheitelform umgewandelt werden.

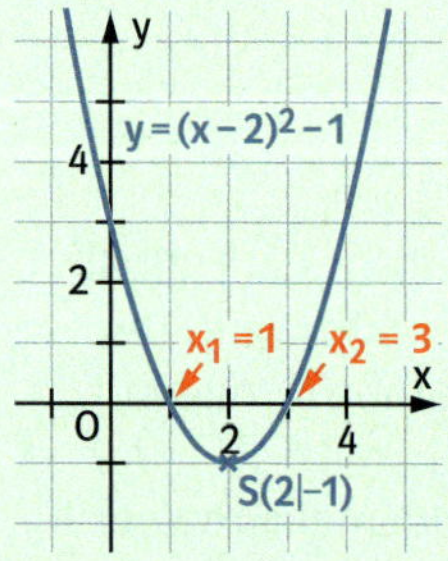

$y = x^2 - 4x + 3$

$y = x^2 - 4x + \left(\frac{4}{2}\right)^2 + 3 - \left(\frac{4}{2}\right)^2$

$y = (x - 2)^2 - 1$

$S(2|-1)$

Nullstellen einer Funktion

An den Schnittstellen des Graphen der quadratischen Funktion mit der x-Achse ist der Funktionswert y gleich null.
Den x-Wert des Schnittpunktes mit der x-Achse nennt man **Nullstelle**.

Schnittpunkte der Graphen von Funktionen

Um die Koordinaten der Schnittpunkte zweier Parabeln oder von Parabel und Gerade zu berechnen, setzt man die Funktionsterme gleich.

p_1: $y = (x + 3)^2 - 5$
p_2: $y = x^2 + 2x + 10$
Gleichsetzen:

$$(x + 3)^2 - 5 = x^2 + 2x + 10$$
$$x^2 + 6x + 4 = x^2 + 2x + 10 \quad | - x^2 - 2x - 4$$
$$4x = 6 \quad | : 4$$
$$x = 1{,}5$$

x einsetzen: $y = 4{,}5^2 - 5$
$y = 15{,}25$ $\quad P(1{,}5|15{,}25)$

modellieren mit quadratischen Funktionen

Mithilfe von quadratischen Funktionsgleichungen lassen sich Brückenbogen, Flugbahnen usw. beschreiben und Werte berechnen. Es ist notwendig, die errechneten Werte in der wirklichen Situation zu interpretieren und das Ergebnis zu bewerten. Dieses Vorgehen nennt man mathematisches Modellieren.

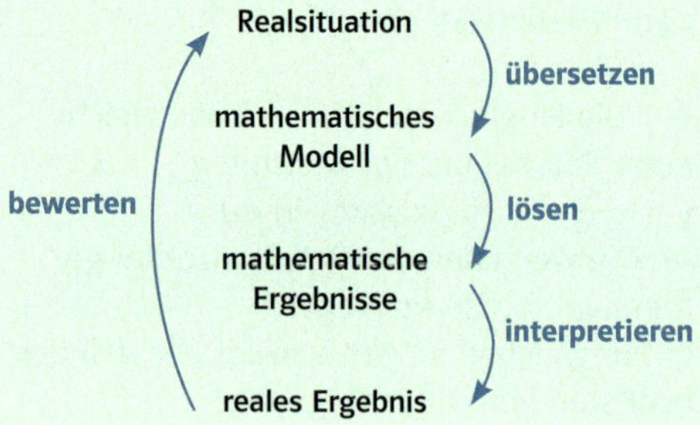

Üben • Anwenden • Nachdenken

1 Vier Geraden mit den Steigungen $m = 1; -2; \frac{3}{4}; -\frac{1}{2}$ gehen alle durch den Punkt P(2|3).
Wie lauten ihre Funktionsgleichungen? Zeichne und rechne.

2 Löse das Gleichungssystem. Überlege vorher, welches Verfahren am besten geeignet ist.

a) $3x + 4y = 18$
$5x - 28y = -74$

b) $3x - 1 = -y$
$2x - 4 = y$

c) $3x + 5y = -30$
$5x - 3y = 120$

d) $4x + 5y = 2$
$7x + 5y = 11$

3 Ergänze $2x + 3y = 5$ durch eine zweite Gleichung zu einem Gleichungssystem,
a) das keine Lösung hat.
b) das unendlich viele Lösungen hat.
c) das genau eine Lösung hat.
d) das die Lösung (−2|3) hat.

4 Die Gerade g geht durch die Punkte P und Q, die Gerade h durch die Punkte R und T.
Bestimme die Funktionsgleichungen der beiden Geraden und berechne die Koordinaten ihres Schnittpunktes

a) P(2|4); Q(4|2) R(−4|2); T(2|−2,5)
b) P(−3|−2); Q(3|0) R(3|6); T(1,5|3,5)

5 Die SMV holt zwei Angebote für eine Busfahrt ein. Firma A verlangt 300 € pro Tag und 0,80 € pro gefahrenen Kilometer. Firma B verrechnet einen Tagessatz von 200 € und 1,20 € pro gefahrenen Kilometer.

6 Stelle fest, ob der Punkt auf, unterhalb oder oberhalb der Normalparabel liegt.

a) A(17|289)
b) B(−4|−16)
c) C(4,5|20)
d) D(−3,5|12,25)
e) E(1,1|1,2)
f) F(0,2|0,4)

7 Ergänze die Wertetabelle der Funktion $y = x^2$ durch gerundete Werte. Zeichne oder rechne.

x	1,5	+■	4,6	−■	0,7	+■	−■
y	■	5,2	■	3,9	■	11,2	13,5

8 Bestimme die Definitions- und die Lösungsmenge der Bruchgleichung.

Beispiel: $\frac{x}{x+3} = \frac{1}{x-5} + \frac{1}{2} \quad | \cdot 2(x+3)(x-5)$

$D = \mathbb{Q}\setminus\{-3; 5\}$

$2x(x-5) = 2(x+3) + (x+3)(x-5)$
$2x^2 - 10x = 2x + 6 + x^2 - 2x - 15$
$x^2 - 10x + 9 = 0$
$x_{1,2} = +5 \pm \sqrt{16}$
$x_1 = +5 + 4 = 9$
$x_2 = +5 - 4 = 1 \qquad L = \{9; 1\}$

a) $\frac{2x}{x-1} = \frac{x+6}{x}$
b) $\frac{x}{x+2} = \frac{1}{x}$
c) $\frac{x}{4} + 1 = \frac{1+x}{x}$
d) $x = \frac{x+11}{2x-8} + 4$

9 Gib Definitions- und Lösungsmenge an.

a) $\frac{x^2+2}{x+1} = 4 + \frac{3}{x+1}$
b) $\frac{x^2+4x}{2x+6} = \frac{29}{2x+6} + 1$
c) $\frac{4x+2}{5x+4} = \frac{3x-5}{4x-7}$
d) $\frac{3x-5}{2x-2} + \frac{2x-2}{3x-5} = \frac{5}{2}$

10 Faktorisiere die Nenner. Wie lautet die Lösungsmenge?

a) $\frac{x+1}{2x-2} - \frac{2}{x+1} = \frac{x^2-5}{x^2-1}$
b) $\frac{x^2+1}{4x+6} + \frac{x^2+2}{6x+9} = \frac{x+7}{8x+12}$
c) $\frac{4x-6}{3x-6} = \frac{1}{x^2-4} + 1$
d) $\frac{2x+1}{x-3} + \frac{3-x}{x^2-6x+9} = \frac{x+1}{2x-6}$
e) $\frac{2}{2x-2} + \frac{4}{2x^2-2x} = \frac{6x-6}{x^2-1}$

11 Beschreibe Form und Lage der Parabel. Spiegle die Parabel dann an der x-Achse bzw. der y-Achse und gib die veränderte Parabelgleichung an.

a) $y = x^2 - 2,5$
b) $y = 0,5x^2 - 1,5$
c) $y = (x + 2,5)^2$
d) $y = (x + 2)^2 + 1$
e) $y = (x - 3)^2 + 3$
f) $y = (x - 4,5)^2$

Gemeindewappen von Bad Ditzenbach

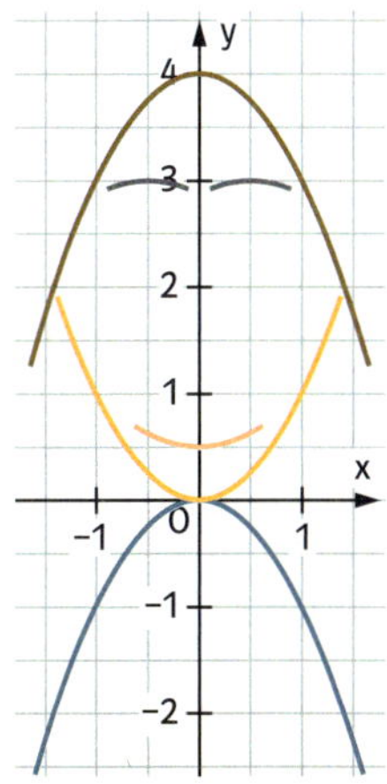

Wie heißen die Funktionsgleichungen des Parabelmännchens?

12 Dieselben Parabeln, aber unterschiedliche Gleichungen. Beachte die Wahl der Einheiten.

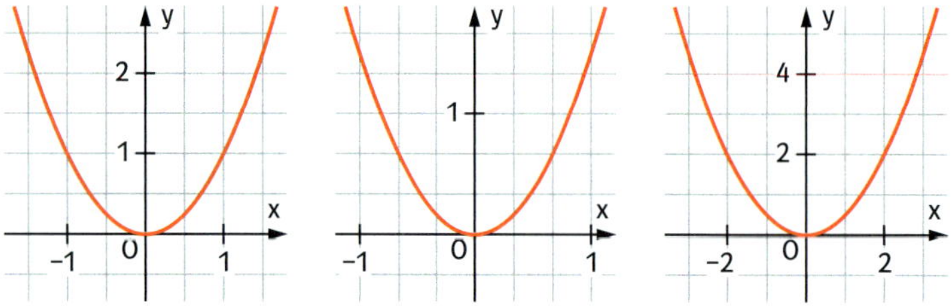

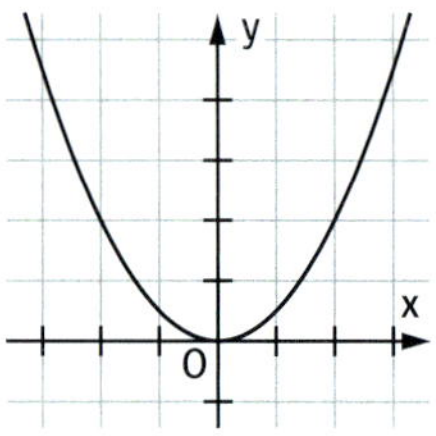

13 Wähle die Einheiten auf den Koordinatenachsen so, dass die Parabel zur Funktionsgleichung gehört.

a) $y = x^2$ b) $y = \frac{1}{2}x^2$ c) $y = 4x^2$

14 Berechne die fehlenden Koordinaten.

a) $y = x^2 + 3$ $P(0|\square)$ $Q_{1,2}(\square|7)$

b) $y = 0{,}5x^2$ $P(0|\square)$ $Q_{1,2}(\square|4{,}5)$

c) $y = 2x^2 - 4$ $P(0|\square)$ $Q_{1,2}(\square|14)$

d) $y = -3x^2 + 2$ $P(0|\square)$ $Q_{1,2}(\square|-9)$

15 Beschreibe Form und Lage der Parabel. Schneidet sie die x-Achse?

a) $y = (x+2)^2 + 1$ b) $y = (x-3)^2 + 3$

c) $y = -x^2 - 2{,}5$ d) $y = (x + 2{,}5)^2$

16 Gib die Gleichungen der Parabeln (A) bis (D) an. Berechne die Schnittpunkte der Parabel (B) mit der x-Achse.

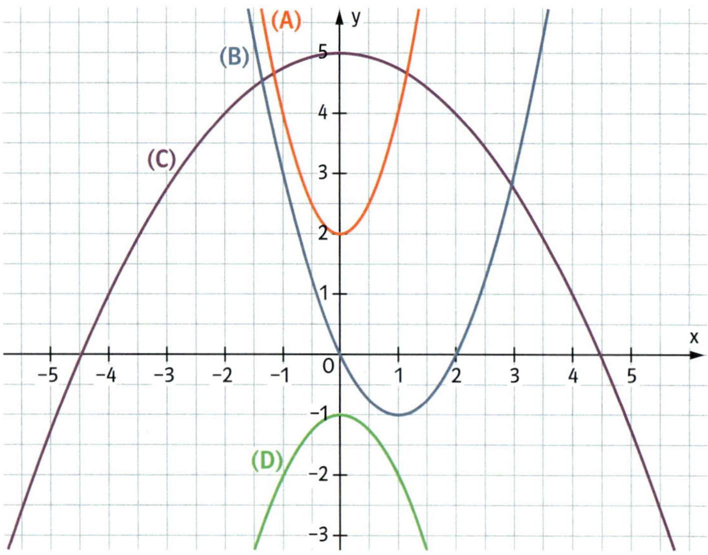

17 Wandle in die Scheitelform um und zeichne.

a) $y = x^2 + 2x - 5$

b) $y = x^2 - 4x + 7$

c) $y = x^2 - 5x + 2{,}25$

d) $y = x^2 + 5x + 4{,}75$

e) $y = x^2 - x + 5{,}75$

f) $y = (x + 1{,}5)(x - 4)$

18 Lies die Nullstellen der Parabeln ab.

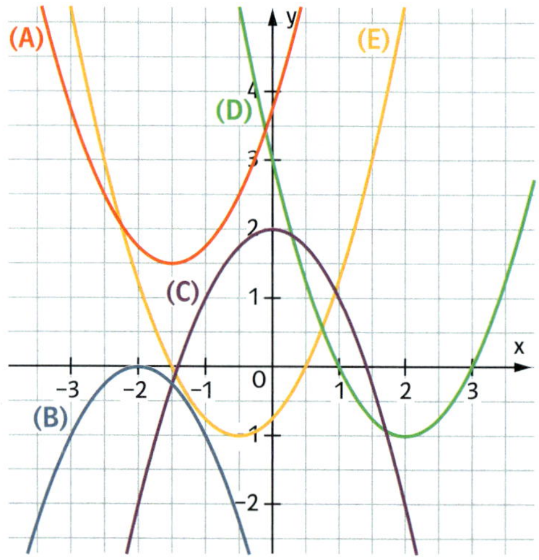

19 Berechne die Schnittpunkte der zugehörigen Parabel mit der x-Achse und der y-Achse.

a) $y = x^2 - 1$ b) $y = -x^2 + 4$

c) $y = (x-2)^2$ d) $y = 0{,}5x^2 - 2$

e) $y = x^2 - 8x + 16$ f) $y = x^2 + 5x + 6{,}25$

20 a) Die Funktion mit der Gleichung $y = x^2 + 2x + q$ hat je nach Wahl des Wertes von q genau eine Nullstelle, zwei Nullstellen oder keine Nullstelle.
Bestimme passende Werte von q.
b) Die Funktion mit der Gleichung $y = x^2 + px + 4$ hat je nach Wahl des Wertes von p genau eine Nullstelle, zwei Nullstellen oder keine Nullstelle.
Bestimme passende Werte von p.

21 Gib drei verschiedene Funktionsgleichungen von Parabeln an, die

a) bei $x = 2$ ihre einzige Nullstelle haben.

b) die beiden Nullstellen $x_1 = -5$ und $x_2 = 1$ haben.

22 Gegeben sind die Nullstellen einer verschobenen Normalparabel.
Bestimme ihre Funktionsgleichung in der Scheitelform.

Beispiel: $x_1 = 2$; $x_2 = 5$
Wegen der Symmetrie der Normalparabel ist die x-Koordinate des Scheitels 3,5.
Aus $(x_1 - 3{,}5)^2 + c = 0$ erhält man dann c.

a) $x_1 = 0$, $x_2 = 3$ b) $x_1 = -6$, $x_2 = -2$ c) $x_1 = -3$, $x_2 = 2$

23 Gegeben sind ein Punkt auf der Parabel und die unvollständige Parabelgleichung.
(1) P(−1|7,5) $y = x^2 + px + 2{,}5$
(2) P(−5|33) $y = x^2 + px - 2$
(3) P(−2|2) $y = x^2 + 3x + q$
(4) P(4|−10,25) $y = x^2 - 5x + q$
a) Bestimme jeweils den Scheitelpunkt der Parabel.
b) Berechne die Entfernung zwischen dem Punkt P und dem Scheitel S.
c) Gib die Gleichung der Geraden durch S und P an.

24 Ergeben sich beim Schnitt der Geraden mit der Parabel zwei Schnittpunkte, ein Schnittpunkt oder kein Schnittpunkt? Überprüfe durch Zeichnung und Rechnung.

	Parabel	Gerade
a)	$y = (x + 2)^2 - 4$	$y = 2x + 3$
b)	$y = (x - 5)^2 + 3$	$y = -0{,}5x - 2$
c)	$y = x^2 - 6x + 5$	$y = -x + 5$
d)	$y = x^2 - 7x + 9{,}75$	$y = -2x + 7{,}5$

25 Eine Parabel hat die Funktionsgleichung $y = x^2 + 3x - 1{,}25$.
Die Gerade g hat die Gleichung $y = -x + 1$.
a) Ermittle die Koordinaten der Schnittpunkte von Parabel und Gerade.
b) Eine weitere Gerade h geht durch die beiden Schnittpunkte von Parabel und Gerade g. Wie heißt die Funktionsgleichung dieser zweiten Gerade?
c) Berechne die Entfernung der beiden Schnittpunkte.

26 Bestimme zuerst die Gleichungen der Parabeln. Berechne alle Schnittpunkte der vier Parabeln.

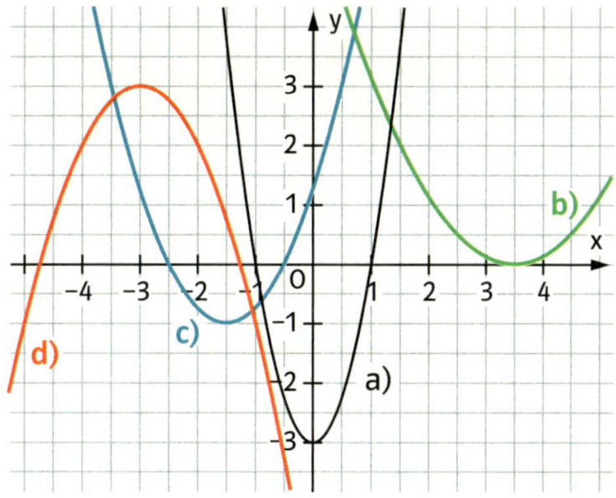

27 Eine verschobene Normalparabel wird von einer Geraden in den Punkten $P_1(1|3)$ und $P_2(6|8)$ geschnitten.
a) Wie heißen Geraden- und Parabelgleichung?
b) Berechne den Umfang und den Flächeninhalt des Dreiecks OP_1P_2.

28 Die Punkte P(7|6) und Q(−2|24) liegen auf einer nach oben geöffneten verschobenen Normalparabel.
a) Berechne die Koordinaten des Scheitels.
b) Welche Steigung besitzt die Gerade durch den Ursprung und den Scheitel?

29 Eine Feuerwerksrakete bewegt sich auf einer annähernd parabelförmigen Flugkurve. Dabei fliegt sie 52 m hoch und – horizontal gemessen – 30 m weit.
a) Mit welcher Funktionsgleichung lässt sich die Flugkurve beschreiben?
b) Nach welcher horizontal zurückgelegten Strecke erreicht die Rakete eine Höhe von 30 m?

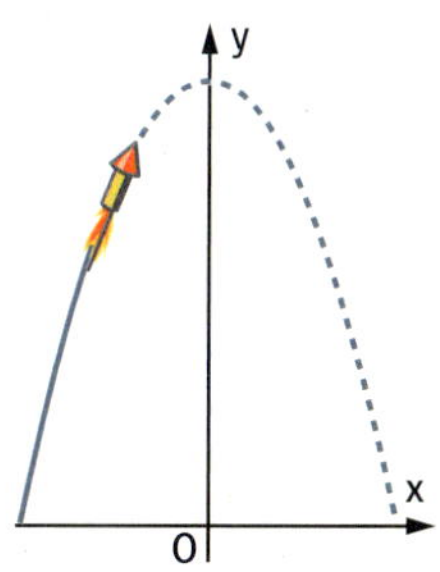

30 Ein Speerflug kann näherungsweise mit der Parabelgleichung
$y = -0{,}013x^2 + 15{,}93$ (x und y in m)
beschrieben werden.
Was kannst du daraus über die Höhe und die horizontale Flugstrecke des Speeres schließen?

Bremsen und Bremsweg

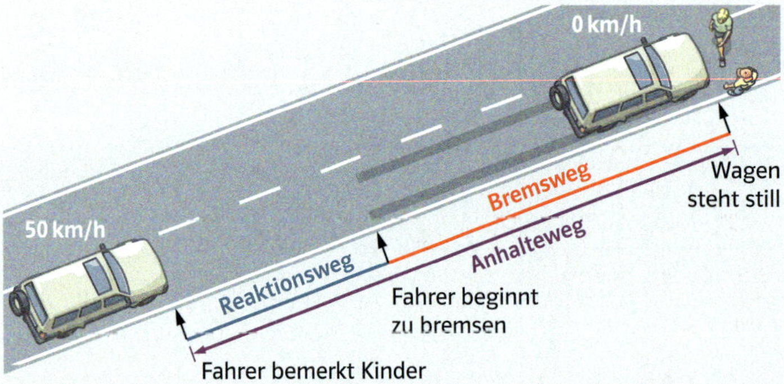

Nach einer wichtigen Grundregel der Straßenverkehrsordnung darf man mit einem Fahrzeug nur so schnell fahren, dass man innerhalb des überschaubaren Weges anhalten kann. Viele Verkehrsunfälle passieren, weil diese Grundregel nicht ernst genommen wird. Vielfach wird unterschätzt, welchen Weg man braucht, um ein Fahrzeug mit der Geschwindigkeit v zum Stillstand zu bringen. Man nennt ihn **Anhalteweg**.

Reaktion	Reaktionszeit in Sekunden
schnell	1,3
normal	1,5
langsam	2,0
unter Alkohol	3,0
normal nach der Rechtsprechung	1,0

Während der Reaktionszeit t_R des Fahrers fährt das Fahrzeug noch ungebremst weiter:

Reaktionsweg: $s_R = v \cdot t_R$

Anhalteweg = Reaktionsweg + Bremsweg

Der **Bremsweg** s_B lässt sich berechnen mit der Formel

$$s_B = \frac{v^2}{2 \cdot a}$$

(v in $\frac{m}{s}$; a Bremsverzögerung in $\frac{m}{s^2}$).

In der Fahrschule lernt man eine **Faustformel**, mit der leichter zu rechnen ist:

$$s_B = \left(\frac{v}{10}\right)^2 \quad \text{(v in km/h; s in m).}$$

- Vergleiche die Ergebnisse der beiden Formeln für eine Fahrt auf trockenem und auf nassem Asphalt mit 50; 60; 100 und 120 $\frac{km}{h}$.
- Überlege, wie sich der Bremsweg bei verdoppelter Geschwindigkeit verändert. Kannst du das Ergebnis begründen?

Den **Anhalteweg** s_A berechnet man nach der Formel

$$s_A = v \cdot t_R + \frac{v^2}{2 \cdot a}$$

(v in $\frac{m}{s}$; t_R in s; a in $\frac{m}{s^2}$).

In der Fahrschule lernt man zum schnellen Überschlagen die **Faustformel**:

$$s_A = 3 \cdot \frac{v}{10} + \left(\frac{v}{10}\right)^2 \quad \text{(v in } \tfrac{km}{h}\text{; } s_A \text{ in m).}$$

- Berechne nach der ersten Formel den Anhalteweg eines Pkw mit 120 $\frac{km}{h}$ bei schneller Reaktion auf nassem Asphalt. Vergleiche mit dem Ergebnis der Faustformel.
- Vergleiche die errechneten Werte mit den Ergebnissen, die bei langsamer Reaktion und nassem Pflasterbelag zustande kommen.

Bremsverzögerungen a in $\frac{m}{s^2}$

Pkw	
trockener Asphalt	7,0
nasser Asphalt	5,5
Pflaster trocken	6,0
Pflaster nass	5,0
Neuschnee und Sommerreifen	2,3
Neuschnee und Winterreifen	2,8
Glatteis	1,3
Motorrad	
trockener Asphalt	4,0
Fahrrad	
trockener Asphalt	3,0
Lkw, beladen	
trockener Asphalt	3,5

Zum Umrechnen

$1 \frac{km}{h} = 0,28 \frac{m}{s}$

$1 \frac{m}{s} = 3,6 \frac{km}{h}$

Verkehrssachverständige können mithilfe der Bremswegformel aus der Länge des Bremsweges auf die gefahrene Geschwindigkeit schließen.

- Ein Pkw ist auf trockenem Asphalt nach 80 m zum Stehen gekommen. Ein anderer Pkw brauchte ebenfalls 80 m bis zum Stillstand, allerdings bei nasser Fahrbahn.
- Wie groß ist die Bremsverzögerung eines beladenen Lkw, der bei 80 $\frac{km}{h}$ nach 70 m zum Stehen kommt?

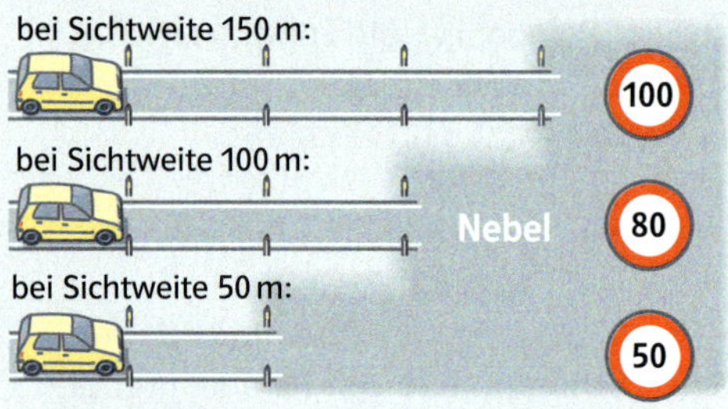

- Sind die angegebenen Höchstgeschwindigkeiten nach der Faustformel vertretbar?
- Erstelle eine Warntafel für Lkw-Fahrer.

Rückspiegel

1 Gib die Koordinaten des Scheitels der Parabel an.

a) $y = x^2 - 5$ b) $y = -x^2$

c) $y = (x - 3)^2$ d) $y = (x + 1)^2 - 4$

2 Bestimme die Funktionsgleichungen der Geraden und der verschobenen Normalparabeln.

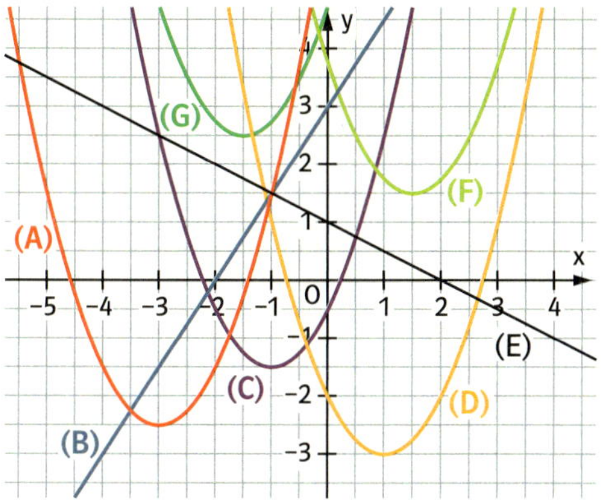

3 Gib den Scheitel der Parabel an.

a) $y = x^2 + 4x + 5$ b) $y = x^2 - 6x + 7$

c) $y = x^2 - 5x + 7{,}5$ d) $y = x^2 + 9x$

4 Berechne die Nullstellen der Funktionen und gib die Koordinaten der Schnittpunkte der zugehörigen Parabeln an.

a) p_1: $y = x^2 - 4x + 3$
   p_2: $y = x^2 + 2x - 3$

b) p_1: $y = x^2 + 6x - 7$
   p_2: $y = x^2 + 3{,}5x - 2$

5 Das Halteseil einer Hängebrücke hat näherungsweise die Form einer Parabel. Die Spannweite w beträgt 800 m, die Höhe h der Stützpfeiler 72 m.
Bestimme die Gleichung der Parabel.

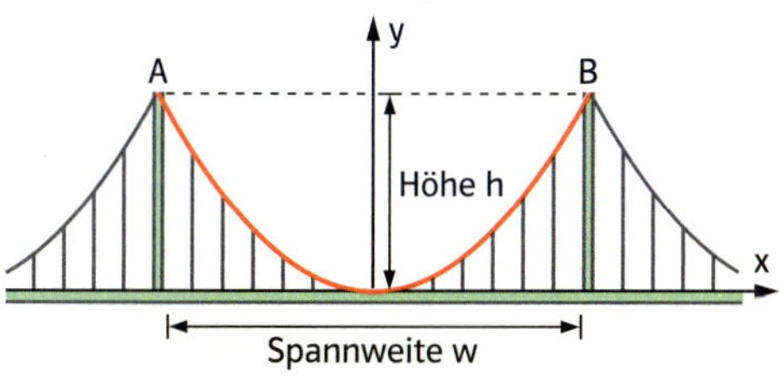

Rückspiegel

1 Welcher Punkt liegt auf welcher Parabel?

p_1: $y = x^2 + 6x + 10$ $P_1(3|-1)$

p_2: $y = x^2 - 2x - 4$ $P_2(-2{,}5|2)$

p_3: $y = (x - 2)^2 + 2$ $P_3(1|17)$

p_4: $y = x^2 + 9x + 18{,}25$ $P_4(2|2)$

2 Gib die Funktionsgleichungen an.

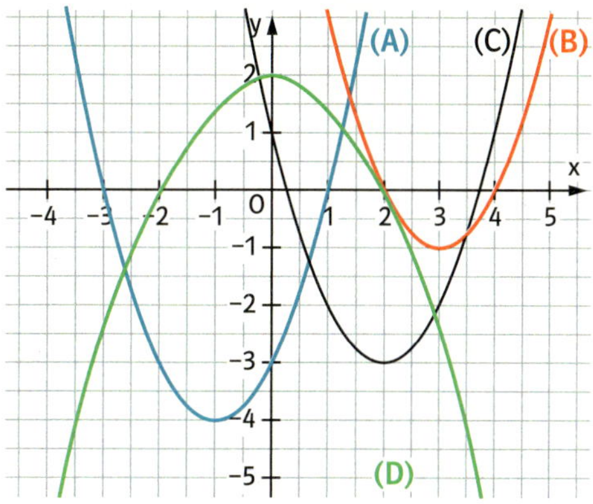

3 Berechne die Koordinaten der Schnittpunkte der Graphen.

a) g: $y = 2x + 11$
   p: $y = x^2 + 4x + 8$

b) g: $y = -x + 5{,}5$
   p: $y = x^2 - 2x + 3{,}5$

c) g: $y = x - 0{,}5$
   p: $y = (x - 2{,}5)^2 - 4$

d) g: $y = 3x - 5$
   p: $y = x^2 - x$

e) p_1: $y = x^2 - 8x + 7$
   p_2: $y = x^2 - 3x - 4$

f) p_1: $y = -0{,}5x^2 - 1$
   p_2: $y = x^2 - 6x + 5$

4 Die Punkte A und B liegen auf der Parabel mit der Gleichung $y = x^2 + px + q$. Berechne die Koordinaten des Scheitels.

a) $A(-1|2{,}5)$; $B(-6|7{,}5)$

b) $A(3|-4)$; $B(-1|4)$

5 Die Klippenspringer von Acapulco (Mexiko) legen eine parabelförmige Flugbahn zurück, die sich mit der Gleichung $y = -x^2 + 28$ (x und y in Metern) beschreiben lässt.

a) Wie weit entfernt vom Fuß des Felsens taucht der Springer ins Wasser?

b) Der Fels ist 27 m hoch. Erkläre die Parabelgleichung.

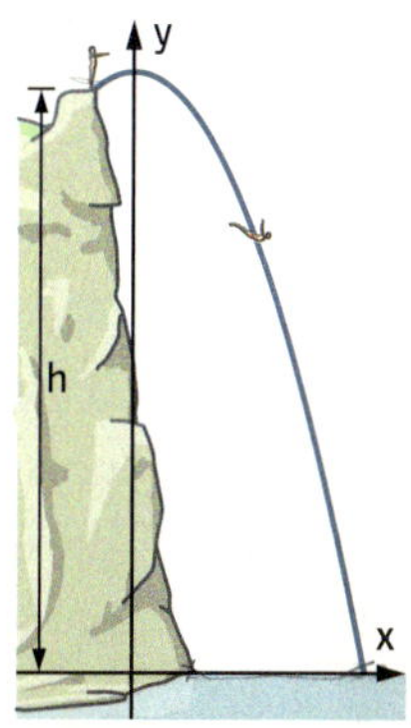

Treppen

Wichtige Maße von Treppen sind
- die Stufenhöhe s
- der Auftritt a.

Damit Treppen bequem und sicher begehbar sind, müssen s und a einige Bedingungen erfüllen:
- $26\,cm \leqq a \leqq 32\,cm$
- $14\,cm \leqq s \leqq 20\,cm$
- $60\,cm \leqq 2s + a \leqq 66\,cm$

Die dritte Regel heißt Schrittmaßregel. Das Schrittmaß einer durchschnittlichen großen Person beträgt nämlich gut 60 cm, und der Höhenanteil eines Schritts zählt doppelt.

- Prüfe einige Treppen in der Schule oder zu Hause.
- Es gibt mehrere Möglichkeiten, die Steilheit einer Treppe anzugeben. Welche kennst du?

- Nimm an, eine Treppe sollte durch eine gleichmäßig ansteigende Rampe ersetzt werden. Wie könnte man die Steilheit messen?

Die Niesenbahn ist eine Bergbahn in der Schweiz. Sie läuft auf Schienen und wird von einem Seil gezogen. Die Strecke ist 3500 m lang. Die Talstation liegt auf 693 m Höhe, die Bergstation auf 2336 m Höhe. Neben der Bahntrasse führt die längste Treppe Europas nach oben.
Sie hat 11 674 Stufen.

Eines der berühmtesten Bauwerke der Welt ist die Stufenpyramide des Kukulcan in Chichen Itza, Mexiko. Sie wurde vor etwa 1500 Jahren erbaut.
Die Pyramide ist 30 m hoch. Sie hat auf jeder Seite eine Treppe mit 91 Stufen.
Übrigens: Die Pyramide hat zusätzlich noch eine Stufe vor dem Tempel: $4 \cdot 91 + 1 = ?$

Messen oder rechnen?

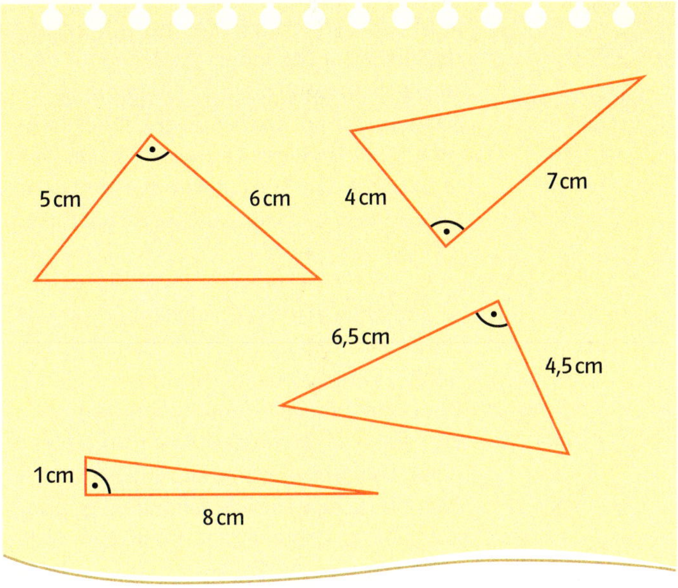

Könntest du durch Zeichnen und Abmessen herausfinden, welches der vier Dreiecke die längste Hypotenuse hat? Gibt es einen anderen Weg?

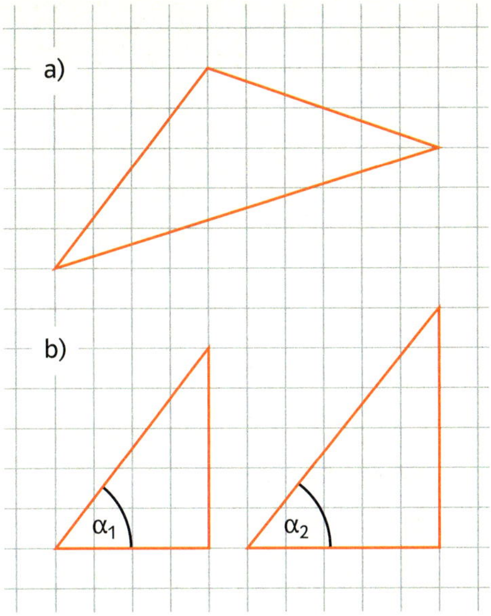

- Du müsstest sehr genau zeichnen, um zu entscheiden, ob das Dreieck gleichschenklig ist. Hast du eine bessere Idee?
- Ist der Winkel α_1 größer oder kleiner als der Winkel α_2?

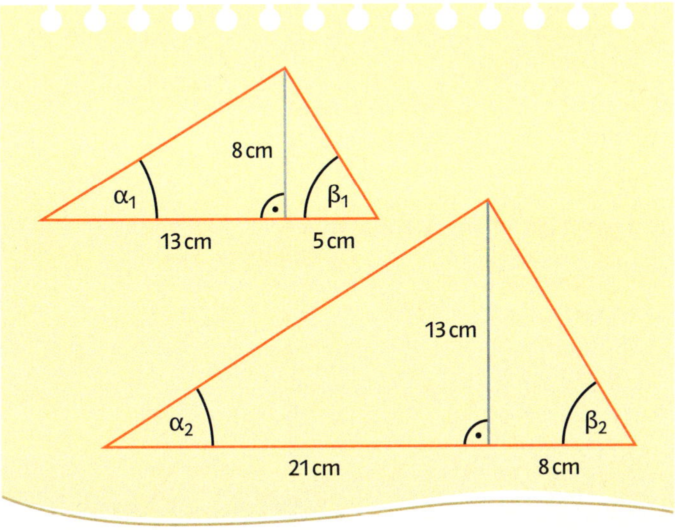

Ist der Winkel α_1 größer oder kleiner als der Winkel α_2 ?
Wie steht es mit β_1 und β_2? Ein Tipp: 8 : 13 = ▢

In diesem Kapitel lernst du,

- was Sinus, Kosinus und Tangens sind,
- dass man mit Sinus, Kosinus und Tangens Seiten und Winkel von Dreiecken berechnen kann,
- wie man durch geschicktes Zerlegen oder Ergänzen Seiten, Winkel und Flächeninhalte von Vierecken und Vielecken berechnen kann,
- dass man Sinus, Kosinus und Tangens in vielen realistischen Situationen anwenden kann.

1 Sinus. Kosinus. Tangens

Forstfahrzeuge arbeiten oft an steilen Hängen.

→ Welche Möglichkeiten kennst du, Steigungen zu messen?

→ Welche Strecken helfen beim Messen der Steigung besonders gut?

→ Das Fahrwerk zeigt die Steigung besonders gut an. Kannst du sie berechnen, ohne die Länge des Fahrwerks zu kennen?

→ Schätze den Steigungswinkel des Hangs und prüfe dann, wie gut du geschätzt hast.

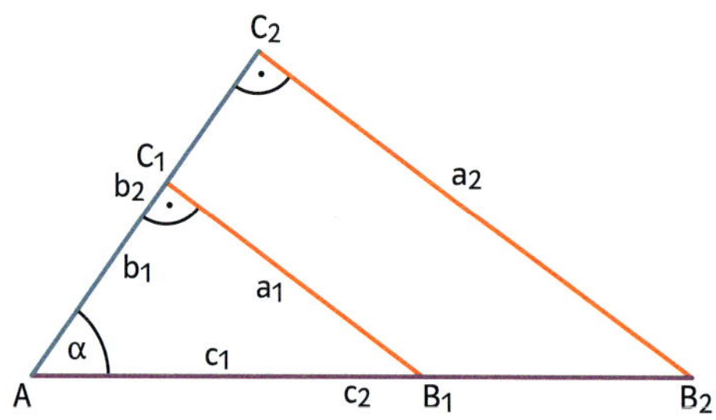

In den ähnlichen rechtwinkligen Dreiecken AB_1C_1 und AB_2C_2 gilt $\frac{a_1}{c_1} = \frac{a_2}{c_2}$. Das Seitenverhältnis hängt also nicht von der Größe der Dreiecke ab, sondern nur vom Winkel α. Dies gilt auch für andere Seitenverhältnisse. Die drei wichtigsten sind $\frac{a}{c}$; $\frac{b}{c}$ und $\frac{a}{b}$. Sie unterscheiden sich durch die Lage der Katheten in Bezug auf den Winkel α und haben besondere Namen.

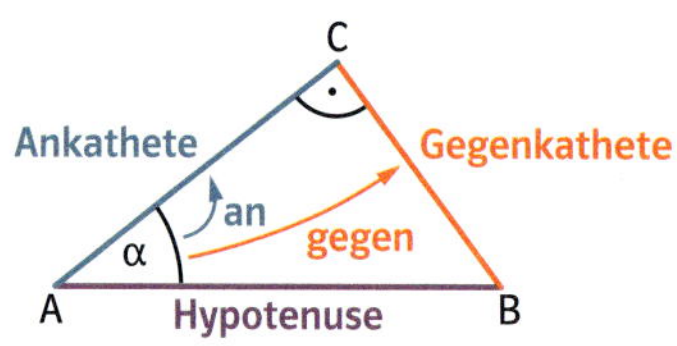

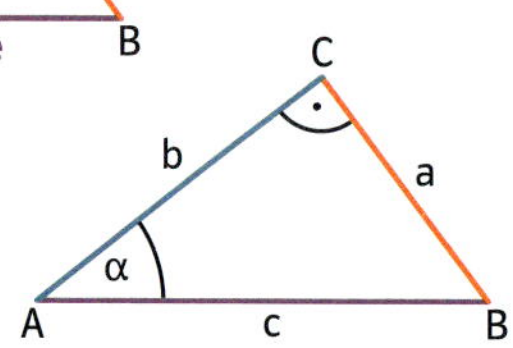

$\frac{a}{c} = \frac{\text{Gegenkathete von } \alpha}{\text{Hypotenuse}}$; $\frac{b}{c} = \frac{\text{Ankathete von } \alpha}{\text{Hypotenuse}}$; $\frac{a}{b} = \frac{\text{Gegenkathete von } \alpha}{\text{Ankathete von } \alpha}$

Die Seitenverhältnisse im rechtwinkligen Dreieck ABC mit $\gamma = 90°$ heißen

$\sin\alpha = \frac{\text{Gegenkathete von } \alpha}{\text{Hypotenuse}}$; $\cos\alpha = \frac{\text{Ankathete von } \alpha}{\text{Hypotenuse}}$; $\tan\alpha = \frac{\text{Gegenkathete von } \alpha}{\text{Ankathete von } \alpha}$

Man liest: Sinus von α; Kosinus von α; Tangens von α.

Beispiele

a) In △ABC gilt

$\sin\alpha = \frac{3}{5}$; $\cos\alpha = \frac{4}{5}$; $\tan\alpha = \frac{3}{4}$.

Aus $\sin\alpha = \frac{3}{5}$ kann man mit dem Taschenrechner den Winkel α berechnen:

$\alpha = 36{,}9°$.

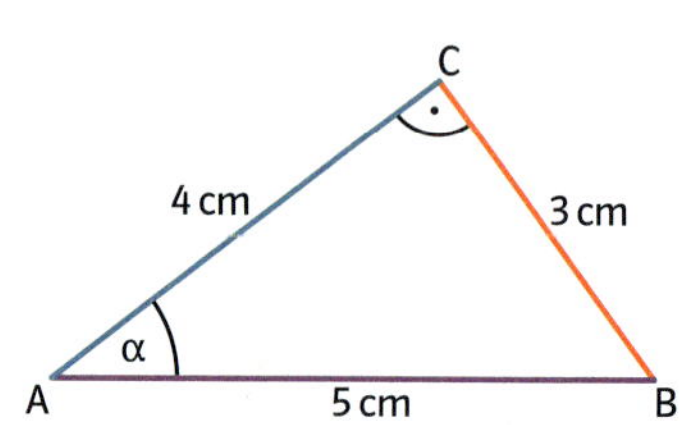

b) Oft müssen Sinus-, Kosinus- und Tangenswerte aus Dreiecken abgelesen werden, die anders liegen oder anders benannt sind als das Musterdreieck ABC.
In den rechtwinkligen Teildreiecken ADC und DBC gilt
$\sin\alpha = \frac{h}{b}$; $\tan\alpha = \frac{h}{q}$; $\cos\varepsilon = \frac{h}{b}$ und
$\sin\beta = \frac{h}{a}$; $\cos\beta = \frac{p}{a}$; $\tan\beta = \frac{h}{p}$.

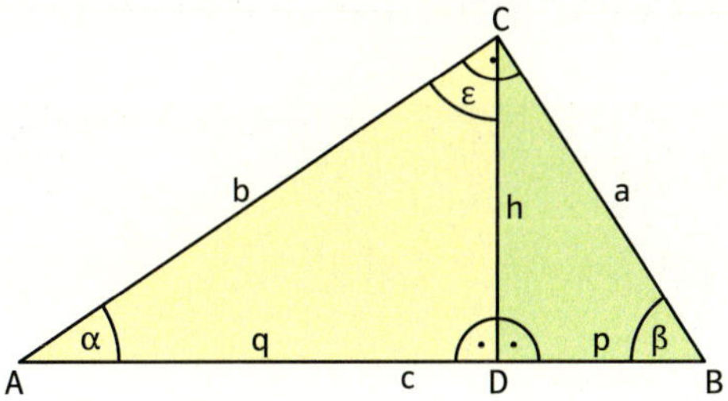

Aufgaben

1 a) Gib $\sin\alpha$; $\cos\alpha$ und $\tan\alpha$ an.
b) Gib $\sin\beta$; $\cos\beta$ und $\tan\beta$ an.

(1)

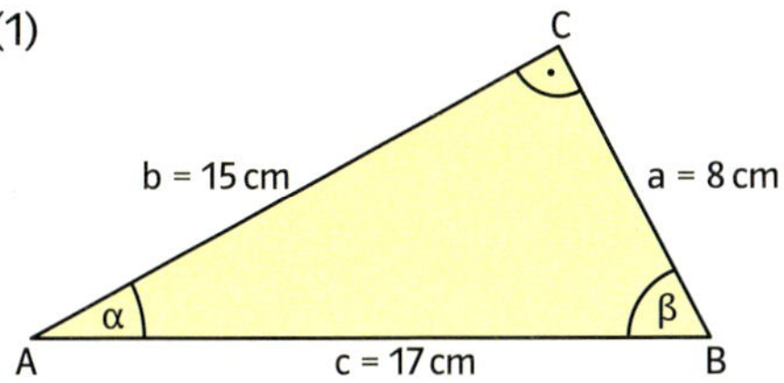

(2)

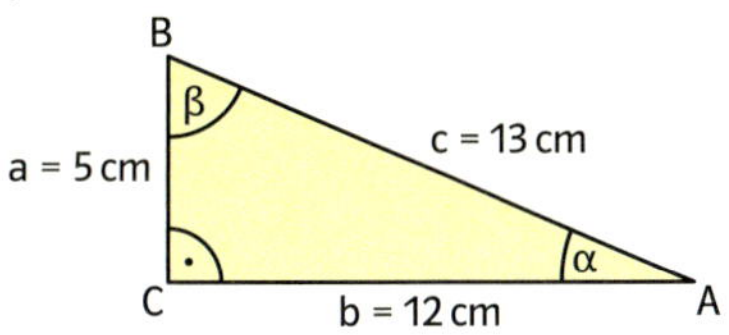

2 a) Berechne $\sin\alpha$ und $\sin\beta$.
b) Berechne $\cos\alpha$ und $\cos\beta$. Was fällt auf?

(1)

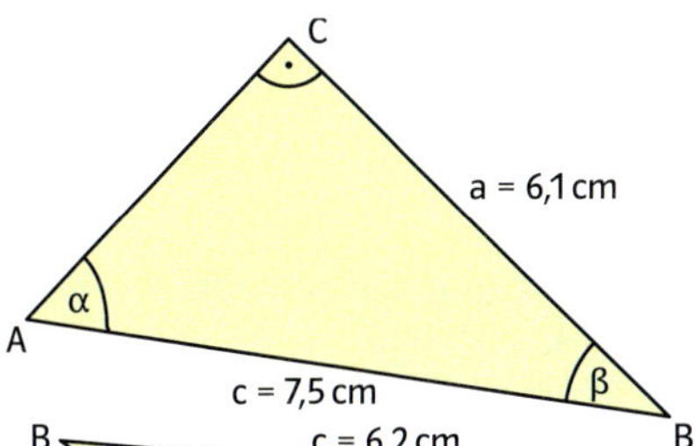

(2)

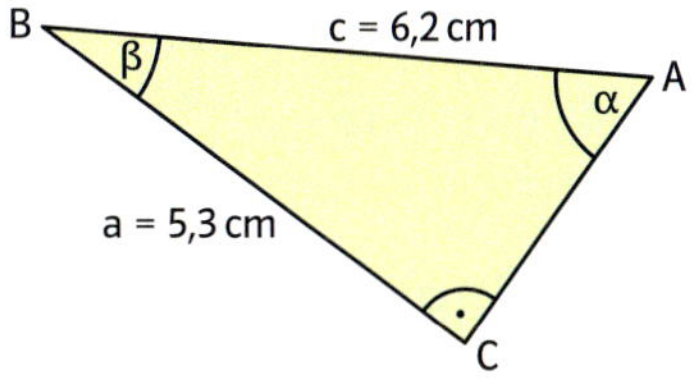

3 In △ABC gilt $\gamma = 90°$ und $\alpha = 38°$.
a) Berechne $\sin\alpha$ und $\cos\alpha$.
b) Berechne $\sin\beta$ und $\cos\beta$.

4

α	10°	20°	30°	…	80°
sin α	□	□	□	□	□
cos α	□	□	□	□	□
tan α	□	□	□	□	□

Fülle die Tabelle aus. Was bemerkst du? Schreibe deine Beobachtungen auf.

5 Drücke durch ein Seitenverhältnis aus:
a) $\sin\alpha$; $\cos\alpha$; $\tan\alpha$; $\sin\beta$; $\cos\beta$; $\tan\beta$
b) $\sin\beta$; $\cos\beta$; $\tan\beta$; $\sin\gamma$; $\cos\gamma$; $\tan\gamma$

a)

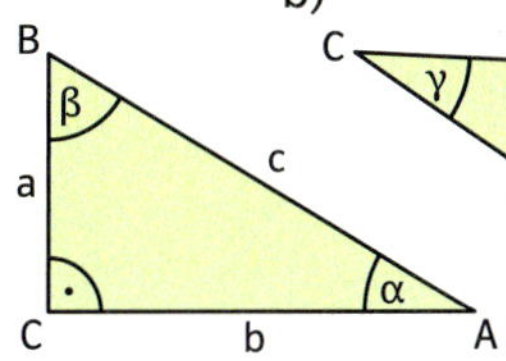

b)

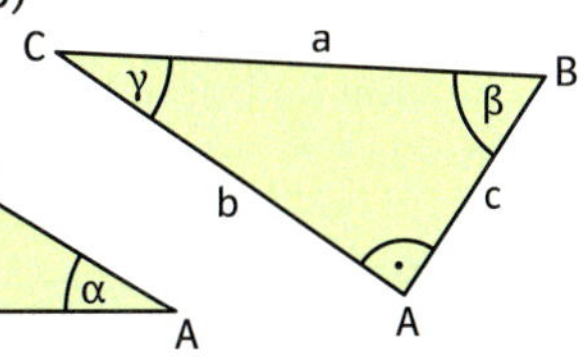

6 Drücke für die Figur auf dem Rand das angegebene Seitenverhältnis durch Sinus, Kosinus oder Tangens aus:
a) $\frac{h}{p}$ b) $\frac{p}{a}$ c) $\frac{h}{b}$ d) $\frac{q}{b}$ e) $\frac{a}{c}$

7 Drücke auf je drei Arten durch ein Seitenverhältnis aus:
a) $\sin\beta$ b) $\cos\beta$ c) $\cos\gamma$ d) $\tan\gamma$

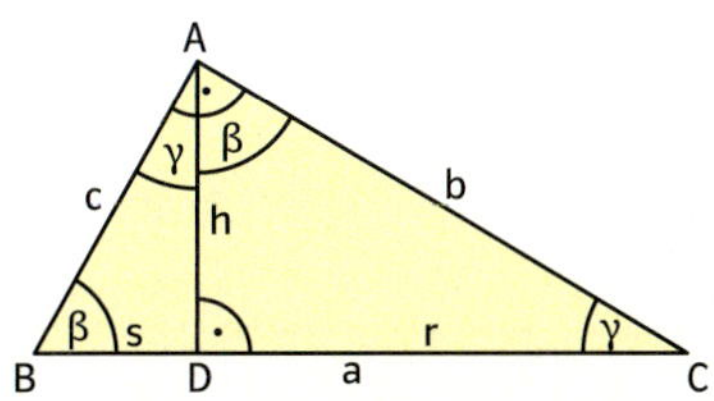

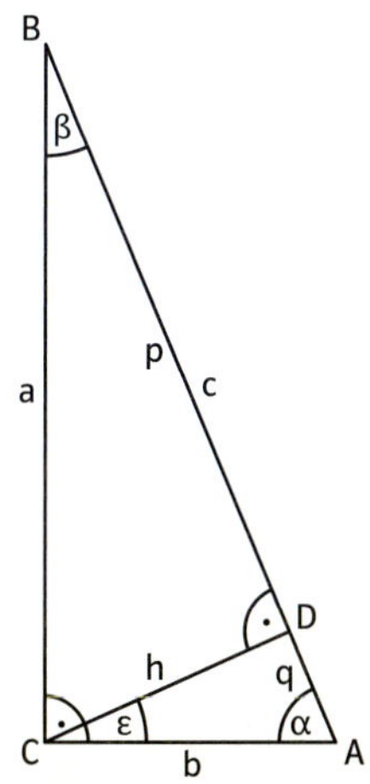

? *Warum gilt $\varepsilon = \beta$?*

2 Rechtwinklige Dreiecke berechnen

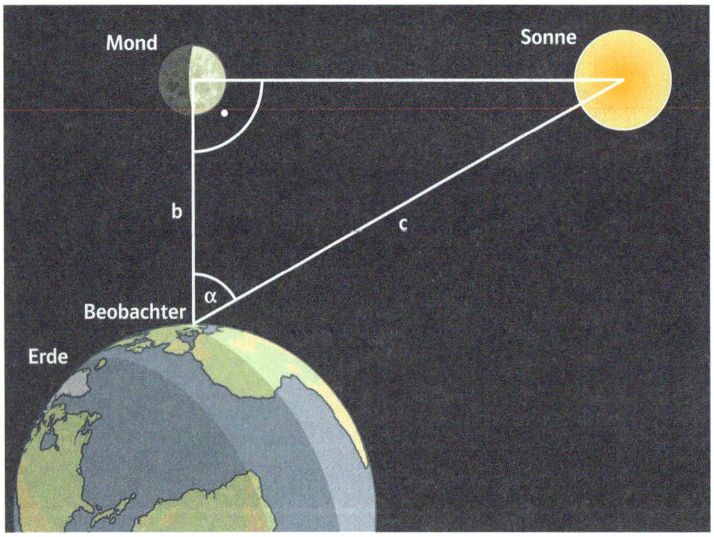

Vor etwa 2000 Jahren überlegte der griechische Astronom Aristarch: „Steht bei Sonnenuntergang der Halbmond am Himmel, bilden Erde, Mond und Sonne ein rechtwinkliges Dreieck. Wenn ich also den Winkel α und die Entfernung Erde - Mond kenne, kann ich die Entfernung Erde - Sonne berechnen."

→ Welcher Wert für den Winkel α ergibt sich aus den heute bekannten Entfernungen $c = 150$ Mio km und $b = 384\,000$ km? Könntest du das Dreieck maßstäblich zeichnen?

→ Der Winkel α ist schwer zu messen. Aristarch erhielt 87°. Die Entfernung b kannte er recht genau. Welchen Wert errechnete er für c?

Im rechtwinkligen Dreieck gilt $\sin\alpha = \frac{a}{c}$. Aus je zwei der Größen α, a und c lässt sich die dritte berechnen. Allgemein braucht man für Berechnungen am rechtwinkligen Dreieck Sinus, Kosinus, Tangens und den Satz des Pythagoras.

Im rechtwinkligen Dreieck lassen sich die fehlenden Seiten und Winkel berechnen, wenn folgende Seiten oder Winkel gegeben sind:
- die Hypotenuse und ein spitzer Winkel
- eine Kathete und ein spitzer Winkel
- die zwei Katheten
- die Hypotenuse und eine Kathete

Bemerkung

Mit dem Taschenrechner ermittelte Werte sind meist zehnstellig. Da das Endergebnis nicht genauer sein kann als die gegebenen Größen, wird sinnvoll gerundet. Zur Vereinfachung schreiben wir statt des Zeichens „≈" das Gleichheitszeichen.

Beispiele

a) Gegeben: Hypotenuse und ein Winkel
$c = 8{,}8\,\text{cm}$; $\alpha = 57{,}4°$
Gesucht: a; b; β
Rechnung:
$\sin\alpha = \frac{a}{c} \quad | \cdot c$
$a = c \cdot \sin\alpha = 7{,}4\,\text{cm}$
$b = c \cdot \cos\alpha = 4{,}7\,\text{cm}$
$\beta = 90° - 57{,}4° = 32{,}6°$
Ergebnis:
$a = 7{,}4\,\text{cm}$; $b = 4{,}7\,\text{cm}$; $\beta = 32{,}6°$

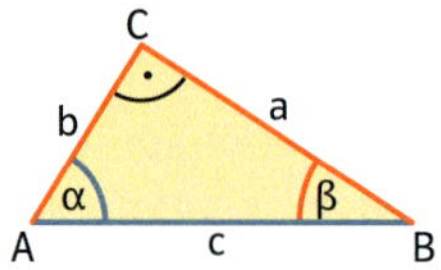

b) Gegeben: eine Kathete und ein Winkel
$a = 5{,}3\,\text{cm}$; $\alpha = 36{,}5°$
Gesucht: c; b; β
Rechnung:
$\sin\alpha = \frac{a}{c} \quad | \cdot c \quad | : \sin\alpha$
$c = \frac{a}{\sin\alpha} = 8{,}9\,\text{cm}$
$b = \sqrt{c^2 - a^2} = 7{,}1\,\text{cm}$
$\beta = 90° - 36{,}5° = 53{,}5°$
Ergebnis:
$c = 8{,}9\,\text{cm}$; $b = 7{,}1\,\text{cm}$; $\beta = 53{,}5°$

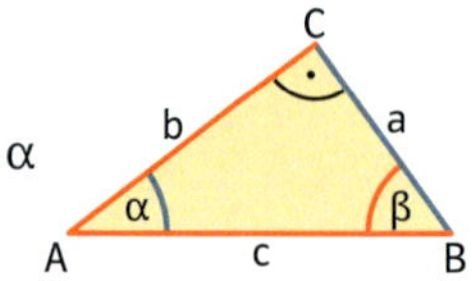

c) Gegeben: zwei Katheten
a = 7,2 cm; b = 5,1 cm
Gesucht: α; β; c

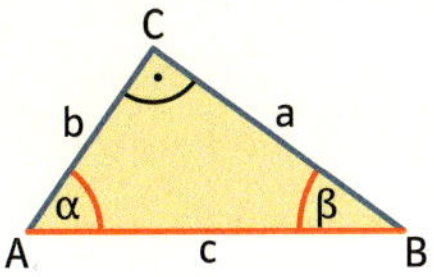

Rechnung:
$\tan\alpha = \frac{7{,}2\,\text{cm}}{5{,}1\,\text{cm}}$
$\alpha = 54{,}7°$
$\beta = 90° - 54{,}7° = 35{,}3°$
$c = \sqrt{a^2 + b^2} = 8{,}8\,\text{cm}$
Ergebnis:
$\alpha = 54{,}7°$; $\beta = 35{,}3°$; $c = 8{,}8\,\text{cm}$

d) Gegeben: Hypotenuse und Kathete
c = 9,0 cm; a = 4,4 cm
Gesucht: α; β; b

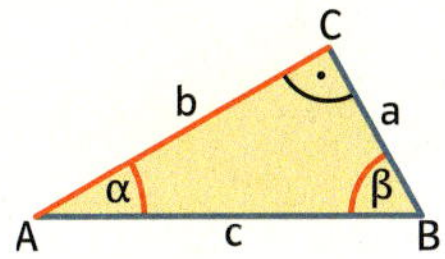

Rechnung:
$\sin\alpha = \frac{4{,}4\,\text{cm}}{9{,}0\,\text{cm}}$
$\alpha = 29{,}3°$
$\beta = 90° - 29{,}3° = 60{,}7°$
$b = \sqrt{c^2 - a^2} = 7{,}9\,\text{cm}$
Ergebnis:
$\alpha = 29{,}3°$; $\beta = 60{,}7°$; $c = 7{,}9\,\text{cm}$

Aufgaben

1 Berechne die rot markierten Größen.

a)

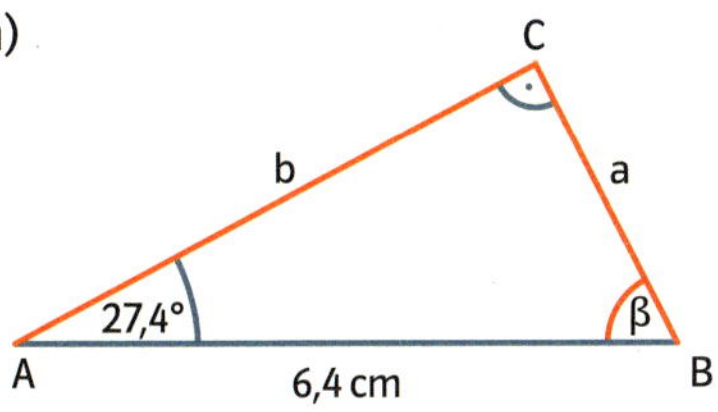

b)

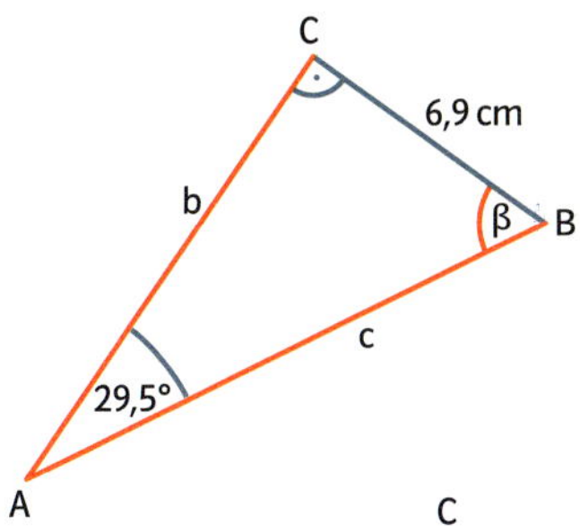

c)

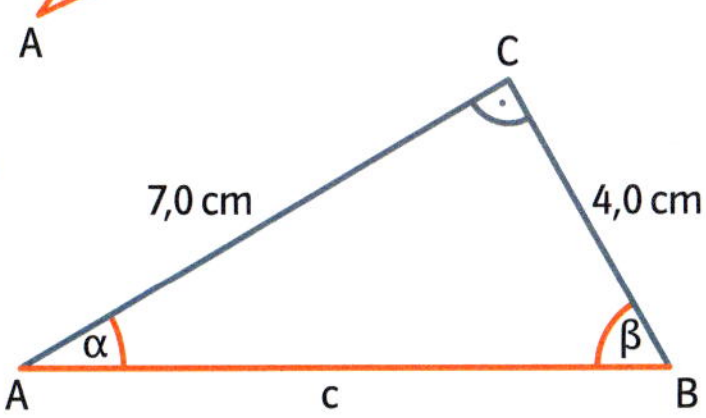

d)

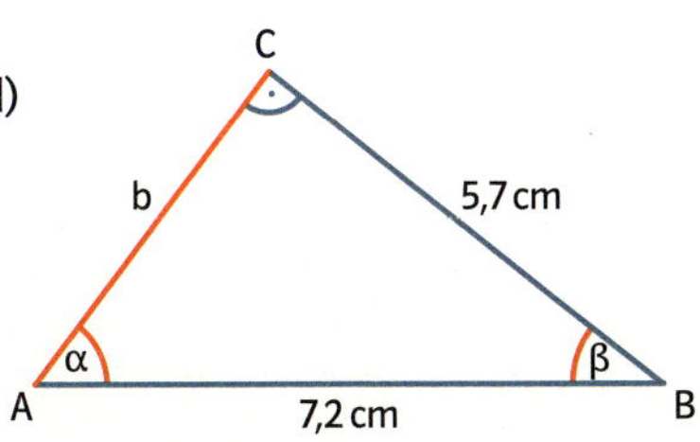

2 Berechne die rot markierten Größen.

a)

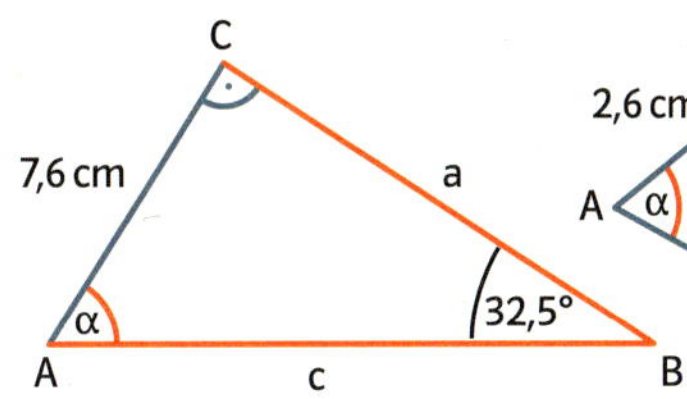

b)

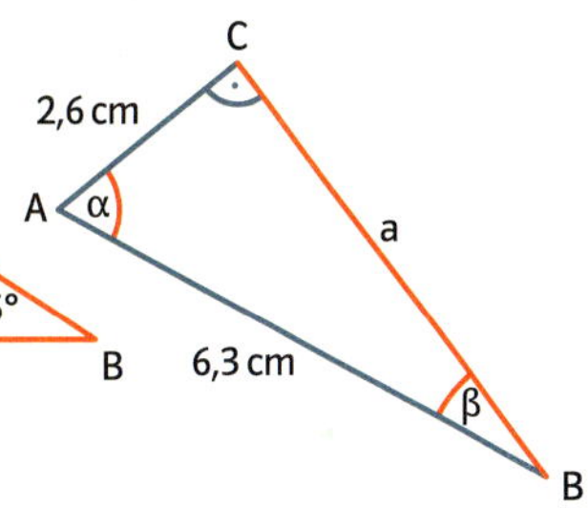

c)

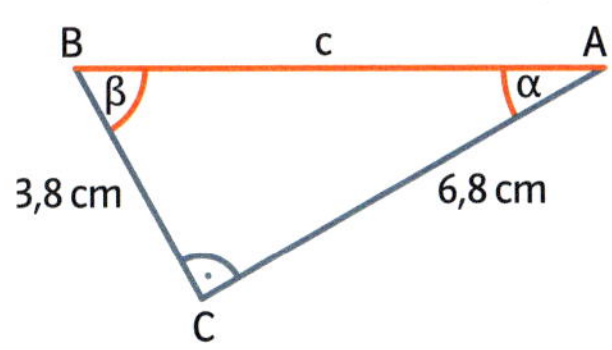

d)

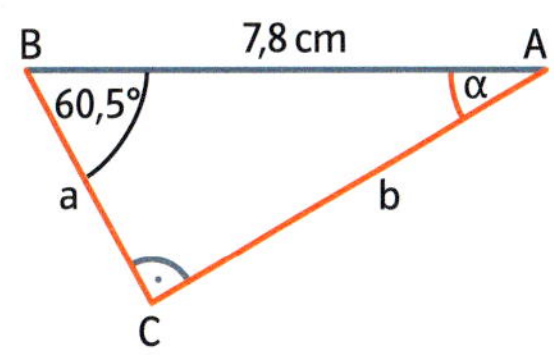

e)

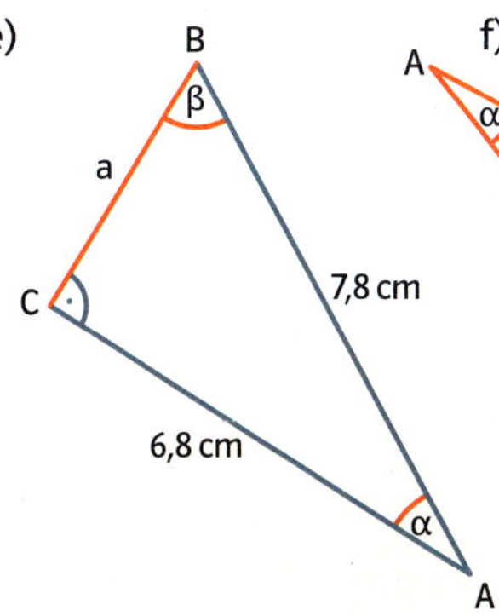

f)

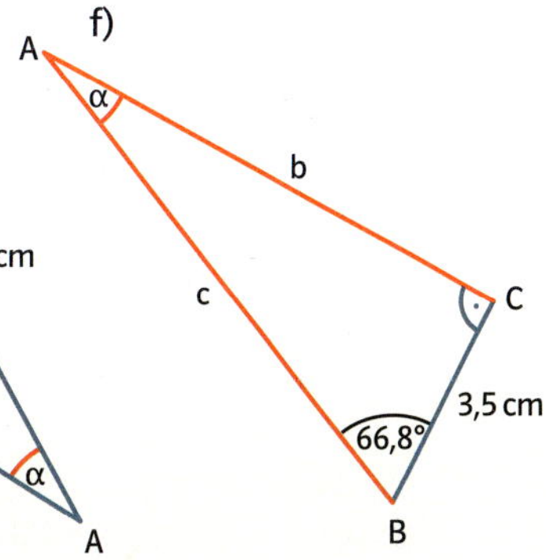

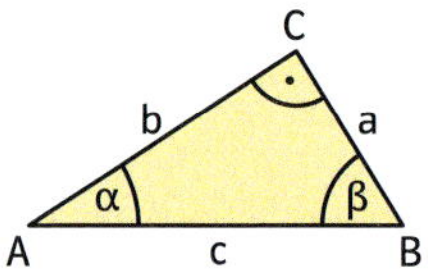

3 Berechne die fehlenden Größen. Beginne mit einer Planfigur. (angegebene Seitenlängen in cm)

	a)	b)	c)	d)	e)	f)
a		7,8	6,5		1,0	
b		1,2				7,7
c	9,6		9,3	8,4		
α	34,0°				10,0°	
β				19,5°		76,5°

4 Berechne die fehlenden Größen der pythagoreischen Dreiecke. Die Katheten sind a und b, die Hypotenuse ist c.

a) a = 12 cm; b = 5 cm
b) a = 15 cm; c = 17 cm
c) b = 24 cm; c = 25 cm
d) a = 1360 cm; c = 1378 cm
e) c = 15641 cm; a = 15609 cm

5 Wie lang ist die Strecke x?

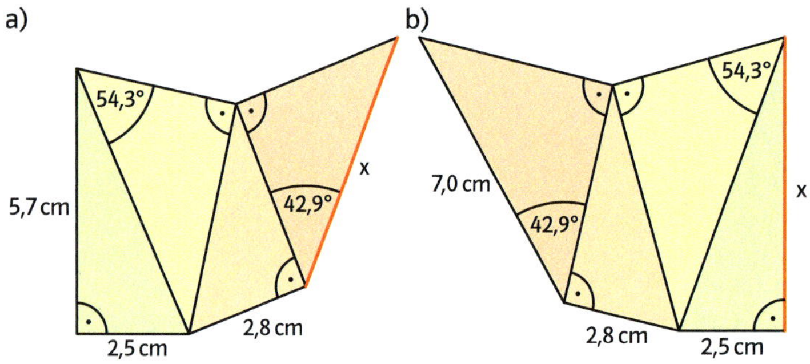

6 Berechne die fehlenden Größen.

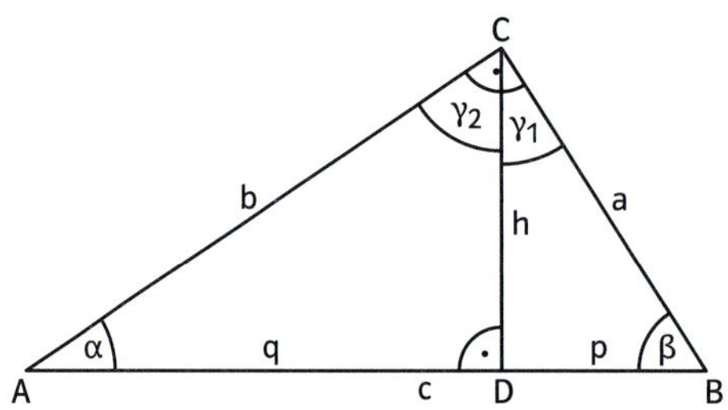

a) q = 2,5 cm; α = 35,0°
b) h = 6,2 cm; α = 75,0°
c) p = 5,8 cm; β = 31,2 °
d) p = 7,6 cm; α = 37,9°
e) h = 8,0 cm; p = 3,0 cm

7 Berechne die bezeichneten Winkel und Strecken. Achte auf ähnliche Dreiecke.

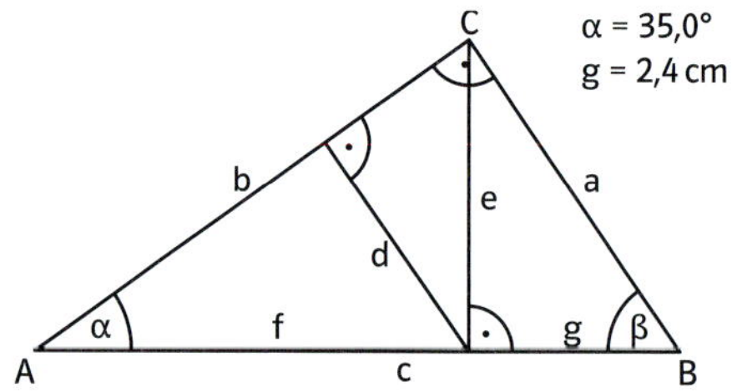

8 Berechne α, $\overline{BF}$ und $\overline{AE}$.

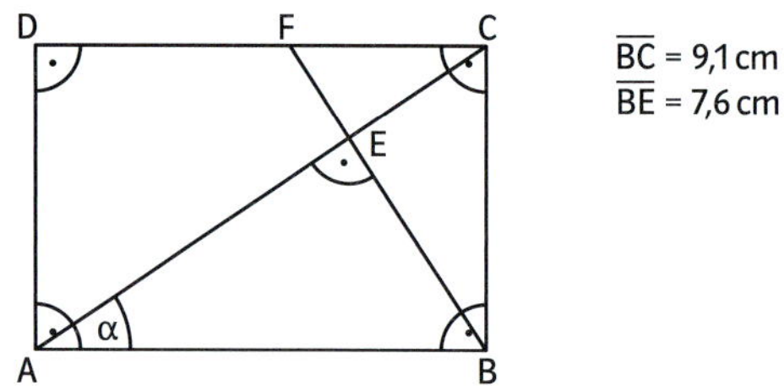

$\overline{BC}$ = 9,1 cm
$\overline{BE}$ = 7,6 cm

9 Bestimme die Länge x aus einer Gleichung. (alle Maße in cm)

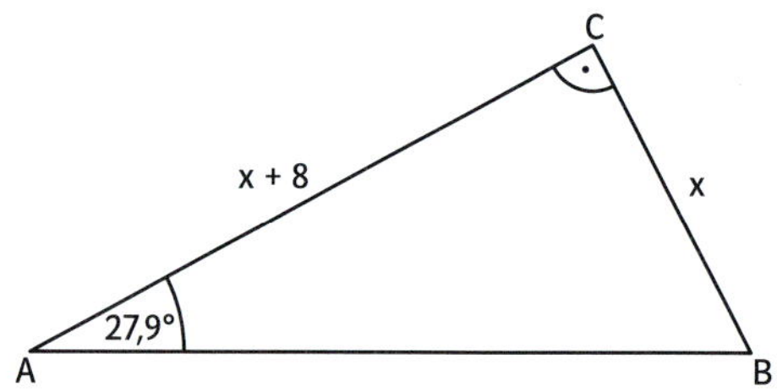

10 Berechne x und y. (alle Maße in cm)

a)

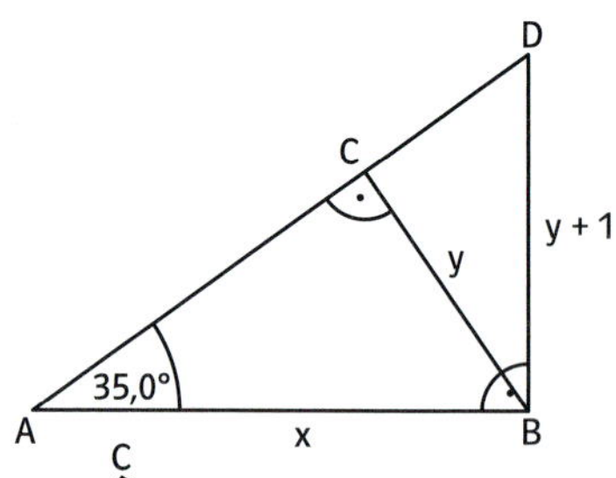

b)

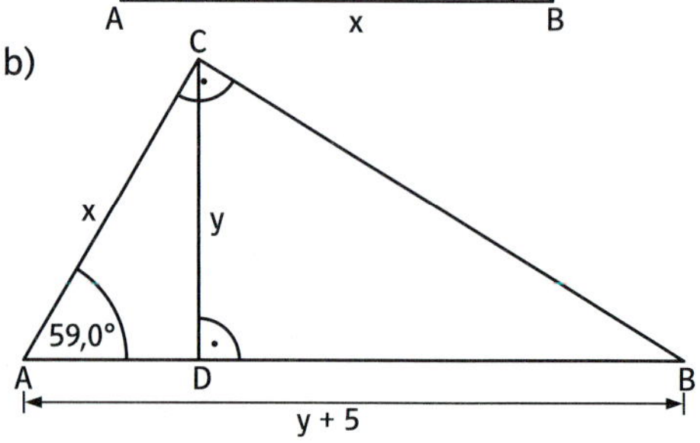

Vorsicht Steigung!

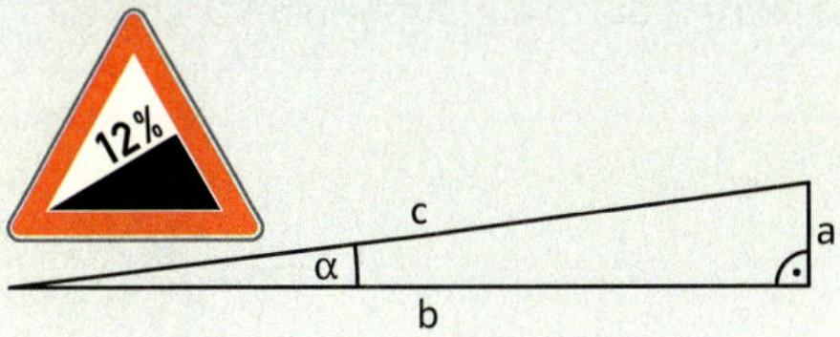

Die Steigung m einer Straße ist der Quotient aus dem Höhengewinn a und dem horizontal gemessenen Weg b.
Es gilt

$$m = \frac{a}{b}.$$

Der Zusammenhang zwischen der Steigung und dem Steigungswinkel α ist also

$$m = \tan\alpha.$$

Die Steigung wird auch oft in % oder als Quotient angegeben.
Der horizontal gemessene Weg b ist der Grundriss des wahren Wegs c.

- Vergleiche das Verkehrszeichen mit der Schemazeichnung.
- Ergänze.
$\alpha = 5°$; $m = \square$; m in % = $\square$
$m = 16\%$; $\alpha = \square$; $m = \frac{\square}{\square}$
$m = 0{,}25$; $\alpha = \square$; $m = \frac{\square}{\square}$
$m = \frac{1}{3}$; m in % = $\square$; $\alpha = \square$
- Berechne m für
$\alpha = 10°; 20°; \ldots; 80°; 85°; 89°, 89{,}5°; 89{,}9°$.
- Ist die Zuordnung von α zu m eine Proportionalität?
- Der Kartenausschnitt steht im Maßstab 1:100 000. Ermittle für die Straße von A (350 m über NN) nach B (1060 m über NN) die durchschnittliche Steigung und den durchschnittlichen Steigungswinkel.

Der Ort C liegt 672 m über NN. Wie groß ist die durchschnittliche Steigung auf einer Rundfahrt von A über B und C nach A?

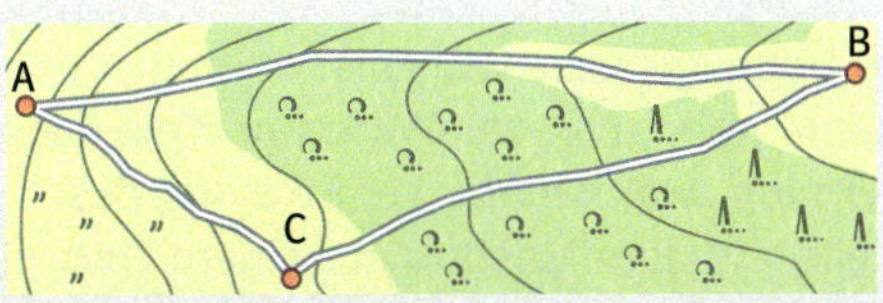

11 Berechne die Steigung m und den Steigungswinkel α der Geraden $g_1, \ldots, g_6$.

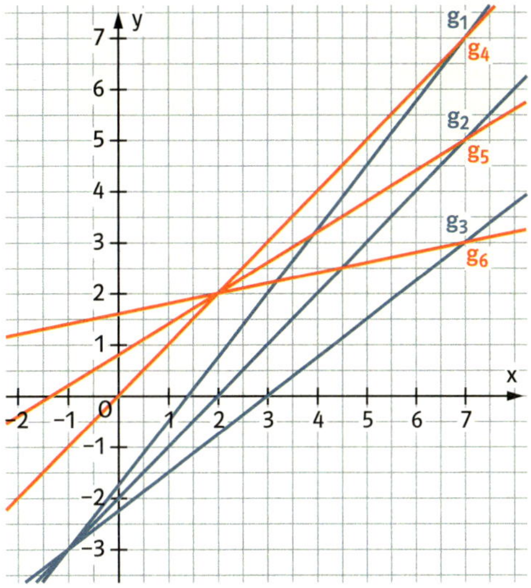

Suche Steigungsdreiecke mit ganzzahligen Seitenlängen.

12 Geradensteigungen können auch negativ sein. Berechne m für $g_1, \ldots, g_6$.
Findest du auch die Steigungswinkel α?

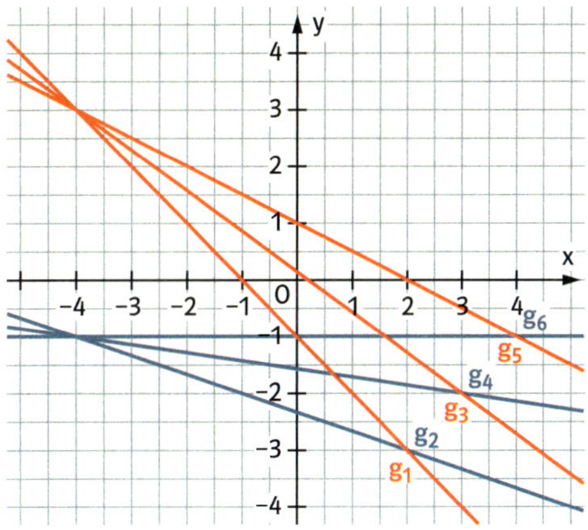

13 An der Pass-Straße stehen Tafeln mit Höhenangaben. Frau Kluge liest am km-Zähler ihres Autos ab, dass sie von der 1050-m-Tafel bis zur 1700-m-Tafel 4900 m weit gefahren ist.
a) Wie groß ist die Steigung, wie groß ist der Steigungswinkel der Straße im Durchschnitt?
b) Wie lang ist der horizontal gemessene Weg?
c) Spielt es eine Rolle, dass die Straße Kurven hat?

Vera sagt: „Die Böschung vor unserem Haus hat 100 % Steigung."
Carsten fragt: „Wohnt ihr an der Klippe?"

14 Der Amazonas ist der größte Strom der Erde. Der Rhein ist dagegen recht klein.
a) Ein Reisender möchte die Breite des Amazonas messen. Am Rhein hat er mit einem einfachen Verfahren Erfolg. Welche Breite hat er dort berechnet? Warum könnte diese Messung am etwa 5 km breiten Amazonas schwierig werden?
b) Der Amazonas hat auf dem 4800 km langen Weg vom Eintritt in die Tiefebene bis zur Mündung ein Gefälle von 106 m. Wie groß ist der Winkel des Gefälles? Würde ein Ball hinunterrollen?

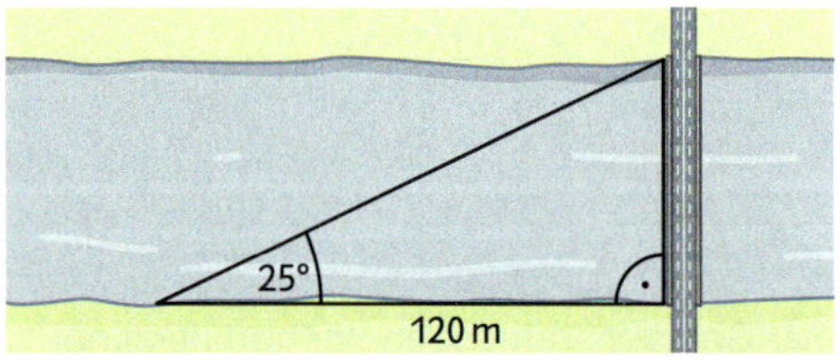

15 Die Bugwelle von Schiffen hat immer einen Öffnungswinkel von etwa 40°.

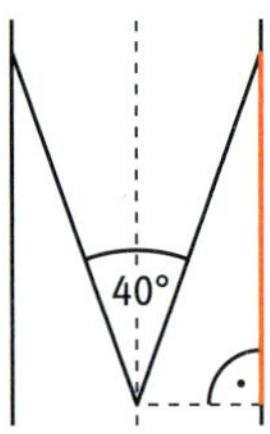

a) Ein Schiff fährt in der Mittellinie eines 160 m breiten Flusses. Um wie viel m, in Richtung des Flusses gerechnet, läuft der Auftreffpunkt der Bugwelle am Ufer dem Bug hinterher?
b) Der Auftreffpunkt der Bugwelle am linken Ufer liegt 50 m vor dem Auftreffpunkt am rechten Ufer. Wie weit ist die Fahrtlinie des Schiffs vom linken Ufer entfernt?
c) Bestätige deine Ergebnisse durch eine maßstäbliche Konstruktion.

16 Die Seilbahn hat zwei unterschiedlich steile Abschnitte.
Berechne die Steigungswinkel α und β.

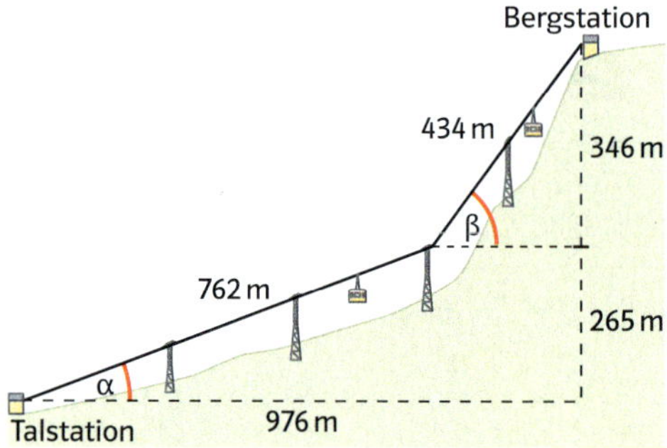

17 Hohe Sendemasten werden durch Abspannseile gehalten. Man kann die Höhe des Masts mithilfe zweier Größen finden, die sich vom Boden aus messen lassen.

a) Wie hoch ist der Mast bis zum Befestigungspunkt des Seils? Wie hoch ist er insgesamt?
b) Wie lang sind die am weitesten nach oben führenden Seile?
c) In den USA gibt es Sendemasten, die etwa 600 m hoch sind. Wie lang sind wohl ihre Seile?
d) Überlege, welcher Fehler entstehen kann, wenn man den Winkel und die Entfernung zwischen der Verankerung des Seils und dem Mastfuß aus einem Foto abliest.

3 Allgemeine Dreiecke berechnen

Heike, Paola und Irina haben erfahren, dass das Schloss 146 m breit ist. Sie überlegen, ob sie aus dem Sehwinkel α den Abstand des Wegs zum Schloss berechnen können.

→ Heike und Paola wählen günstige Stellen.

→ Irina meint: Es muss doch von jeder Stelle aus gehen!

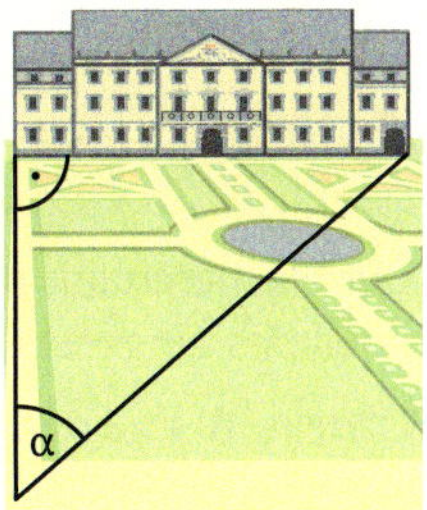

Heike: $\alpha = 50°$

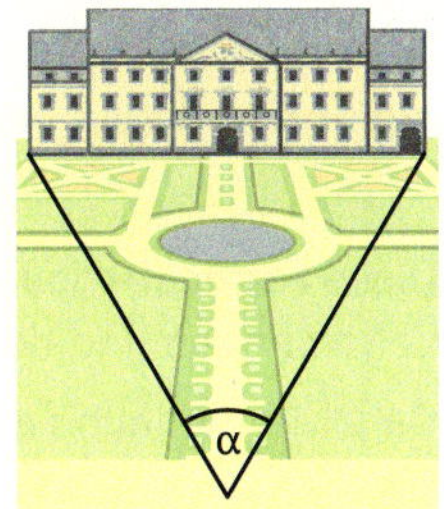

Paola: $\alpha = 62°$

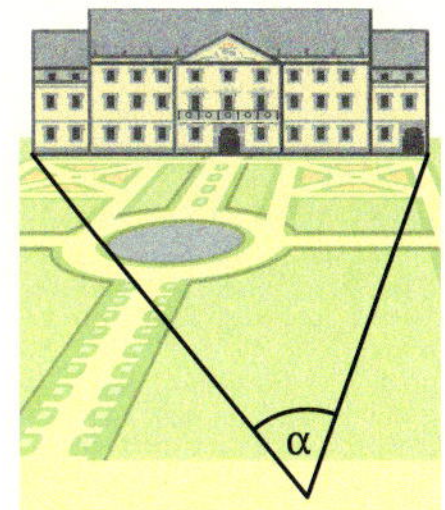

Irina: $\alpha = 60°$

In der Bilderfolge ist zu sehen, wie man aus einer Seite und den zwei anliegenden Winkeln schrittweise die fehlenden Größen eines allgemeinen Dreiecks berechnet. Die gegebenen und die berechneten Seiten und Winkel sind blau gefärbt, die noch unbekannten sind rot gefärbt. Der erste Schritt ist die Zerlegung des Dreiecks in zwei rechtwinklige Dreiecke.

(1)

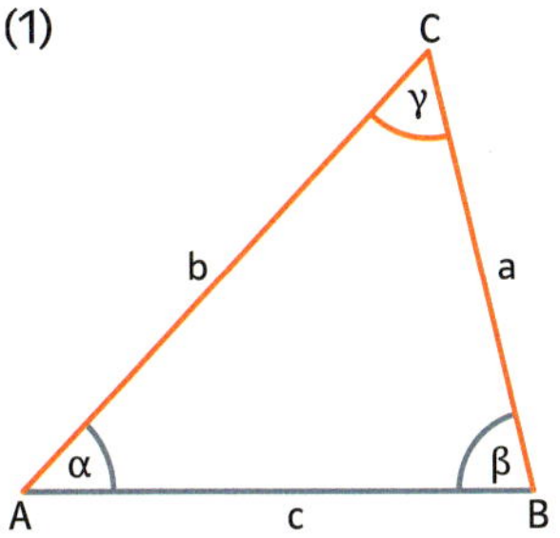

(2)

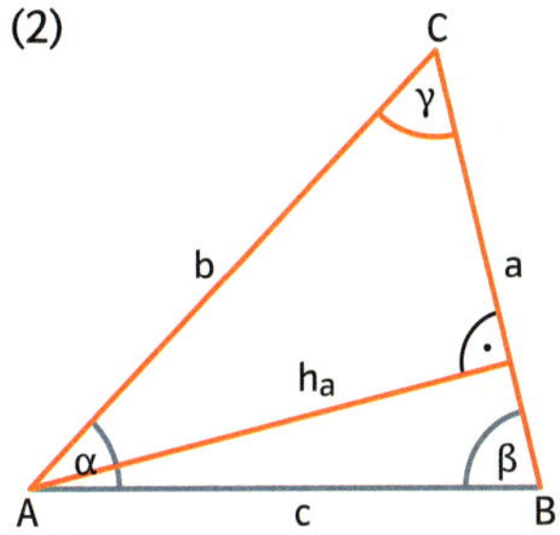

(3)

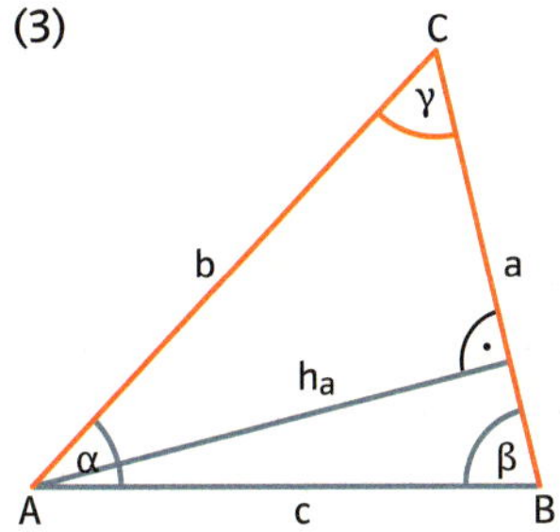

$\sin\beta = \frac{h_a}{c} \quad | \cdot c$

$h_a = c \cdot \sin\beta$

(4)

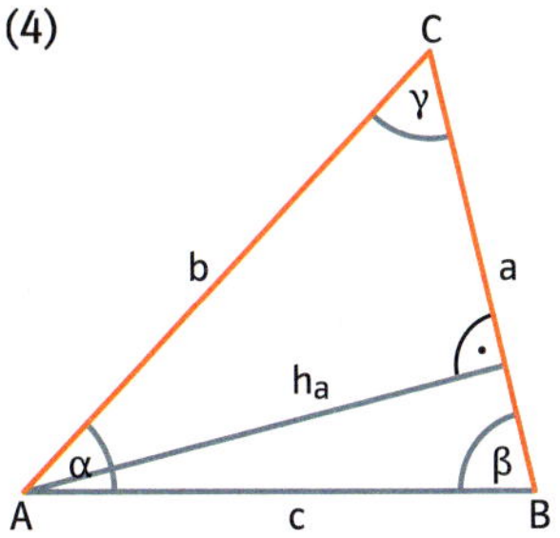

$\gamma = 180° - \alpha - \beta$

(5)

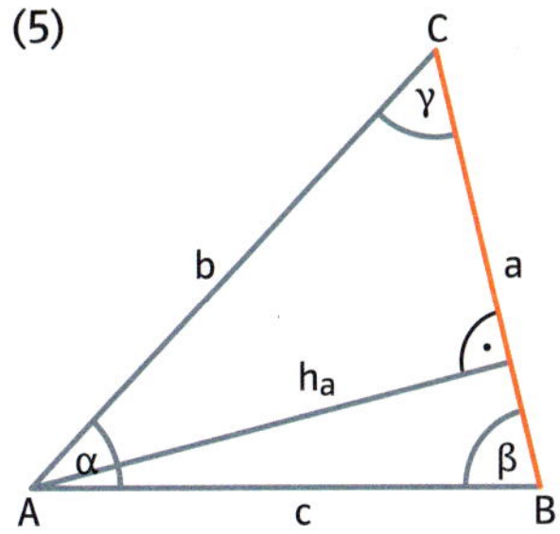

$\sin\gamma = \frac{h_a}{b} \quad | \cdot b \quad |: \sin\gamma$

$b = \frac{h_a}{\sin\gamma}$

(6)

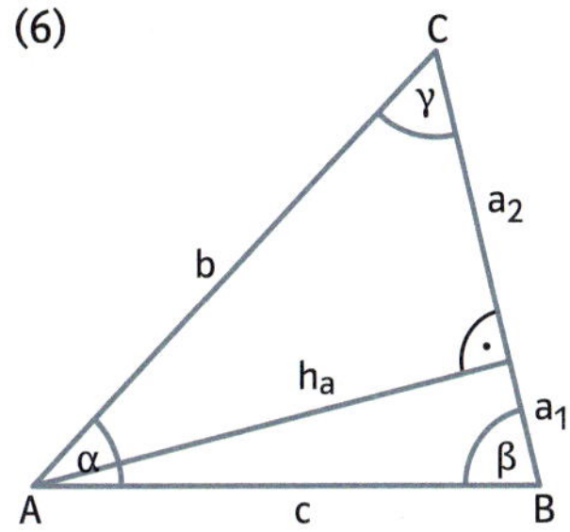

$\cos\beta = \frac{a_1}{c} \quad | \cdot c$ $\qquad$ $\cos\gamma = \frac{a_2}{b} \quad | \cdot b$

$a_1 = c \cdot \cos\beta$ $\qquad$ $a_2 = b \cdot \cos\gamma$

$a = a_1 + a_2$

Mithilfe von Sinus, Kosinus und Tangens lassen sich aus geeigneten Stücken die fehlenden Stücke eines **allgemeinen Dreiecks** berechnen.
Der wichtigste Schritt ist die **Zerlegung** des Dreiecks **in zwei rechtwinklige Dreiecke**.

*Die Berechnung von Dreiecken heißt **Trigonometrie**.*

Bemerkung

Für den Flächeninhalt des Dreiecks gilt die Formel $A = \frac{1}{2}c \cdot h_c$. Wegen $h_c = b \cdot \sin\alpha$ ergibt sich daraus $\mathbf{A = \frac{1}{2}bc \cdot \sin\alpha}$.

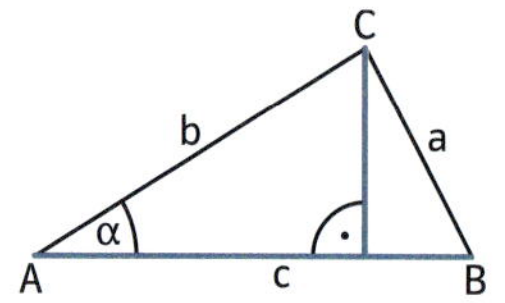

Diese Formel bedeutet: Der Flächeninhalt des Dreiecks ist das halbe Produkt aus zwei Seitenlängen und dem Sinus des eingeschlossenen Winkels.
Daher gelten auch die Formeln $\mathbf{A = \frac{1}{2}ab \cdot \sin\gamma}$ und $\mathbf{A = \frac{1}{2}ac \cdot \sin\beta}$.

Beispiel

Das Dreieck ABC ist gegeben durch zwei Seiten und den eingeschlossenen Winkel:
$a = 7{,}6\,cm$; $b = 4{,}9\,cm$; $\gamma = 65{,}0°$. Gesucht sind c, α und β.
Das Dreieck wird durch h_a zerlegt.

Je nachdem, wo und wie in der Rechnung gerundet wird, können kleine Unterschiede im Endergebnis entstehen.

Schritt	Formel	Wert
1	$a_2 = b \cdot \cos\gamma$	$a_2 = 2{,}07\,cm$
2	$h_a = b \cdot \sin\gamma$	$h_a = 4{,}44\,cm$
3	$a_1 = a - a_2$	$a_1 = 5{,}53\,cm$
4	$c = \sqrt{h_a^2 + a_1^2}$	$c = 7{,}09\,cm$
5	$\sin\beta = \frac{h_a}{c}$	$\beta = 38{,}77°$
6	$\alpha = 180° - \beta - \gamma$	$\alpha = 76{,}23°$

Ergebnis: $c = 7{,}1\,cm$; $\alpha = 76{,}2°$; $\beta = 38{,}8°$

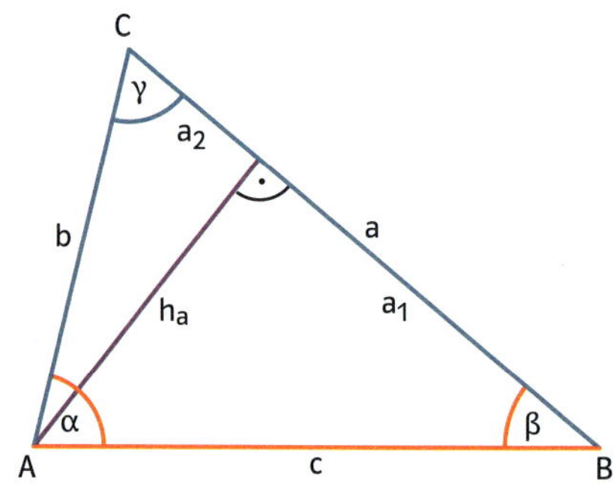

Die Rechnung wird genauer, wenn man mit einer Reserveziffer rechnet. Das Endergebnis wird dann nochmals gerundet.

Aufgaben

! Tipp für alle Berechnungen:
*Ist nur ein Winkel bekannt, so zerlege ihn **nicht**!*
*Ist nur eine Seite bekannt, so zerlege sie **nicht**!*

1 Berechne die rot markierten Größen.

a)

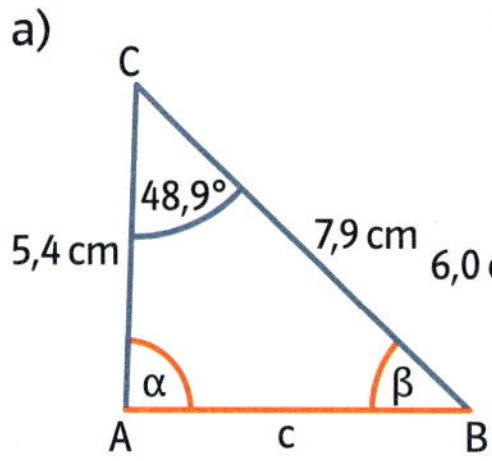

b)

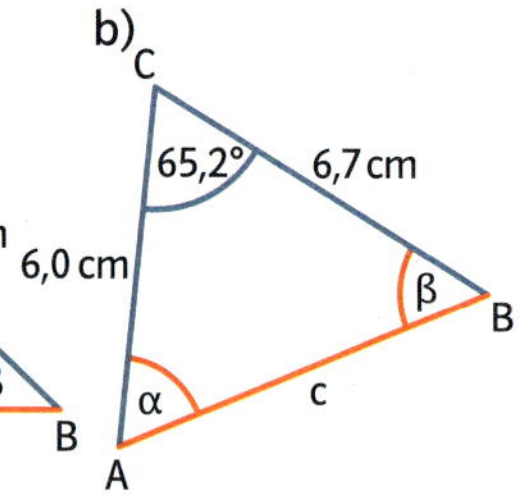

2 Berechne die rot markierten Größen.

a)

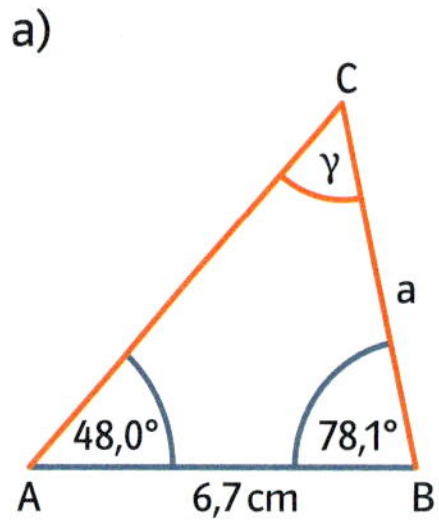

b)

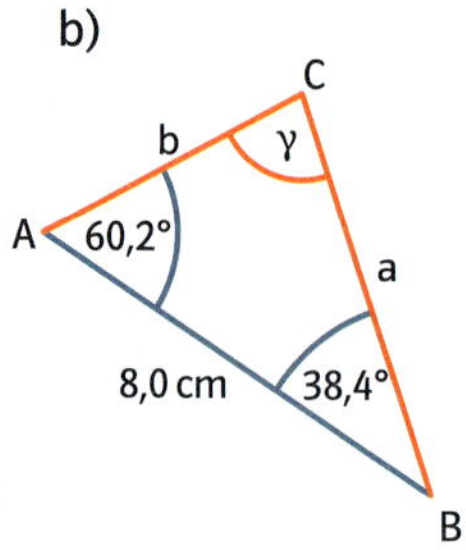

3 Die blau markierten Größen sind gegeben, die rot markierten sind gesucht. Eine Höhe hilft. Zur Kontrolle kannst du das Dreieck konstruieren.

a)

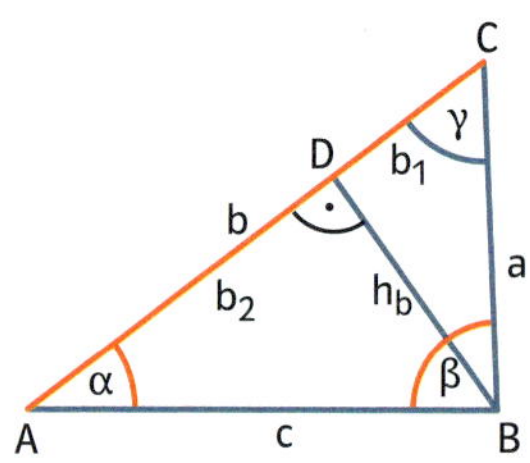

$a = 5{,}0\,cm$
$c = 6{,}0\,cm$
$\gamma = 56{,}0°$

b)

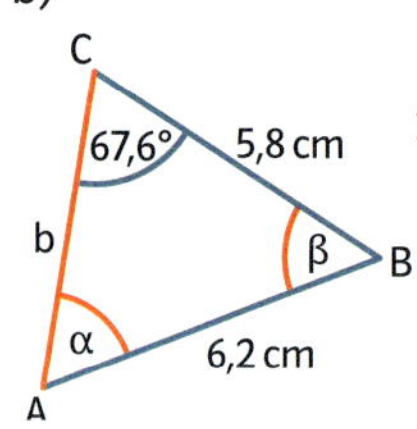

c)

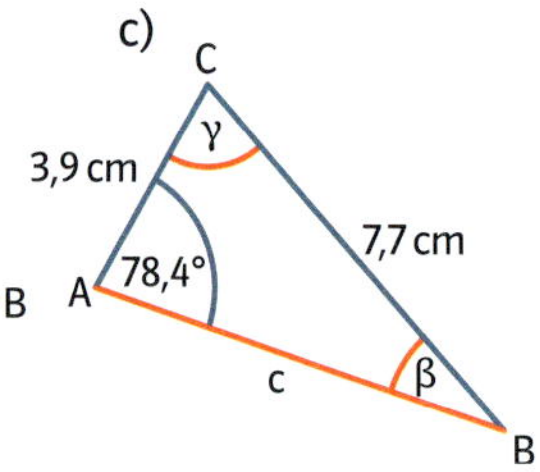

4 Welchen Flächeninhalt A hat △ ABC?

a) $a = 9{,}5\,cm$; $b = 7{,}3\,cm$; $\gamma = 55{,}7°$

b) $b = 6{,}7\,cm$; $c = 5{,}6\,cm$; $\alpha = 70{,}0°$

c) $a = 8{,}2\,cm$; $c = 4{,}9\,cm$; $\alpha = 42{,}5°$; $\gamma = 57{,}1°$

5 Berechne die fehlenden Größen. (Seitenlängen in cm; Planfigur!)

	a)	b)	c)	d)	e)
a	9,6	9,5		7,6	
b		7,2	3,6		7,5
c				5,5	6,0
α			67,5°		
β	25,0°			85,0°	65,7°
γ	75,0°	72,0°	42,4°		

6 △ ABC ist gleichschenklig mit $a = b$. Berechne die fehlenden Größen. (Seitenlängen in cm)

	a)	b)	c)	d)	e)
a	6,0	9,0		6,0	
c			2,8	3,5	4,6
α	40,0°		80,0°		
γ		110,0°			38,8°

7 Es ist nicht so einfach, die Winkel eines Dreiecks aus den Seiten zu berechnen.

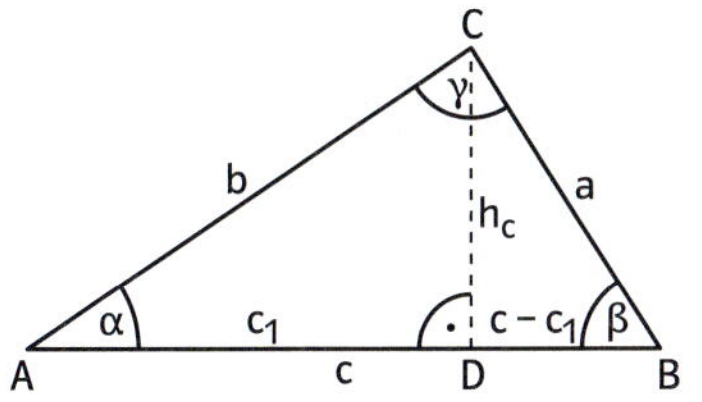

a) Begründe die Gleichung
$b^2 - c_1^2 = a^2 - (c - c_1)^2$
und forme sie nach c_1 um.
Drücke dann c_1 durch b und $\cos\alpha$ aus und bestätige damit die Formel
$\cos\alpha = \frac{b^2 + c^2 - a^2}{2bc}$.

b) Berechne α für ein Dreieck mit
- $a = 7\,cm$; $b = 3\,cm$; $c = 8\,cm$
- $a = 5\,cm$; $b = 7\,cm$; $c = 8\,cm$

c) Berechne die Winkel β und γ der zwei Dreiecke aus Teilaufgabe b).

sin 147° = ???

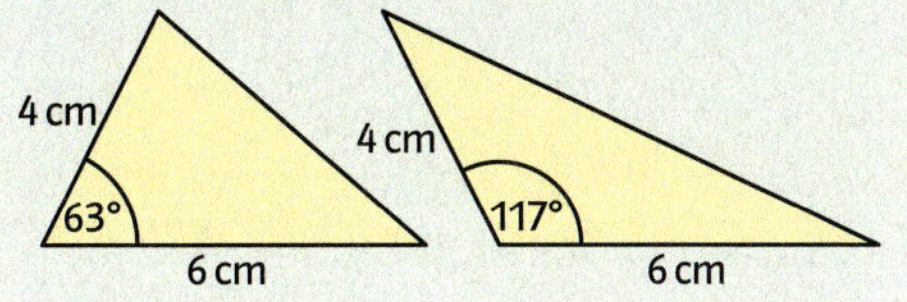

■ Berechne den Flächeninhalt der zwei Dreiecke mit der Formel $A = \frac{1}{2}bc\sin\alpha$. Was stellst du fest? Probiere auch mit denselben Seitenlängen und $\alpha_1 = 55{,}7°$; $\alpha_2 = 124{,}3°$.

■ Wie hängen α_1 und α_2 zusammen?

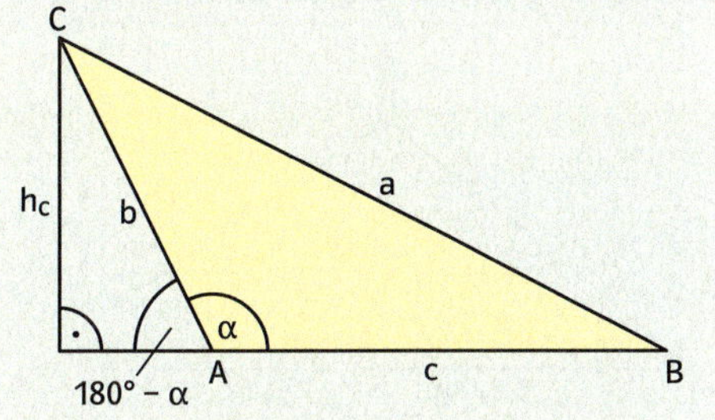

Das stumpfwinklige Dreieck ABC hat die Höhe $h_c = b \cdot \sin(180° - \alpha)$ und damit den Flächeninhalt
$A = \frac{1}{2}bc \cdot \sin(180° - \alpha)$.
Man kann A aber auch mit der Formel
$A = \frac{1}{2}bc \cdot \sin\alpha$
berechnen, denn für stumpfe Winkel α ist sinnvollerweise festgelegt:
$\sin\alpha = \sin(180° - \alpha)$.

■ Berechne den Flächeninhalt von △ ABC:
$b = 9{,}0\,cm$; $c = 7{,}2\,cm$; $\alpha = 147{,}0°$
$b = 10{,}0\,cm$; $c = 5{,}0\,cm$; $\alpha = 120{,}0°$
$a = 4{,}2\,cm$; $b = 8{,}4\,cm$; $\gamma = 124{,}6°$

■ „Je näher α bei 90° liegt, desto näher liegt $\sin\alpha$ bei 1."
Wähle selbst Winkel α und prüfe diese Aussage nach. Erkläre sie an rechtwinkligen Dreiecken mit $\gamma = 90°$.
Daher ist festgesetzt: $\sin 90° = 1$.

■ Welche Formel entsteht, wenn man $\alpha = 90°$ in die Flächenformel einsetzt?

8 Wie lang ist der Regattakurs?

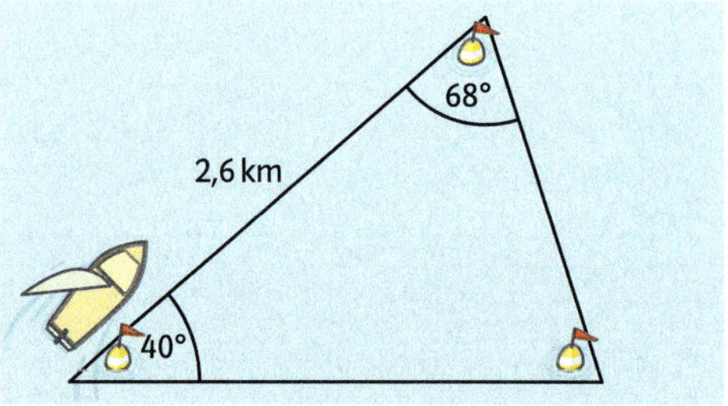

9 Ein Schiff peilt von den drei Punkten A, B und C aus einen Leuchtturm an.

a) Wie weit ist das Schiff in B vom Leuchtturm entfernt?

b) Wie lang ist der Teil $\overline{BC}$ seines Weges?

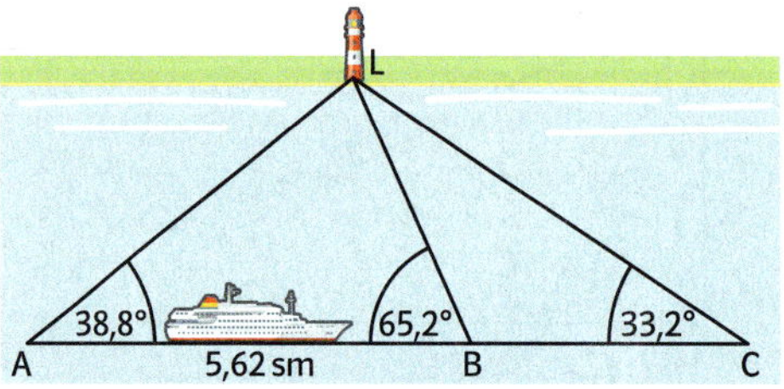

10 Ein Punkt P wird aus den Endpunkten A und B einer Standlinie angepeilt.

a) Wie lang sind die Strecken $\overline{AP}$ und $\overline{BP}$?

b) Wie groß ist der Abstand von P zu $\overline{AB}$?

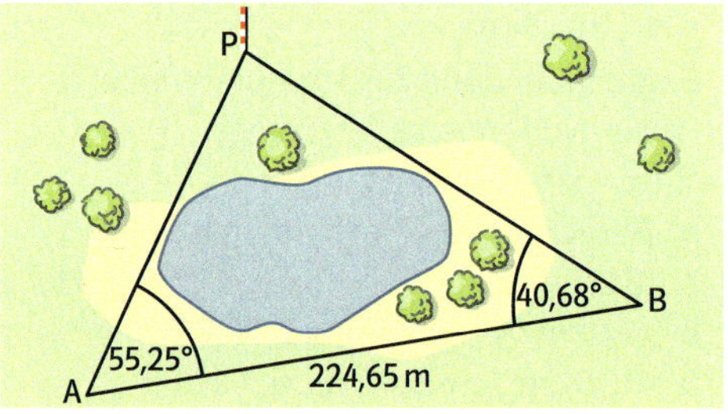

11 Der Ort C ist vom Ort A aus über B oder über D erreichbar.

a) Wie groß ist die Entfernung in Luftlinie?

b) Wie lang ist der Weg über D?

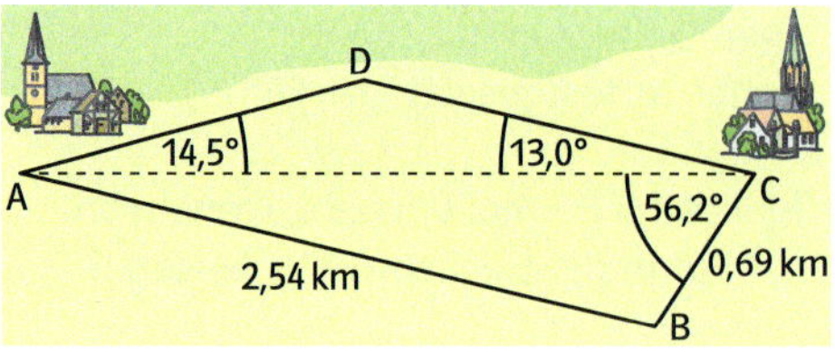

12 Der Turmhelm ist eine quadratische Pyramide. Wie viel m^2 Dachfläche sind einzudecken?

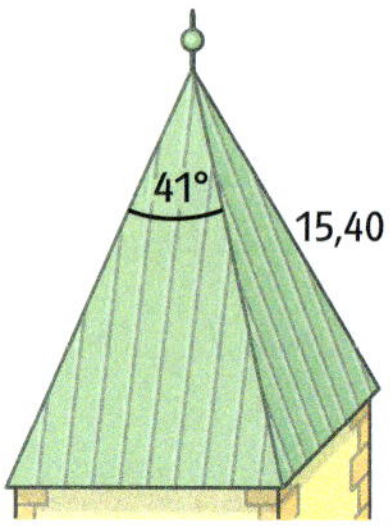

13 Die Giebelwand wird neu gestrichen. 1 l Farbe reicht für 5 m^2 und kostet 10,05 €.

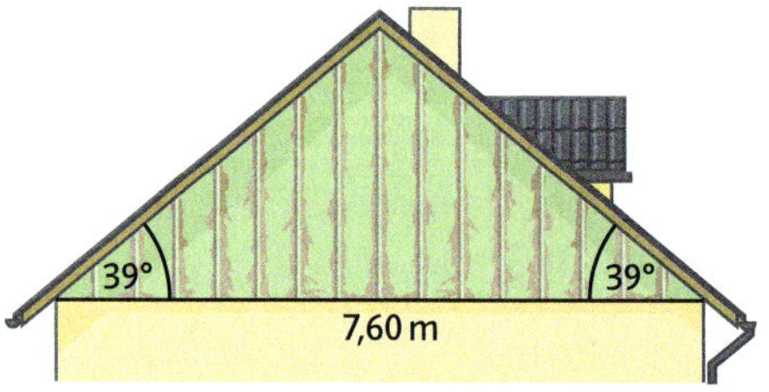

14 Das Gewächshaus wird verglast.

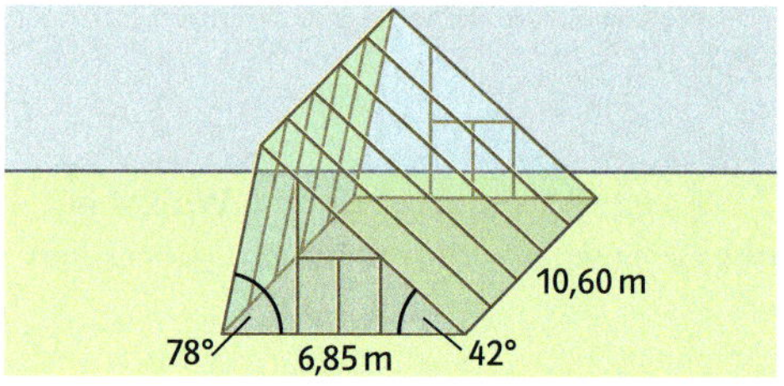

15 Der Dachraum soll ausgebaut werden. Raumteile unter 1,60 m Höhe werden durch Wandplatten abgetrennt.

Berechne

a) die Dachfläche.

b) die Giebelhöhe.

c) das Volumen des nutzbaren Raums.

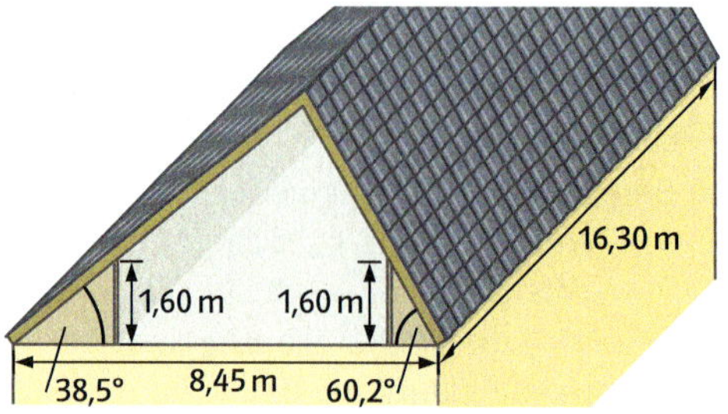

4 Trigonometrie in der Ebene

→ Tanja zeichnet ein Viereck. Marco zerlegt es in rechtwinklige Dreiecke. Dann zeichnet Marco ein Viereck und Tanja zerlegt es.
→ Beim nächsten Durchgang legen beide am Viereck rechtwinklige Dreiecke so an, dass ein Rechteck entsteht.
→ Mit Fünfecken ist das Spiel abwechslungsreicher. Je weniger Dreiecke, desto besser!

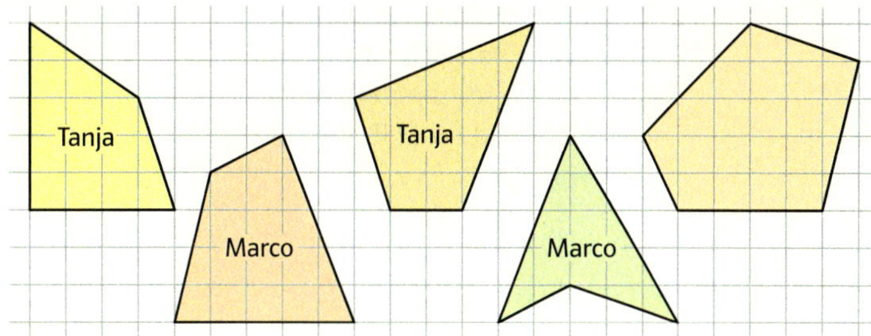

Jedes Viereck oder Vieleck lässt sich in rechtwinklige Dreiecke zerlegen oder durch rechtwinklige Dreiecke zu einem Rechteck ergänzen. Manchmal sind zum Zerlegen oder Ergänzen auch Rechtecke oder Trapeze günstig. Zerlegungs- und Ergänzungslinien können **Senkrechte zu einer Seite**, **Parallelen zu einer Seite** und **Diagonalen** sein.

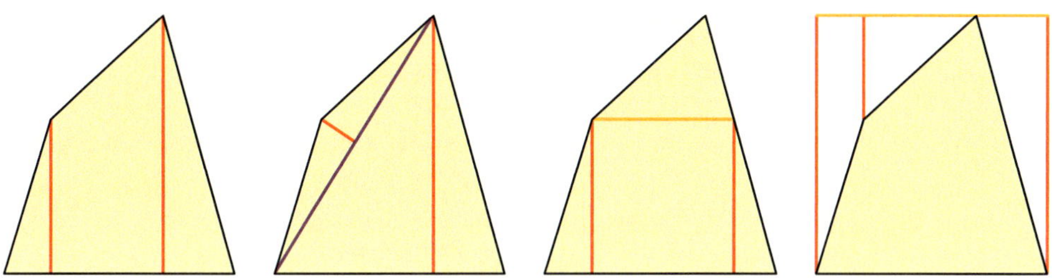

Seitenlängen, Winkel und Flächeninhalte von Vierecken und Vielecken lassen sich durch **Zerlegen oder Ergänzen** berechnen. Geeignete Teil- oder Ergänzungsfiguren sind rechtwinklige Dreiecke, Quadrate, Rechtecke, allgemeine und rechtwinklige Trapeze.

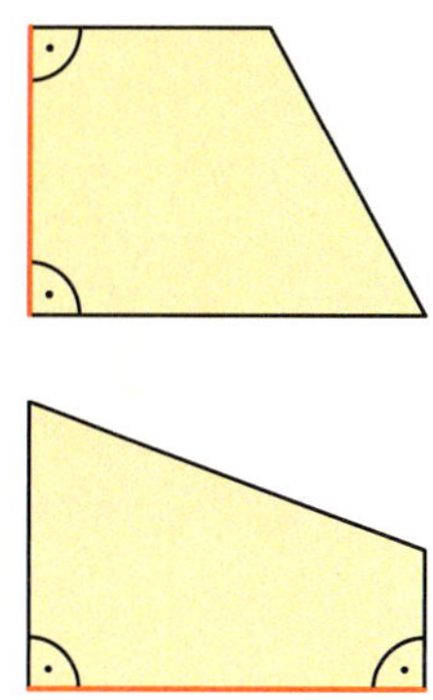

Rechtwinklige Trapeze mit Höhe

Beispiele

a) Die Seiten a, b, d und die Winkel α und β des Vierecks ABCD sind gegeben.
Gesucht ist der Flächeninhalt A.
Das Viereck wird in ein rechtwinkliges Trapez und ein rechtwinkliges Dreieck zerlegt.

Schritt	Formel	Wert
1	$a_2 = b \cdot \cos\beta$	$a_2 = 3{,}07\,\text{cm}$
2	$e = b \cdot \sin\beta$	$e = 5{,}04\,\text{cm}$
3	$A_{EBC} = \frac{1}{2}a_2 \cdot e$	$A_{EBC} = 7{,}74\,\text{cm}^2$
4	$a_1 = a - a_2$	$a_1 = 4{,}93\,\text{cm}$
5	$A_{AECD} = \frac{1}{2}(d + e) \cdot a_1$	$A_{AECD} = 21{,}30\,\text{cm}^2$
6	$A = A_{EBC} + A_{AECD}$	$A = 29{,}04\,\text{cm}^2$

Ergebnis: $A = 29{,}0\,\text{cm}^2$

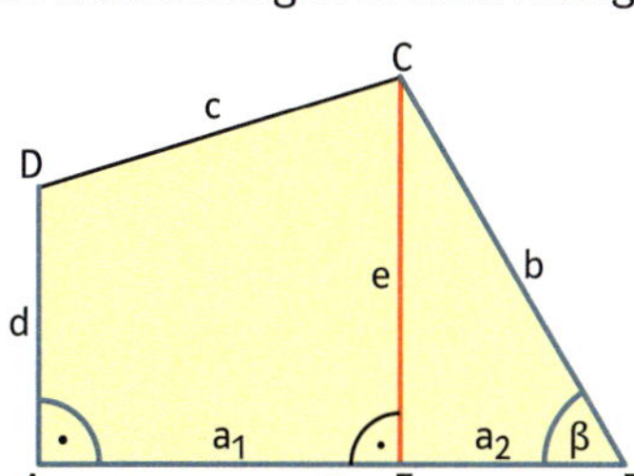

$a = 8{,}0\,\text{cm};\ b = 5{,}9\,\text{cm};\ d = 3{,}6\,\text{cm};$
$\alpha = 90°;\ \beta = 58{,}6°$

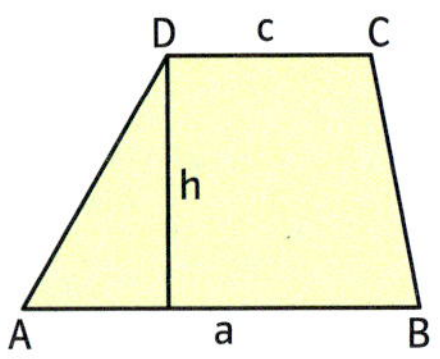

$A = \frac{a + c}{2} \cdot h$

b) Im Viereck ABCD sind gegeben: a; b; d; α; β. Gesucht ist sein Flächeninhalt A. Das Viereck wird durch das rechtwinklige Dreieck ADE zu einem rechtwinkligen Trapez ergänzt.

Fünf Rechenschritte genügen:

(1) $e = d \cdot \sin(180° - \alpha)$

(2) $f = d \cdot \cos(180° - \alpha)$

(3) $A_{EAD} = \frac{1}{2} f \cdot e$

(4) $A_{EBCD} = \frac{e + b}{2} \cdot (a + f)$

(5) $A = A_{EBCD} - A_{EAD}$

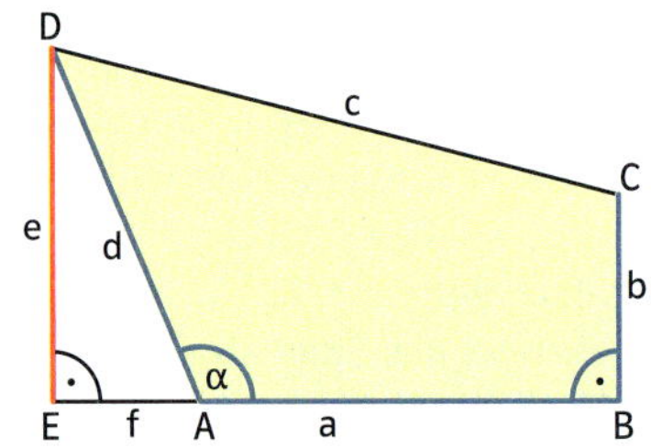

Aufgaben

1 Berechne den Flächeninhalt A des Vierecks ABCD.

a)

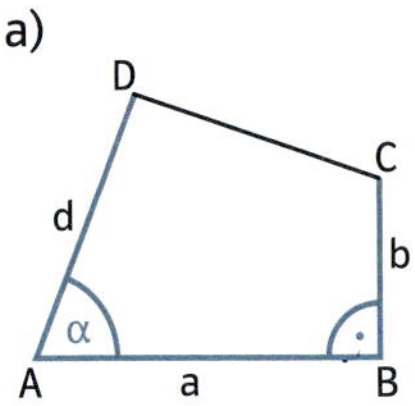

a = 7,2 cm
b = 3,6 cm
d = 5,7 cm
α = 68,2°
β = 90°

b)

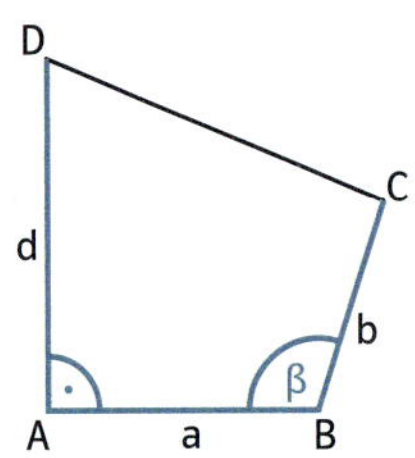

a = 6,0 cm
b = 4,7 cm
d = 7,5 cm
α = 90°
β = 108,4°

2 Berechne den Flächeninhalt A und den Umfang u des Vierecks ABCD. Löse durch Zerlegen und durch Ergänzen.

a)

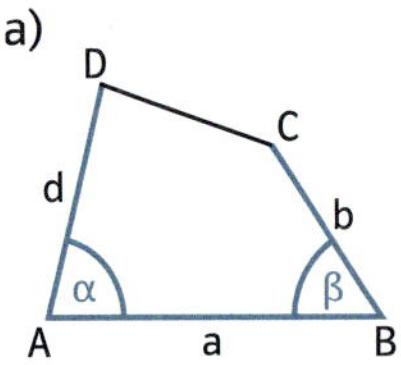

a = 8,4 cm
b = 5,0 cm
d = 5,8 cm
α = 76,0°
β = 56,3°

b)

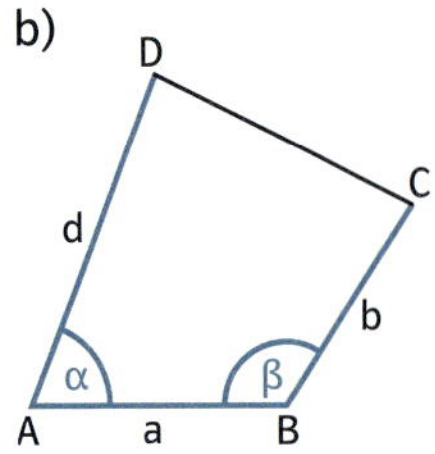

a = 6,4 cm
b = 5,8 cm
d = 8,6 cm
α = 68,2°
β = 123,7°

3 Berechne den Umfang u und den Flächeninhalt A des Trapezes ABCD. Die Seiten a und c sind parallel.

a) a = 9,5 cm; c = 6,5 cm;
d = 7,8 cm; α = 70,0°

b) a = 8,7 cm; b = 4,0 cm;
α = 55,6°; β = 76,2°

4 a) Berechne den Flächeninhalt A des Vierecks ABCD.
Geeignete Zerlegungslinien und Teilwinkel sind eingetragen.

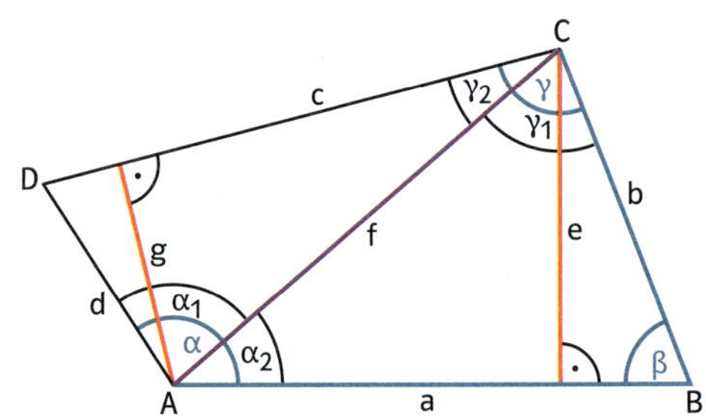

a = 8,8 cm; b = 5,9 cm;
α = 123,7°; β = 68,2°; γ = 97,8°

b) Kannst du den Flächeninhalt des Vierecks ABCD auch berechnen, wenn du das Viereck nur durch Senkrechte zu den Seiten zerlegen darfst?

5 Berechne den Flächeninhalt A und den Umfang u des Vierecks ABCD.
Gegeben sind

a) b = 5,0 cm; c = 9,3 cm;
β = 133,3°; γ = 68,4°; δ = 82,4°

b) c = 7,8 cm; d = 6,1 cm;
α = 60,0°; γ = 105,0°; δ = 108,5°

Erst planen, dann rechnen!

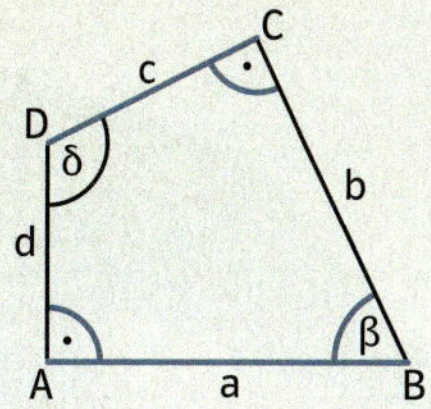

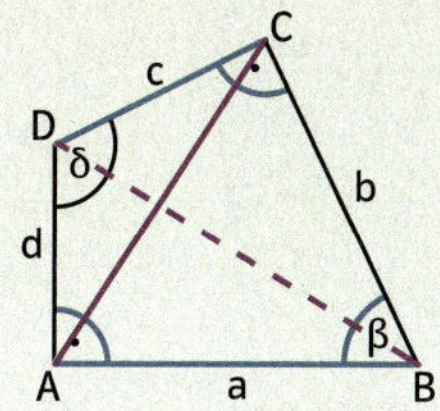

So geht's nicht!

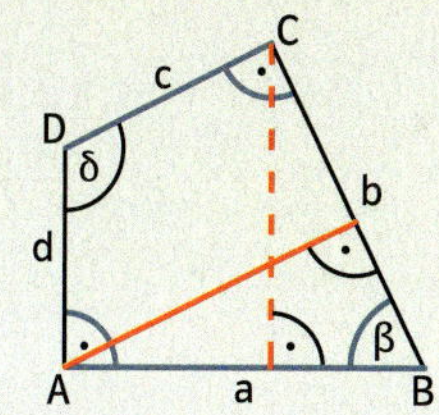

Vom Viereck ABCD sind die Seiten a und c und die Winkel α, β und γ gegeben. Gesucht ist sein Flächeninhalt.

Zerlegungen durch Diagonalen helfen nicht, denn die entstehenden Dreiecke sind nicht berechenbar. Auch keine der vielen Senkrechten zu den Seiten trennt ein berechenbares Dreieck ab.

Die Seitenparallele $\overline{DE}$ trennt das rechtwinklige Dreieck DEC ab. Eine Seite und zwei Winkel sind bekannt. Damit sind die fehlenden Seiten und der Flächeninhalt berechenbar.
Das Viereck ABED ist ein Trapez. Seine Höhe h ist aus dem rechtwinkligen Dreieck FBE berechenbar:
$\tan\beta = \frac{h}{a-e}$; also $h = (a - e)\cdot\tan\beta$.
Damit ist der Flächeninhalt des Trapezes ABED berechenbar, und somit auch der Flächeninhalt des Vierecks ABCD.
Die Rechnung solltest du wie auf Seite 77 in Schritten ordnen und erst die Formeln aufschreiben, dann die Werte ausrechnen.

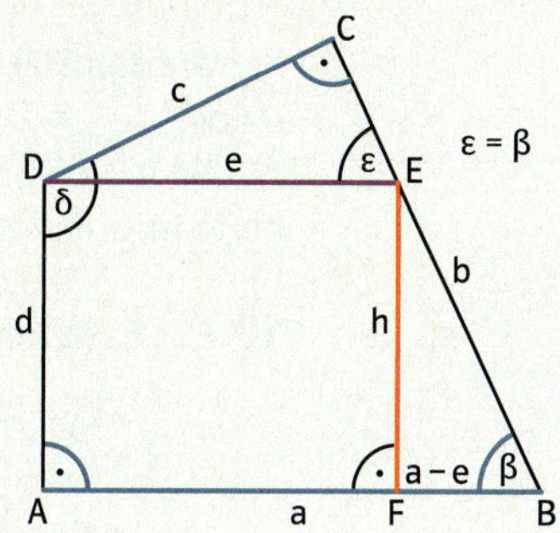

6 Berechne den Flächeninhalt A und den Umfang u des Vierecks.

a) a = 7,0 cm; c = 4,5 cm;
α = 63,3°

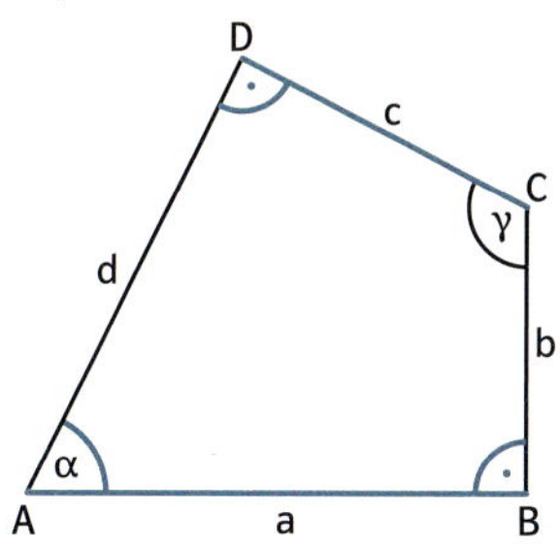

b) a = 8,4 cm; c = 5,2 cm;
α = 58,1°; δ = 105,0°

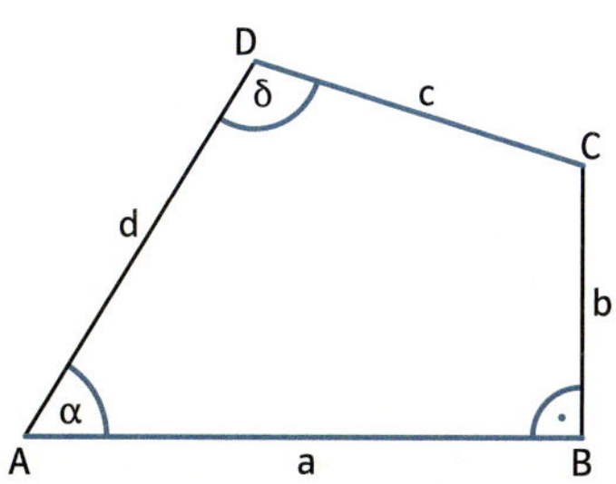

7 Berechne die fehlenden Seiten des Vierecks. Tipp: Ergänzen!

a)

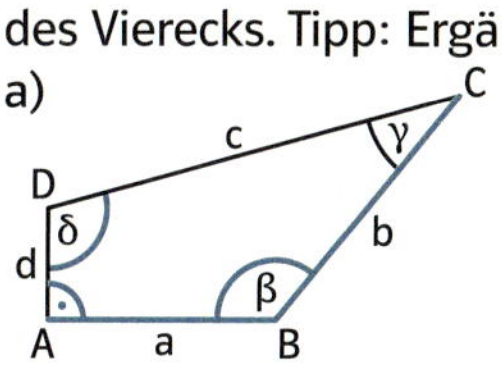

a = 5,6 cm
b = 7,0 cm
β = 130,0°
δ = 105,0°

b)

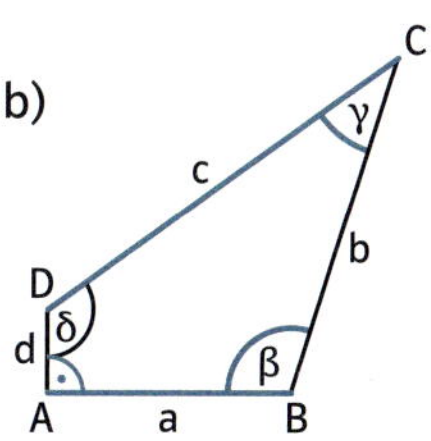

a = 6,0 cm
c = 10,5 cm
β = 108,0°
γ = 37,0°

8 Welchen Flächeninhalt hat das Fünfeck?

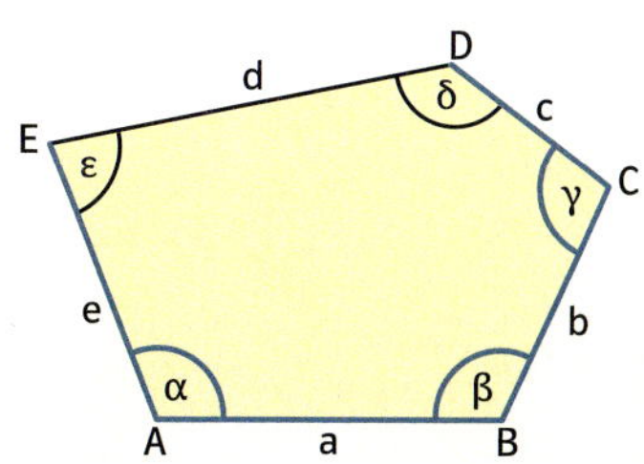

a = 7,2 cm
b = 5,2 cm
c = 4,1 cm
e = 6,0 cm
α = 112,0°
β = 115,0°
γ = 102,0°

9 Aus einer Ackerfläche wurde ein Erholungswald.

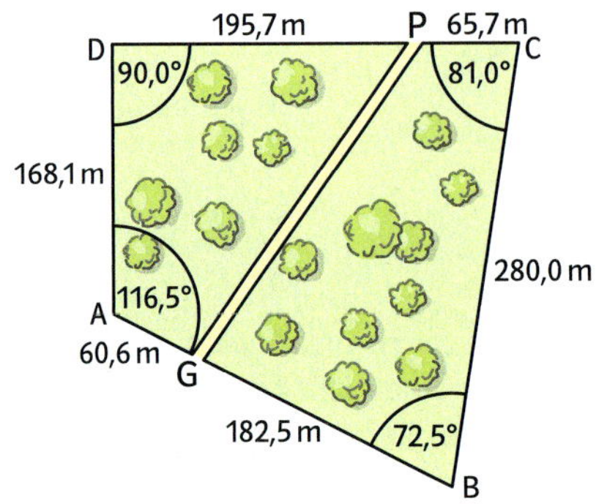

a) Welchen Flächeninhalt hat das Waldstück?
b) Wie lang ist der Weg vom Parkplatz P bis zum Grillplatz G?

10 Ein Baugrundstück wird geteilt.

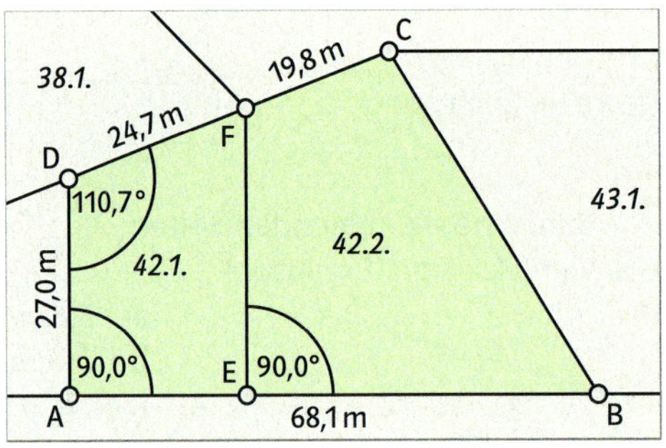

a) Wie lang ist die neue Grenze $\overline{EF}$?
b) Welchen Flächeninhalt haben die zwei Teile?

11 Berechne den Flächeninhalt des Eckgrundstücks. Benutze unterschiedliche Zerlegungen. Vergleiche die Ergebnisse.

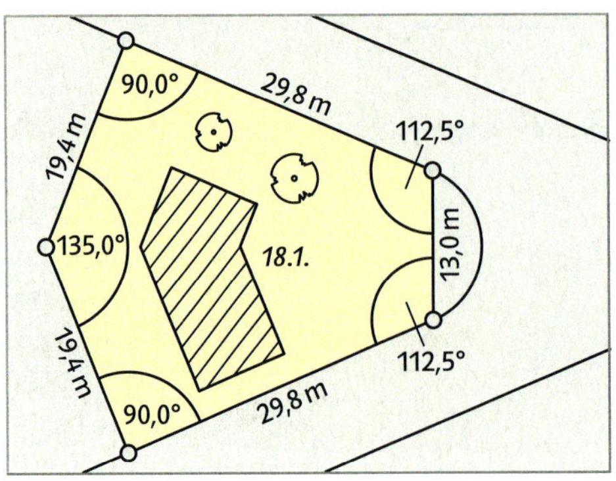

12 Berechne die Giebelfläche und die Dachfläche des Hauses.

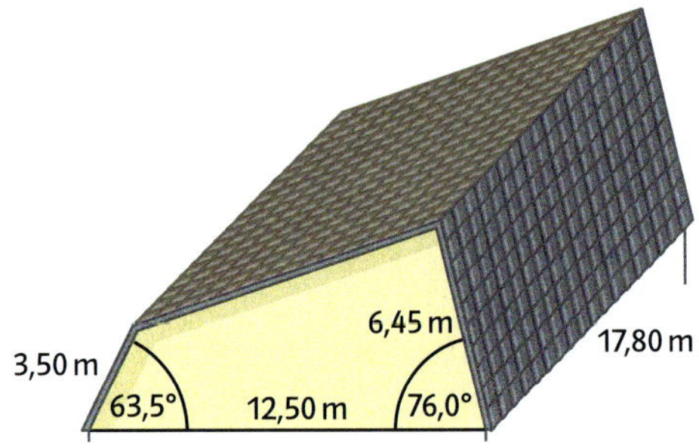

13 a) Wie lang ist der Steg?
b) Wie viel Prozent Steigung hat der Steg?

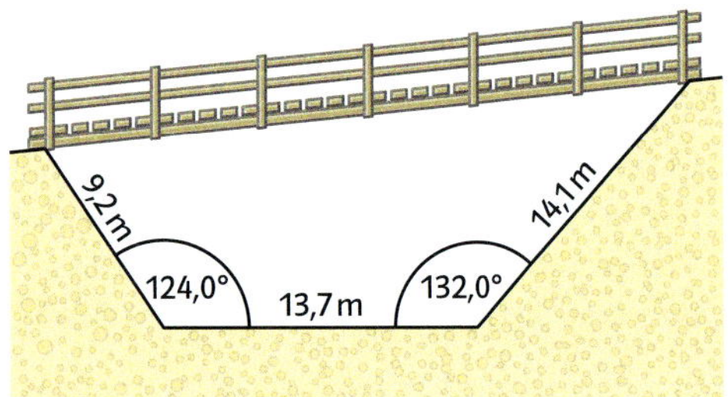

14 Eine Bahnstrecke liegt auf 320 m Länge in einem Einschnitt mit trapezförmigem Querschnitt. Sie wechselt dann auf einen 630 m langen Damm über.

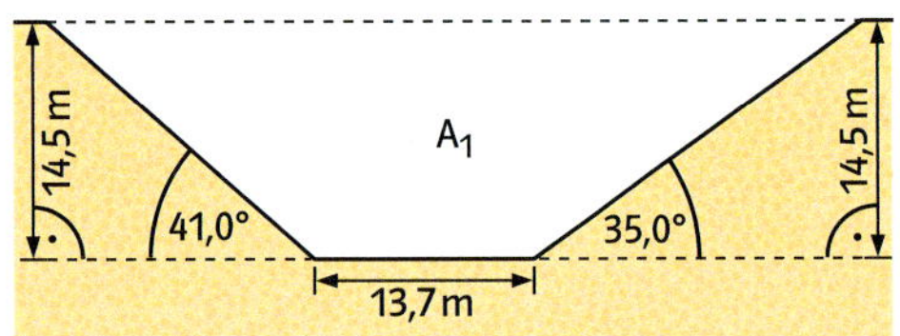

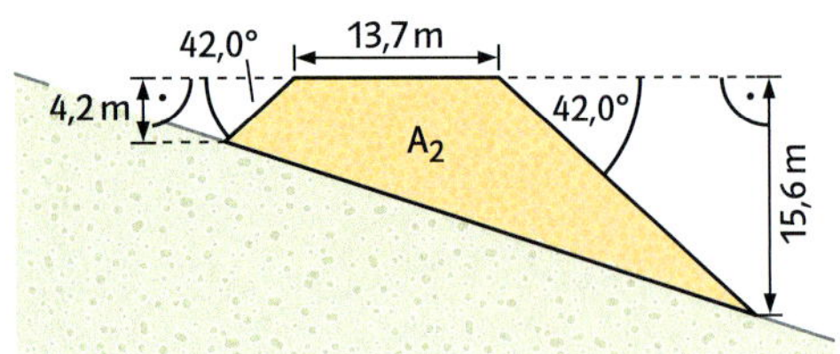

a) Berechne die Querschnittsflächen des Einschnitts und des Damms.
b) Kann der gesamte Erdaushub zum Aufschütten des Damms verwendet werden?

Grundstücke vermessen

In der Praxis werden Grundstücksflächen von einem einzigen Punkt aus vermessen. An einem Dreieck ist die Methode am leichtesten zu erklären.

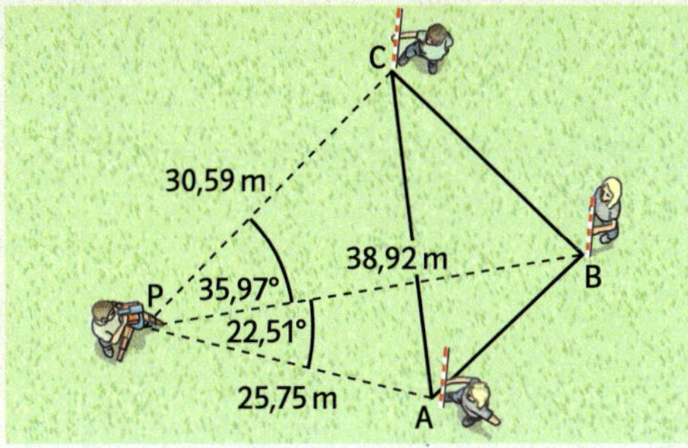

Das Messinstrument steht in P. Die Entfernungen zu den Eckpunkten A, B, und C werden durch die Laufzeit eines Signals bestimmt. Die Winkel werden auf einer Skala abgelesen.
Der gesuchte Flächeninhalt wird aus drei Dreiecken mit Eckpunkt P berechnet.

$A_{ABC} = A_{PAB} + A_{PBC} - A_{PAC}$
$= \frac{1}{2} \cdot 25{,}75 \cdot 38{,}92 \cdot \sin 22{,}51°$
$+ \frac{1}{2} \cdot 38{,}92 \cdot 30{,}59 \cdot \sin 35{,}97°$
$- \frac{1}{2} \cdot 25{,}75 \cdot 30{,}59 \cdot \sin (22{,}51° + 35{,}97°)$
$= 205{,}75$

Damit ergibt sich $A_{ABC} = 205{,}75\,m^2$.

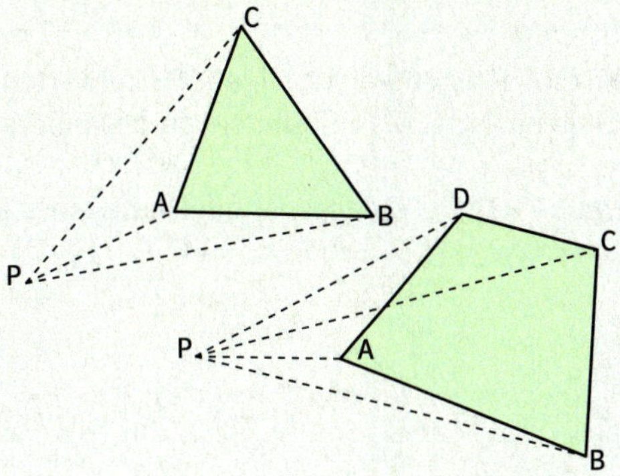

- Drücke A_{ABC} und A_{ABCD} durch die Flächeninhalte von Dreiecken mit Eckpunkt P aus.
- Probiere andere Lagen von P in Bezug auf das Viereck aus.
- Berechne die Flächeninhalte der Grundstücke.

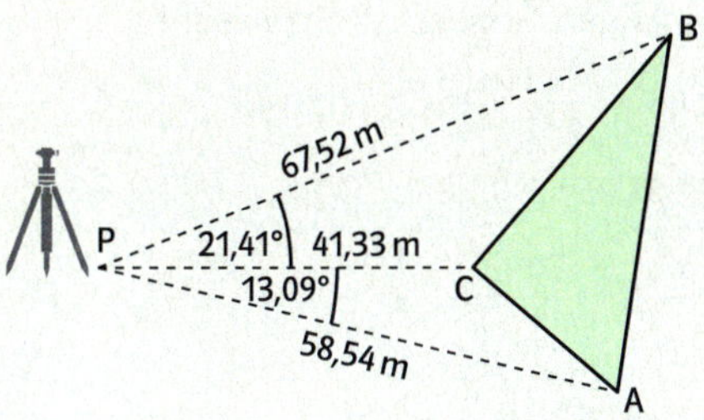

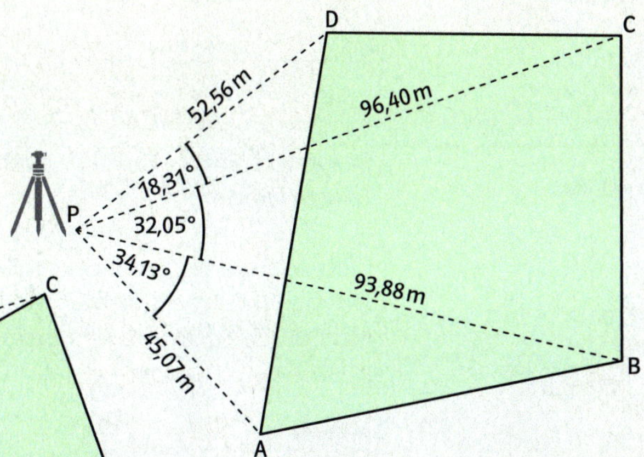

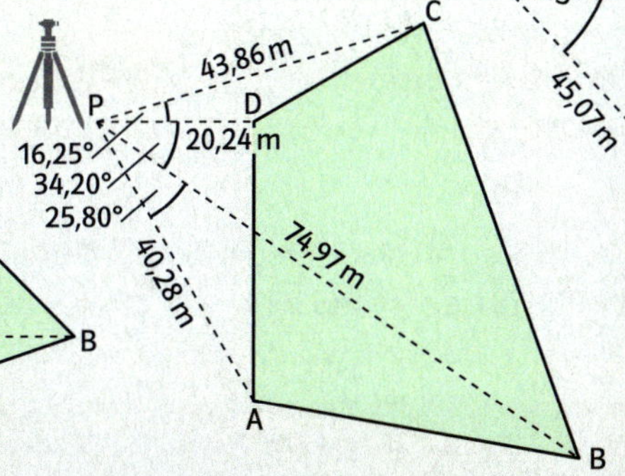

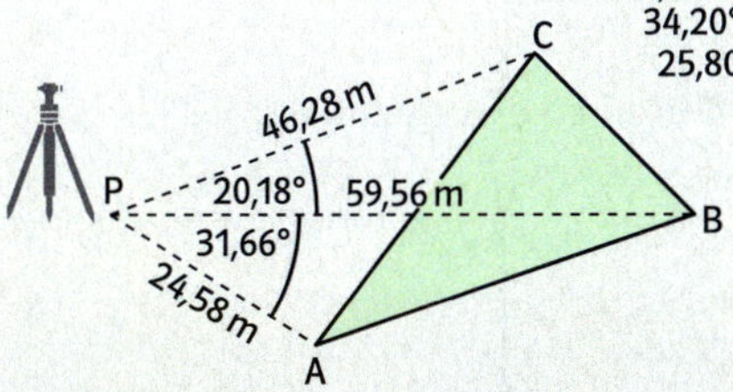

In der Praxis verläuft die Berechnung automatisch und mit großer Genauigkeit. Das Messinstrument ist mit einem Rechner verbunden.

5 Besondere Werte

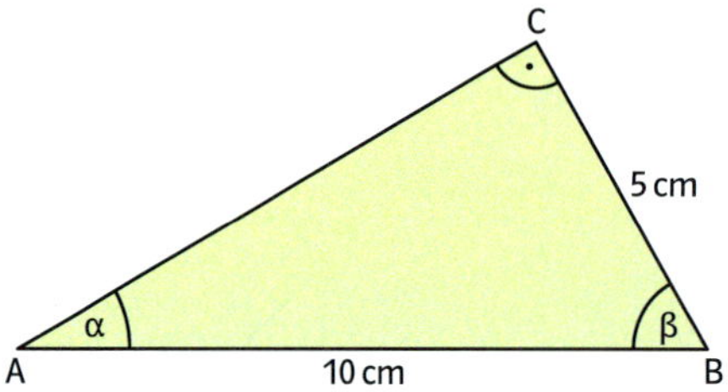

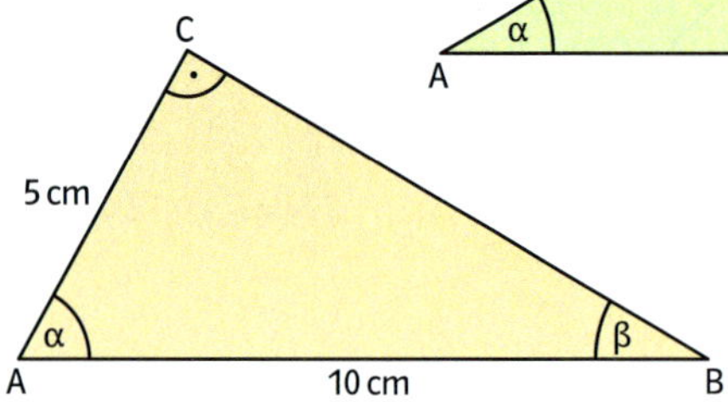

Du hast deinen Taschenrechner vergessen.

→ Kannst du trotzdem im grünen und im gelben Dreieck sin α, cos α, sin β und cos β angeben?

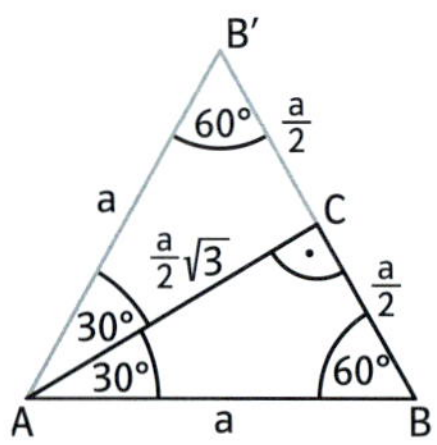

! $\frac{1}{\sqrt{3}} = \frac{1}{3}\sqrt{3}$

Erweitere mit $\sqrt{3}$!

Nur zu wenigen ganzzahligen Winkelwerten gehören übersichtliche Sinus-, Kosinus- und Tangenswerte. Man findet sie an besonderen Dreiecken.

Das 30°-60°-90°-Dreieck ist die Hälfte eines gleichseitigen Dreiecks. Damit ergibt sich:

$\sin 30° = \frac{\frac{a}{2}}{a} = \frac{1}{2}$ $\quad \cos 30° = \frac{\frac{a}{2}\sqrt{3}}{a} = \frac{1}{2}\sqrt{3}$ $\quad \tan 30° = \frac{\frac{a}{2}}{\frac{a}{2}\sqrt{3}} = \frac{1}{3}\sqrt{3}$

$\sin 60° = \frac{\frac{a}{2}\sqrt{3}}{a} = \frac{1}{2}\sqrt{3}$ $\quad \cos 60° = \frac{\frac{a}{2}}{a} = \frac{1}{2}$ $\quad \tan 60° = \frac{\frac{a}{2}\sqrt{3}}{\frac{a}{2}} = \sqrt{3}$

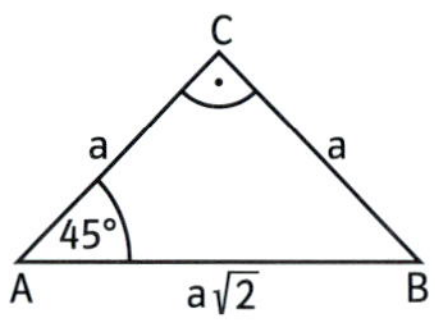

Am gleichschenklig-rechtwinkligen Dreieck ist abzulesen:

$\sin 45° = \frac{a}{a\sqrt{2}} = \frac{1}{2}\sqrt{2}$ $\quad \cos 45° = \frac{a}{a\sqrt{2}} = \frac{1}{2}\sqrt{2}$ $\quad \tan 45° = \frac{a}{a} = 1$

Merkhilfen

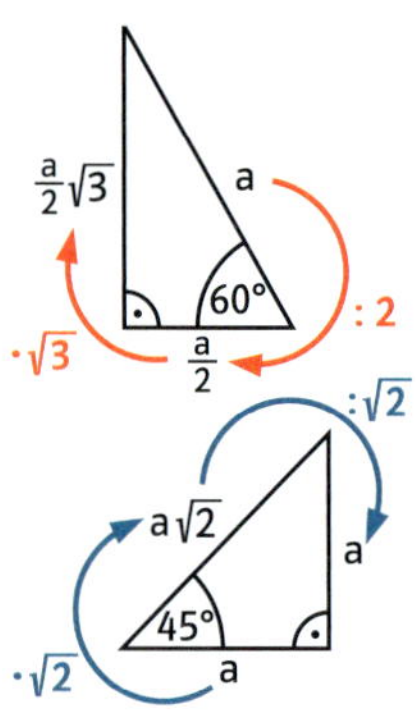

Besondere Sinus-, Kosinus- und Tangenswerte

Diese Werte sind besonders für Formeln wichtig. In Formeln werden die Wurzelterme nicht durch Dezimalzahlen ersetzt.

α	30°	45°	60°
sin α	$\frac{1}{2}$	$\frac{1}{2}\sqrt{2}$	$\frac{1}{2}\sqrt{3}$
cos α	$\frac{1}{2}\sqrt{3}$	$\frac{1}{2}\sqrt{2}$	$\frac{1}{2}$
tan α	$\frac{1}{3}\sqrt{3}$	1	$\sqrt{3}$

Beispiel

Der Umfang $u = a + b + c + d$ des Vierecks ABCD wird durch e ausgedrückt:

(1) $e = a \cdot \tan 45°$
$e = a \cdot 1$
$a = e$

(2) $e = b \cdot \sin 30°$
$e = b \cdot \frac{1}{2} \quad | \cdot 2$
$b = 2e$

(3) $e = c \cdot \tan 30°$
$e = c \cdot \frac{1}{3}\sqrt{3} \quad | \cdot \sqrt{3}$
$c = e \cdot \sqrt{3}$

(4) $e = d \cdot \sin 45°$
$e = d \cdot \frac{1}{2}\sqrt{2} \quad | \cdot \sqrt{2}$
$d = e \cdot \sqrt{2}$

Damit ergibt sich $u = e \cdot (3 + \sqrt{3} + \sqrt{2})$.

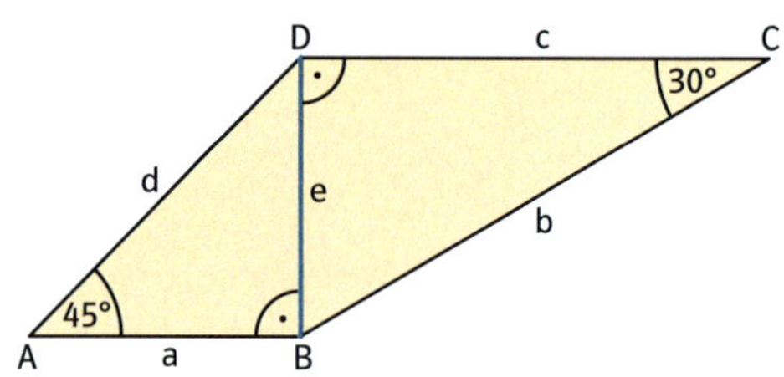

Aufgaben

1 Drücke die Seitenlängen a, b bzw. c durch e aus.

a)

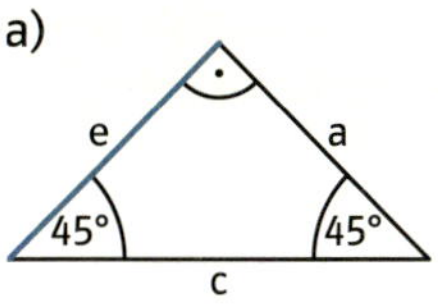

b)

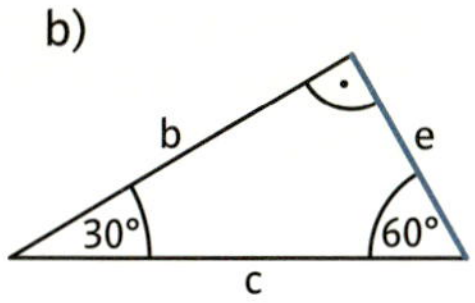

c)

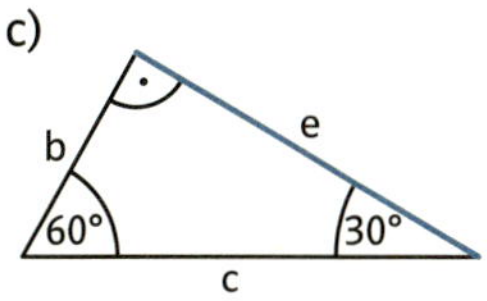

2 a) Drücke a, b bzw. c durch e aus.
b) Drücke den Umfang u und den Flächeninhalt A durch e aus.
c) Bestimme e so, dass $u = 20\,\text{cm}$ gilt.
d) Bestimme e so, dass $A = 100\,\text{cm}^2$ gilt.

(1)

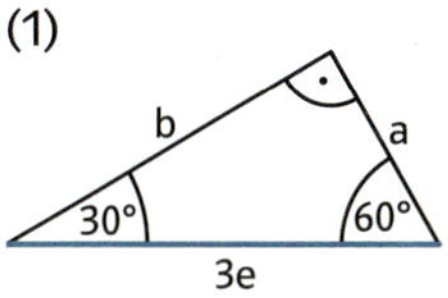

(2)

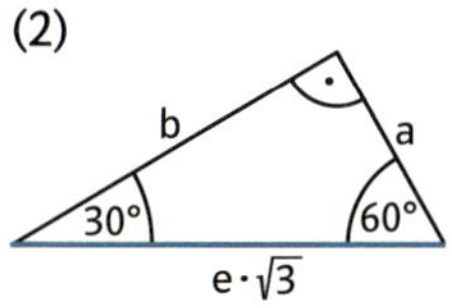

(3)

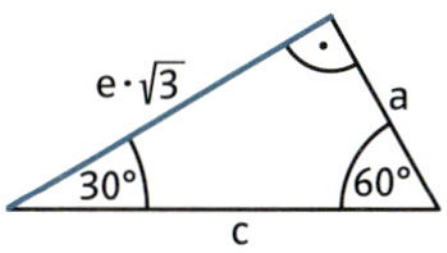

(4)

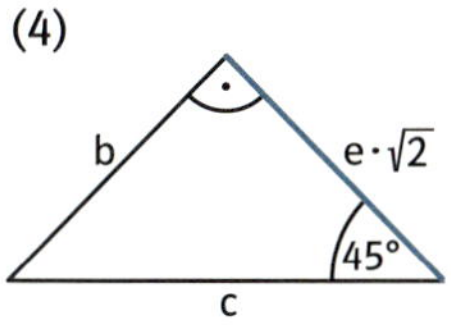

3 Drücke den Umfang u und den Flächeninhalt A durch die Diagonalenlänge e aus.

a)

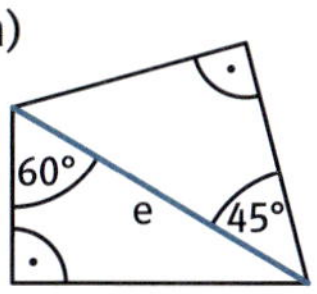

b)

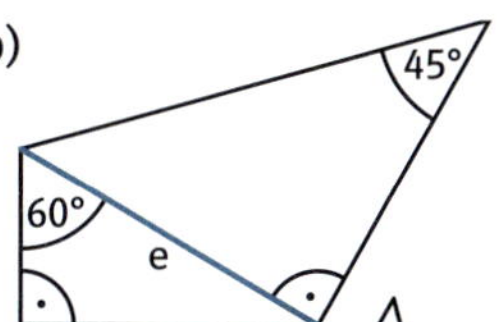

c)

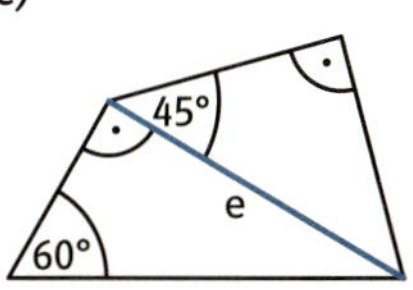

d)

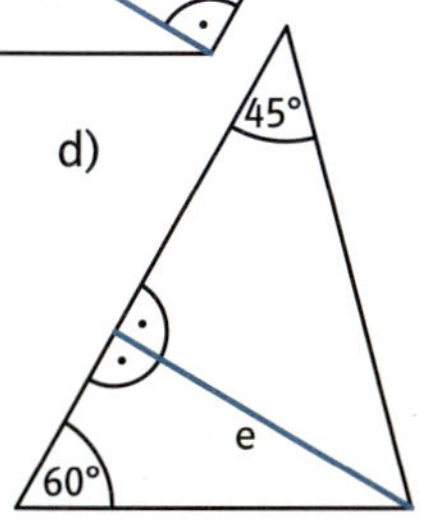

4 Drücke die Seitenlängen a, b, c bzw. d durch e aus.

a)

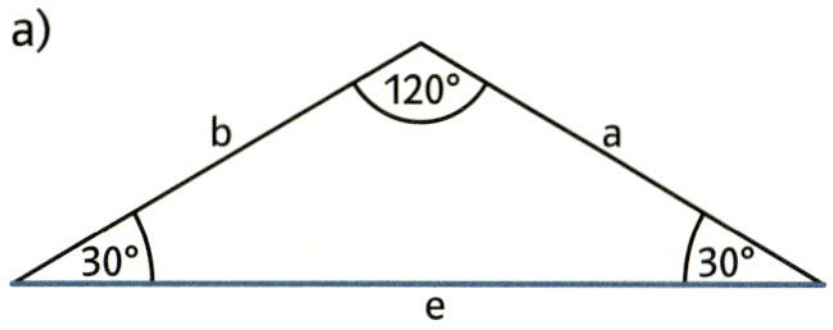

b)

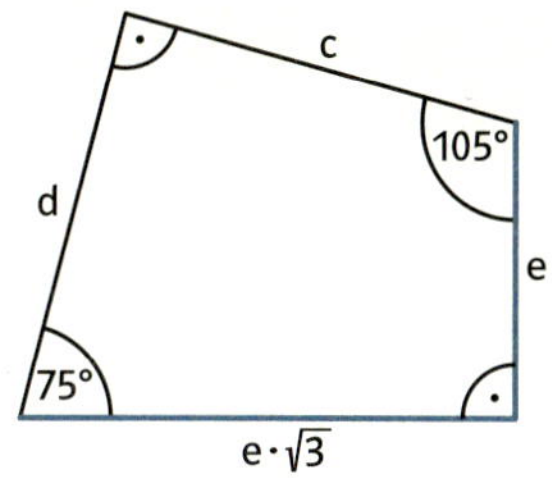

c)

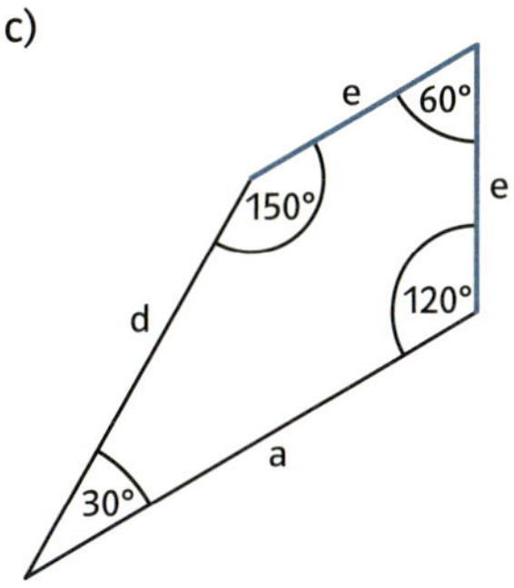

d)

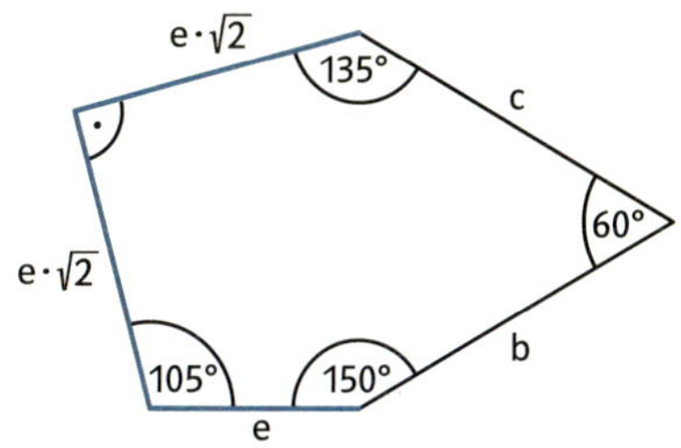

5 a) Berechne den Flächeninhalt A des Trapezes.
b) Wie groß muss e sein, damit sich $A = 97\,\text{cm}^2$ ergibt?

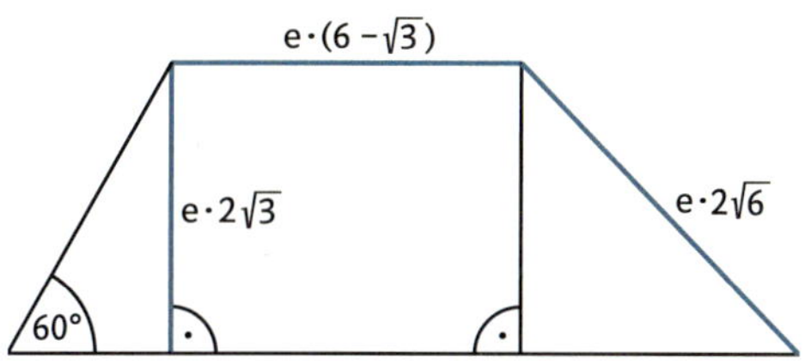

? *Ganz besondere Werte – benutze den Taschenrechner!*

$\tan\alpha = 2 - \sqrt{3}$

$\cos\beta = \frac{1}{4}(\sqrt{5} - 1)$

$\sin\gamma = \frac{1}{2}\sqrt{2 + \sqrt{3}}$

$\alpha = \square$

$\beta = \square$

$\gamma = \square$

6 Drücke den Flächeninhalt des regelmäßigen Sechsecks aus
a) durch die Seitenlänge s.
b) durch den Radius r.

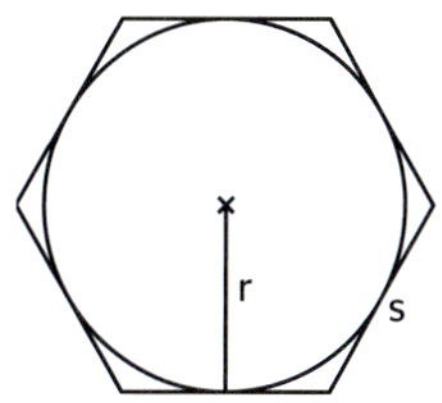

7 Welchen Anteil der Quadratfläche nimmt die Raute ein?

6 Trigonometrie im Raum

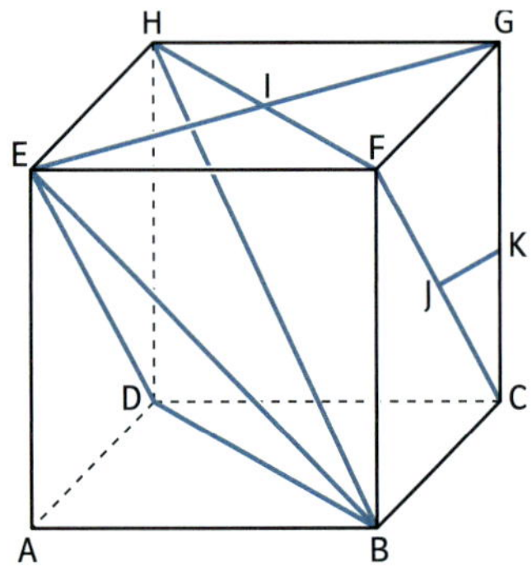

Manche in Wirklichkeit rechten Winkel sehen im Schrägbild nicht wie rechte Winkel aus, und umgekehrt sind nicht alle rechten Winkel des Schrägbilds auch in Wirklichkeit rechte Winkel.
Im abgebildeten Würfel findest du viele Dreiecke aus Kanten und farbigen Strecken.

→ Suche nach rechtwinkligen Dreiecken.
→ Suche auch Dreiecke, die sicher nicht rechtwinklig sind.

Um Strecken und Winkel in Körpern zu berechnen, muss man oft schräg liegende Dreiecke betrachten. Ihre Form kann von der wirklichen Form abweichen.

Im abgebildeten Quader ist △ADH rechtwinklig. Auch △ABH ist rechtwinklig, denn alle Strecken auf der linken Seitenfläche des Quaders stehen auf $\overline{AB}$ senkrecht. Man kann daher den Winkel β durch die Seitenlängen ausdrücken:

$d = \sqrt{a^2 + \overline{AH}^2}$

$= \sqrt{a^2 + b^2 + c^2}$

$\cos\beta = \frac{a}{d}$

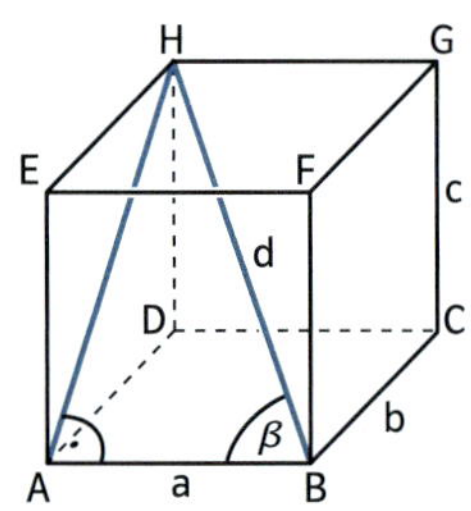

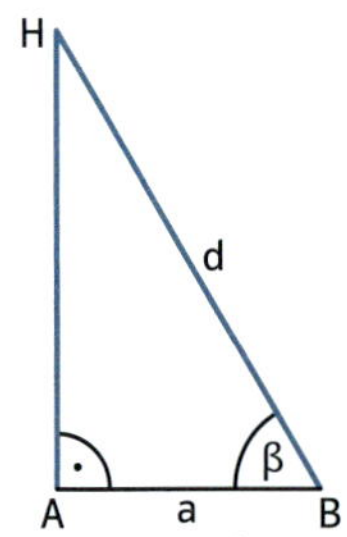

△ABH, in die Zeichenebene geklappt

Sind Strecken und Winkel in Körpern zu berechnen, sucht man geeignete rechtwinklige Dreiecke. In diesen **Stützdreiecken** wird dann gerechnet. Es ist oft günstig, sie einzeln herauszuzeichnen.

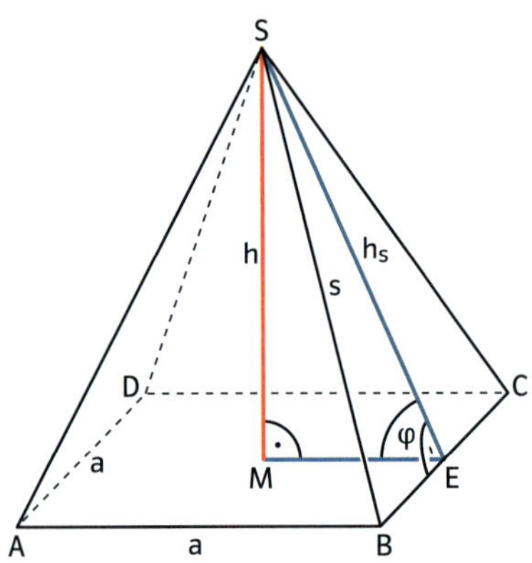

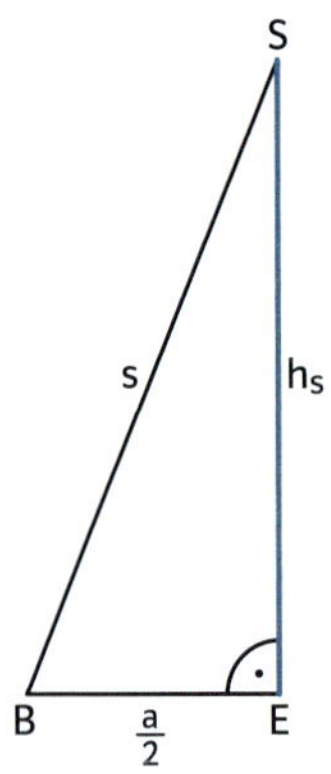

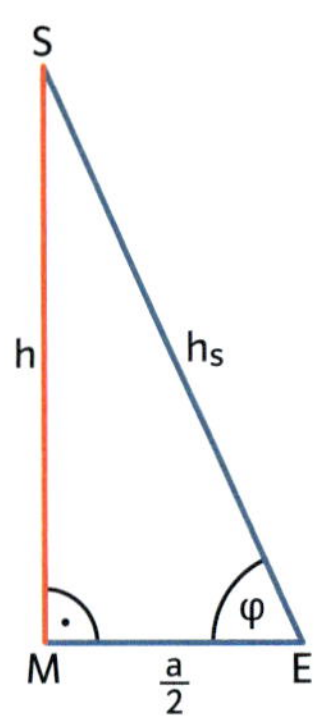

Grundkante a = 10 cm
Seitenkante s = 12 cm

Beispiel
Der Winkel φ zwischen der Grundfläche und einem Manteldreieck der quadratischen Pyramide wird berechnet.
Aus dem Stützdreieck BES ergibt sich die Seitenflächenhöhe h_S:

$h_S = \sqrt{s^2 - \left(\frac{a}{2}\right)^2} = 10{,}91\,\text{cm}$

Aus dem Stützdreieck MES ergibt sich:

$\cos\varphi = \frac{\frac{a}{2}}{h_S}$

$\varphi = 62{,}7°.$

Der gesuchte Winkel beträgt 62,7°.

Aufgaben

1 Zwischen welchen Strecken erkennst du rechte Winkel?
Die Punkte I, J und K sind Seitenmitten. Rechte Winkel zwischen zwei Quaderkanten brauchst du nicht zu nennen.

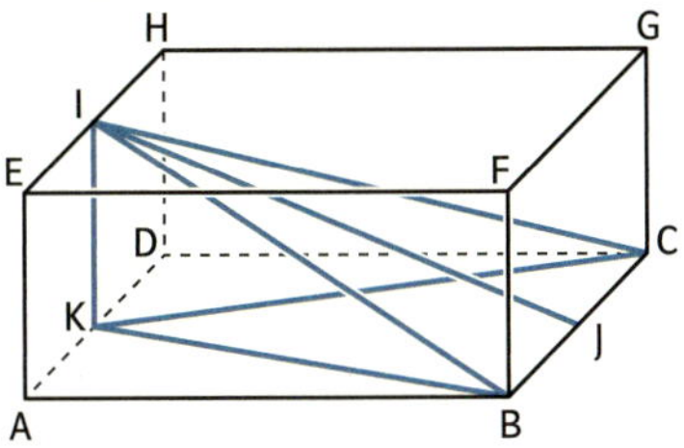

2 a) Gib die Seiten und Winkel des Dreiecks im Würfel an.
b) Der Wert von a wird geändert. Was bemerkst du?
c) Wie viele Dreiecke im Würfel gibt es, die zum eingezeichneten Dreieck kongruent sind? Zähle systematisch.

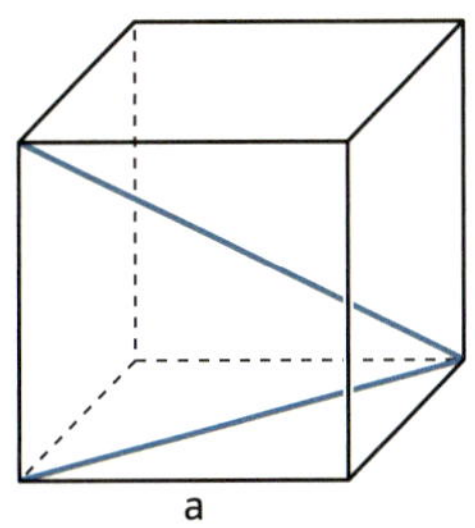

a = 6 cm

3 a) Gib die Seitenlängen und Winkel des Dreiecks im Quader an.
b) Wie viele Dreiecke im Quader gibt es, die zu dem gezeichneten Dreieck kongruent sind?
c) Zeichne den Quader und trage die Dreiecke BHE und ABH ein. Wie groß sind die Winkel dieser Dreiecke?

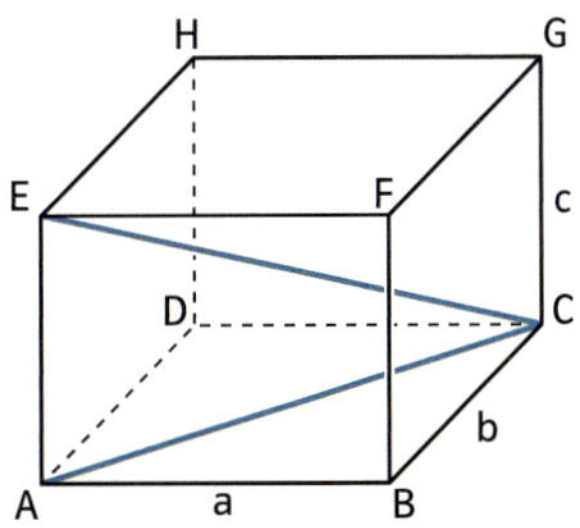

a = 8 cm
b = 10 cm
c = 6 cm

4 a) Berechne den Winkel φ zwischen der Grundfläche und dem Manteldreieck der quadratischen Pyramide.
b) Berechne Winkel, Seitenlängen und Flächeninhalt des Dreiecks DBS.

a = 6,5 cm
s = 6,5 cm

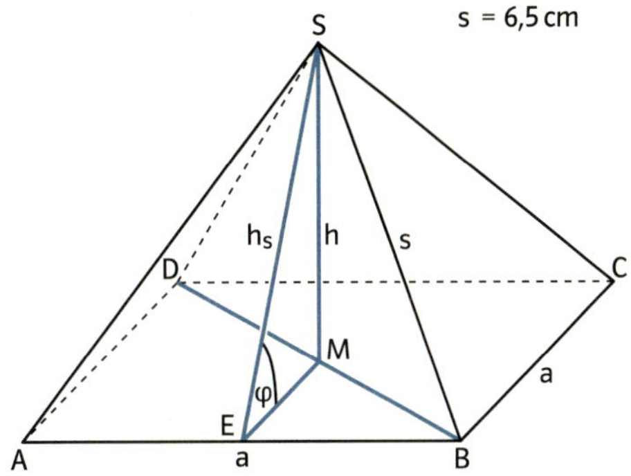

5 a) Berechne die Seiten und den Winkel φ des Dreiecks BCJ im Würfel.
b) Wie lang ist die Höhe h_c des Dreiecks BCJ?

(1)

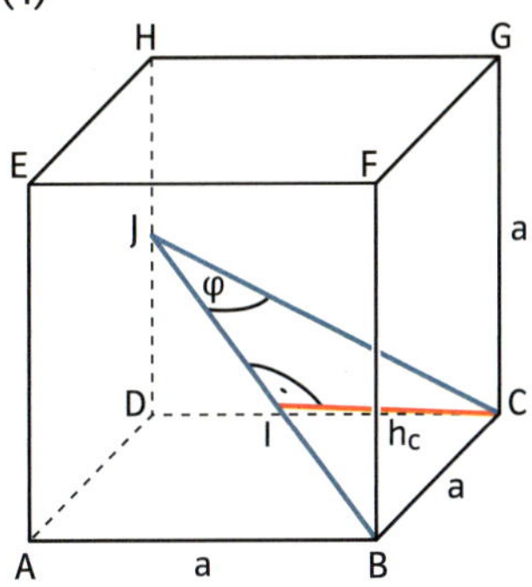

a = 10 cm
J: Mittelpunkt der Kante

(2)

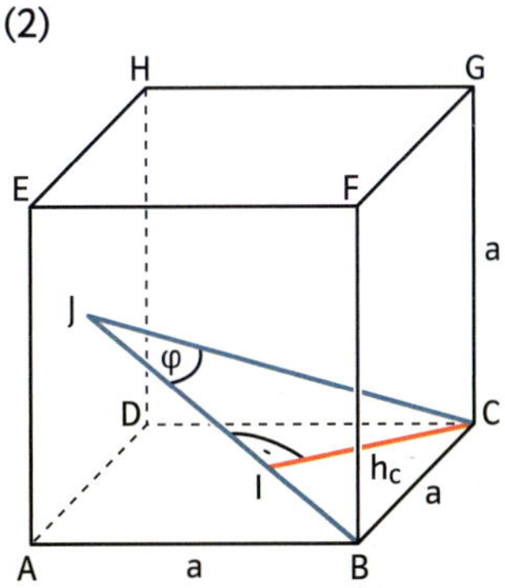

a = 10 cm
J: Mittelpunkt der Fläche

6 a) Berechne die Seiten und Winkel des rot markierten Dreiecks im Quader.
b) Berechne die Höhe h.

(1)

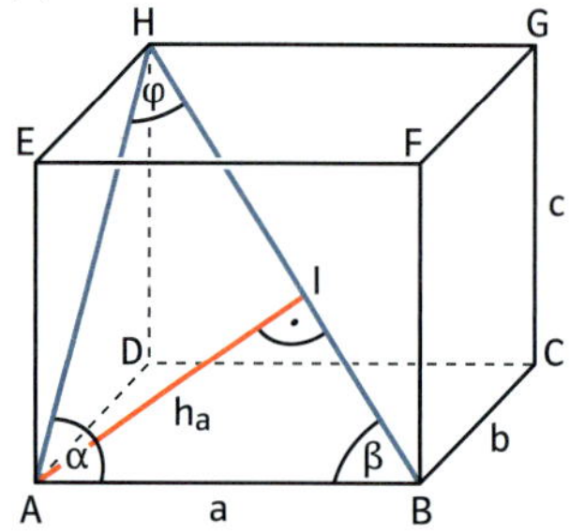

a = 9,0 cm
b = 7,6 cm
c = 7,2 cm

(2)

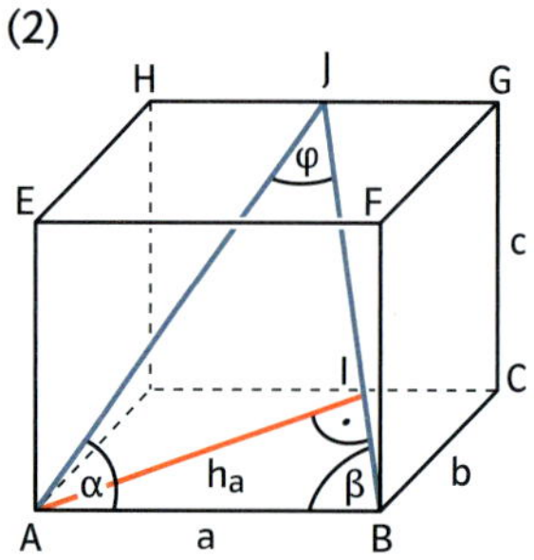

a = 8,0 cm
b = 7,6 cm
c = 6,4 cm
J: Mittelpunkt der Kante

7 Welchen Umfang hat das Dreieck HIB?

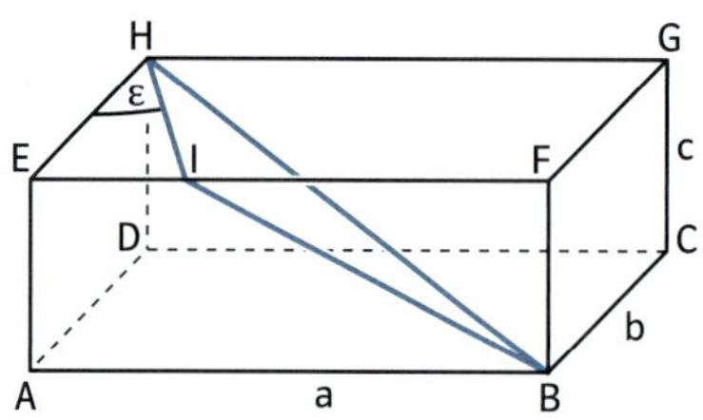

a = 8,4 cm; b = 5,4 cm;
c = 3,0 cm; ε = 25°

$\cos\alpha = \frac{b^2 + c^2 - a^2}{2bc}$

8 Die Seiten des Dreiecks ABC sind viel leichter zu berechnen als die Winkel.

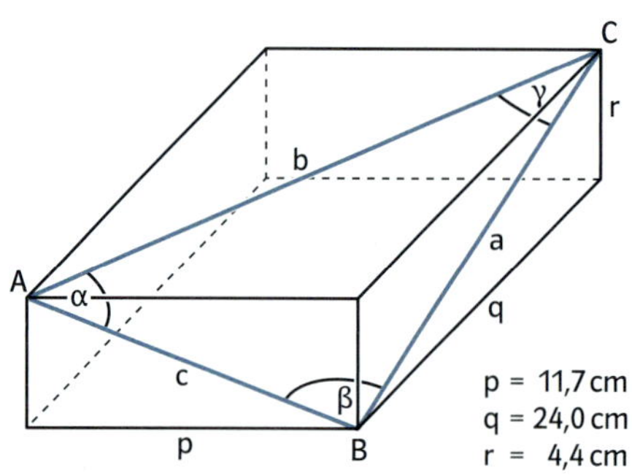

p = 11,7 cm
q = 24,0 cm
r = 4,4 cm

9 Die Strecke $\overline{PQ}$ verbindet zwei Seitenmitten des Dreiecksprismas.
a) Welche Strecken musst du zusätzlich einzeichnen, damit ein Dreieck mit der Seite $\overline{PQ}$ entsteht? Es gibt mehrere Möglichkeiten. Welche der Dreiecke sind zueinander kongruent?
b) Berechne $\overline{PQ}$ auf mehrere Arten.
c) Zeichne das Prisma im Schrägbild auf einem Mantelrechteck liegend. Trage die Strecke $\overline{PQ}$ ein.

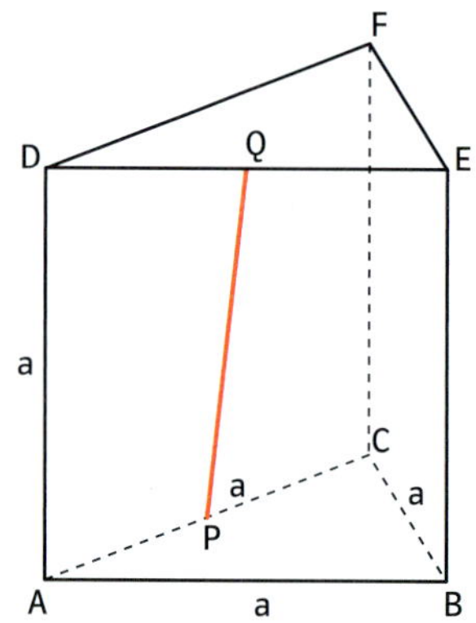

a = 8,0 cm

10 In einen Würfel mit Kantenlänge a ist das Viereck EICJ eingetragen. Die Punkte I und J sind Kantenmitten.

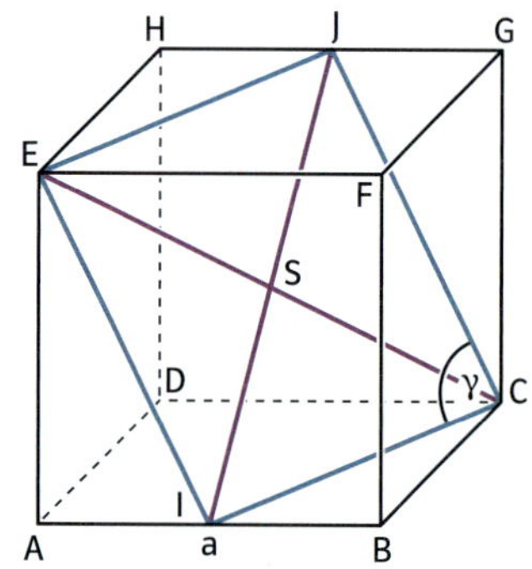

a) Maxi behauptet: Das Viereck EICJ ist eine Raute. Michi behauptet: Das Viereck EICJ ist sogar ein Quadrat.
b) Unter welchem Winkel schneiden sich die Diagonalen $\overline{EC}$ und $\overline{IJ}$?
c) Berechne den Winkel γ.
d) Drücke den Flächeninhalt des Vierecks durch a aus.
e) Zeichne ein Netz des Würfels und trage die blauen Linien ein.

Zusammenfassung

Sinus, Kosinus, Tangens

Im rechtwinkligen Dreieck gilt

$\sin\alpha = \frac{\text{Gegenkathete von } \alpha}{\text{Hypotenuse}}$; also $\sin\alpha = \frac{a}{c}$

$\cos\alpha = \frac{\text{Ankathete von } \alpha}{\text{Hypotenuse}}$; also $\cos\alpha = \frac{b}{c}$

$\tan\alpha = \frac{\text{Gegenkathete von } \alpha}{\text{Ankathete von } \alpha}$; also $\tan\alpha = \frac{a}{b}$

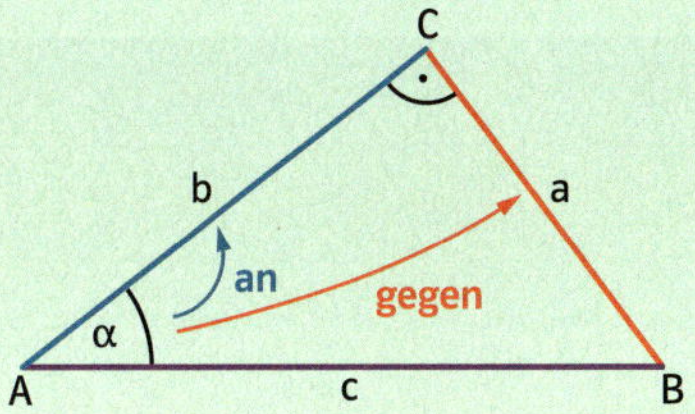

rechtwinklige Dreiecke berechnen

Im rechtwinkligen Dreieck lassen sich aus zwei Seiten oder aus einer Seite und einem spitzen Winkel die übrigen Seiten und Winkel berechnen.
In den Dreiecken rechts sind gegebene Größen blau markiert, gesuchte rot.

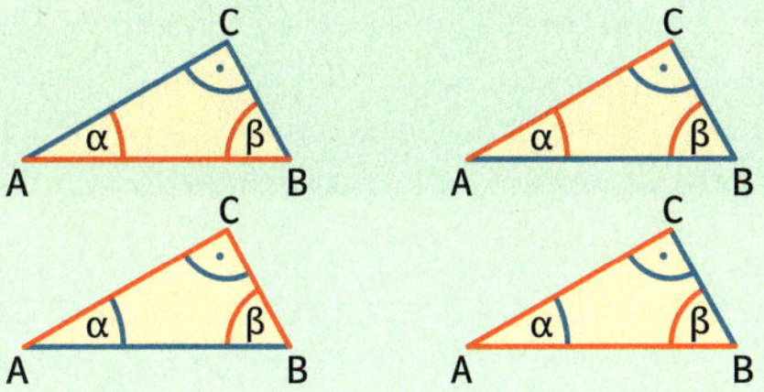

allgemeine Dreiecke berechnen

Mithilfe von Sinus, Kosinus und Tangens lassen sich aus geeigneten Stücken die fehlenden Stücke eines allgemeinen Dreiecks berechnen.
Der wichtigste Schritt ist die Zerlegung des Dreiecks in zwei rechtwinklige Teildreiecke.

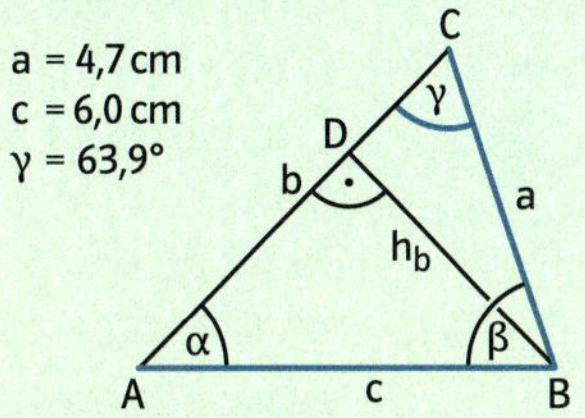

Schritt	Formel	Wert
1	$h_b = a \cdot \sin\gamma$	$h_b = 4{,}09\,\text{cm}$
2	$\sin\alpha = \frac{h_b}{c}$	$\alpha = 42{,}97°$
…	…	…

Ergebnis: $\alpha = 43{,}0°$; …

Trigonometrie in der Ebene

Seitenlängen, Winkel und Flächeninhalt von Vierecken und Vielecken lassen sich durch Zerlegen oder Ergänzen berechnen. Geeignete Teil- oder Ergänzungsfiguren sind rechtwinklige Dreiecke, Quadrate, Rechtecke und Trapeze.

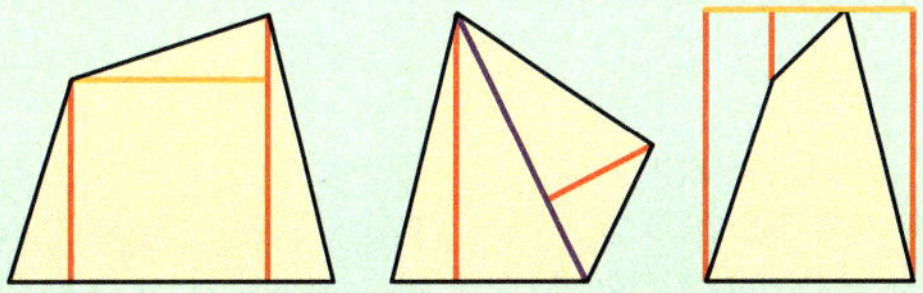

Trigonometrie im Raum

Sind Strecken und Winkel in Körpern zu berechnen, sucht man geeignete rechtwinklige Dreiecke. In diesen **Stützdreiecken** wird dann gerechnet. Es ist oft günstig, sie einzeln herauszuzeichnen.

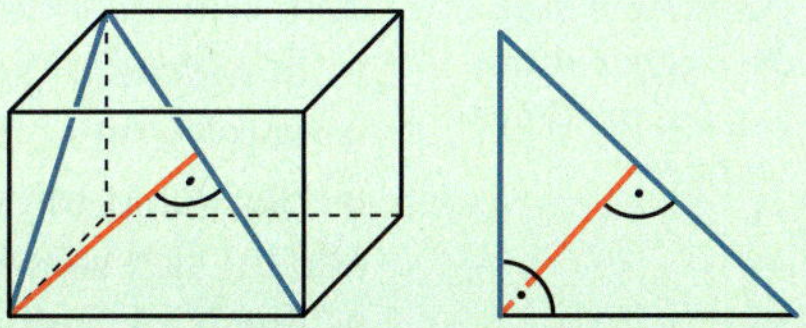

Die Sinusfunktion

Um den 21. Juni herum bleibt im hohen Norden die Sonne 24 Stunden lang am Himmel. Das Bild zeigt eine Serie von Fotos, aufgenommen an der Nordspitze Norwegens, dem Nordkap.

- Um wie viel Uhr etwa wurde das Teilbild ganz links aufgenommen?
- Welches Teilbild zeigt die Sonne um 6 Uhr, welches zeigt sie um 18 Uhr?
- In welchem Zusammenhang stehen zwei Uhrzeiten, an denen die Sonne gleich hoch steht?

Damit du das Bild nicht missverstehst: Die Kamera wurde der Sonne nachgeführt und hat sich dabei um 360° gedreht.

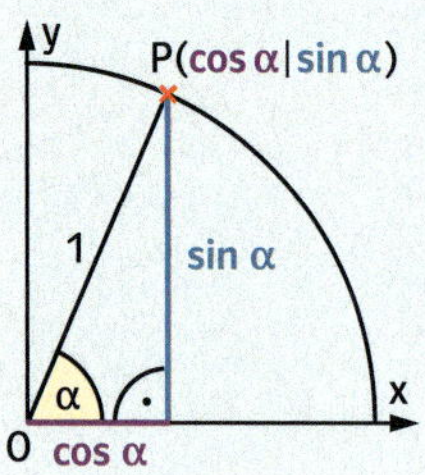

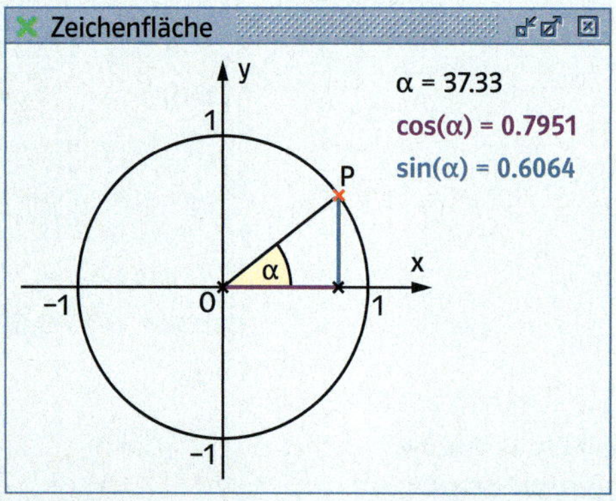

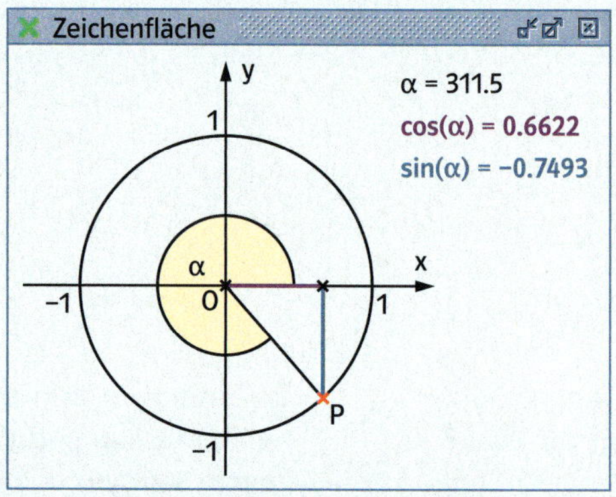

! *Statt der üblichen Maßeinheit cm verwendet man hier eine beliebig wählbare Längeneinheit, abgekürzt LE. Damit kann man die Figuren immer in günstiger Größe zeichnen.*

Ein rechtwinkliges Dreieck mit der Hypotenuse 1 hat die Katheten $\cos\alpha$ und $\sin\alpha$. Die Figur links zeigt: Der Punkt P auf dem Viertelkreis mit Radius 1 und dem Koordinatenursprung als Mittelpunkt hat die Koordinaten $x = \cos\alpha$; $y = \sin\alpha$.

Dieser Zusammenhang gilt nicht nur für den Viertelkreis im 1. Quadranten, sondern für den ganzen Kreis. Mit einem DGS kann man verfolgen, wie sich die Koordinaten mit dem Winkel ändern.

- In welchem Quadranten sind Sinus und Kosinus beide negativ?
- Vergleiche mithilfe des Taschenrechners: $\sin 60°$; $\sin 120°$; $\sin 240°$; $\sin 300°$.
- Der Punkt mit den Koordinaten $(\cos 35° | \sin 35°)$ wird an der x-Achse gespiegelt. Wie ändern sich seine Koordinaten? Welcher Winkel gehört zum gespiegelten Punkt?
- Der Punkt mit den Koordinaten $(\cos 35° | \sin 35°)$ wird an der y-Achse gespiegelt.
- Suche mit dem DGS Punkte, deren Koordinaten nur eine Stelle nach dem Komma haben.

Der Zusammenhang zwischen dem Winkel α und $\sin\alpha$ lässt sich im Koordinatensystem darstellen. Dazu muss α an der x-Achse angetragen werden. Bei einem Radius von 1 LE gehört zu α der Bogen $b = 2\pi \cdot \frac{\alpha}{360°}$ LE.

In exakten Konstruktionen (besonders mit einem DGS) steht die Marke für 360° bei 2π LE, also ziemlich genau bei 6,28 LE.
In Handzeichnungen darf man 2π LE durch 6 LE ersetzen. Die Marke für 360° steht dann bei 6 LE, die Marke für 60° bei 1 LE.
Allgemein gehört zum Winkel α die x-Koordinate $x = \frac{\alpha}{60°}$ LE.

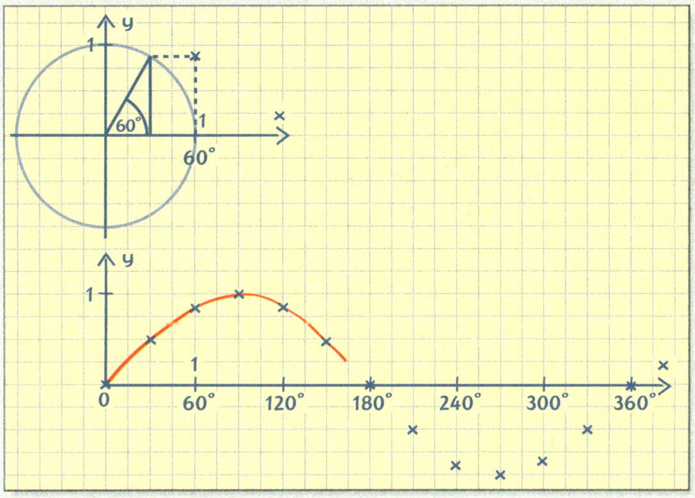

- Mit etwas Übung genügen wenige Punkte, um die Sinuskurve zu skizzieren. Dabei helfen die besonderen Werte des Sinus.
Beachte dazu: $\sin 60° = \frac{1}{2}\sqrt{3} = 0{,}87$.

- Ein DGS zeichnet schöne Sinuskurven.

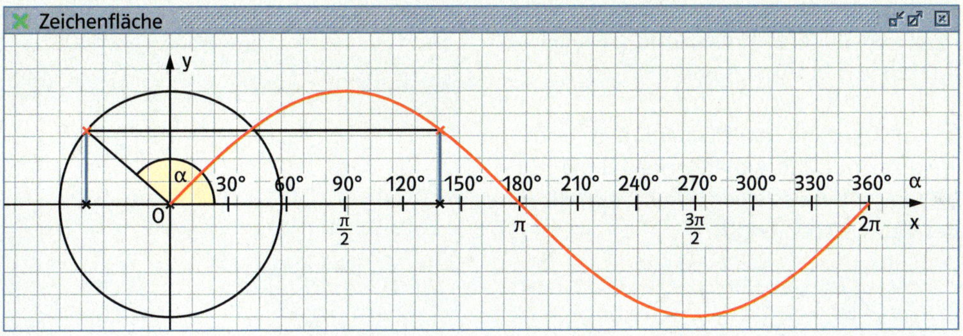

Es gibt viele Vorgänge, bei denen Schwingungen in Form von Sinuskurven vorkommen. Achte einmal darauf!

Üben • Anwenden • Nachdenken

1 Berechne die fehlenden Größen des Dreiecks ABC.
Wie immer hilft eine Planfigur.
a) $b = 5{,}1\,cm$; $\beta = 39{,}5°$; $\gamma = 90°$
b) $a = 7{,}8\,cm$; $b = 4{,}9\,cm$; $\gamma = 57{,}6°$
c) $c = 8{,}1\,cm$; $\alpha = 23{,}4°$; $\beta = 110{,}5°$
d) $b = 7{,}2\,cm$; $c = 6{,}1\,cm$; $\beta = 67{,}2°$
e) $a = 5{,}4\,cm$; $\alpha = 37{,}6°$; $\beta = 52{,}4°$

2 a) Konstruiere und berechne.
$a = 5{,}3\,cm$; $b = 8{,}2\,cm$; $\alpha = 30{,}0°$
b) Was stellst du fest, wenn du $\triangle ABC$ mit $a = 5{,}3\,cm$; $b = 8{,}2\,cm$; $\alpha = 70{,}0°$ zu konstruieren versuchst?
Versuche auch, die fehlenden Größen zu berechnen.

3 Berechne im Dreieck ABC die Seite c aus $A = 30{,}0\,cm^2$; $b = 8{,}2\,cm$; $\alpha = 67{,}0°$.

4 a) Berechne den Flächeninhalt A eines Dreiecks mit $b = 5\,cm$; $c = 7\,cm$; $\alpha = 30°$.
b) Gib ein anderes Dreieck mit gleichen Werten von b, c und A an.

5 a) Berechne den Flächeninhalt A des Trapezes ABCD in Abhängigkeit von e.
b) Wie groß muss e sein, damit sich für A der Wert $121\,cm^2$ ergibt?

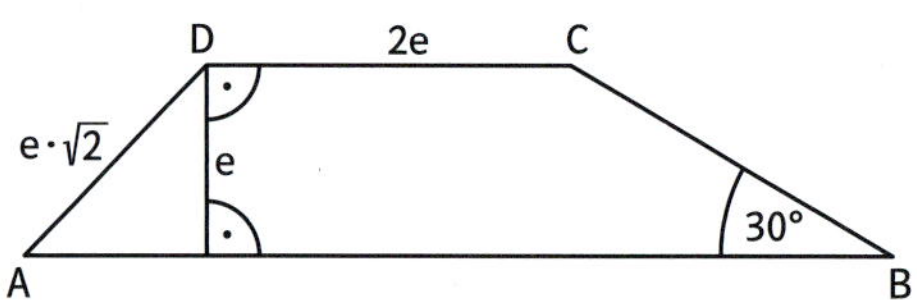

6 Drücke die Streckenlänge x durch e aus.

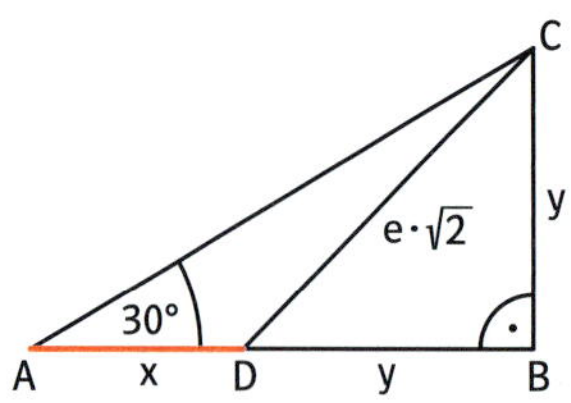

7 Berechne die Seiten und Winkel der Dreiecke in den Quadern am Rand.

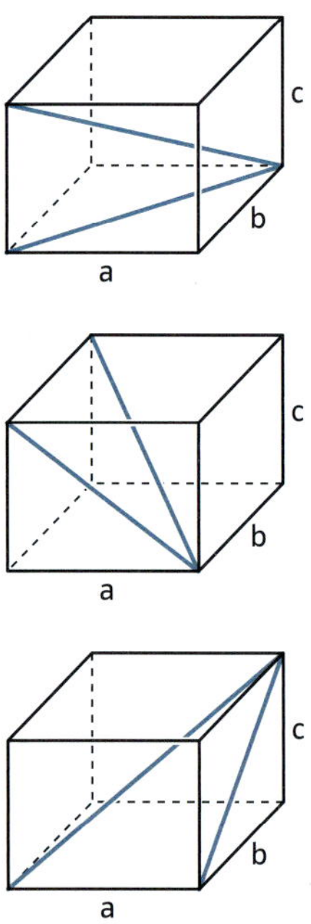

$a = 8\,cm$
$b = 10\,cm$
$c = 6\,cm$

8 Ein Parallelogramm hat die Seitenlängen $a = 10{,}0\,cm$ und $b = 5{,}0\,cm$. Sein Flächeninhalt A_P wird dem Flächeninhalt A_R eines Rechtecks mit ebenso langen Seiten verglichen.
a) Wie groß ist der Parallelogrammwinkel α, wenn A_P 50 % von A_R beträgt?
b) Um wie viel % ist A_R größer als A_P, wenn $\alpha = 45°$ gilt?
c) Wie viel % von A_R ist A_P für $\alpha = 1°$?

9 Berechne den Flächeninhalt A des Vierecks ABCD.

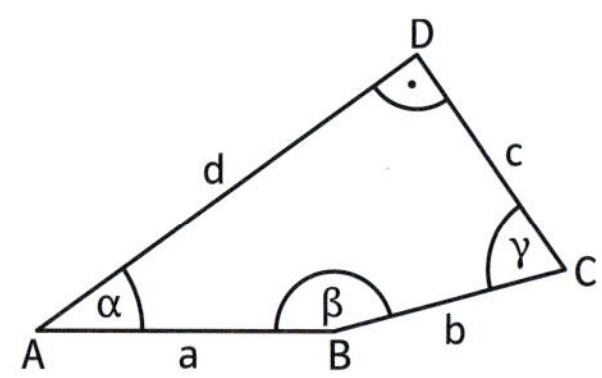

$b = 4{,}1\,cm$; $c = 4{,}4\,cm$; $d = 8{,}0\,cm$;
$\beta = 165{,}3°$

Ein günstiger Kauf?

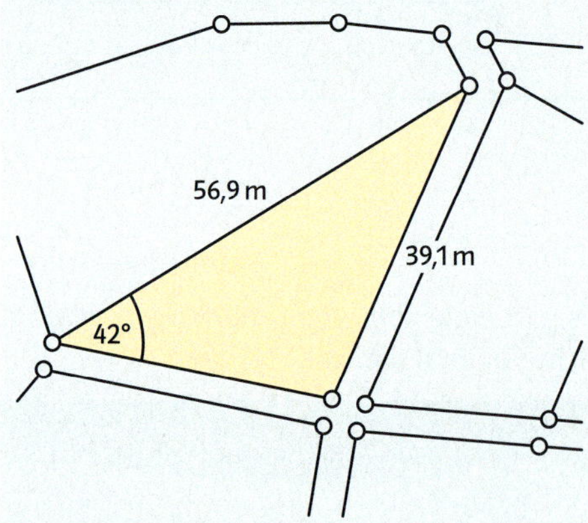

Familie Raith hat ein Gartengrundstück gekauft. Es soll, so sagt der Verkäufer, etwa $650\,m^2$ groß sein.
Aus dem Lageplan misst Trixi Raith drei Größen ab. Sie prüft nach, ob der angegebene Flächeninhalt stimmt. Sie kommt auf etwa $950\,m^2$ und wundert sich, dass der Verkäufer $300\,m^2$ Fläche verschenkt hat.

10 Jede Messung ist ungenau.

a) Untersuche, wie sich ein Winkelfehler von 0,5° bei verschiedenen Winkeln α und Entfernungen c auswirkt.

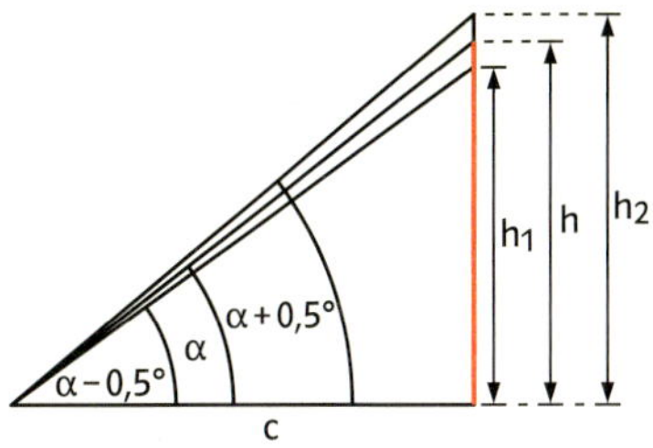

Beispiel: c = 80 m

α	20,0°	30,0°	…	60,0°	…
h_1 in m	28,3			135,8	
h in m	29,1				
h_2 in m	29,9	47,1			

b) Wie wirkt sich ein Längenfehler von 0,05 m aus? Wähle erst einen Winkel und dann unterschiedliche Entfernungen.

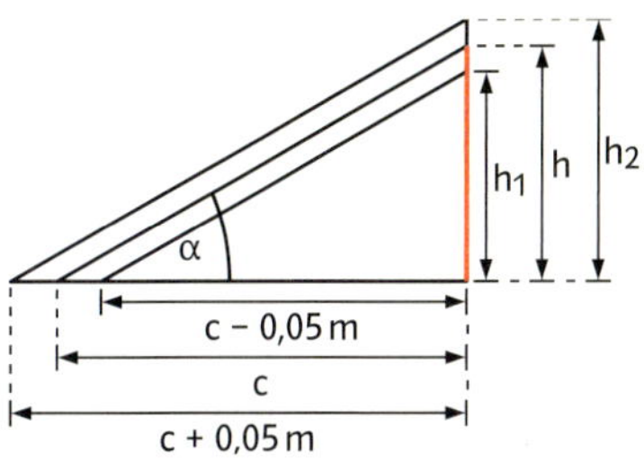

c) Der Winkelfehler beträgt ±1°, der Längenfehler ±0,50 m. Zwischen welchen Grenzen liegt die Höhe des Masts bis zum Endpunkt des Abspannseils?

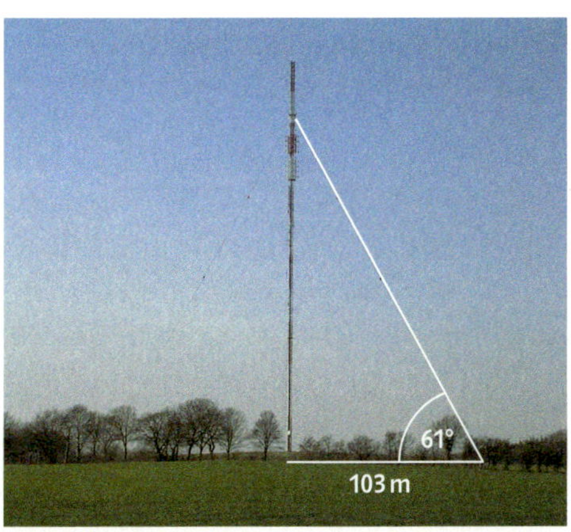

11 Drehstühle haben vier oder fünf Beine. Warum ist bei gleicher Beinlänge und Sitzhöhe ein fünfbeiniger Stuhl standsicherer als ein vierbeiniger?
Überlege dazu, über welche Linien ein Stuhl kippen kann. Welches Verhältnis ist also als Maß für die Standsicherheit geeignet? Berechne dieses Maß für Stühle mit vier und fünf Beinen, zum Vergleich auch noch für Stühle mit drei und sechs Beinen.

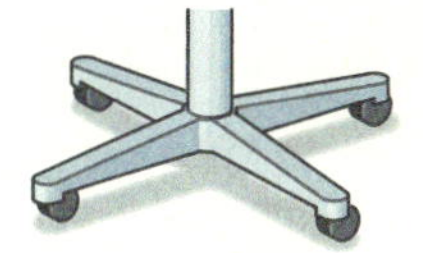

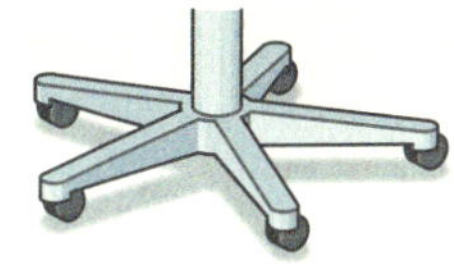

12 Wenn die Sonne hoch am Himmel steht, verteilt sich ihre Strahlungsenergie auf eine kleinere Fläche als wenn sie flach über dem Horizont steht. Die Energie, die auf eine horizontale Fläche auftrifft, verringert sich also mit dem Faktor $\frac{b}{c}$.

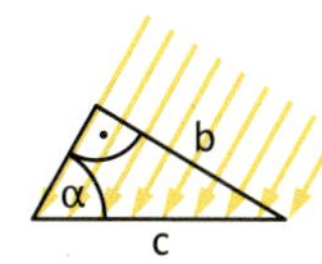

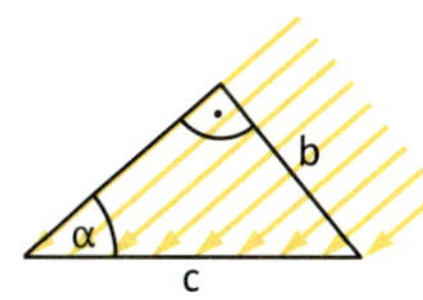

a) Auf wie viel Prozent verringert sich die Strahlungsintensität beim Einfallswinkel α = 60°; 45°; 30°; 15°; 10°?

b) Ein Solarmodul muss günstig zum Einfallswinkel stehen. Wie sollte man also den Neigungswinkel β wählen, um zu gegebenem α eine möglichst hohe Energieausbeute zu bekommen?

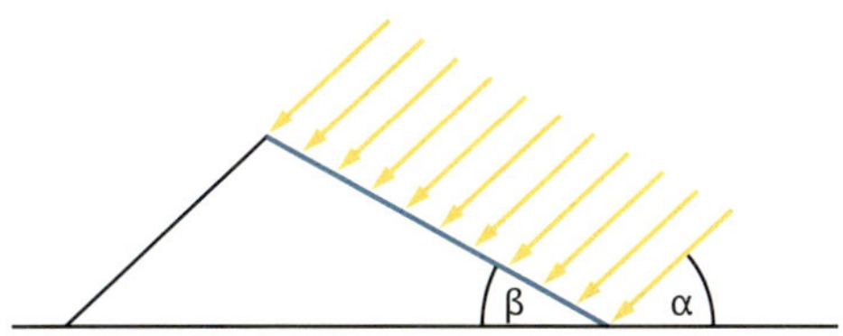

c) Für Stuttgart gelten um 12 Uhr MEZ folgende Werte:

Datum	21.3.	21.6.	21.9.	21.12.
α	42°	65°	42°	17°

Erkläre, warum häufig für β Werte um 35° gewählt werden.

13 Gib den Umfang u des Vierecks ABCD in Abhängigkeit von e an, ohne gerundete Werte zu benutzen.

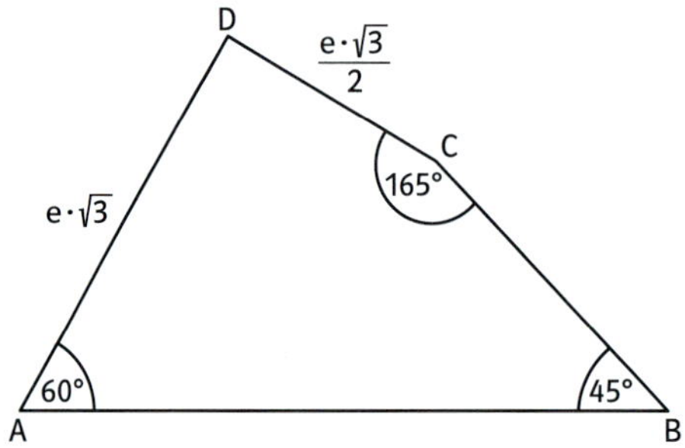

14 Das Viereck ABCD ist ein Drachen, das Viereck AEFB ist ein symmetrisches Trapez. Berechne
a) den Flächeninhalt der gesamten Figur.
b) die Länge der Strecke $\overline{CE}$.

d = 8,0 cm
f = 6,0 cm
α_1 = 60,0°
α_2 = 60,0°
δ = 110,0°

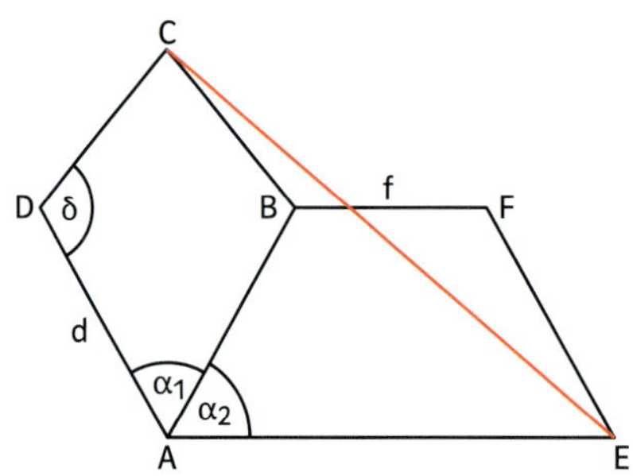

15 Eine Strecke $\overline{CD}$ in unzugänglichem Gelände kann man folgendermaßen messen: Man peilt C und D von zwei Punkten A und B aus an, deren Entfernung bekannt ist.
Tipp: Berechne b in △ABC; d und f in △ABD; arbeite dann in △BCD weiter.

a = 228,9 m
α_1 = 55,3°
α_2 = 39,6°
β_1 = 35,5°
β_2 = 63,1°

e und f sind die Diagonalen des Vierecks ABCD.

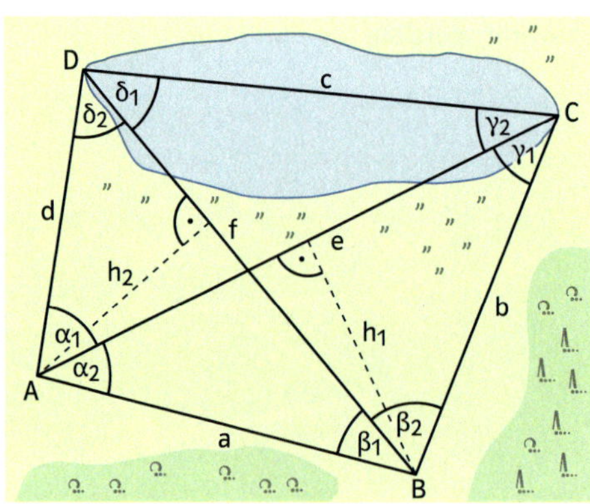

16 Die Schnittpunkte A, B, C der drei Geraden g, h, i können ein Dreieck bilden. Berechne Seiten, Winkel und Flächeninhalt.

a) g: $7x - 5y = 9$
h: $x + 4y = 39$
i: $8x - y = 15$

b) g: $x - 2y = 0$
h: $7x + 6y = 0$
i: $3x - y = 0$

17 Das Fünfeck ABCDE ist achsensymmetrisch. Berechne den Flächeninhalt A und die Länge der Diagonale $\overline{BD}$.

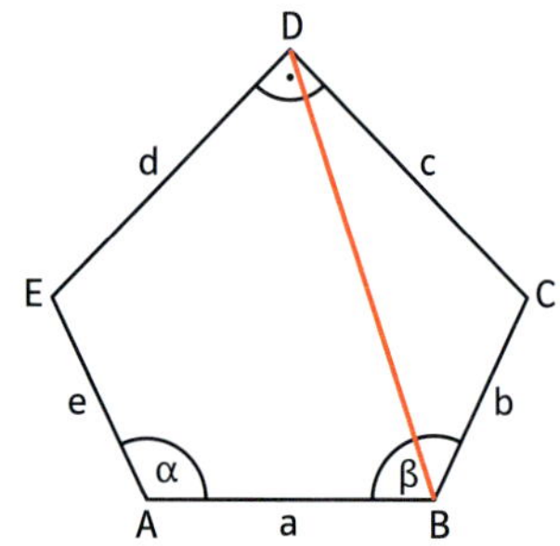

a = 6,0 cm
b = 4,5 cm
e = b
α = 115,7°
β = α

18 a) Berechne die Seiten des Quaders mit f = 17,0 cm; φ = 63,9°; ψ = 44,9° und M: Seitenmitte.
b) Wie groß wären φ und ψ, wenn der Quader ein Würfel wäre? Die Länge von f spielt dabei keine Rolle mehr.

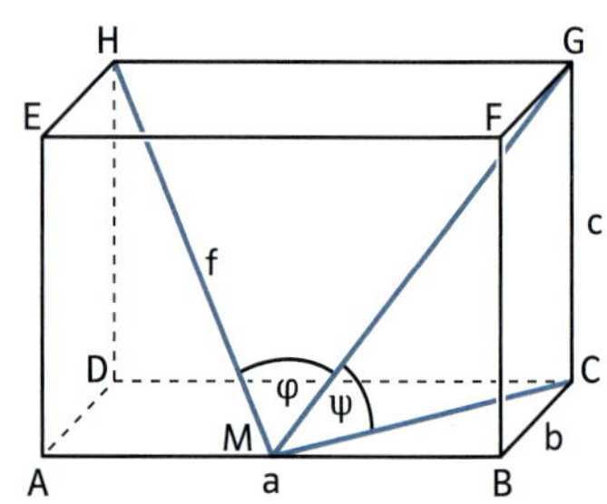

19 Im regelmäßigen Sechseckprisma liegt △ABC. Drücke u und A_{ABC} durch e aus.

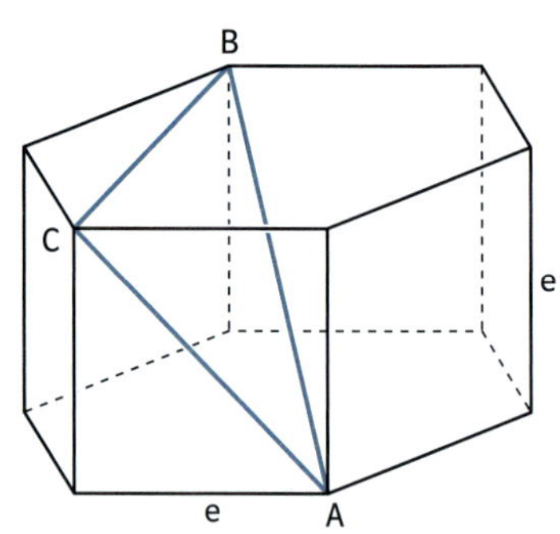

Rückspiegel

Rückspiegel

1 Berechne die fehlenden Größen im Dreieck ABC mit
a) $c = 8{,}0\,cm$; $\alpha = 34{,}7°$; $\gamma = 90°$.
b) $b = 4{,}9\,cm$; $c = 6{,}7\,cm$; $\alpha = 74{,}1°$.
c) $c = 7{,}9\,cm$; $\alpha = 44{,}5°$; $\beta = 59{,}6°$.

2 Eine Leiter ist 4,50 m lang.
a) Sie lehnt unter einem Winkel von 65° an einer Hauswand. Wie hoch reicht sie?
b) Anstellwinkel von mehr als 80° sind gefährlich, weil die Leiter nach hinten kippen kann. Kann die Leiter gefahrlos 4,35 m hoch reichen?

3 Das Viereck ABCD ist gegeben durch $a = 8{,}0\,cm$; $b = 6{,}1\,cm$; $d = 3{,}2\,cm$; $\alpha = 90°$; $\beta = 80{,}5°$.
a) Zerlege es in rechtwinklige Dreiecke.
b) Ergänze es durch rechtwinklige Dreiecke zu einem Rechteck.
c) Berechne den Flächeninhalt A.

4 Drücke den Umfang u und den Flächeninhalt A des Vierecks ABCD durch e aus.

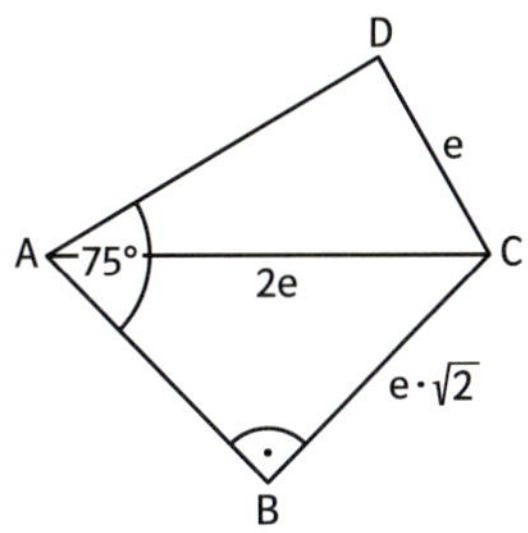

5 Berechne die Seiten und Winkel des Dreiecks BCE im Quader.

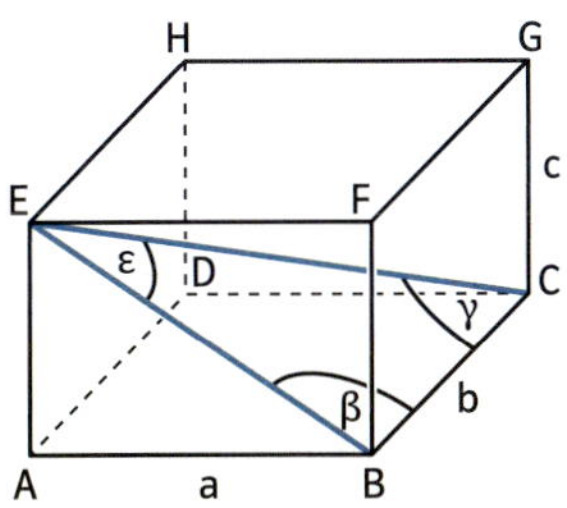

$a = 6{,}5\,cm$; $b = 8{,}4\,cm$; $c = 4{,}3\,cm$

1 Berechne die fehlenden Größen im Dreieck ABC mit
a) $b = 7{,}5\,cm$; $\beta = 62{,}4°$; $\gamma = 90°$.
b) $a = 4{,}7\,cm$; $b = 8{,}2\,cm$; $\beta = 106{,}7°$.
c) $a = 6{,}0\,cm$; $c = 9{,}0\,cm$; $\alpha = 38{,}8°$.

2 Ein Höhenunterschied von 3,40 m soll durch eine rollstuhlgerechte Rampe zugänglich gemacht werden. Der Steigungswinkel beträgt 5°.
a) Wie lang wird der Weg auf der Rampe?
b) Nach je 6 m Weg muss ein 1,50 m langer ebener Absatz eingerichtet werden.

3 Das Viereck ABCD ist gegeben durch $a = 8{,}3\,cm$; $b = 4{,}9\,cm$; $d = 5{,}6\,cm$; $\alpha = 53{,}3°$; $\beta = 145{,}1°$.
Berechne den Flächeninhalt A und den Umfang u des Vierecks.
Du kannst den Lösungsweg selbst wählen.

4 Drücke den Umfang u und den Flächeninhalt A des Fünfecks ABCDE durch e aus.

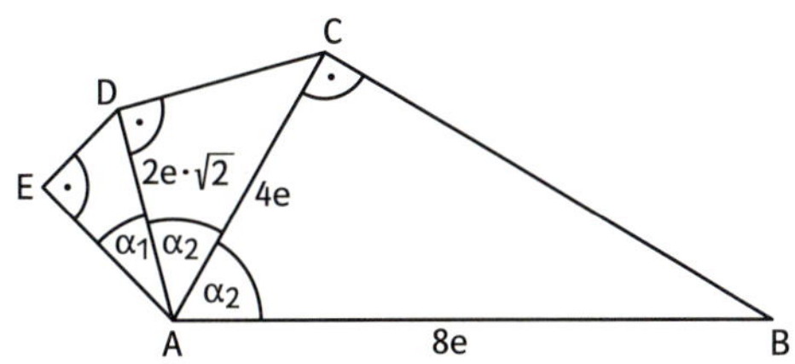

$\alpha_1 = \alpha_2 = \alpha_3 = 135°$

5 Berechne die Seiten und Winkel des Dreiecks MGH im Quader.

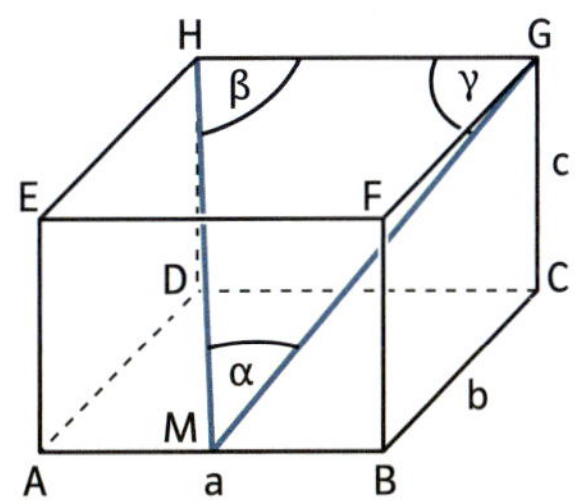

$a = 6{,}5\,cm$; $b = 8{,}4\,cm$; $c = 4{,}3\,cm$;
M: Seitenmitte

Würfelbauten

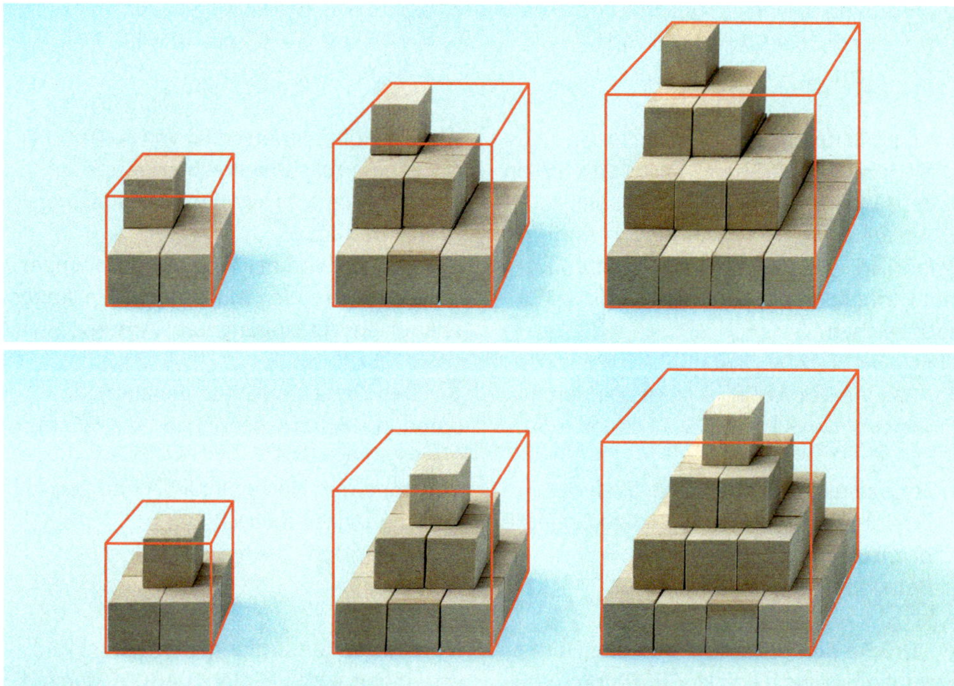

Vergleiche die Höhe, die Grundfläche und das Volumen der Würfelpyramiden.

A	B	C	D	E
Kantenlänge	Anzahl der Würfel der Grundfläche	Anzahl der Würfel der Pyramide	Anzahl der Würfel des Umwürfels	$\frac{\text{Anzahl der Würfel der Pyramide}}{\text{Anzahl der Würfel des Umwürfels}}$
2	4	5	8	0,625
3	9	14	27	0,519
4	16	30	64	0,469
5				
6				
7				
8				
9				
10				
…				
20				

- Erkläre die Bedeutung der Werte in der Tabelle oben.
- Setze die Tabelle fort.
  Überlege, wie die neue Pyramide aus der vorigen entsteht. Du kannst eine Regel für die Anzahl der Würfel finden.
- Wie verändert sich der Quotient in Spalte E mit zunehmender Kantenlänge?
- Welchen Teil des Umwürfels nehmen die Würfelpyramiden wohl ein? Mit einem Tabellenkalkulationsprogramm lässt sich diese Frage etwas leichter beantworten.

Stelle dir im blau abgebildeten Würfel die gelben Körper mit jeweils möglichst großem Volumen vor:
- ein Prisma mit einem rechtwinkligen Dreieck als Grundfläche,
- einen Zylinder,
- eine Pyramide,
- einen Kegel,
- eine Kugel.

Fertige jeweils eine Skizze an.

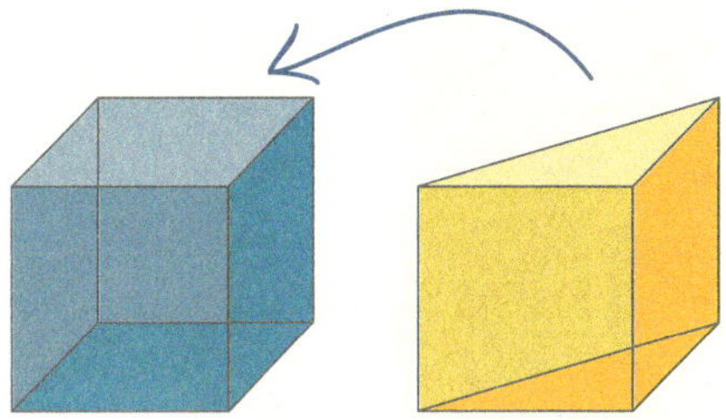

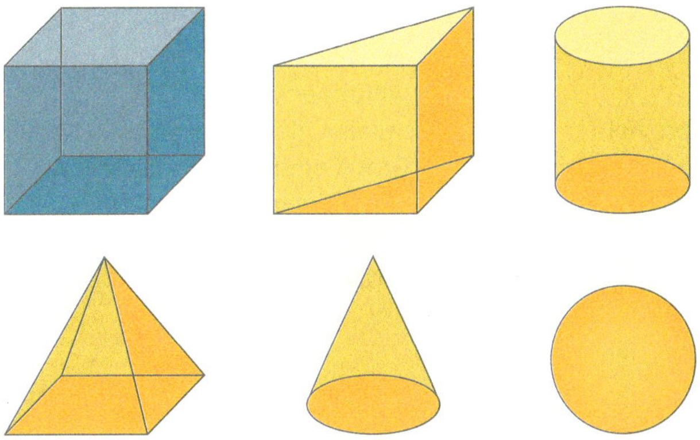

Das Volumen jedes einzelnen dieser Körper ist sicher kleiner als das Volumen des Würfels. Schätze, wie viel Prozent des Würfelvolumens es ausmacht.

Viel schwieriger ist es, die Oberfläche dieser Körper mit der Würfeloberfläche zu vergleichen. Versuche es trotzdem.

Halb voll oder halb leer?
Halb hoch gefüllt oder halbes Volumen?

In diesem Kapitel lernst du,

- wie man Pyramide, Kegel und Kugel skizziert,
- wie man die Oberfläche von Pyramide, Kegel und Kugel berechnet,
- wie man das Volumen von Pyramide, Kegel und Kugel berechnet,
- wie man zusammengesetzte Körper skizziert und berechnet.

1 Prisma und Zylinder

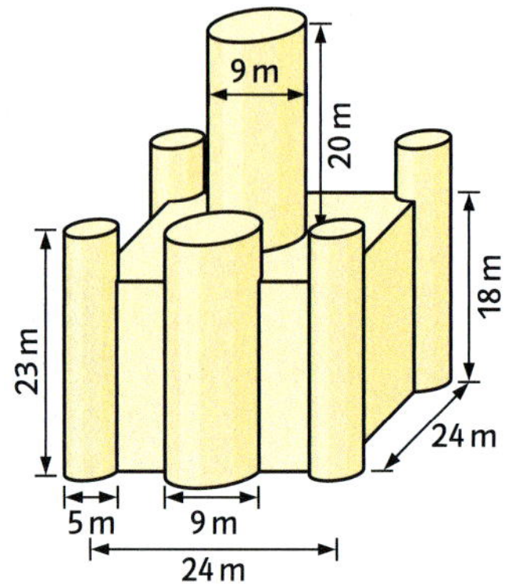

Das abgebildete Jagdschloss Granitz befindet sich auf der Ostseeinsel Rügen.
→ Beschreibe seinen Aufbau entsprechend der vereinfachten Skizze.
→ Wie groß ist der gesamte umbaute Raum?

Hinweis: Die vier Ecktürme ragen so weit in das Hauptgebäude hinein, dass ihre Mittelpunkte genau auf dessen Ecken stehen. Der Turm an der Vorderseite ragt zur Hälfte in das Hauptgebäude hinein.

Prismen sind Körper, die von
- zwei parallelen, deckungsgleichen Vielecken als Grund- und Deckfläche und
- einer Mantelfläche, die aus Rechtecken besteht,

begrenzt werden.

Zylinder sind Körper, die von
- zwei parallelen, deckungsgleichen Kreisen als Grund- und Deckfläche und
- einer Mantelfläche, die in der Ebene ein Rechteck bildet,

begrenzt werden.

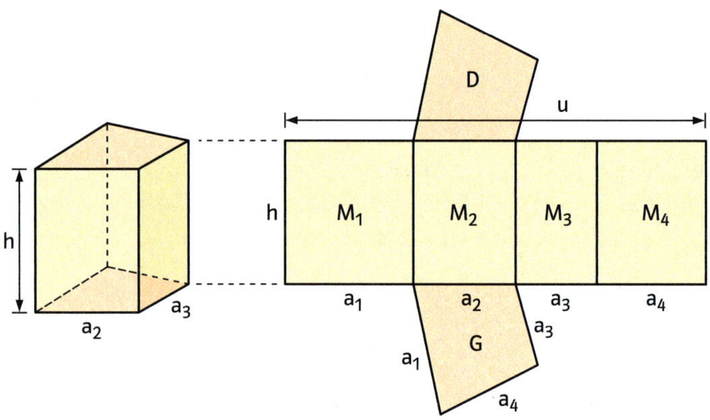

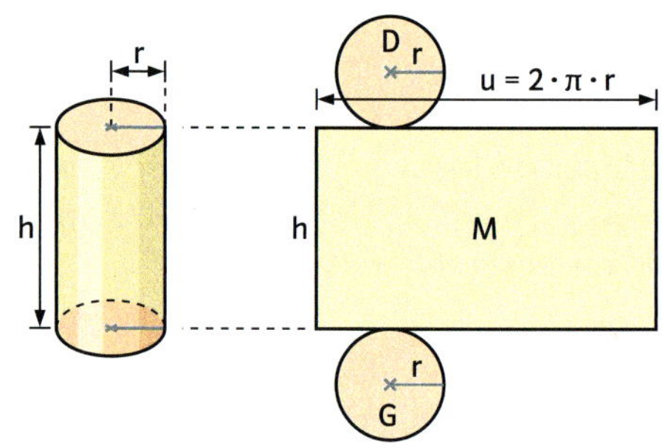

Für das **Prisma** gilt:

Mantelfläche: $M = M_1 + M_2 + M_3 + \ldots$
$M = u\,h$
Oberfläche: $O = 2G + M$
Volumen: $V = G\,h$

Für den **Zylinder** gilt:

Mantelfläche: $M = u\,h$
$M = 2\pi r h$
Oberfläche: $O = 2G + M$
$O = 2\pi r^2 + 2\pi r h$
Volumen: $V = G\,h$
$V = \pi r^2 h$

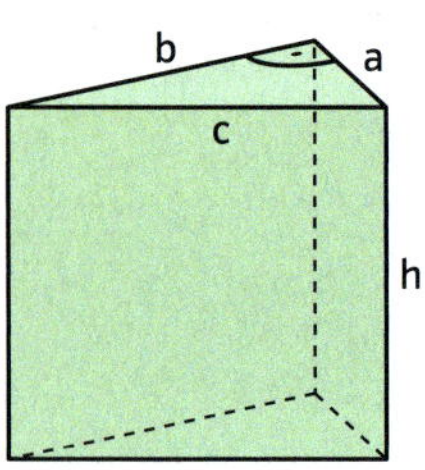

Beispiele

a) Ein Dreiecksprisma hat als Grundfläche ein rechtwinkliges Dreieck mit den Seitenlängen $a = 6\,cm$; $b = 8\,cm$ und $c = 10\,cm$. Seine Höhe beträgt $h = 9\,cm$.

$G = \frac{1}{2}a\,b$; $G = \frac{1}{2} \cdot 6 \cdot 8$; $G = 24\,cm^2$
$M = u\,h$; $M = 24 \cdot 9$; $M = 216\,cm^2$
$O = 2G + M$; $O = 2 \cdot 24 + 216$; $O = 264\,cm^2$
$V = G\,h$; $V = 24 \cdot 9$; $V = 216\,cm^3$

b) Aus der Oberfläche eines Zylinders $O = 1068{,}0\,cm^2$ und seinem Radius $r = 8{,}5\,cm$ wird die Körperhöhe h berechnet.

$G = \pi r^2$
$G = \pi \cdot 8{,}5^2$
$G = 226{,}98\,cm^2$

$M = O - 2G$
$M = 1068{,}0 - 453{,}96$
$M = 614{,}04\,cm^2$

$M = 2\pi r h$
$h = \frac{M}{2\pi r}$

$h = \frac{614{,}04}{2 \cdot \pi \cdot 8{,}5}$
$h = 11{,}5\ cm$

Aufgaben

1 Berechne die fehlende Kantenlänge des Quaders.
a) $V = 4800\,cm^3$; $a = 12\,cm$; $b = 16\,cm$
b) $V = 405\,dm^3$; $a = 6\,dm$; $c = 45\,dm$
c) $O = 350{,}5\,m^2$; $b = 9{,}0\,m$; $c = 11{,}5\,m$

2 Drei der Größen eines Prismas sind gegeben. Berechne die fehlenden Größen.

	u	h	G	M	O	V
a)	20 dm		5,8 m²			8,7 m³
b)		35 mm	12 cm²		94 cm²	
c)		25 cm		18 dm²		10 l

3 a) Von einem Prisma mit einem gleichseitigen Dreieck als Grundfläche sind $a = 35{,}0\,cm$ und $V = 20{,}0\,dm^3$ gegeben. Berechne O.
b) Von einem Prisma mit einem regelmäßigen Fünfeck als Grundfläche sind $a = 12{,}0\,cm$ und $h = 28{,}0\,cm$ gegeben. Berechne O und V.

4 Berechne die fehlenden Größen des Zylinders.

	r	h	M	O	V
a)	5,4 cm	10,2 cm			
b)		1,20 m	7,25 m²		
c)			29,8 cm²	596,9 cm²	
d)			140 cm²		385 cm³

5 Vergleiche die Oberflächen der Körper. Gib den Unterschied in Prozent an.

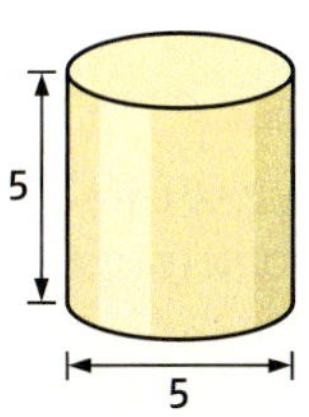

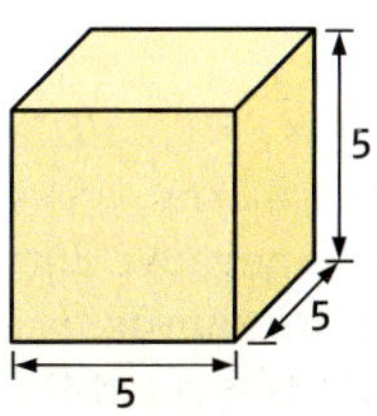

6 In einem Solarhaus soll das Wasser in einem $21\,m^3$ großen Tank allein mit Sonnenenergie auf 90 °C erwärmt werden. Dieser 9,0 m hohe zylinderförmige Tank wird mit einer Dämmschicht isoliert, um Wärmeverluste zu vermeiden. Die Standfläche kann aus bautechnischen Gründen nicht gedämmt werden.
Wie groß ist die zu dämmende Fläche?

7 Alle Kanten des Prismas sind 8,0 cm lang.

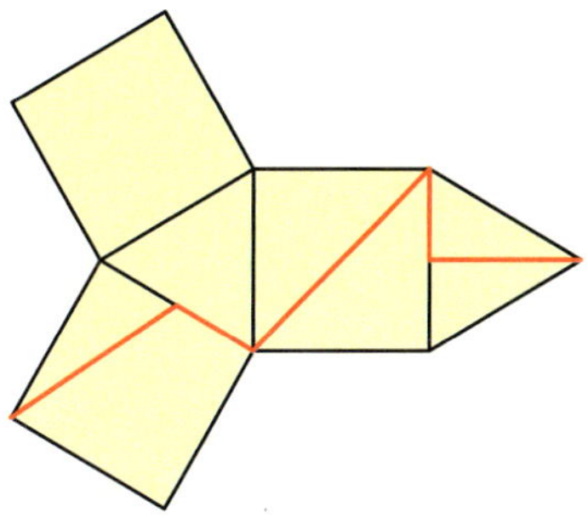

a) Berechne die Länge des eingezeichneten Streckenzuges.
b) Skizziere ein Schrägbild des Prismas und trage den Streckenzug ein.

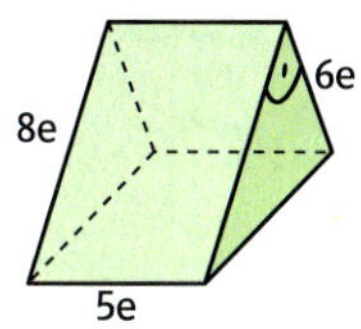

8 Gib die Oberfläche und das Volumen der beiden auf dem Rand abgebildeten Prismen in Abhängigkeit von e an.

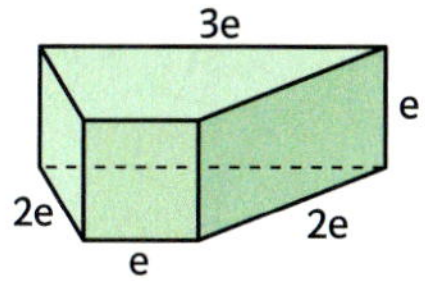

9 Von einem Würfel wird ein Prisma mit dreieckiger Grundseite und Kathetenlänge x abgeschnitten.
a) Berechne die Oberfläche des Prismas für $x_1 = 2{,}5\,cm$; $x_2 = 5{,}0\,cm$; $x_3 = 7{,}5\,cm$ und $x_4 = 10{,}0\,cm$.
b) Suche einen x-Wert, mit dem die Oberfläche des Prismas möglichst genau halb so groß wie die Würfeloberfläche ist.

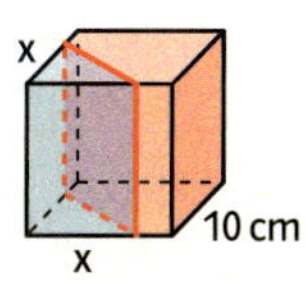

2 Pyramide. Oberfläche

Mit einem passend zerschnittenen Rechteck von 15 cm Länge und 5 cm Breite wird eine quadratische Pyramide ohne Überlappung beklebt.
→ Wie hoch ist diese Pyramide? Wer nicht rechnen will, kann auch ein Modell bauen.

Pyramiden mit einem regelmäßigen Fünfeck, Sechseck usw. als Grundfläche bezeichnen wir kurz als Fünfecks-, Sechseckspyramiden usw.

Eine Pyramide wird von einem Vieleck als **Grundfläche** und einem Mantel begrenzt. Die **Mantelfläche** besteht aus so vielen Dreiecken, wie die Grundfläche Seiten bzw. Ecken hat. Ist das Vieleck der Grundfläche regelmäßig, dann sind alle Manteldreiecke gleichschenklig.

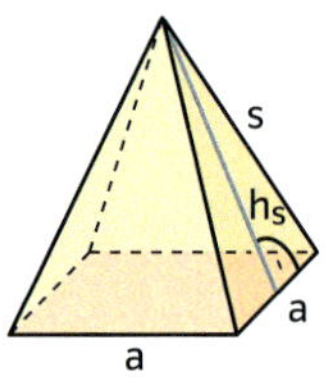

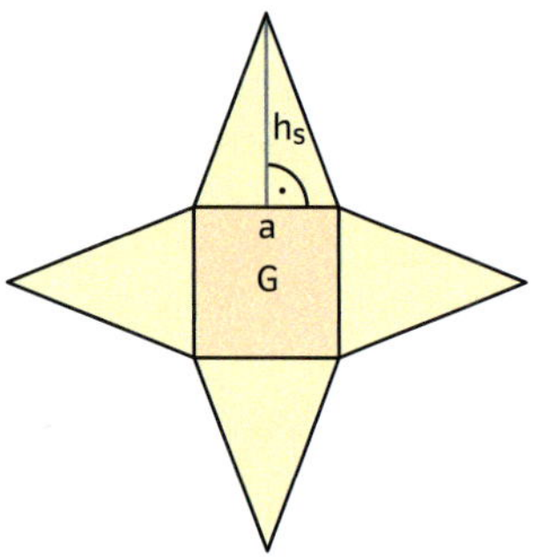

Die **Oberfläche** der Pyramide **O** setzt sich aus den Flächeninhalten der Grundfläche **G** und der Mantelfläche **M** zusammen.
Für die Mantelfläche der quadratischen Pyramide gilt:

$M = 4 \cdot A_\Delta$ also $M = 4 \cdot \frac{a \cdot h_s}{2}$

$M = 2 \cdot a \cdot h_s$

Für die Oberfläche gilt:

$O = G + M$ $\quad O = a^2 + 2 \cdot a \cdot h_s$

Die **Oberfläche einer Pyramide** ist die Summe der Flächeninhalte von Grund- und Mantelfläche.
$O = G + M$

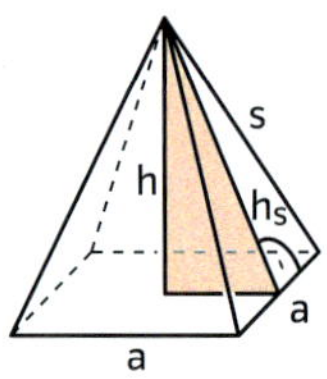

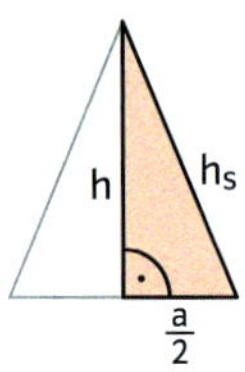

Bemerkung

Bei Berechnungen an Pyramiden muss man die Pyramidenhöhe h und die Höhe eines Manteldreiecks h_s über der Grundkante a unterscheiden.
Die Seitenkante einer Pyramide wird mit s bezeichnet.

Beispiele

a) Aus der Länge der Grundkante $a = 5{,}0\,\text{cm}$ und der Pyramidenhöhe $h = 6{,}0\,\text{cm}$ wird die Oberfläche der quadratischen Pyramide berechnet.

$O = a^2 + 2ah_s$

Satz des Pythagoras: $h_s^2 = h^2 + \left(\frac{a}{2}\right)^2$

$h_s = \sqrt{6{,}0^2 + 2{,}5^2}$

$h_s = 6{,}50\,\text{cm}$

$O = 5^2 + 2 \cdot 5 \cdot 6{,}50$

$O = 90{,}0\,\text{cm}^2$

b) Aus der Oberfläche $O = 138{,}0\,\text{cm}^2$ und der Höhe des Manteldreiecks $h_s = 8{,}5\,\text{cm}$ wird die Grundkante a einer Pyramide berechnet.

$O = a^2 + 2ah_s$

$138{,}0 = a^2 + 2a \cdot 8{,}5$

gemischt quadratische Gleichung:

$a^2 + 17a - 138{,}0 = 0$

$a_{1,2} = -8{,}5 \pm \sqrt{8{,}5^2 + 138{,}0}$

$a_1 = 6{,}0\,\text{cm}$ $\quad a_2 = -23{,}0\,\text{cm}$

Das negative Ergebnis ist geometrisch nicht sinnvoll.
Die Länge der Grundkante beträgt 6,0 cm.

c) Das Dreieck zeigt eine Seitenfläche einer regelmäßigen Sechseckspyramide.

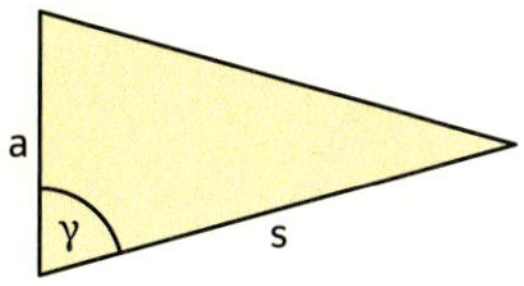

Aus der Länge der Grundkante $a = 7{,}0\,\text{cm}$ und dem Winkel $\gamma = 75°$ zwischen der Grundkante a und der Seitenkante s wird die Oberfläche der Pyramide berechnet.

Die Zwischenergebnisse sind mit einer **zusätzlichen Dezimalen** angegeben. Das Endergebnis wird auf eine sinnvolle Stellenzahl gerundet.

Berechnung von h_s:

$\tan\gamma = \frac{h_s}{\frac{a}{2}}$

$h_s = \frac{a}{2}\tan\gamma$

$h_s = 3{,}5 \cdot \tan 75°$

$h_s = 13{,}06\,\text{cm}$

Berechnung von h_a:

$h_a^2 = a^2 - \left(\frac{a}{2}\right)^2$

$h_a = \sqrt{7{,}0^2 - 3{,}5^2}$

$h_a = 6{,}06\,\text{cm}$

Berechnung von M:

$M = 6 \cdot \frac{a \cdot h_s}{2}$

$M = 3 \cdot 7{,}0 \cdot 13{,}06$

$M = 274{,}26\,\text{cm}^2$

Berechnung von G:

$G = 6 \cdot \frac{a \cdot h_a}{2}$

$G = 3 \cdot 7{,}0 \cdot 6{,}06$

$G = 127{,}26\,\text{cm}^2$

Berechnung von O:

$O = G + M$

$O = 401{,}5\,\text{cm}^2$

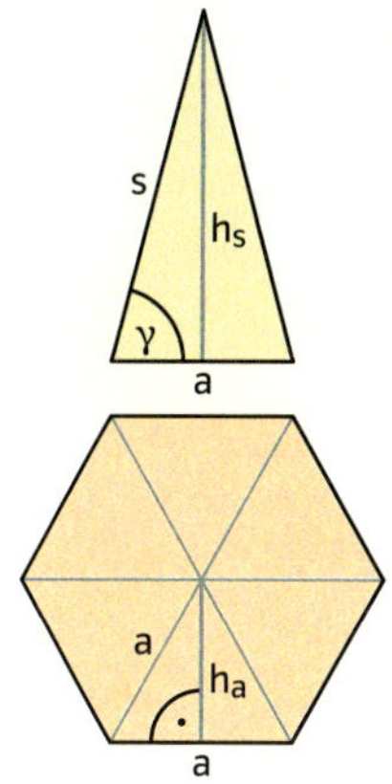

Aufgaben

1 Zeichne das Schrägbild einer quadratischen Pyramide mit $a = 4\,\text{cm}$ und $h = 7\,\text{cm}$. Die Abbildungen auf dem Rand zeigen dir die notwendigen Schritte.

2 Für Berechnungen an quadratischen Pyramiden benötigt man oft rechtwinklige Dreiecke.

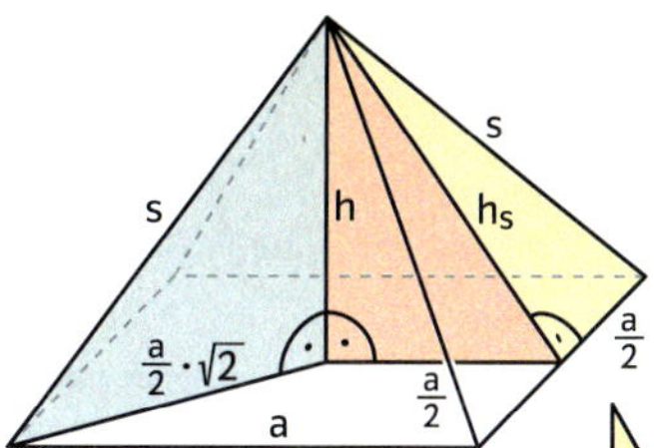

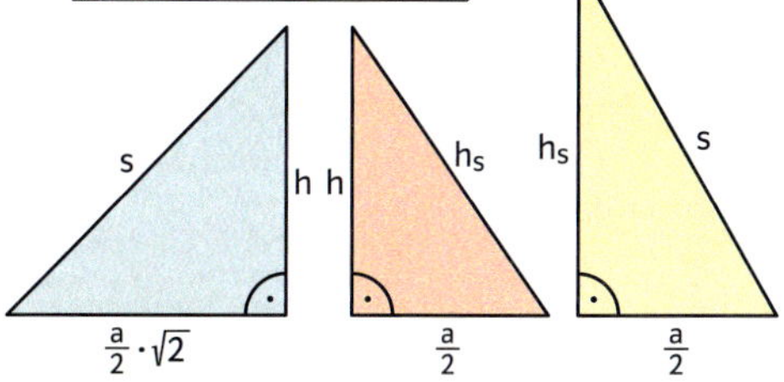

halber Diagonalschnitt — halber Parallelschnitt — halbe Seitenfläche

Fertige das Modell einer quadratischen Pyramide an, das die halbe Seitenfläche, die halbe Parallelschnittfläche und die halbe Diagonalschnittfläche zeigt.

3 Berechne die fehlenden Größen der quadratischen Pyramide. (Maße in cm)

	a	s	h	h_s	M	O
a)	7			9		
b)	5,9			8,4		
c)	7,8	9,5				
d)	6,2		8,5			
e)			1,1	1,3		
f)		9,9	7,5			

4 Gegeben ist eine quadratische Pyramide.
a) Berechne a, h und s aus $M = 75{,}8\,\text{cm}^2$ und $h_s = 9{,}2\,\text{cm}$.
b) Berechne h_s, h und s aus $O = 456{,}5\,\text{cm}^2$ und $a = 9{,}8\,\text{cm}$.
c) Berechne a, h_s und s aus $M = 233{,}5\,\text{cm}^2$ und $O = 333{,}5\,\text{cm}^2$.

5 a) Die Seitenflächen einer quadratischen Pyramide sind gleichseitige Dreiecke mit der Seitenlänge 7,5 cm. Berechne O.
b) Die Parallelschnittfläche einer quadratischen Pyramide ist ein rechtwinklig gleichschenkliges Dreieck mit der Kathetenlänge 12,8 cm. Wie groß ist die Oberfläche der Pyramide?

! *Schrägbild zeichnen:*

1. Grundfläche

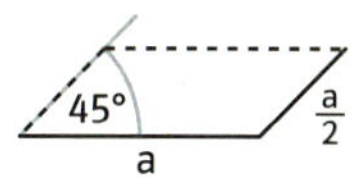

2. Körperhöhe

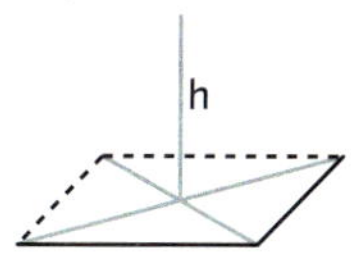

3. Seitenflächen

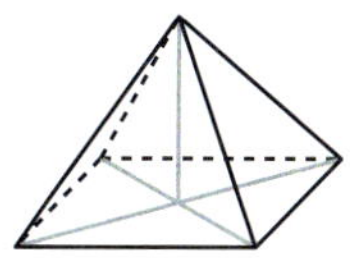

6 Vier gleichseitige Dreiecke bilden den Mantel einer quadratischen Pyramide mit der Kantenlänge 10 cm.

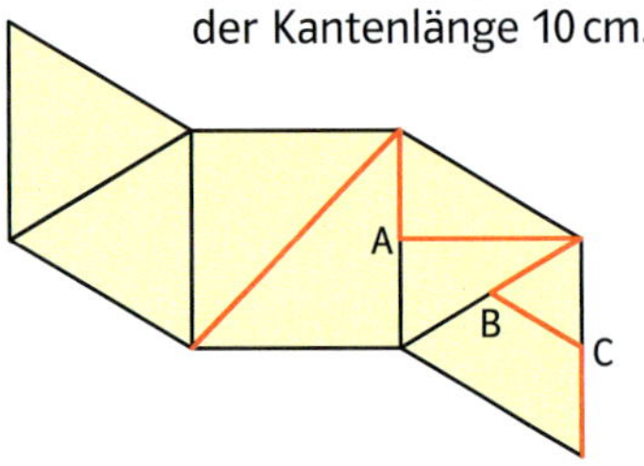

a) Berechne die Länge des eingezeichneten Streckenzuges. A, B, C sind Kantenmitten.
b) Zeichne das Schrägbild der Pyramide und trage den Streckenzug ein.

7 In einer quadratischen Pyramide lassen sich unterschiedliche Winkel finden.

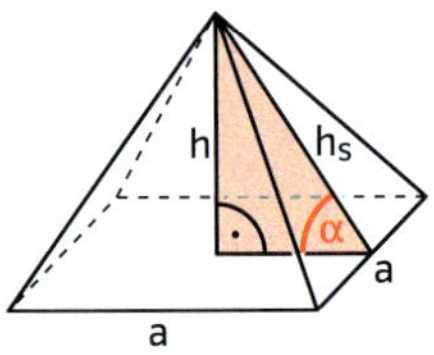

α... Winkel zwischen Seitenfläche und Grundfläche

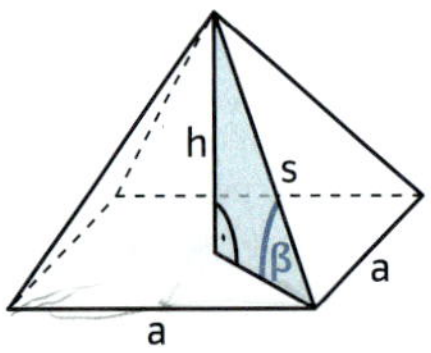

β... Winkel zwischen Seitenkante und Grundfläche

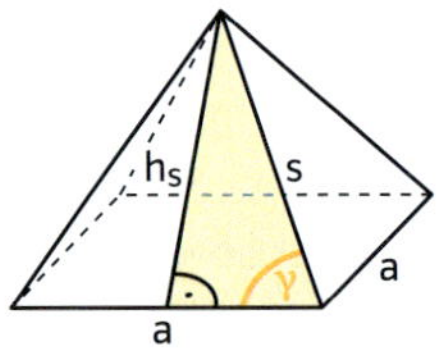

γ... Winkel zwischen Seitenkante und Grundkante

a) Berechne die drei Winkel für $a = 6{,}0\,cm$ und $h = 8{,}0\,cm$.
b) Wie groß ist die Mantelfläche für $a = 25{,}0\,cm$ und $\alpha = 58{,}4°$?
c) Berechne die Oberfläche für $s = 27{,}5\,cm$ und $\beta = 78{,}3°$.

8 Der Flächeninhalt eines pyramidenförmigen Daches über einer quadratischen Grundfläche beträgt $12{,}5\,m^2$. Die Grundkante ist 1,5 m lang. Berechne die Höhe des Daches und die Dachneigung.

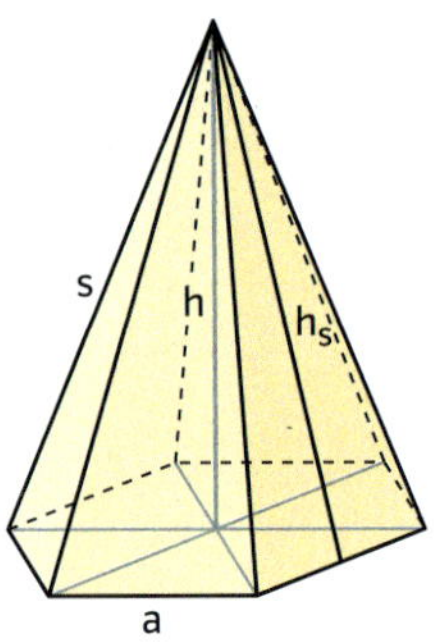

9 Berechne die fehlenden Größen der Sechseckspyramide. (Maße in cm)

	a	s	h	h_s	M	O
a)	8			12		
b)	6,5		7,5			
c)	23,4	36,2				
d)			70	75		
e)		28,4		25,2		

10 Eine Fünfeckspyramide hat die Grundkantenlänge $a = 4{,}0\,cm$ und die Mantelfläche $M = 45{,}5\,cm^2$.

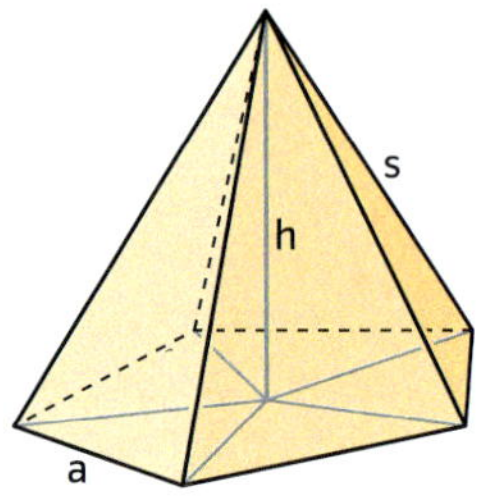

a) Zeichne das Netz der Pyramide.
b) Berechne die Oberfläche.

11 Berechne den Flächeninhalt und die Winkel eines Manteldreiecks einer 12,0 cm hohen Neuneckspyramide mit einer Grundkantenlänge von 3,0 cm.

12 Eine Zwölfeckspyramide mit einer Grundkante von 2 cm und einer Höhe von 14 cm wurde wie abgebildet halbiert. Um wie viel Prozent verringerte sich dabei die Oberfläche?

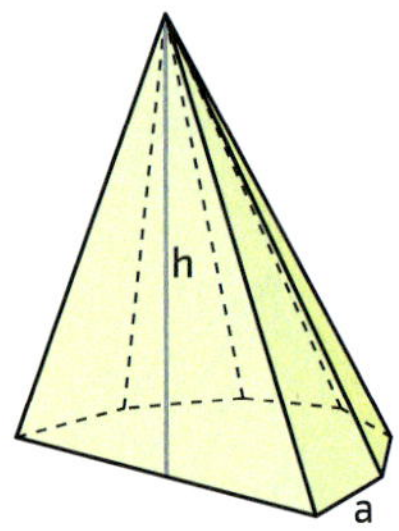

13 Stelle Formeln für Mantel und Oberfläche der quadratischen Pyramide in Abhängigkeit von e auf.
a) $a = 5e$ und $h_s = 8e$
b) $G = 100e^2$ und $h_s = 15e$
c) Seitenfläche

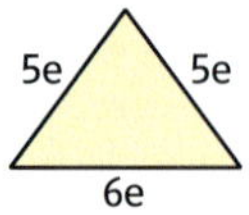

d) Parallelschnittfläche

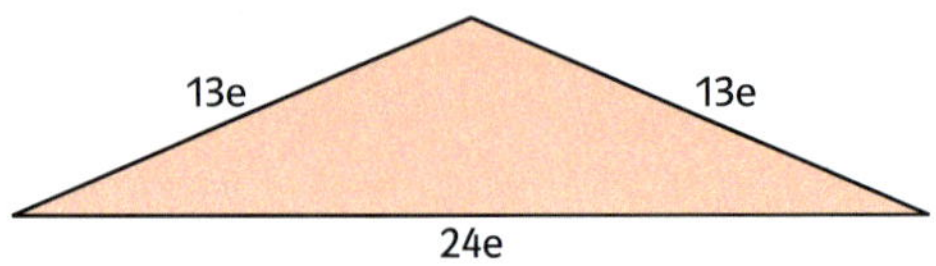

3 Pyramide. Volumen

Eine Pyramide wird in Quader mit verschiedenen Höhen gestellt.
Alle Körper haben die gleiche Grundfläche.
→ Welcher Quader hat das gleiche Volumen wie die Pyramide? Schätze.

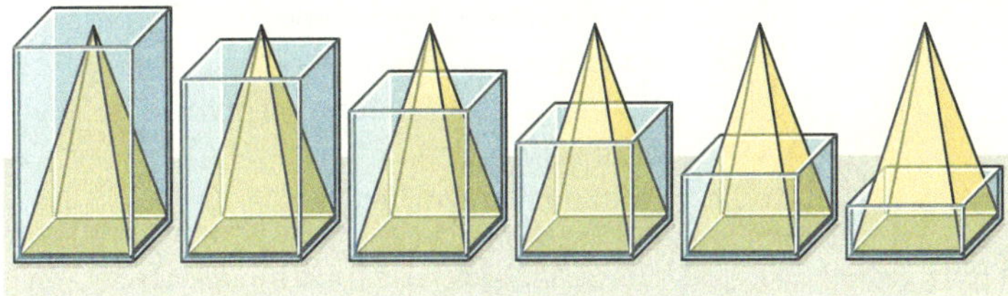

Ein Würfel hat die Kantenlänge a. Er wird in sechs volumengleiche quadratische Pyramiden geteilt.
Das Volumen einer solchen Pyramide ist also gleich dem sechsten Teil des Würfelvolumens.

$V_P = \frac{1}{6} \cdot V_W = \frac{1}{6} \cdot a^3$

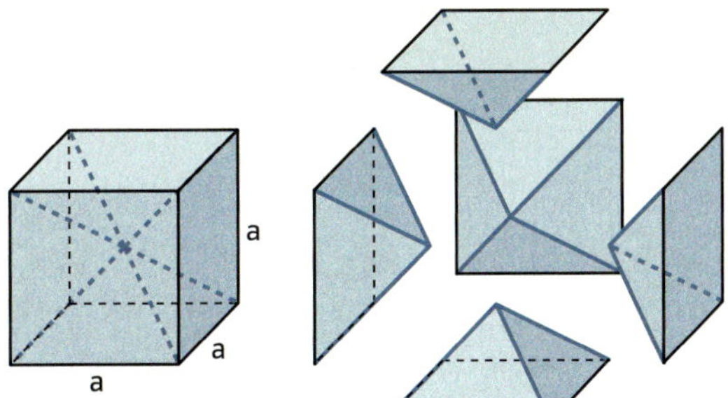

Zum Vergleich betrachten wir ein Quadratprisma mit der Grundkantenlänge a und der Körperhöhe $h = \frac{a}{2}$.
Es besitzt das halbe Würfelvolumen.

$V_Q = a^2 \cdot \frac{a}{2} = \frac{1}{2} \cdot a^3$

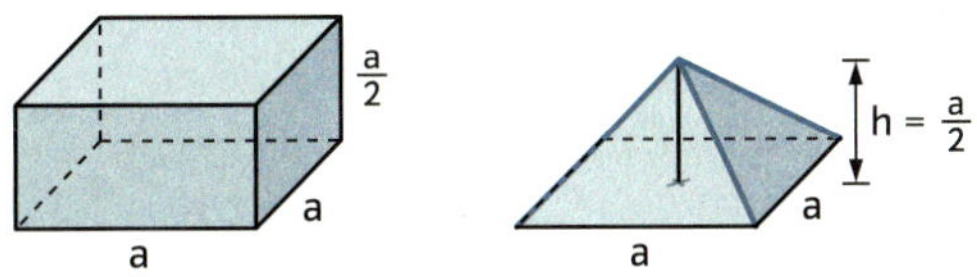

Das Volumen einer Pyramide mit der Grundkantenlänge a und der Höhe $h = \frac{a}{2}$ ist also gleich dem dritten Teil des Quadervolumens.

$V_P = \frac{1}{3} \cdot V_Q = \frac{1}{3} \cdot a^2 \cdot \frac{a}{2} = \frac{1}{3} \cdot G \cdot h$

Mithilfe weiter gehender Überlegungen kann man zeigen, dass auch Pyramiden mit anderen Grundflächen ein Drittel des Volumens der entsprechenden Prismen besitzen.

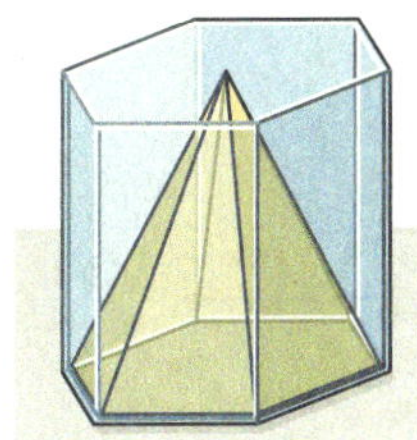

Für das **Volumen einer Pyramide** mit der Grundfläche G und der Pyramidenhöhe h gilt:
$\mathbf{V = \frac{1}{3} G h}$

Beispiele

a) Aus der Länge der Grundkante $a = 8\,cm$ und der Pyramidenhöhe $h = 12\,cm$ wird das Volumen einer quadratischen Pyramide berechnet.

$V = \frac{1}{3} G h$

$V = \frac{1}{3} \cdot 8^2 \cdot 12$

$V = 256\,cm^3$

b) Aus dem Volumen $V = 180\,cm^3$ und der Pyramidenhöhe $h = 15\,cm$ wird die Länge der Grundkante einer quadratischen Pyramide berechnet.

$V = \frac{1}{3} a^2 h$

$a = \sqrt{\frac{3V}{h}} = \sqrt{\frac{3 \cdot 180}{15}}$

$a = 6\,cm$

Aufgaben

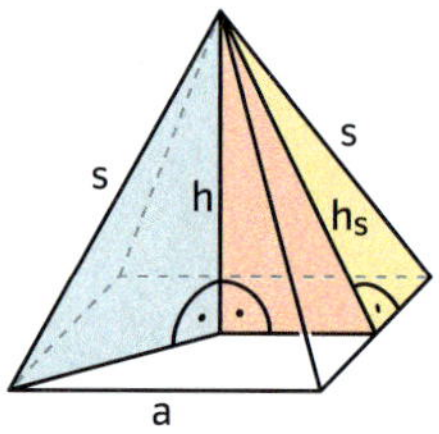

1 Berechne die fehlenden Größen der quadratischen Pyramide.
Du musst verschiedene rechtwinklige Dreiecke verwenden.
(Maße in cm/cm²/cm³)

	a	s	h	h_s	G	V
a)	15		24			
b)			32,4		155,8	
c)	9,2			17,5		
d)			7,8	9,4		
e)	8,5	9,5				
f)		92,2	62,5			
g)	9,5					882,4
h)			15,8			580

2 Berechne das Volumen der quadratischen Pyramide.
a) $M = 135{,}8\,cm^2$
$a = 9{,}5\,cm$
b) $M = 420{,}4\,m^2$
$h_s = 12{,}5\,m$
c) $O = 885\,cm^2$
$a = 15\,cm$
d) $O = 235{,}4\,cm^2$
$a = 8{,}2\,cm$

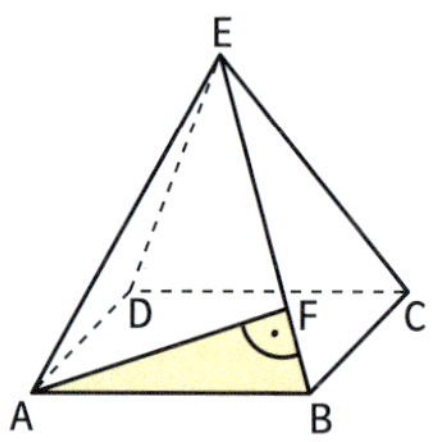

3 Von der abgebildeten quadratischen Pyramide sind die Strecken $\overline{AF} = 7{,}2\,cm$ und $\overline{BF} = 2{,}4\,cm$ bekannt.
Der Punkt F teilt die Seitenkante $\overline{BE}$ im Verhältnis 3 : 1.
Berechne das Volumen der Pyramide.

4 Berechne jeweils Volumen und Oberfläche der quadratischen Pyramide.
a) Ein gleichseitiges Dreieck mit der Seitenlänge 7,5 cm ist Parallelschnittfläche.
b) Ein rechtwinklig gleichschenkliges Dreieck mit der Hypotenusenlänge 12,4 cm ist Diagonalschnittfläche.
c) Ein gleichschenkliges Dreieck mit der Schenkellänge 17,8 cm und der Basislänge 9,2 cm ist Seitenfläche.

5 Alle Kanten einer quadratischen Pyramide sind 10 cm lang.
a) Welche Kantenlänge hat ein volumengleicher Würfel?
b) Um wie viel Prozent unterscheiden sich die Oberflächen von Pyramide und Würfel?

6 Das Volumen einer quadratischen Pyramide beträgt 75,7 cm³. Sie besitzt eine Höhe von 8,4 cm.

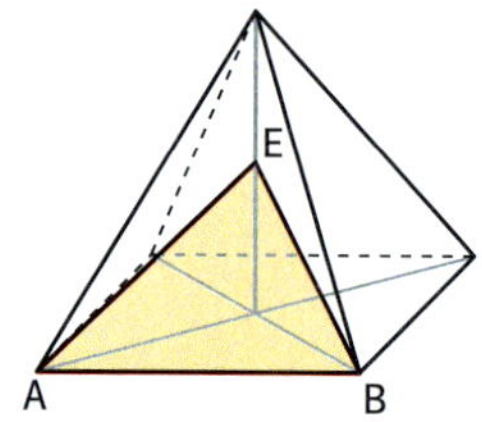

Der Punkt E halbiert die Höhe. Berechne den Flächeninhalt des Dreiecks ABE.

7 Die Grundkante einer quadratischen Pyramide beträgt $a = 5{,}2\,cm$, ihr Volumen $V = 86{,}5\,cm^3$. Berechne die Oberfläche O und den Winkel γ zwischen Seitenkante und Grundkante.

8 Berechne Volumen und Oberfläche der quadratischen Pyramide und den Winkel α bzw. β.

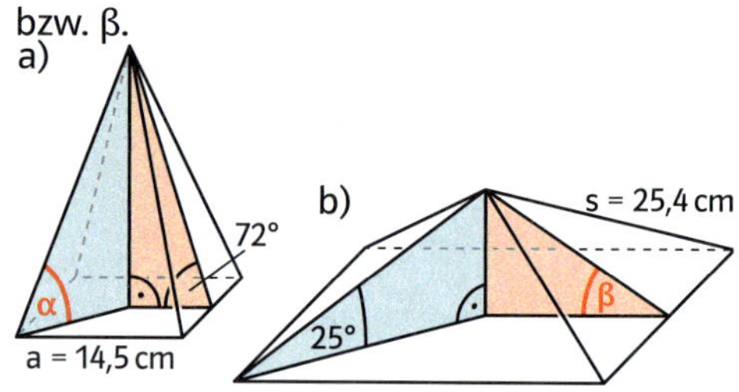

9 Das Volumen der quadratischen Pyramide beträgt 21,6 cm³ und ihre Grundkante ist 3,4 cm lang. Die Punkte E und F halbieren die Seitenkanten und der Punkt G die Grundkante.

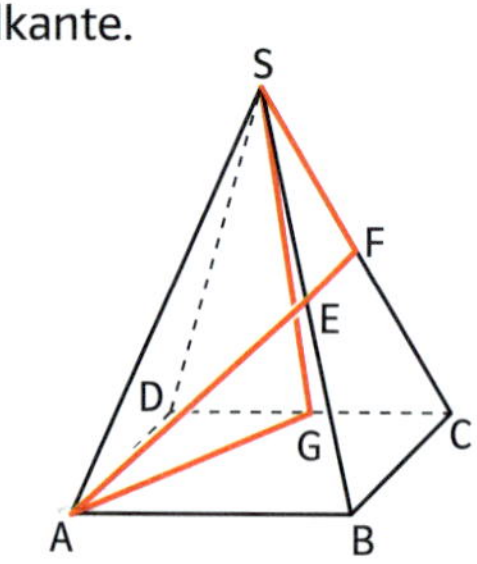

a) Berechne die Oberfläche der Pyramide.
b) Zeichne das Pyramidennetz.
c) Berechne die Länge des Streckenzuges

10 Berechne das Volumen der Sechseckspyramide.

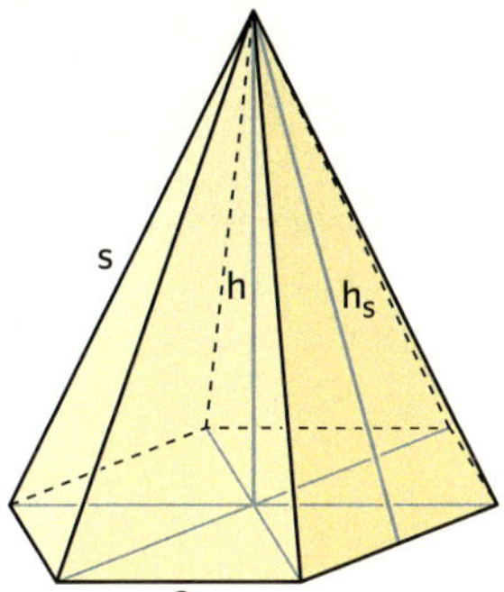

a) $a = 15\,cm$
$h = 25\,cm$

b) $a = 7{,}9\,cm$
$s = 12{,}6\,cm$

c) $h = 39{,}5\,cm$
$s = 46{,}7\,cm$

d) $a = 5{,}5\,cm$
$h_s = 9{,}2\,cm$

11 Berechne die Höhe h bzw. die Grundkante a der Sechseckspyramide.

a) $V = 1050\,cm^3$
$a = 9\,cm$

b) $V = 3\,dm^3$
$h = 18\,cm$

12 Die Abbildung zeigt die Diagonalschnittfläche einer regelmäßigen Achteckspyramide. Berechne das Volumen der Pyramide.

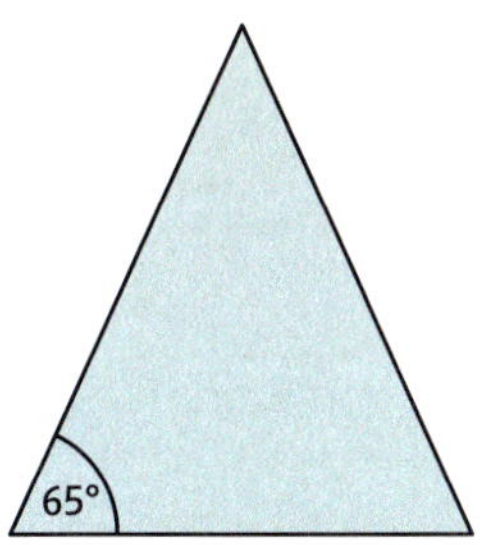

13 Die größte ägyptische Pyramide ist die Cheopspyramide. Sie hat eine quadratische Grundfläche mit einer Kantenlänge von ursprünglich 230 m und eine Höhe von 146 m. Napoleon behauptete nach einem Besuch der Pyramiden, dass man aus den Steinen der Cheopspyramide eine Mauer um ganz Frankreich errichten könnte.
Wie breit und wie hoch könnte eine solche Mauer sein? Die Grenzlinie um Frankreich ist etwa 3800 km lang.

14 Eine Pyramide wird in halber Höhe parallel zur Grundfläche abgeschnitten. Um wie viel Prozent verringert sich ihr Volumen?

15 Das Volumen und die Oberfläche der quadratischen Pyramiden sollen in Abhängigkeit von e ausgedrückt werden.

a)

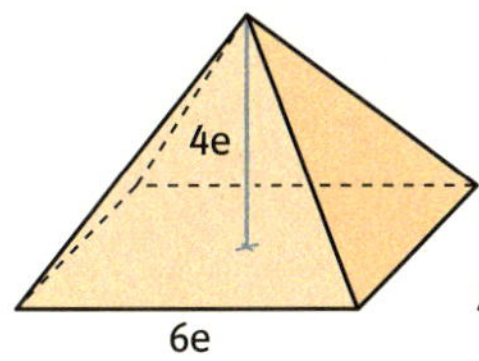

b)

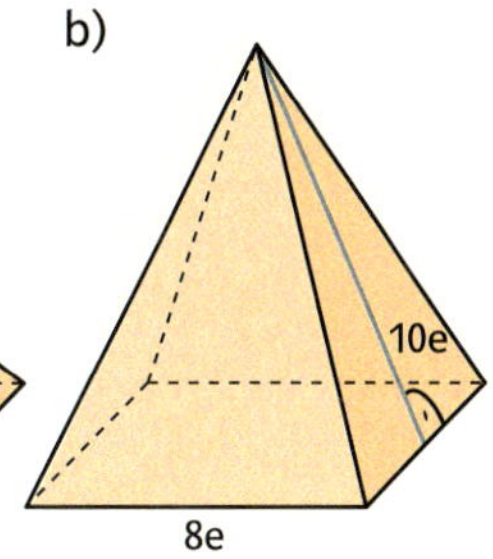

c)

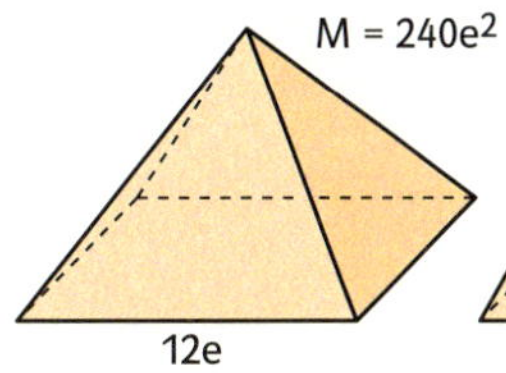

d)

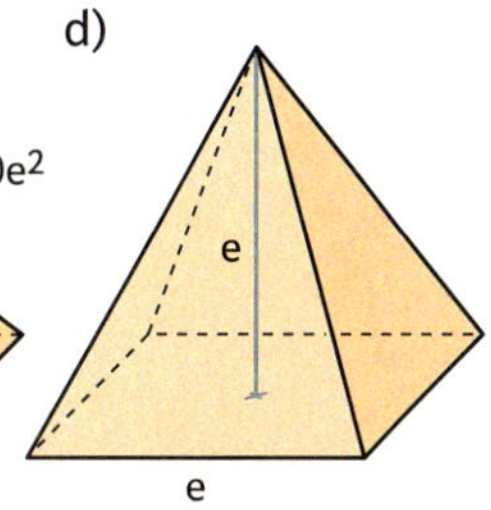

16 Alle Kanten einer quadratischen Pyramide haben die Länge e.
Vervollständige die Tabelle.
Wie verändern sich die berechneten Größen?

	O	M	h_s	h	V	α
a)	e^2					
b)	$2\,e^2$					
c)	$4\,e^2$					
d)	$8\,e^2$					

17 Eine Sechseckspyramide hat die Grundkante $a = 6\,e$.
a) Stelle eine Formel für das Volumen in Abhängigkeit von e auf, wenn Grundkante und Körperhöhe gleich groß sind.
b) Wie hoch ist die Pyramide, wenn ihr Volumen $V = 162\,e^3$ beträgt? Wie lang ist die Seitenkante s dieser Pyramide?

4 Kegel. Oberfläche

→ Stellt verschieden große Tüten her.
→ Schneidet dazu Papierkreise mit einem Radius von 10 cm vom Rand bis zum Mittelpunkt geradlinig ein.
→ Markiert mit einem Farbstift die Grenze der Überlappung. Nun könnt ihr die verschiedenen Kegelmäntel betrachten.

Ein Kegel wird von einem Kreis als **Grundfläche** und einem Mantel begrenzt. Wird die **Mantelfläche** des Kegels in die Ebene ausgerollt, erhält man einen Kreisausschnitt.

! *Der Flächeninhalt eines Kreisausschnitts verhält sich zum Flächeninhalt des gesamtes Kreises wie seine Bogenlänge zum Umfang des ganzen Kreises.*
$\frac{A_S}{A} = \frac{b}{u}$
$\frac{A_S}{\pi r^2} = \frac{b}{2\pi r}$
Somit ergibt sich:
$A_S = \frac{b \cdot r}{2}$

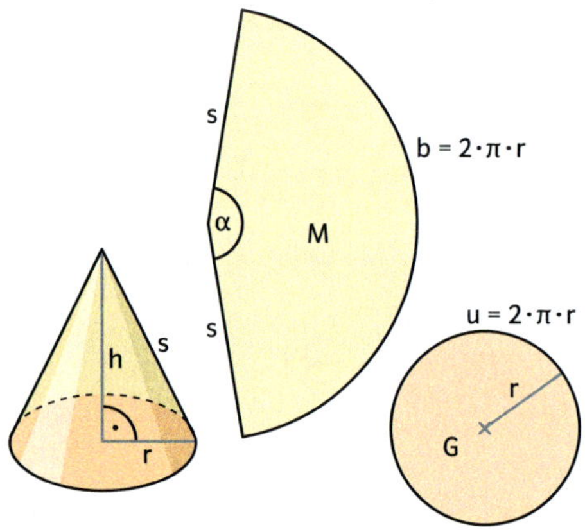

Für den Flächeninhalt des Grundkreises **G** gilt:
$G = \pi \cdot r^2$
Die **Mantellinie s** ist der Radius des Kegelmantels. Seine **Bogenlänge b** ist gleich dem Umfang des Grundkreises.
$b = 2 \cdot \pi \cdot r$
Somit erhält man für den Flächeninhalt der Mantelfläche **M**:
$M = \frac{b \cdot s}{2}$
$M = \frac{2 \cdot \pi \cdot r \cdot s}{2}$
$M = \pi \cdot r \cdot s$

Die **Oberfläche** des Kegels **O** setzt sich aus dem Grundkreis und der Mantelfläche zusammen. Also ergibt sich:
$O = G + M$ $\quad$ $O = \pi \cdot r^2 + \pi \cdot r \cdot s$

Die **Oberfläche eines Kegels** ist die Summe der Flächeninhalte von Grund- und Mantelfläche.
$\mathbf{O = \pi \cdot r^2 + \pi \cdot r \cdot s}$

Beispiele

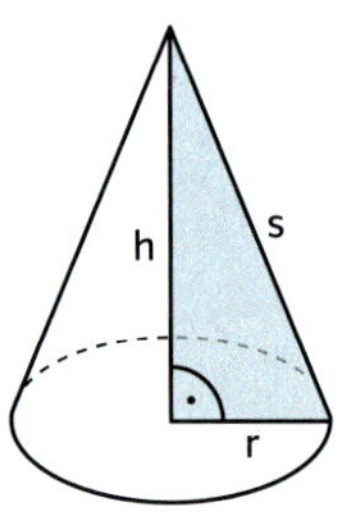

a) Aus dem Radius des Grundkreises $r = 5{,}4\,cm$ und der Kegelhöhe $h = 7{,}2\,cm$ wird die Mantellinie s und die Oberfläche O berechnet.
$O = \pi r^2 + \pi r s$
Satz des Pythagoras: $s^2 = h^2 + r^2$
$s = \sqrt{7{,}2^2 + 5{,}4^2}$
$s = 9{,}00\,cm$
$O = \pi \cdot 5{,}4^2 + \pi \cdot 5{,}4 \cdot 9{,}00$
$O = 244{,}3\,cm^2$

b) Aus der Oberfläche $O = 1388{,}6\,cm^2$ und dem Grundkreisradius $r = 13{,}0\,cm$ wird die Mantellinie s eines Kegels berechnet.
$O = \pi r^2 + \pi r s$
$O - \pi r^2 = \pi r s$
$s = \frac{O - \pi r^2}{\pi r}$
$s = \frac{1388{,}6 - \pi \cdot 13{,}0^2}{\pi \cdot 13{,}0}$
$s = 21{,}0\,cm$

Aufgaben

1 a) Stelle drei Kegel her. Der Mantel soll ein Viertelkreis, ein Halbkreis bzw. ein Dreiviertelkreis mit einem Radius von jeweils 10 cm sein. Bestimme die Radien der Grundkreise durch Messung.
b) Der Mittelpunktswinkel des Kegelmantels verhält sich zu 360° wie die Mantelfläche zur Fläche des gesamten Kreises.
$\frac{\alpha}{360°} = \frac{\pi \cdot r \cdot s}{\pi \cdot s^2}$ also $\frac{\alpha}{360°} = \frac{r}{s}$
Mit dieser Gleichung kannst du deine Messergebnisse bestätigen.

2 Zeichne das Schrägbild eines Kegels. Die Abbildungen auf dem Rand zeigen dir die notwendigen Schritte.
a) r = 3,0 cm
h = 8,0 cm
b) r = 6,0 cm
h = 4,0 cm

3 Berechne die fehlenden Größen des Kegels. (Maße in cm/cm²)

	r	s	h	M	O
a)	5	8			
b)	3,6	6,5			
c)	6		8		
d)		29	21		
e)	6			227	
f)	4,0				163,5

4 Berechne die Mantel- und Oberfläche der Kegel (Maße in cm). Was fällt dir auf?

a)

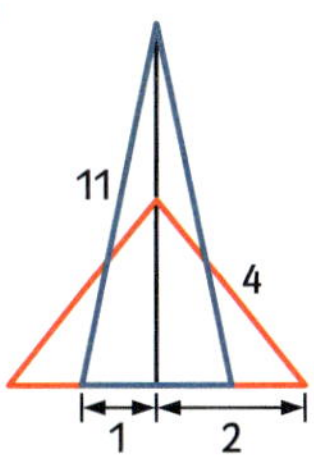

b)

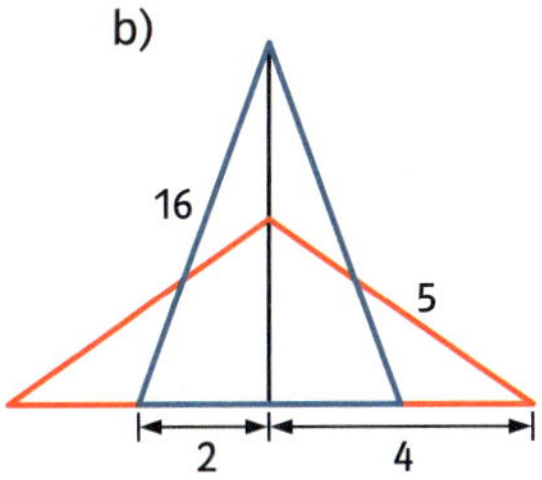

5 Der Mantel eines Kegels ist ein Kreisausschnitt mit r = 5 cm und α = 240°. Mit welchem Faktor muss man den Radius des Kreisausschnitts vergrößern, damit ein Kegelmantel mit doppeltem Flächeninhalt entsteht? Stelle beide Kegel her.

6 Um wie viel Prozent unterscheiden sich die Oberflächen der beiden Körper?

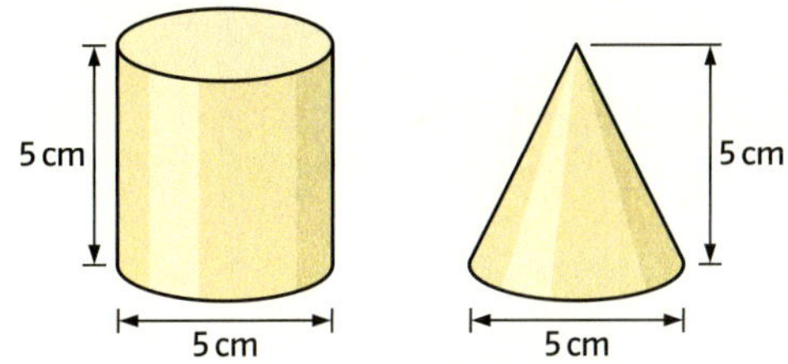

7 Die Abbildung zeigt den Achsenschnitt eines Kegels. Berechne die Mantelfläche.

8 In welchem Verhältnis stehen Radius und Mantellinie des Kegels, dessen Mantelfläche
a) doppelt so groß wie die Grundkreisfläche ist?
b) gleich der Grundkreisfläche ist?

9 Gegeben ist der Achsenschnitt eines Kegels. Gib M und O abhängig von e an.

a)

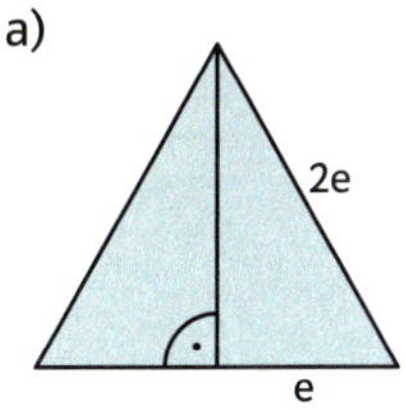

b)

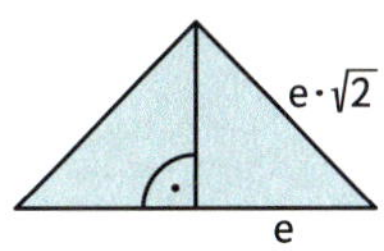

c)

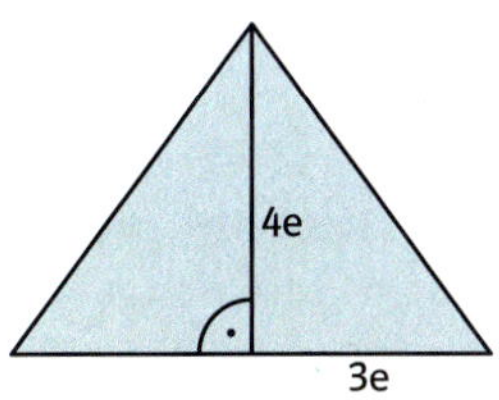

d)

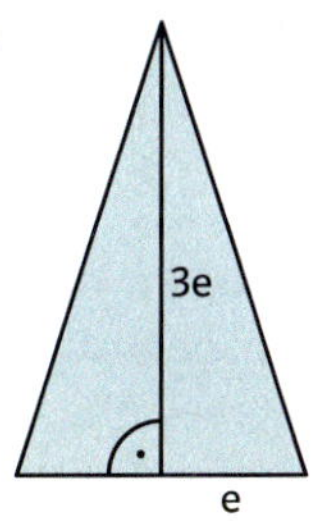

10 Kegelförmige Eistüten haben am oberen Rand einen Durchmesser von 4 cm und sind 12 cm hoch. Wie viel Teig braucht man für 100 Eistüten mit je 2 mm Dicke?

! Schrägbild zeichnen:
1. Grundfläche

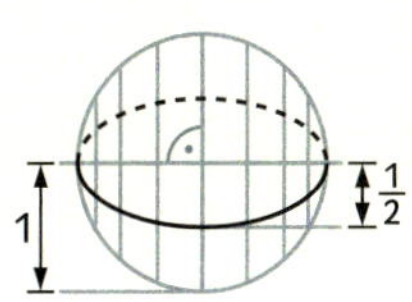

2. Körperhöhe

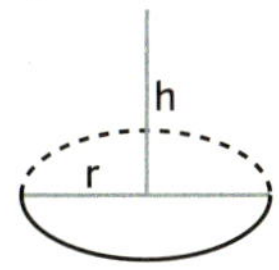

3. Mantel

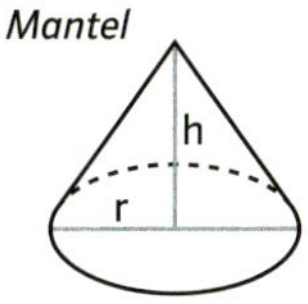

? Wie oft dreht sich der Kegel um seine Achse, bis er wieder in seine Ausgangslage zurückkehrt?

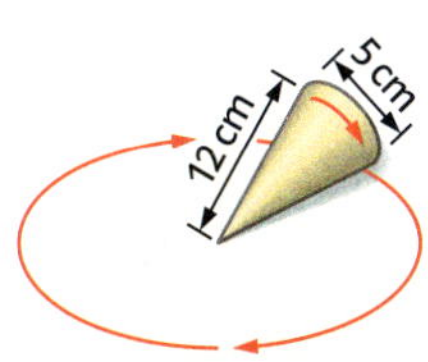

5 Kegel. Volumen

Die beiden Füllkörper haben die gleichen Radien und Körperhöhen.
→ Gieße das Wasser aus dem vollständig gefüllten Kreiskegel in den Zylinder.
→ Wie oft kannst du den Versuch wiederholen, bis auch im Zylinder das Wasser bis zum oberen Rand steht?
→ Schätze zunächst.

Die Abbildung zeigt eine Reihe von Pyramiden mit regelmäßigen Vielecken als Grundflächen. Für das Volumen der Pyramiden gilt jeweils: $V = \frac{1}{3} \cdot G \cdot h$.

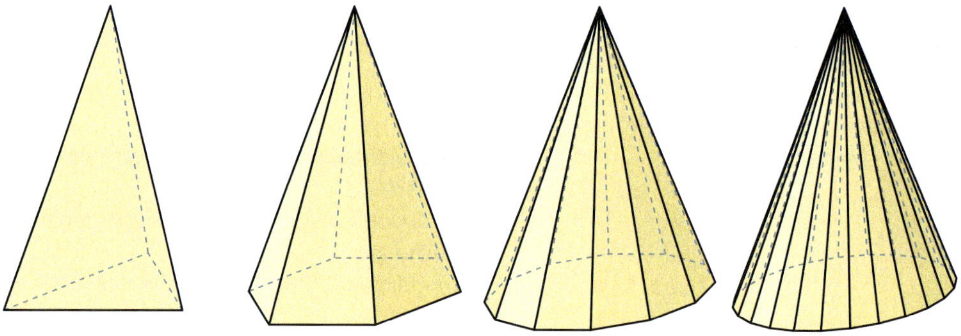

Mit zunehmender Eckenzahl der Grundfläche kommen die Pyramiden einem Kegel immer näher. Der Kegel kann also als Grenzfall einer Pyramide angesehen werden.
Tatsächlich kann das Volumen eines Kegels nach dem gleichen Prinzip wie das Volumen einer Pyramide berechnet werden:

$$V = \frac{1}{3} \cdot G \cdot h$$
$$V = \frac{1}{3} \cdot \pi \cdot r^2 \cdot h$$

Für das **Volumen eines Kegels** mit dem Grundkreisradius r und der Kegelhöhe h gilt:
$\mathbf{V = \frac{1}{3}\pi r^2 h}$

Beispiele

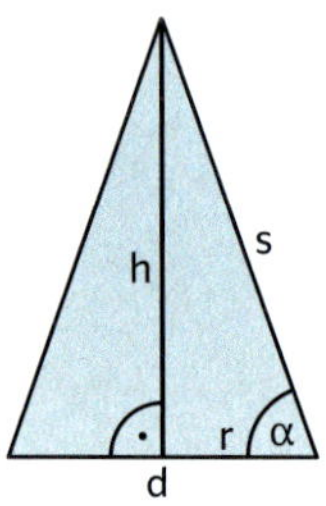

a) Aus dem Volumen $V = 148{,}0\,cm^3$ und der Kegelhöhe $h = 13{,}8\,cm$ wird der Radius r des Grundkreises berechnet.

$V = \frac{1}{3}\pi r^2 h$

$r = \sqrt{\frac{3V}{\pi h}}$

$r = \sqrt{\frac{3 \cdot 148{,}0}{\pi \cdot 13{,}8}}$

$r = 3{,}2\,cm$

b) Aus dem Winkel $\alpha = 70°$ zwischen dem Radius r und der Mantellinie s sowie der Kegelhöhe $h = 6{,}4\,cm$ wird das Volumen V berechnet.

$\tan\alpha = \frac{h}{r}$

$r = \frac{h}{\tan\alpha} = \frac{6{,}4}{\tan 70°}$

$r = 2{,}33\,cm$

$V = \frac{1}{3}\pi r^2 h$

$V = \frac{1}{3} \cdot \pi \cdot 2{,}33^2 \cdot 6{,}4$

$V = 36{,}4\,cm^3$

Aufgaben

1 Berechne die fehlenden Größen des Kegels. (Maße in $cm/cm^2/cm^3$)

	r	h	s	O	V
a)	3	8			
b)	4,5	11,0			
c)	2,0				22,0
d)		8,0			253,4
e)	5		13		
f)		35	37		
g)	5			200	
h)			24,0	1092	

2 Das Volumen eines Kegels beträgt $89{,}8\,cm^3$ und seine Höhe 7,0 cm. Zeichne das Netz des Kegels.

3 Ein Zylinder und ein Kegel besitzen das gleiche Volumen. Der Zylinder hat einen Radius von 3,4 cm und eine Höhe von 12,6 cm. Der Kegel ist nur halb so hoch wie der Zylinder. Berechne die Mantelfläche des Kegels.

4 Der Umfang des Grundkreises eines Kegels beträgt 18,8 cm. Seine Mantellinie ist 8,5 cm lang. Aus dem Kegel wurde ein Stück herausgeschnitten. Berechne Volumen und Oberfläche des Restkörpers.

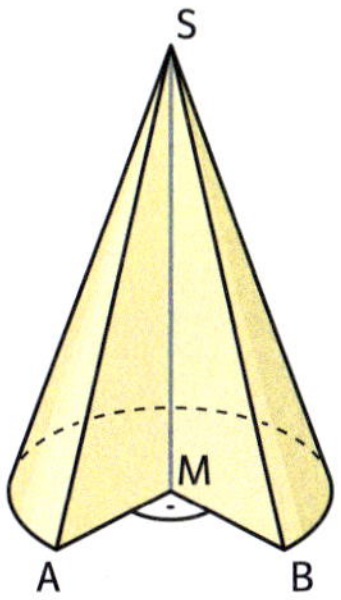

5 Berechne Volumen und Oberfläche.
a) Der Achsenschnitt des Kegels ist ein gleichseitiges Dreieck mit einem Flächeninhalt von $84{,}9\,cm^2$.
b) Der Achsenschnitt des Kegels ist ein gleichschenkliges Dreieck. Die Basis ist 22 cm lang, die Basiswinkel betragen 62°.

6 Der schwerste Baum der Erde ist ein Mammutbaum in einem kalifornischen Nationalpark. Er hat eine Höhe von 83,8 m und in Bodennähe einen Umfang von 24,4 m. Die Dichte des Holzes beträgt etwa $300\,\frac{kg}{m^3}$.
Berechne die Masse des Stammes.
Warum ist zu erwarten, dass die tatsächliche Masse von deinem Ergebnis erheblich abweicht?

7 Von einem Förderband fällt Sand auf einen Haufen. Dieser Haufen hat immer die Form eines Kreiskegels mit $h = 1{,}2 \cdot r$. Fünf Minuten nach dem Start des Förderbandes ist der Haufen einen Meter hoch. Wie lange dauert es noch, bis der Haufen zwei Meter hoch ist?

8 Der kegelförmige Kelch eines Sektglases ist 12 cm hoch und hat einen oberen Innendurchmesser von 7 cm.
a) In welchem Abstand vom oberen Rand muss der Eichstrich für 0,1 l angebracht werden?
b) Wie viel Prozent weniger Flüssigkeit ist im Glas, wenn es nur bis 1 cm unter den Eichstrich gefüllt wird?

9 Gegeben ist der Achsenschnitt eines Kegels. Berechne V und O in Abhängigkeit von e.

a) 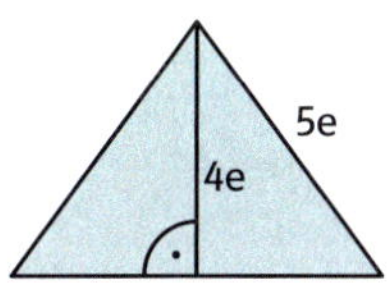

b) 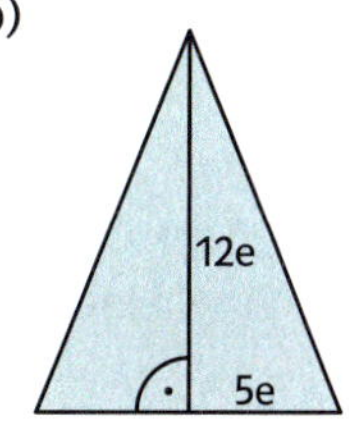

10 Das Volumen des Kegels beträgt $720\pi e^3$. Berechne die gesuchte Größe in Abhängigkeit von e.

a) 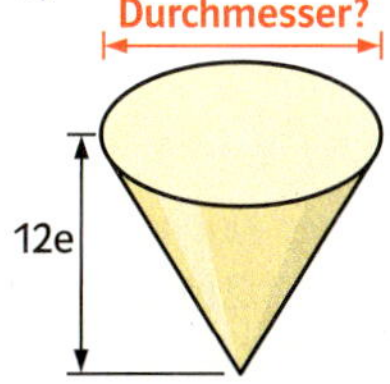

b) 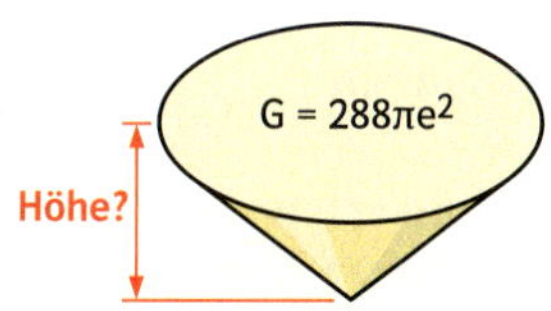

6 Kugel. Volumen

Der Durchmesser der Kugel stimmt mit der Kantenlänge des Würfels überein.

→ Tauche die Kugel in den vollständig mit Wasser gefüllten Würfel.

→ Schätze, welcher Bruchteil des Wassers, also des Würfelvolumens, durch die Kugel verdrängt wird.

→ Mit deinem Ergebnis kannst du eine Näherungsformel für das Kugelvolumen finden.

Die Höhe des Zylinders ist gleich dem Durchmesser seines Grundkreises.
Für sein Volumen gilt:

$V_Z = \pi \cdot r^2 \cdot h \quad$ mit $\quad h = 2 \cdot r$

$V_Z = \pi \cdot r^2 \cdot 2 \cdot r$

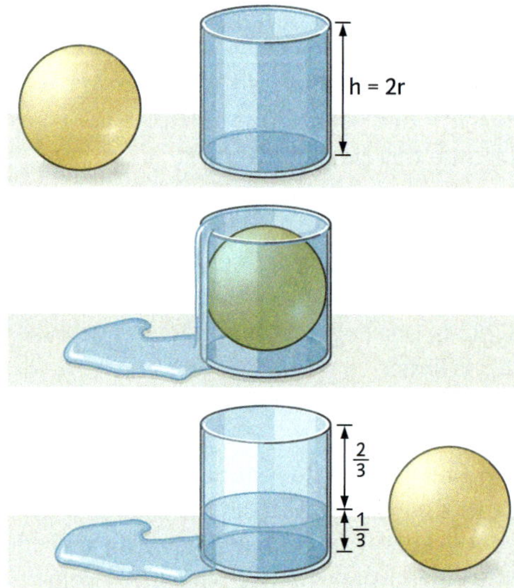

Wird eine Kugel mit gleichem Durchmesser in den Zylinder getaucht, verdrängt sie etwa zwei Drittel der Wassermenge, also des Zylindervolumens. Man kann beweisen, dass dieses Ergebnis exakt gilt.
Damit ergibt sich für das Volumen einer Kugel die Gleichung:

$V_K = \frac{2}{3} \cdot \pi \cdot r^2 \cdot 2 \cdot r$

$V_K = \frac{4}{3} \cdot \pi \cdot r^3$

Für das **Volumen einer Kugel** mit dem Radius r gilt: $\mathbf{V = \frac{4}{3}\pi r^3}$

Beispiele

a) Aus dem Radius $r = 5\,cm$ wird das Volumen V einer Kugel berechnet.

$V = \frac{4}{3}\pi \cdot r^3$

$V = \frac{4}{3} \cdot \pi \cdot 5^3$

$V = 523{,}6\,cm^3$

b) Aus dem Volumen $V = 2000\,cm^3$ wird der Radius r einer Kugel berechnet.

$V = \frac{4}{3}\pi r^3 \qquad r = \sqrt[3]{\frac{3V}{4\pi}}$

$r = \sqrt[3]{\frac{3 \cdot 2000}{4\pi}}$

$r = 7{,}8\,cm$

? *Der Kreisumfang ist proportional zum Radius.* $u = k_1 \cdot r$
Die Kreisfläche ist proportional zum Quadrat des Radius. $A = k_2 \cdot r^2$
Das Kugelvolumen ist proportional zur dritten Potenz des Radius.
$V = k_3 \cdot r^3$
Wie lauten die Faktoren k_1, k_2 *bzw.* k_3*?*

Aufgaben

1 Berechne das Volumen der Kugel.

a) $r = 9\,cm$ b) $r = 14{,}2\,m$
c) $d = 17\,dm$ d) $d = 1{,}8\,m$

2 Wie groß ist der Kugelradius?

a) $V = 500\,cm^3$ b) $V = 3725\,mm^3$
c) $V = 8{,}5\,dm^3$ d) $V = 36\,cm^3$

3 Friedrich Fröbel (1782–1852), einer der Begründer unserer heutigen Kindergärten, entwickelte eine Spielgabe aus Kugel, Walze und Würfel. Berechne das Gesamtvolumen.

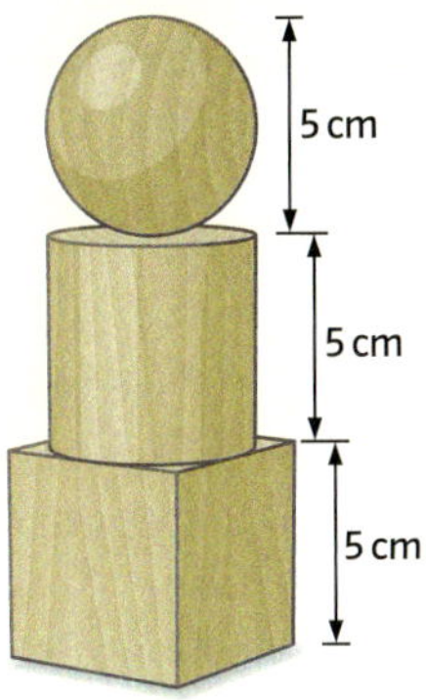

4 Die drei Gläser haben denselben Durchmesser am oberen Rand. Ihre Höhe ist jeweils gleich dem halben Durchmesser.

a) Wie oft passt der Inhalt des kegelförmigen Glases in das halbkugel- bzw. in das zylinderförmige Glas?
b) Welche beiden Gläser haben zusammen das gleiche Volumen wie das dritte Glas? Nimm die Volumenformeln zu Hilfe.

5 Eine halbkugelförmige Müslischüssel hat einen Innendurchmesser von 18 cm. Fasst sie einen Liter?

6 Das Ausdehnungsgefäß einer Heizungsanlage ist kugelförmig. Es fasst 50 dm³. Wie groß ist der Innendurchmesser?

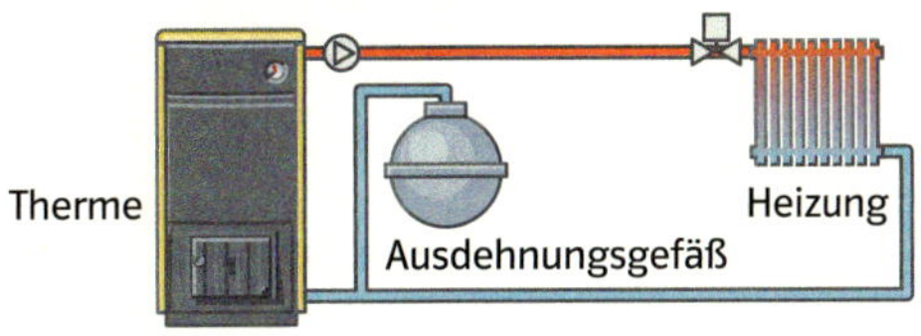

7 Ein Auszubildender soll aus einem Holzwürfel mit 12 cm Kantenlänge eine möglichst große Kugel herstellen. Er rechnet mit etwa 25 % Abfall.

8 Kannst du eine Korkkugel anheben, die gerade so durch die Tür deines Klassenzimmers passt? Ein Kubikzentimeter Kork wiegt etwa 0,2 g.

9 Kleine Eisenkugeln mit einem Radius von 0,5 cm sollen zu einer einzigen Kugel mit dem Radius von 5,0 cm verschmolzen werden. Wie viele braucht man?

10 Vier gleich große Kugeln mit dem Radius r liegen so auf einer Tischplatte, dass ihre Mittelpunkte ein Quadrat bilden und benachbarte Kugeln sich berühren. Eine fünfte Kugel soll nun dazwischen gelegt werden. Wie groß darf das Volumen dieser Kugel höchstens sein? Eine Skizze hilft.

? *Fa. Mayer & Co. verschickt 1 Million Stahlkugeln für Kugellager mit einem Durchmesser von 1 mm. Welches Transportmittel würdest du wählen, wenn 1 cm³ Stahl 7,8 g wiegt?*
- ☐ *Tieflader*
- ☐ *Kleinlaster*
- ☐ *Fahrrad*
- ☐ *Brieftaube*

Der Ball ist rund

- Welche Durchmesser sind für Handbälle bei Damen bzw. Herren gestattet?
- Um wie viel Prozent dürfen sich die Volumina zweier Fußbälle höchstens unterscheiden?
- Wie viele Tennisbälle passen in einen Fußball? Achtung: Rechnerisch erhältst du ein anderes Ergebnis als bei einem praktischen Versuch. Erkläre.
- Formuliere selbst ähnliche Fragen.

Ballarten	Umfang (in cm)	Gewicht (in g)	Material
Basketball	74,9 - 78	567 - 650	Gummi oder Leder
Fußball	58 - 71	396 - 453	Plastik-Textil-Gemisch, Leder
Handball Herren	58 - 60	425 - 475	Leder oder Kunststoff
Handball Damen	54 - 56	325 - 400	
Squash	12,5	24	Weichgummi
Tennis	19,9 - 21,0	56,7 - 58,5	Gummi mit Filzhülle
Tischtennis	11,7 - 12,0	2,4 - 2,53	Zelluloid oder Ähnliches
Volleyball	65 - 67	260 - 280	weiches Leder
Wasserball Herren	68 - 71	400 - 450	Gummi, aufgerauhter
Wasserball Damen	65 - 67		wasserdichter Kunststoff

7 Kugel. Oberfläche

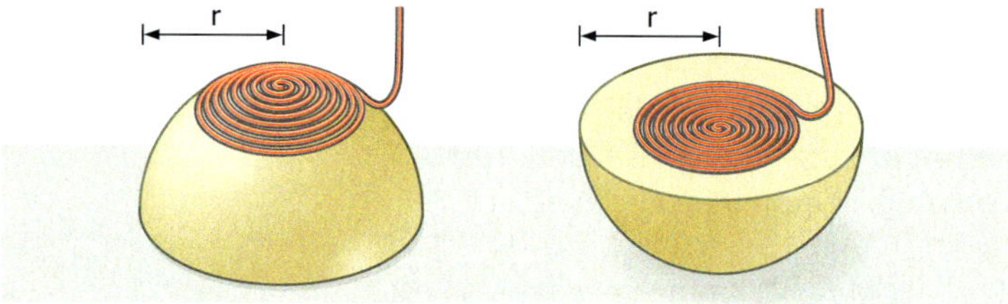

→ Bedecke die Oberfläche einer Halbkugel und deren Schnittfläche möglichst lückenlos mit einem Faden.
→ Vergleiche die benötigten Fadenlängen.
→ Mit deinem Ergebnis kannst du eine Formel für die Oberfläche einer Kugel finden.

Kugeln haben eine gekrümmte Oberfläche, die man nicht in die Ebene abwickeln kann.

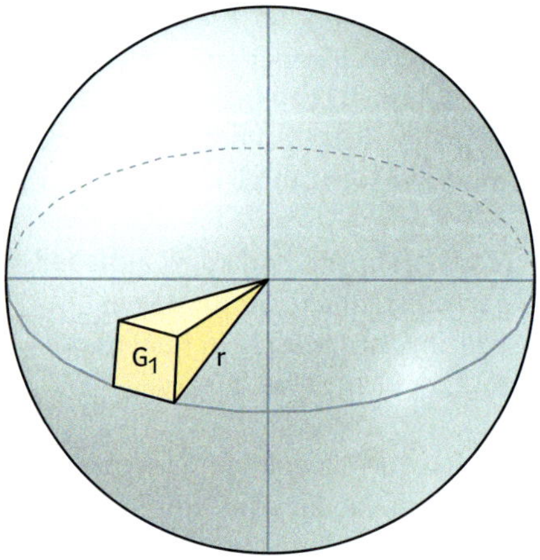

Man denkt sich die Kugel in kleine Pyramiden zerlegt, deren Spitzen sich im Kugelmittelpunkt befinden.
Die Grundflächen dieser Pyramiden bilden bei einer sehr feinen Unterteilung näherungsweise die Kugeloberfläche, die Pyramidenhöhen sind annährend gleich dem Kugelradius.

Für das Kugelvolumen gilt somit:

$V_K = V_{P_1} + V_{P_2} + \ldots + V_{P_n}$

$V_K = \frac{1}{3}G_1 \cdot r + \frac{1}{3}G_2 \cdot r + \ldots + \frac{1}{3}G_n \cdot r$

$V_K = \frac{1}{3}(G_1 + G_2 + \ldots + G_n) \cdot r$

$V_K = \frac{1}{3}O_K \cdot r$

Mit $V_K = \frac{4}{3}\pi \cdot r^3$ erhält man: $\frac{4}{3}\pi \cdot r^3 = \frac{1}{3}O_K \cdot r$

Durch Umformen dieser Gleichung ergibt sich: $O_K = 4 \cdot \pi \cdot r^2$

Für die **Oberfläche einer Kugel** mit dem Radius r gilt: $\mathbf{O = 4\pi r^2}$

Beispiele

a) Aus dem Radius $r = 8{,}5\,cm$ wird die Oberfläche O einer Kugel berechnet.

$O = 4\pi r^2$

$O = 4 \cdot \pi \cdot 8{,}5^2$

$O = 907{,}9\,cm^2$

b) Aus dem Volumen $V = 818\,cm^3$ wird die Oberfläche O einer Kugel berechnet.

$V = \frac{4}{3}\pi r^3$ $\qquad O = 4\pi r^2$

$r = \sqrt[3]{\frac{3V}{4\pi}}$ $\qquad O = 4\pi \cdot 5{,}80^2$

$r = \sqrt[3]{\frac{3 \cdot 818}{4\pi}}$

$r = 5{,}80\,cm$ $\qquad O = 422{,}7\,cm^2$

Aufgaben

1 Auch dieses Bild passt zu der gefundenen Formel.
Kannst du es erklären?

2 Berechne die Oberfläche der Kugel.

a) $r = 8\,mm$
b) $r = 30{,}5\,cm$
c) $d = 41\,cm$
d) $d = 8{,}3\,dm$

3 Wie groß ist der Kugelradius?
a) $O = 10\,cm^2$ b) $O = 100\,cm^2$
c) $O = 1000\,cm^2$

4 Berechne die fehlenden Größen.

	r	O	V
a)	70 cm		
b)		$70\,cm^2$	
c)			$70\,cm^3$

5 a) Berechne für jede Kugelpackung die Oberfläche aller Kugeln.
b) Wie viel wiegen die Packungen aus Korkkugeln ($0{,}2\,g/cm^3$)?

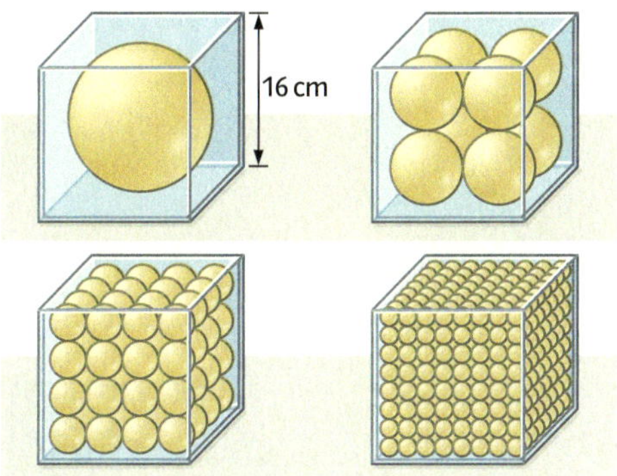

6 Ein Würfel aus Plastillin mit der Kantenlänge $a = 10\,cm$ soll zu einer Kugel geformt werden.
a) Welchen Radius hat die Kugel?
b) Vergleiche die Kugel- mit der Würfeloberfläche.

7 a) Verdopple bzw. verdreifache einen Kugelradius. Wie verändern sich V und O?
b) Verdopple das Volumen. Wie ändert sich r?
c) Was passiert mit r, wenn die Oberfläche verdoppelt wird?

8 Die Lunge eines Erwachsenen hat etwa $4 \cdot 10^8$ kugelförmige Lungenbläschen. Ihr Durchmesser beträgt 0,2 mm.
Wie groß ist die Gesamtfläche, an der sich der Gasaustausch zwischen Sauerstoff und Kohlendioxid vollzieht?
Vergleiche dein Ergebnis mit der Größe eines Fußballfeldes.

9 Der Umfang eines Basketballes liegt zwischen 74,9 cm und 78,0 cm. Wie viel Material wird zur Herstellung von 1000 Bällen mindestens bzw. höchstens benötigt? Rechne mit 25 % Verschnitt.

10 Die Innenfläche eines kugelförmigen Öltanks, der 2000 l fasst, wird neu beschichtet. Wie groß ist die Innenfläche?

11 Während ein Wetterballon in die Atmosphäre aufsteigt, funkt er Daten zur Erde. In der immer dünner werdenden Luft nimmt das Volumen des Ballons zu, bis er in 30 bis 35 km Höhe platzt.

a) Berechne das Gewicht der Latexhülle eines Wetterballons, der am Boden einen Durchmesser von 1,70 m hat. $1\,dm^2$ wiegt dort etwa 1,1 g.
b) Das Volumen des Ballons wächst bis auf das 500-Fache an. Welche Oberfläche hat der Wetterballon dann?

12 Eine Seifenblase hat einen äußeren Durchmesser von 8 cm und eine Wandstärke von 0,01 mm.
a) Berechne das Volumen der verbrauchten Seifenlösung.
b) Wie dick wird die Wand der Seifenblase, wenn der äußere Durchmesser durch weiteres Blasen um 1 cm erhöht wird?
c) Die minimale Wandstärke der Seifenblase beträgt 0,005 mm. Dann platzt sie.

8 Zusammengesetzte Körper

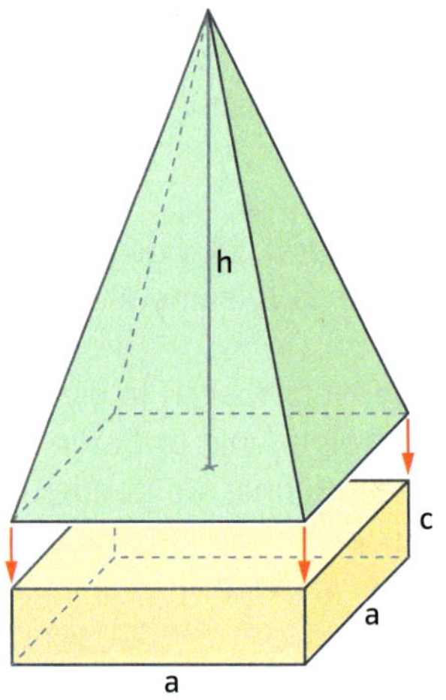

a = 4,0 cm
c = 1,0 cm
h = 6,0 cm

Die Pyramide wird auf die Deckfläche des Quaders aufgesetzt.

→ Berechne das Volumen des zusammengesetzten Körpers.

→ Kannst du bei der Berechnung der Oberfläche genauso vorgehen wie bei der Berechnung des Volumens?

Das Volumen des Doppelkegels setzt sich aus den Volumina der zwei Kegel zusammen. Die Oberfläche besteht aus den zwei Kegelmänteln.

Das Volumen des Hohlkörpers ist die Differenz zwischen dem Würfelvolumen und dem Pyramidenvolumen. Die Oberfläche besteht aus fünf Quadratflächen des Würfels, vier Dreiecksflächen des Pyramidenmantels und einem Würfelquadrat, aus dem die Grundfläche der Pyramide ausgeschnitten wurde.

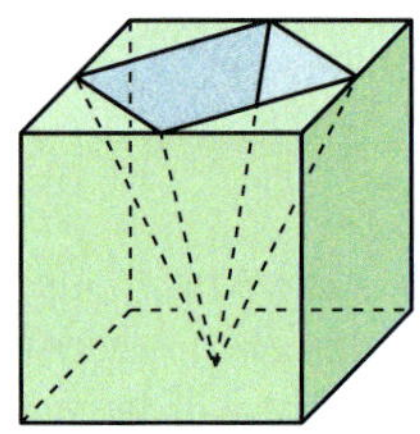

Das **Volumen** zusammengesetzter oder ausgehöhlter Körper berechnet man als Summe oder Differenz der einzelnen Volumina. Es gilt also:
$\mathbf{V = V_1 + V_2}$ oder $\mathbf{V = V_1 - V_2}$
Die **Oberfläche** zusammengesetzter oder ausgehöhlter Körper lässt sich als Summe der Einzelflächen berechnen.

Beispiele

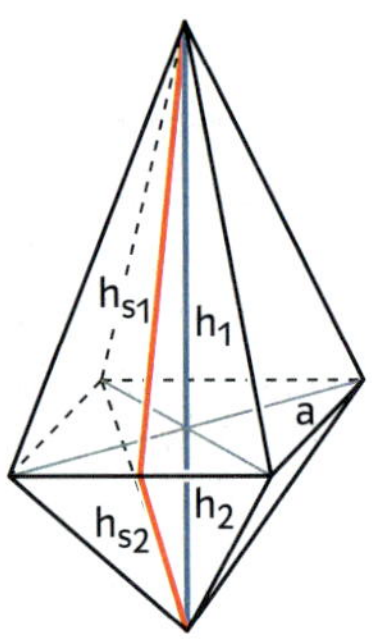

a) Aus der Länge der Grundkante $a = 6{,}0\,cm$ und den Höhen $h_1 = 9{,}0\,cm$ und $h_2 = 4{,}5\,cm$ werden Volumen und Oberfläche der quadratischen Doppelpyramide berechnet.

$V = V_1 + V_2$

$V = \frac{1}{3}a^2h_1 + \frac{1}{3}a^2h_2$

$V = \frac{1}{3} \cdot 6{,}0^2 \cdot 9{,}0 + \frac{1}{3} \cdot 6{,}0^2 \cdot 4{,}5$

$V = 162{,}0\,cm^3$

$O = M_1 + M_2$

$O = 2a\,h_{s_1} + 2a\,h_{s_2}$

$h_{s_1} = \sqrt{h_1^2 + \left(\frac{a}{2}\right)^2}$ $\qquad h_{s_2} = \sqrt{h_2^2 + \left(\frac{a}{2}\right)^2}$

$h_{s_1} = \sqrt{9{,}0^2 + 3^2}$ $\qquad h_{s_2} = \sqrt{4{,}5^2 + 3^2}$

$h_{s_1} = 9{,}49\,cm$ $\qquad h_{s_2} = 5{,}41\,cm$

$O = 2 \cdot 6{,}0 \cdot 9{,}49 + 2 \cdot 6{,}0 \cdot 5{,}41$

$O = 178{,}8\,cm^2$

b) Aus einem Zylinder wurden zwei gleich große Kegel herausgedreht.
Aus dem Radius $r = 6{,}0\,cm$, der Höhe $h_Z = 10{,}0\,cm$ des Zylinders und dem Öffnungswinkel an der Kegelspitze von $\alpha = 127°$ werden Volumen und Oberfläche des Restkörpers berechnet.

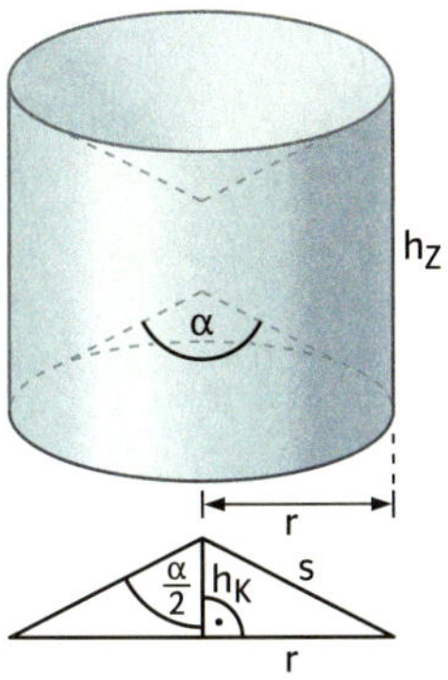

$V = V_Z - 2V_K$

$V = \pi r^2 h_Z - 2 \cdot \frac{1}{3}\pi r^2 h_K$

$\tan\frac{\alpha}{2} = \frac{r}{h_K}$ $\qquad h_K = \frac{6{,}0}{\tan 63{,}5°}$

$h_K = \frac{r}{\tan\frac{\alpha}{2}}$ $\qquad h_K = 2{,}99\,cm$

$V = \pi \cdot 6{,}0^2 \cdot 10{,}0 - 2 \cdot \frac{1}{3} \cdot \pi \cdot 6{,}0^2 \cdot 2{,}99$

$V = 905{,}5\,cm^3$

$O = M_Z + 2M_K$

$O = 2\pi r h_Z + 2\pi r s$

$s^2 = h_K^2 + r^2$

$s = \sqrt{3{,}0^2 + 6{,}0^2}$

$s = 6{,}71\,cm$

$O = 2\pi \cdot 6{,}0 \cdot 10{,}0 + 2\pi \cdot 6{,}0 \cdot 6{,}71$

$O = 630{,}0\,cm^2$

Aufgaben

1 Aus welchen Teilkörpern bestehen die zusammengesetzten Körper? Welche Teilflächen bilden ihre Oberfläche? Berechne Volumen und Oberfläche. (Maße in cm)

a)

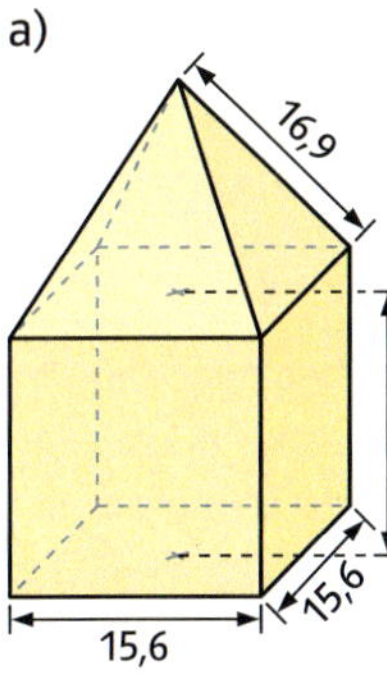

b)

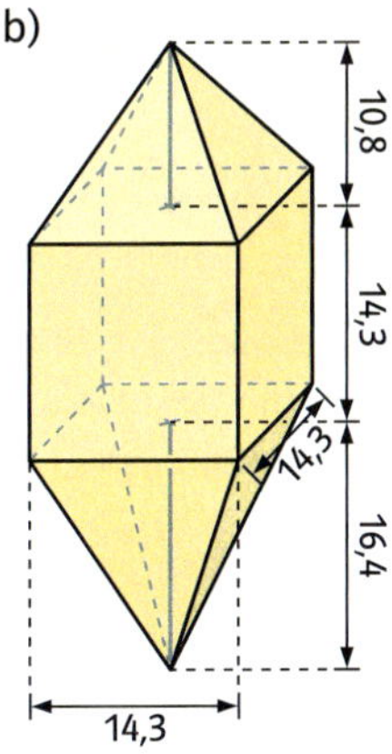

c)

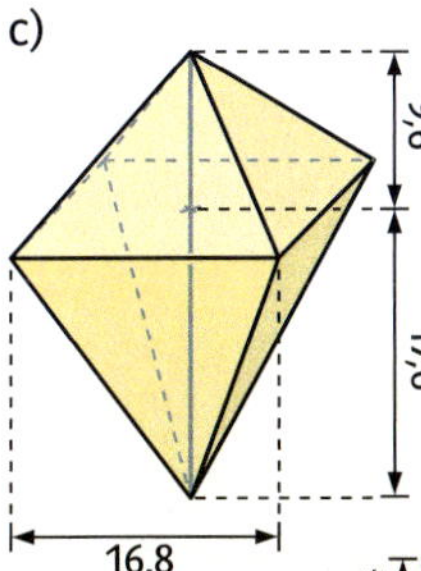

d)

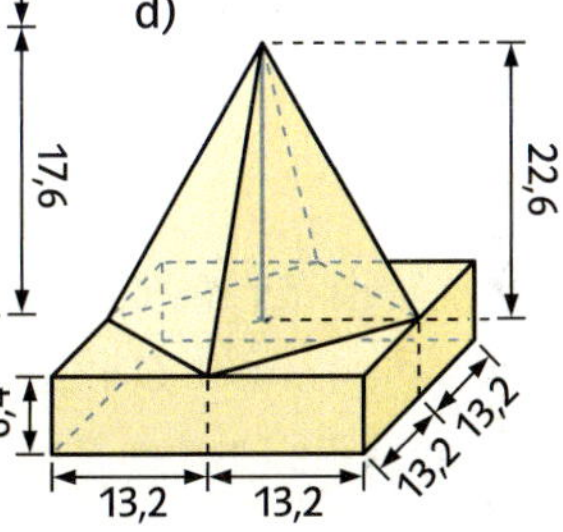

2 Die Länge der Grundkante $a = 3{,}8\,m$, die Höhe $h_1 = 4{,}5\,m$ und die Seitenkante $s = 4{,}7\,m$ sind gegeben.
Wie groß sind Volumen und Oberfläche des Körpers?

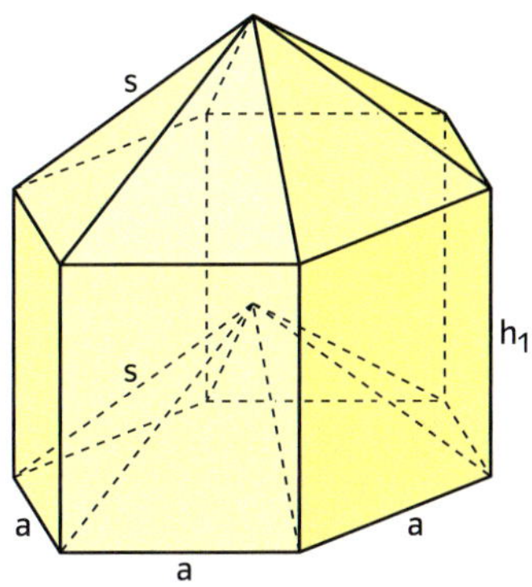

3 Alle Kanten der nebenstehenden Verpackung sind gleich lang. (Maß in cm)
a) Zeichne das Netz der Verpackung in einem geeigneten Maßstab.
b) Wie viel Karton wird zu ihrer Herstellung mindestens benötigt?
c) Nenne mögliche Kantenlängen einer quaderförmigen Verpackung, die das gleiche Fassungsvermögen hat.

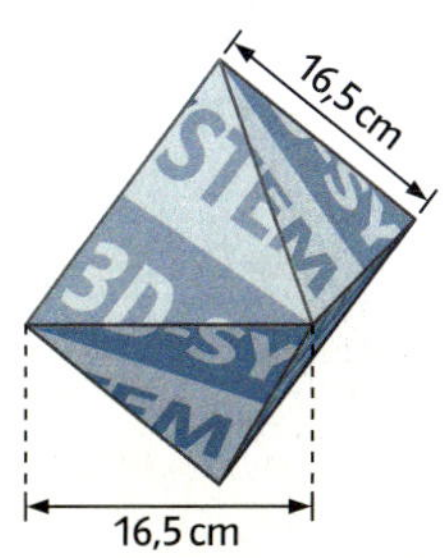

4 Aus welchen Teilkörpern bestehen die zusammengesetzten Körper?
Welche Teilflächen bilden ihre Oberflächen?
Berechne Volumen und Oberfläche. (Maße in cm)

a)

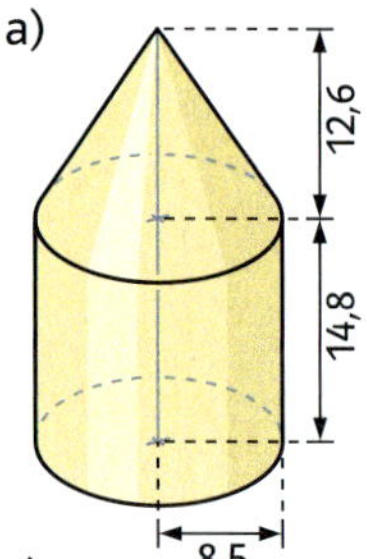

b)

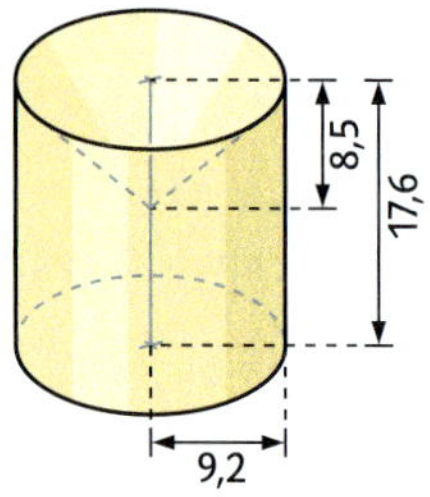

c)

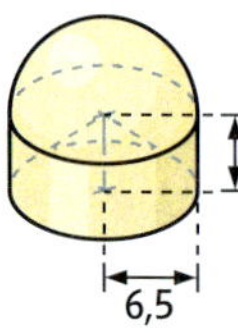

d)

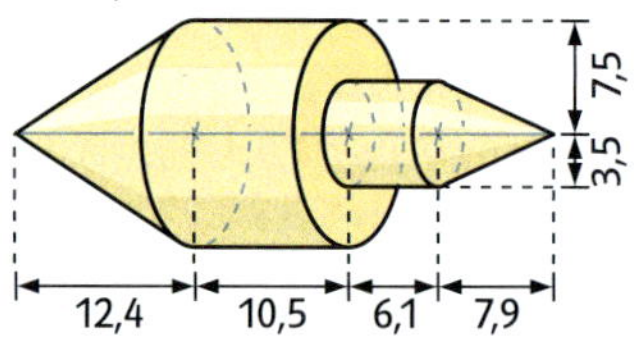

5 Wie groß ist die Oberfläche?

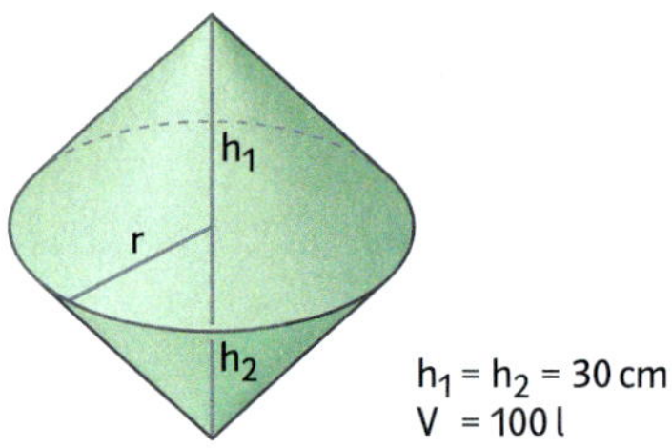

6 Wie groß ist das Volumen?

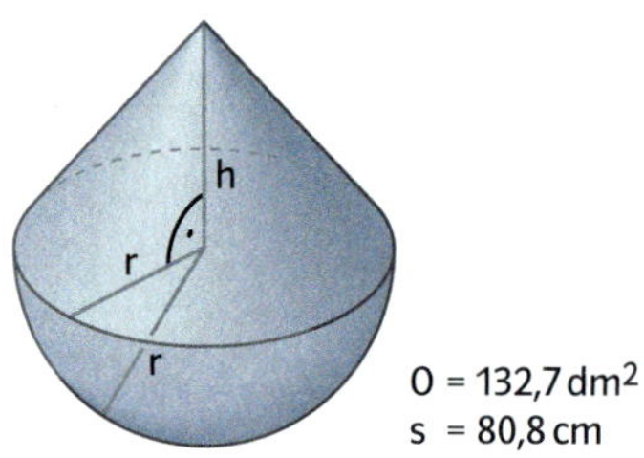

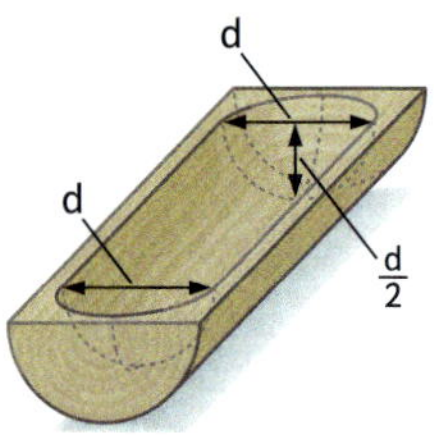

7 Ein alter Futtertrog aus Holz ist 2,00 m lang und 0,60 m breit. Die minimale Wandstärke an den Längsseiten und den Querseiten beträgt 6 cm.
a) Wie viel wiegt der leere Trog? Ein cm^3 Holz wiegt 0,8 g.
b) Der Trog soll mit einem biologischen Holzschutzmittel gestrichen werden. Wie groß ist die zu streichende Fläche?

8 Zwei quadratische Pyramiden wurden an ihren Grundflächen aufeinandergesetzt. Die Abbildung zeigt den Diagonalschnitt des Körpers.

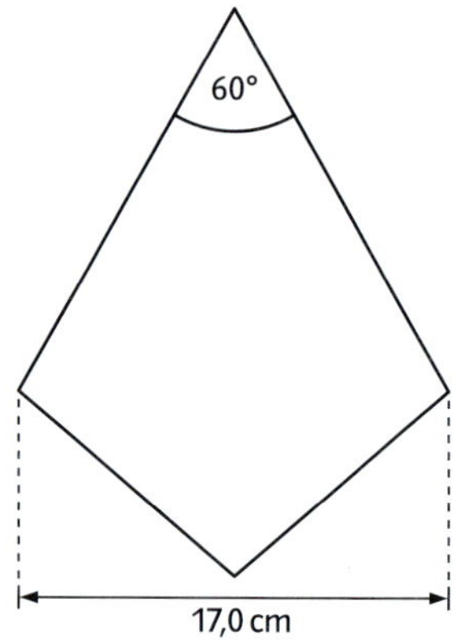

Die Oberfläche des Körpers beträgt 600,0 cm^2. Wie groß ist sein Volumen?

9 Vergleiche die Volumina und die Oberflächen der Körper.

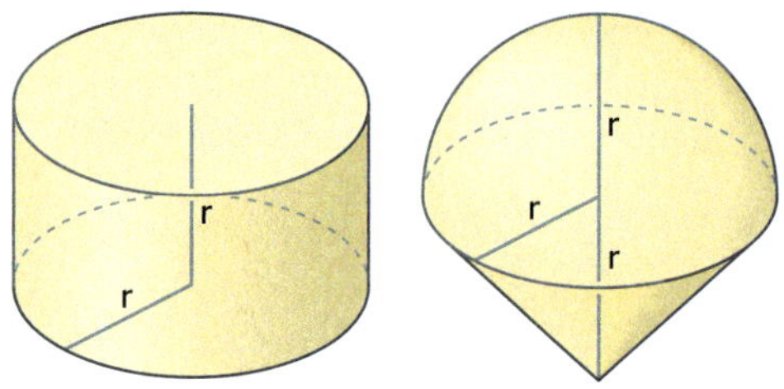

10 Setzt man zwei quadratische Pyramiden mit jeweils acht gleich langen Kanten zusammen erhält man einen Oktaeder.

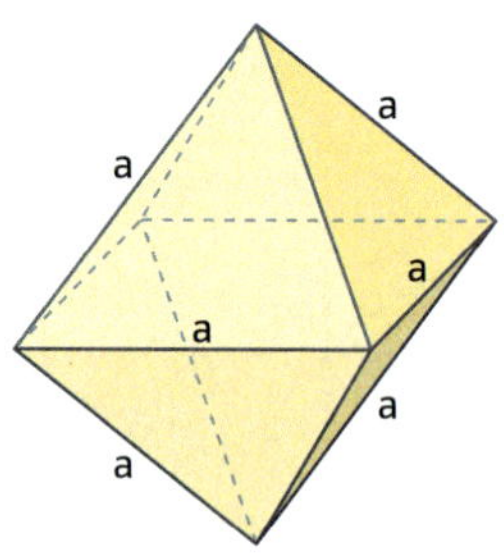

Zeige, dass für die Oberfläche eines Oktaeders die Formel $O = 2a^2\sqrt{3}$ und für das Volumen die Formel $V = \frac{a^3}{3}\sqrt{2}$ gilt.

Pyramidenstumpf

Schneidet man eine Pyramide parallel zu ihrer Grundfläche durch, so entstehen ein **Pyramidenstumpf** und die zugehörige Ergänzungspyramide.

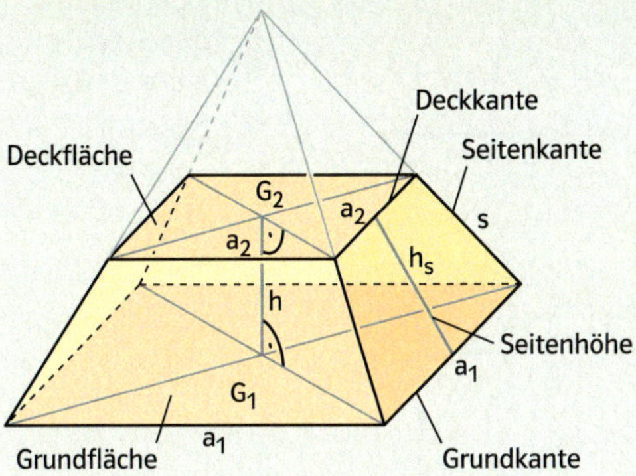

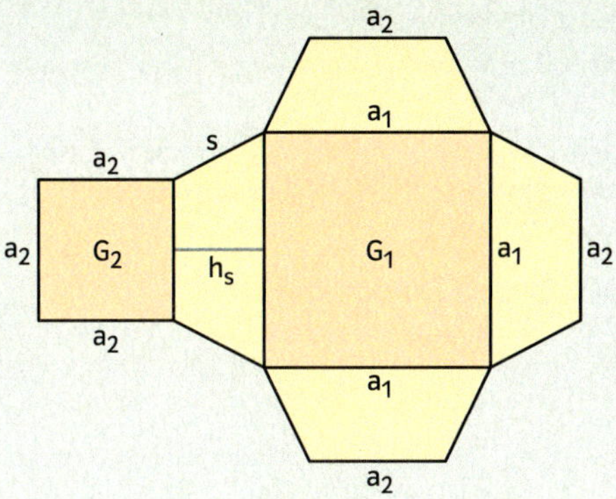

Das **Volumen eines Pyramidenstumpfes** ist die Differenz der Volumina von Pyramide und Ergänzungspyramide.
$\mathbf{V = V_1 - V_2}$

Die **Oberfläche eines Pyramidenstumpfes** setzt sich aus Grund-, Deck- und Mantelfläche zusammen. $\mathbf{O = G_1 + G_2 + M}$

■ Zeichne das Schrägbild eines quadratischen Pyramidenstumpfes.
a) Grundkante 6 cm, Höhe der gesamten Pyramide 10 cm, Höhe des Stumpfes 7,0 cm
b) Grundkante 7 cm, Höhe der gesamten Pyramide 9 cm, Deckkante 4,0 cm

■ Für Berechnungen am Stumpf benötigt man oft Teilfiguren.

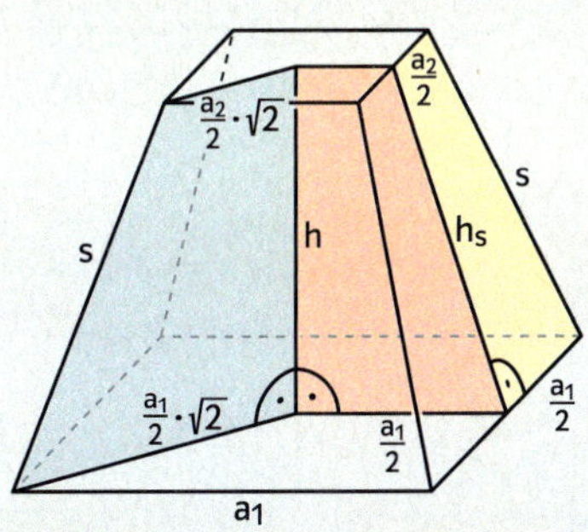

Fertige das Modell eines quadratischen Pyramidenstumpfes an, bei dem man die halbe Seitenfläche, die halbe Parallelschnittfläche und die halbe Diagonalschnittfläche sieht.

■ Berechne die Mantel- und die Oberfläche eines quadratischen Pyramidenstumpfes mit $a_1 = 7{,}8\,cm$, $a_2 = 3{,}1\,cm$ und $h = 8{,}4\,cm$.
Die Mantelfläche besteht aus symmetrischen Trapezen.

■ Berechne das Volumen eines quadratischen Pyramidenstumpfes mit $a_1 = 9{,}8\,cm$; $a_2 = 6{,}9\,cm$ und $h = 7{,}4\,cm$.
Zur Berechnung der Höhe der gesamten Pyramide kann man ähnliche Dreiecke, den Strahlensatz oder den Tangens anwenden.

■ Gegeben ist ein Stumpf mit $a_1 = 15{,}0\,cm$; $a_2 = 8{,}0\,cm$ und $h = 10{,}0\,cm$. Die Punkte C und D halbieren die Seitenkanten.

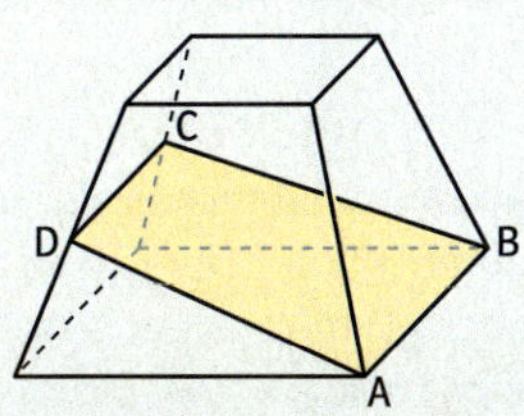

Berechne den Umfang und den Flächeninhalt des Vierecks ABCD.

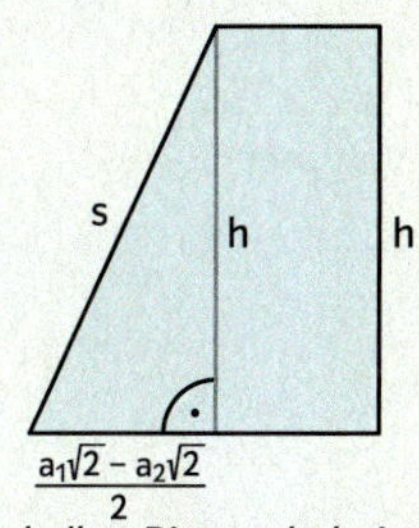

halber Diagonalschnitt

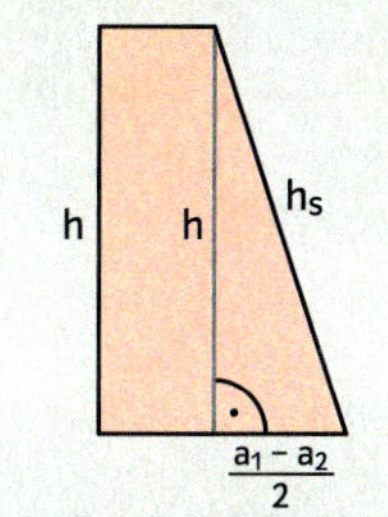

halber Parallelschnitt

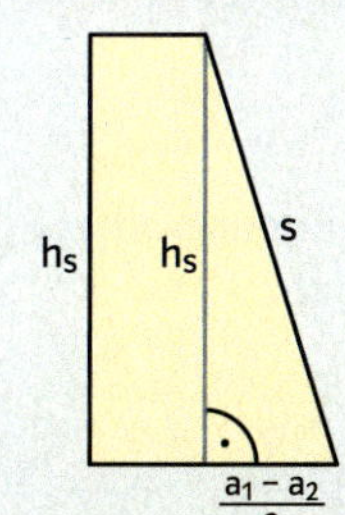

halbe Seitenfläche

Zusammenfassung

Pyramide

- **Oberfläche**

Die Oberfläche einer Pyramide ist die Summe der Flächeninhalte von Grundfläche und Mantelfläche.
$\mathbf{O = G + M}$

- **Volumen**

Für das Volumen einer Pyramide mit der Grundfläche G und der Pyramidenhöhe h gilt:
$\mathbf{V = \frac{1}{3} \cdot G \cdot h}$

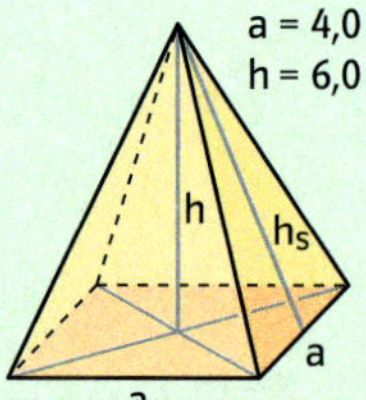

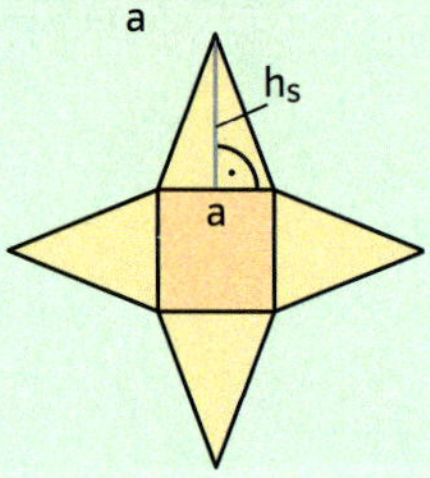

$h_s^2 = h^2 + \left(\frac{a}{2}\right)^2$
$h_s = \sqrt{6{,}0^2 + 2{,}0^2}$
$h_s = 6{,}32\,\text{cm}$
$O = a^2 + 2\,a\,h_s$
$O = 4{,}0^2 + 2 \cdot 4{,}0 \cdot 6{,}32$
$O = 66{,}6\,\text{cm}^2$
$V = \frac{1}{3} G\,h$
$V = \frac{1}{3} \cdot 4{,}0^2 \cdot 6{,}0$
$V = 32{,}0\,\text{cm}^3$

Kegel

- **Oberfläche**

Die Oberfläche eines Kegels ist die Summe der Flächeninhalte von Grundfläche und Mantelfläche.
$\mathbf{O = \pi \cdot r^2 + \pi \cdot r \cdot s}$

- **Volumen**

Für das Volumen eines Kegels mit dem Grundkreisradius r und der Kegelhöhe h gilt:
$\mathbf{V = \frac{1}{3} \cdot \pi \cdot r^2 \cdot h}$

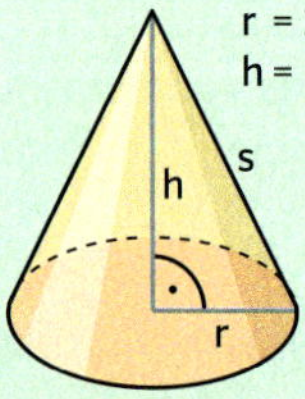

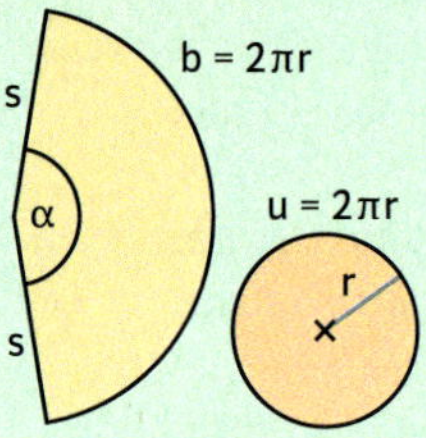

$s^2 = h^2 + r^2$
$s = \sqrt{5{,}0^2 + 2{,}0^2}$
$s = 5{,}39\,\text{cm}$
$O = \pi r^2 + \pi r s$
$O = \pi \cdot 2{,}0^2 +$
$\pi \cdot 2{,}0 \cdot 5{,}39$
$O = 46{,}4\,\text{cm}^2$
$V = \frac{1}{3} \pi r^2 h$
$V = \frac{1}{3} \cdot \pi \cdot 2{,}0^2 \cdot 5{,}0$
$V = 20{,}9\,\text{cm}^3$

Kugel

- **Oberfläche**

Für die Oberfläche einer Kugel mit dem Radius r gilt: $\mathbf{O = 4 \cdot \pi \cdot r^2}$

- **Volumen**

Für das Volumen einer Kugel mit dem Radius r gilt: $\mathbf{V = \frac{4}{3} \pi \cdot r^3}$

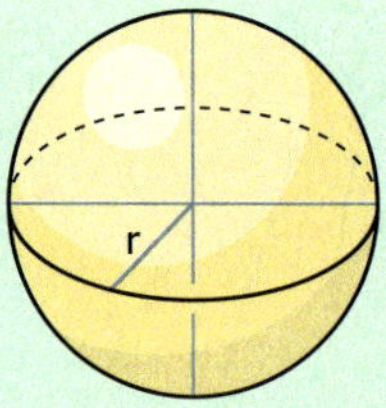

$O = 4 \pi r^2$
$O = 4 \cdot \pi \cdot 4{,}0^2$
$O = 201{,}1\,\text{cm}^2$
$V = \frac{4}{3} \pi r^3$
$V = \frac{4}{3} \cdot \pi \cdot 4{,}0^3$
$V = 268{,}1\,\text{cm}^3$

zusammengesetzte Körper

Das Volumen zusammengesetzter oder ausgehöhlter Körper berechnet man als Summe oder Differenz der einzelnen Volumina. Es gilt also
$\mathbf{V = V_1 + V_2}$ oder $\mathbf{V = V_1 - V_2}$.
Die **Oberfläche** zusammengesetzter oder ausgehöhlter Körper lässt sich als Summe der Einzelflächen berechnen.

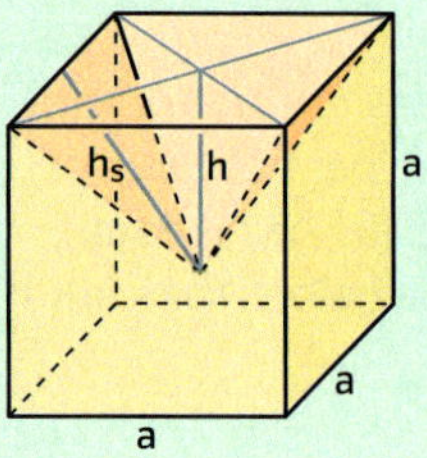

Aus einem Würfel wurde eine Pyramide herausgearbeitet.
$V = V_W - V_P$
$V = a^3 - \frac{1}{3} a^2 h$
$O = 5\,A_Q + M_P$
$O = 5\,a^2 + 2\,a\,h_s$

Üben • Anwenden • Nachdenken

1 Zeichne das Netz und das Schrägbild der quadratischen Pyramide.
a) $a = 5{,}0\,cm$, $h = 4{,}0\,cm$
b) $a = 4{,}2\,cm$, $h_s = 6{,}0\,cm$

2 Eine Sechseckspyramide hat die Grundkante $a = 5{,}0\,cm$ und die Höhe $h = 6{,}0\,cm$.
Zeichne eines der Manteldreiecke in wahrer Größe.

3 Berechne die fehlenden Größen der quadratischen Pyramide.
(Maße in $cm/cm^2/cm^3$)

	a	s	h	h_s	O	V
a)	8,0			6,0		
b)	6,2		12,5			
c)	12	16				
d)		6,2	5,5			
e)			6,8	9,6		
f)			9			108
g)	9,2				216,6	
h)				7,4	104	

4 Eine quadratische Pyramide ist durch ihren Parallelschnitt gegeben. Berechne Oberfläche und Volumen.
a)
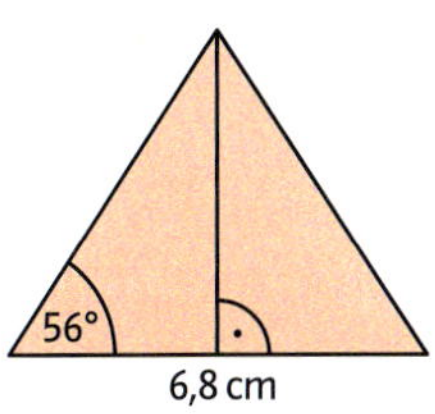

b)
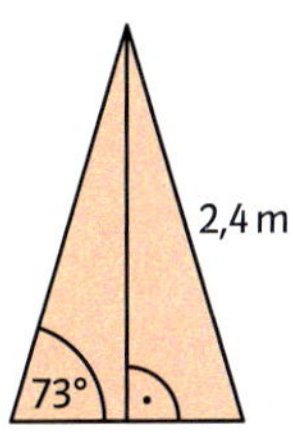

5 Eine quadratische Pyramide ist durch ihren Diagonalschnitt gegeben. Berechne Oberfläche und Volumen.
a)
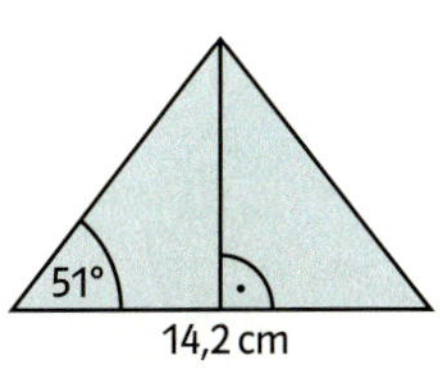

b)
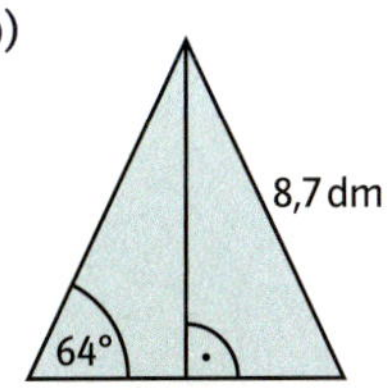

6 Eine quadratische Pyramide hat die Grundkante $a = 6{,}0\,cm$ und die Höhe $h = 7{,}0\,cm$. Das Dreieck FES zerlegt die Pyramide in zwei volumengleiche Teile.

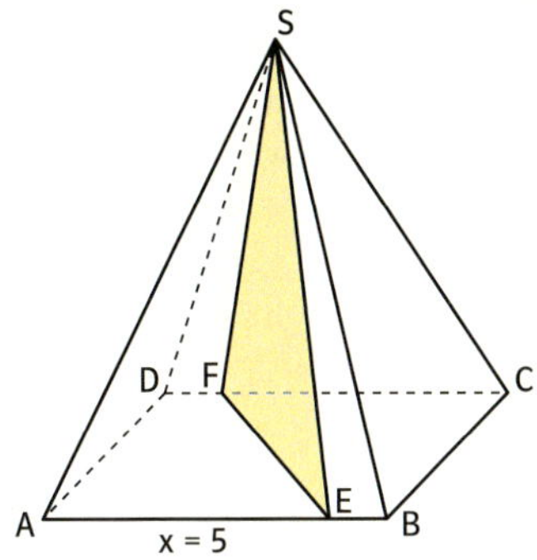

a) Berechne die Winkel und den Flächeninhalt des Dreiecks FES.
b) Die Länge x wird verändert. Für welchen Wert von x hat das Dreieck FES seinen größten bzw. kleinsten Flächeninhalt? Wie groß sind dann die Winkel des Dreiecks?

7 Berechne Volumen und Oberfläche einer Sechseckspyramide mit der Grundkante $a = 5{,}0\,cm$ und der Höhe $h = 8{,}8\,cm$.

8 Das Schnittdreieck bestimmt die Sechseckspyramide. Berechne Oberfläche und Volumen.
a)
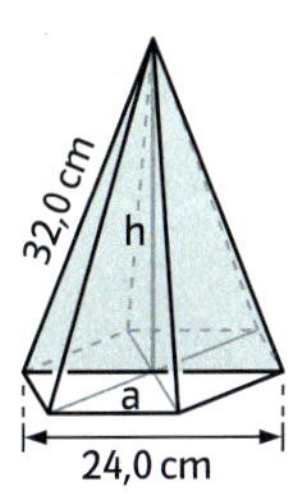

b)
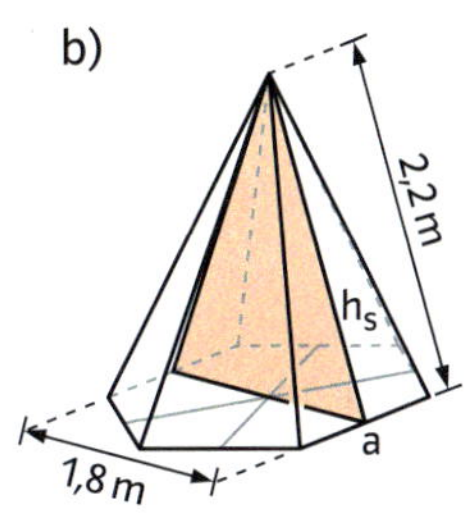

9 Eine Dreieckspyramide, bei der die Grund- und Seitenkanten gleich lang sind, nennt man Tetraeder.
Wie groß ist das Volumen des Tetraeders, der in den Würfel mit der Kantenlänge 9,0 cm einbeschrieben ist?
In welchem Verhältnis stehen Würfel- und Tetraedervolumen?

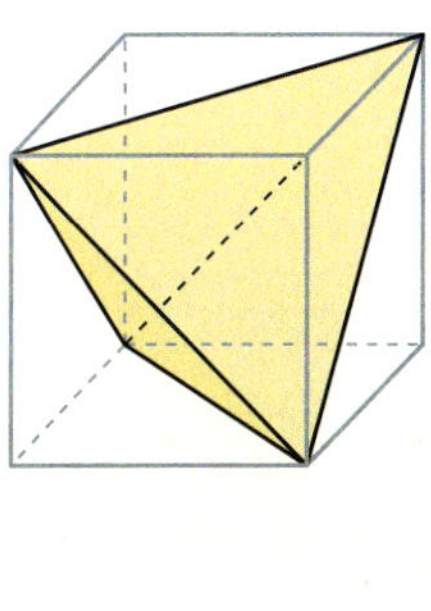

10 Von einer Fünfeckspyramide sind $a = 4{,}0\,cm$ und $h = 7{,}0\,cm$ gegeben. Berechne die Oberfläche.

11 Wie groß ist das Volumen einer Zehneckspyramide mit $h = 10{,}0\,cm$ und $s = 15{,}0\,cm^2$?

12 Die Pyramide über dem Grab des Gründers der Stadt Karlsruhe, Markgraf Karl Wilhelm von Baden, ist aus Sandstein ($1\,dm^3$ wiegt $1{,}8\,kg$). Sie ist $6{,}81\,m$ hoch und hat einen Grundkantenlänge von $6{,}05\,m$. Wie schwer ist das Bauwerk? Gib das Ergebnis in Tonnen an.

13 Das Dach eines Kirchturms hat die Form einer Sechseckspyramide. Es soll neu mit Kupferblech gedeckt werden. Seine Grundkante $a = 2{,}45\,m$ und Seitenkante $s = 6{,}80\,m$ sind bekannt.
Kupferblech kostet 78 € je Quadratmeter. Es wird mit 10 % Verschnitt gerechnet.

14 Zeichne Schrägbild und Netz eines Kegels mit $r = 3{,}0\,cm$ und $h = 4{,}0\,cm$.

15 Berechne die fehlenden Größen des Kegels.
a) $r = 3{,}6\,cm$; $s = 5{,}5\,cm$
b) $h = 9{,}9\,cm$; $V = 180\,cm^3$
c) $s = 6{,}3\,cm$; $O = 226\,cm^2$

16 Ein Kegel ist durch seinen Achsenschnitt gegeben. Berechne Oberfläche und Volumen. (Maße in cm)

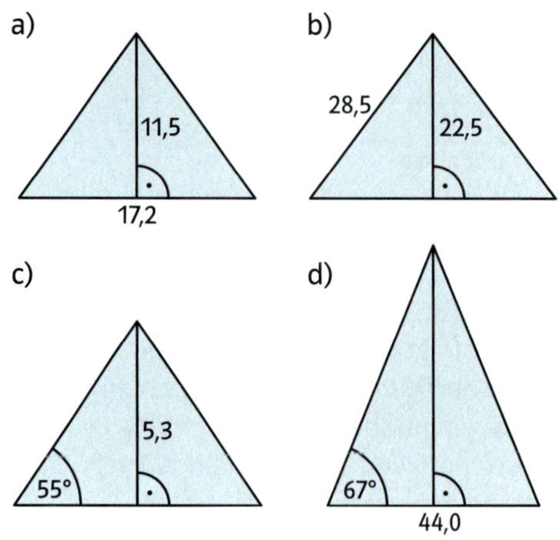

17 Ein Kegel ist durch seine Oberfläche $O = 425{,}0\,cm^2$ und seine Mantellinie $s = 10{,}81\,cm$ gegeben.
Welche Höhe hat ein Zylinder mit gleichem Volumen und gleichem Grundkreisradius?

18 Ein Sekt- und ein Wasserglas werden gefüllt. Der Zufluss ist gleichmäßig.

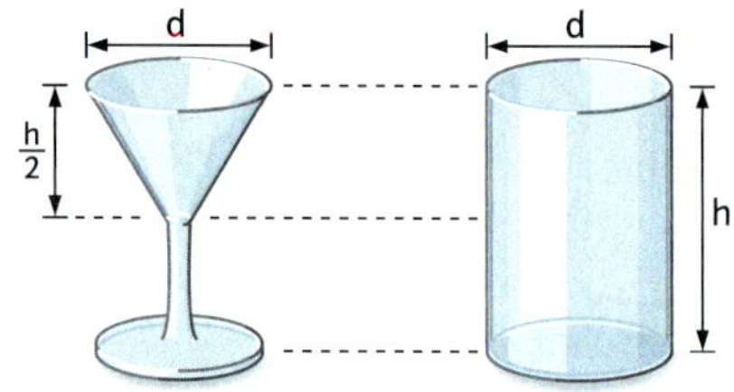

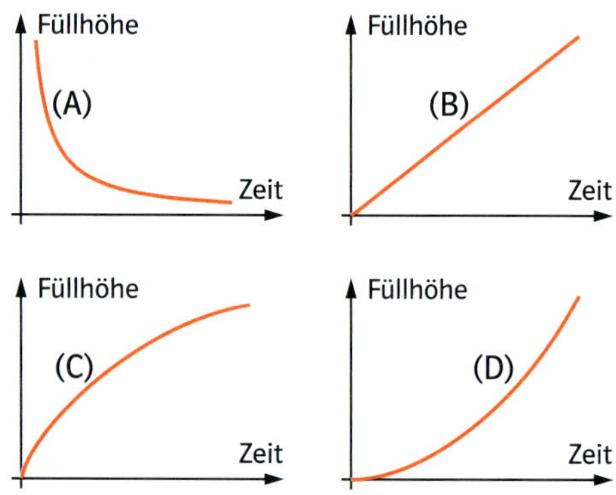

a) Welche Graphen gehören zu den Gläsern?
b) Wie viele vollständig gefüllte Sektgläser werden benötigt, um das Wasserglas bis zum Rand zu füllen?

19 Aus dem Kegel wurde ein Stück herausgeschnitten. Gegeben sind die Längen $\overline{AS} = 32\,cm$ und $\overline{MS} = 25\,cm$. Um wie viel Prozent hat sich die Oberfläche des Körpers verringert?

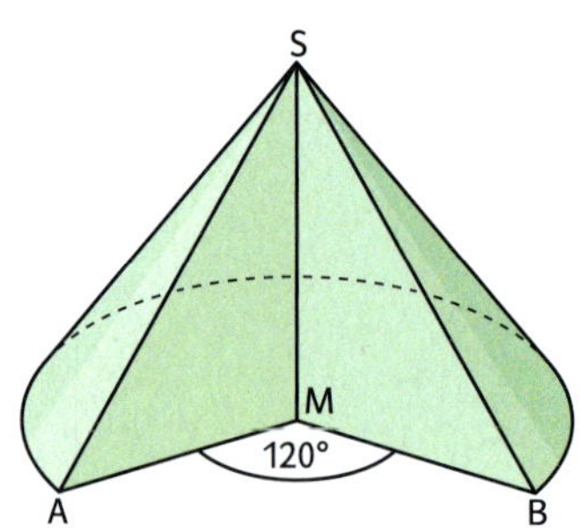

20 Eine kegelförmig aufgeschüttete Kohlenhalde ist 25 m hoch und hat einen Böschungswinkel von 42°. Welche Bodenfläche bedeckt der Kohlenberg? Aus wie viel m^3 Kohle besteht er?

21 Berechne die fehlenden Größen der Kugel. (Maße in $cm/cm^2/cm^3$)

	r	O	V
a)	9		
b)		804,2	
c)			179,6

22 Zwei Kugeln einer Sorte haben zusammen die gleiche Oberfläche wie drei Kugeln einer zweiten Sorte.
Um wie viel Prozent unterscheiden sich ihre Radien?

23 In einer Fußgängerzone findet man diese Granitkugel mit einem Durchmesser von 80 cm. Sie liegt in einem Wasserbad und lässt sich deshalb kinderleicht drehen. Wie schwer ist die Kugel? Ein Kubikzentimeter Granit wiegt 2,9 g.

24 Zwei Goldgräber in Alaska fanden elf große Nuggets. Sie ließen die elf Nuggets zu elf verschieden großen Kugeln umschmelzen.
Sieben davon hatten einen Durchmesser von 2 cm, zwei waren 6 cm, eine 8 cm und eine 10 cm dick.
Als die beiden sich trennten, mussten sie ihren Schatz gerecht teilen.

25 Ein würfelförmiges Gefäß ist bis zur halben Höhe mit Wasser gefüllt. In dieses Gefäß wird die größtmögliche Kugel eingetaucht.

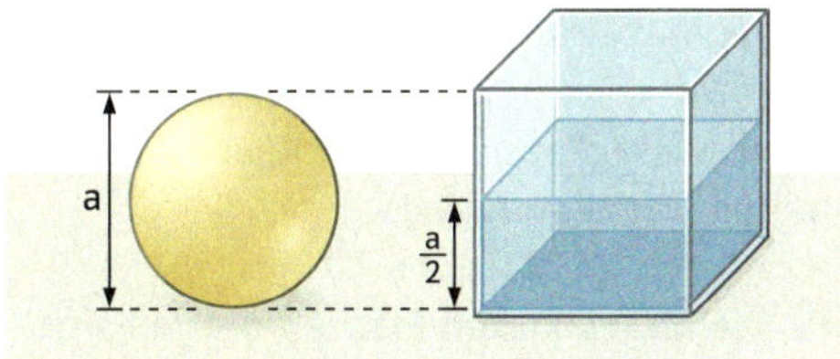

Läuft dabei Wasser über?

26 Von einem Kegel sind $M = 180\,cm^2$ und $s = 10{,}2\,cm$ gegeben. Eine Kugel hat dasselbe Volumen. Wie groß ist die Oberfläche der Kugel?

27 Berechne Volumen und Oberfläche des Körpers. (Maße in cm)

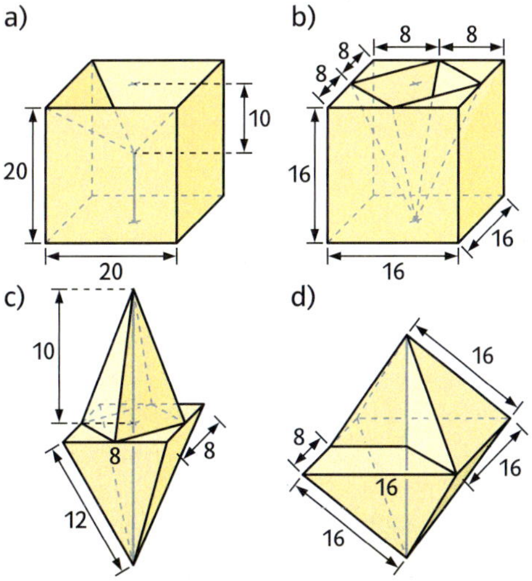

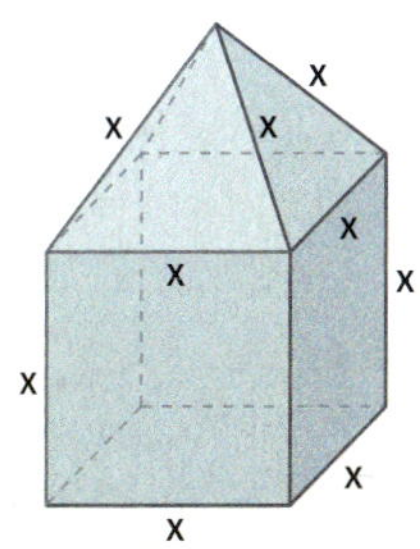

28 Der zusammengesetzte Körper hat ein Volumen von $4170\,cm^3$. Berechne die Länge seiner Kanten.

29 Das Dachgeschoss eines Gebäudes soll renoviert werden. (Maße in m)

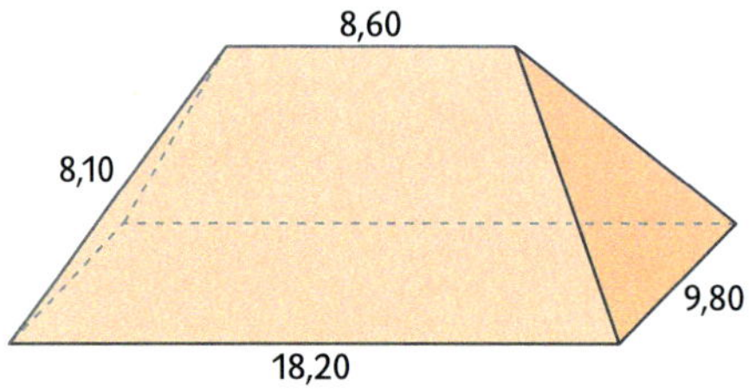

a) Wie viel Quadratmeter Ziegel müssen für das Walmdach bestellt werden?
b) Wie hoch ist das Dach und welche Neigungen haben die Dachflächen zum Dachboden?
c) Berechne den umbauten Raum des gesamten Dachgeschosses.

30 Die abgebildeten Flächen drehen sich um eine Achse. Es entstehen Drehkörper.

(1)

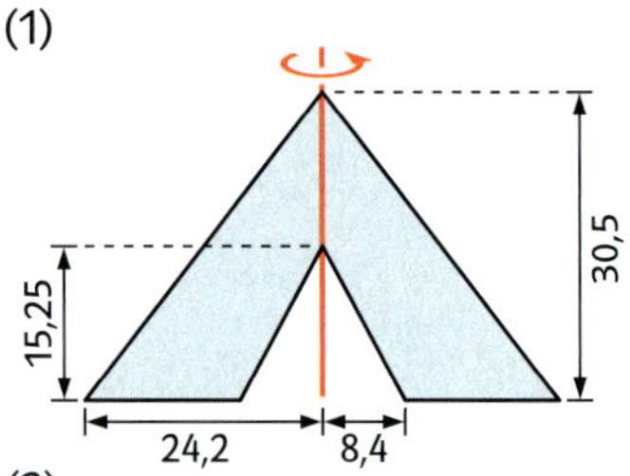

(2)

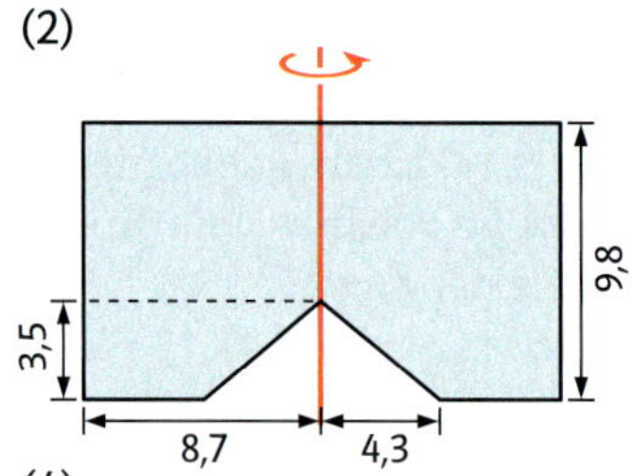

(3)

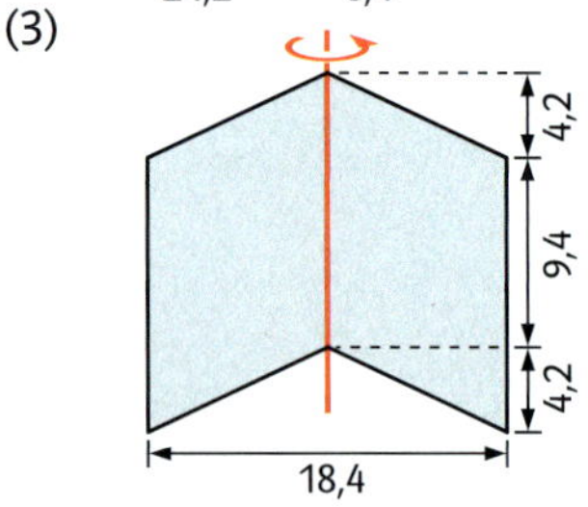

(4)

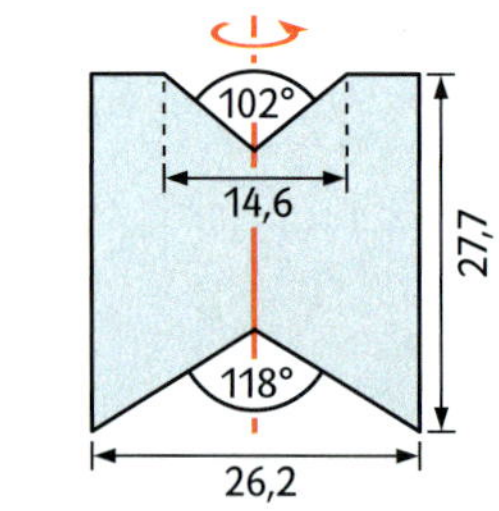

a) Beschreibe die Körper. Aus welchen Teilen setzt sich ihre Oberfläche zusammen?
b) Skizziere das Schrägbild der Körper.
c) Berechne das Volumen und die Oberfläche.

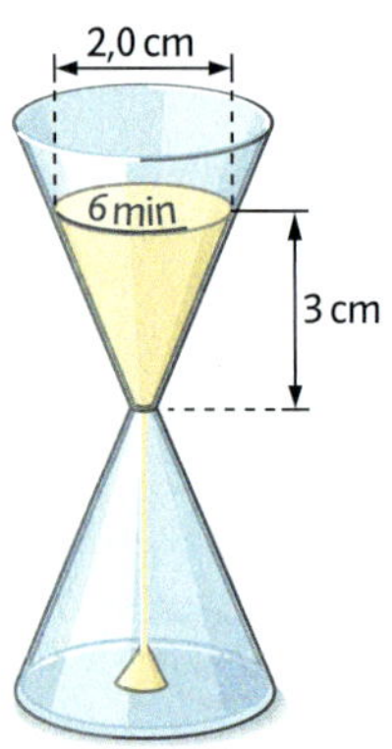

31 Die Sandmenge im oberen Glas der Sanduhr läuft in genau 6 Minuten durch. Wo muss die Markierung für drei Minuten angebracht werden?
Beachte: Die Durchlaufzeit ist proportional zum Volumen des Sandes.

32 Wie groß ist das Volumen der Körper?
a) $O = 664\,cm^2$ b) $O = 264\,cm^2$

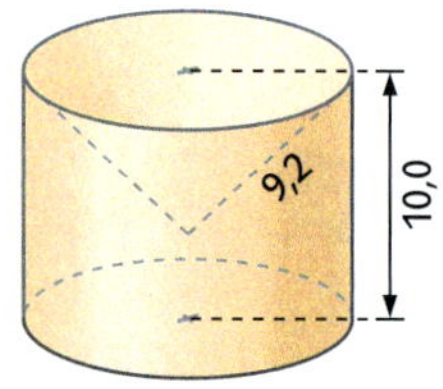

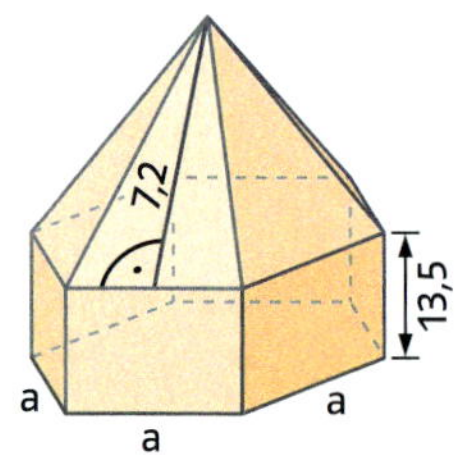

33 Gegeben ist der Diagonalschnitt einer quadratischen Pyramide. Gib die Oberfläche und das Volumen in Abhängigkeit von e an.

a)

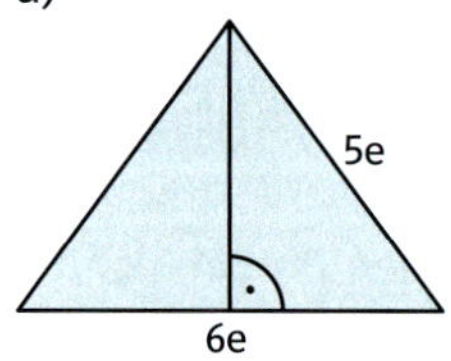

b)

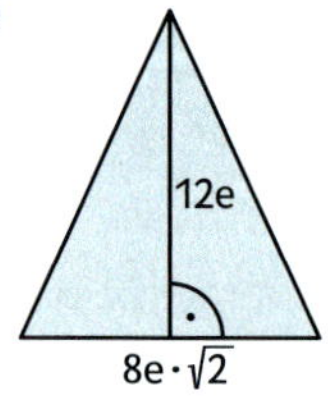

c)

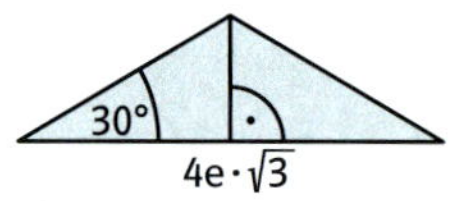

d)

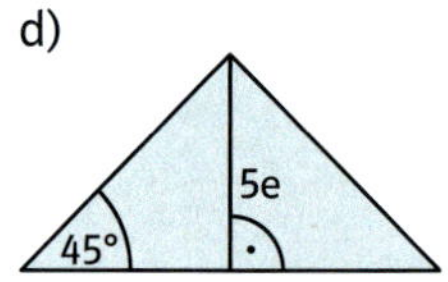

34 Gib Formeln für Volumen und Oberfläche des Kegels in Abhängigkeit von e an.

a)

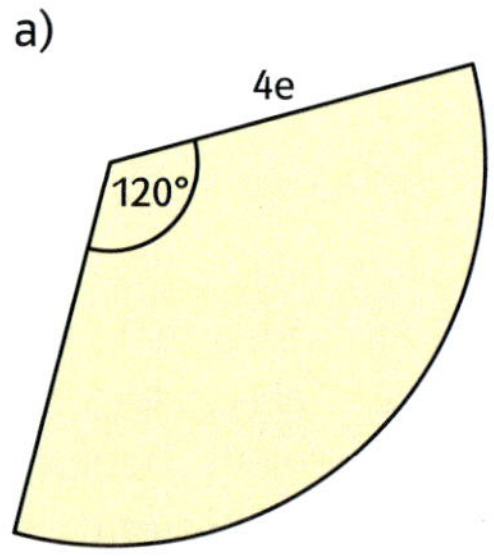

b)

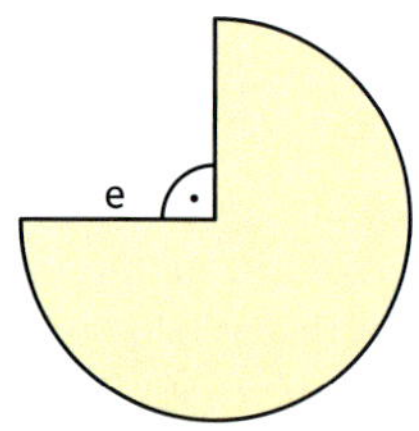

35 Ein Körper setzt sich aus einer Halbkugel, einem Zylinder und einem Kegel zusammen. Der Körper hat ein Volumen von $66\pi e^3$. Berechne die Länge der Mantellinie in Abhängigkeit von e.

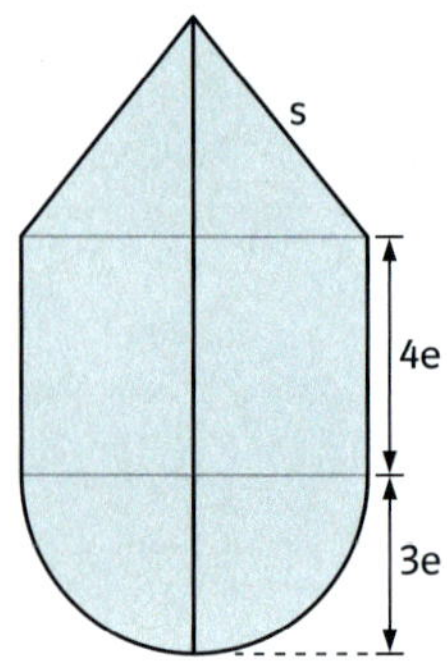

Rückspiegel

1 Berechne Mantelfläche, Oberfläche und Volumen der quadratischen Pyramide.

a) $a = 10\,cm$
$h_s = 7{,}0\,cm$

b) $h = 0{,}8\,cm$
$s = 1{,}0\,cm$

2 Berechne Oberfläche und Volumen der

a) Sechseckspyramide
$a = 6\,cm$
$h = 12\,cm$

b) Fünfeckspyramide
$a = 2{,}8\,dm$
$s = 7{,}1\,dm$

3 Gegeben ist der Achsenschnitt eines Kegels. Berechne Oberfläche und Volumen.

a)

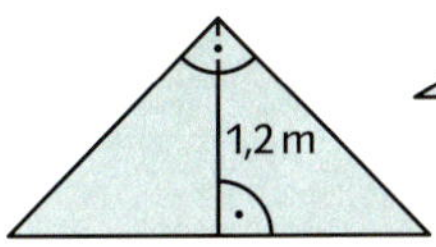

b)

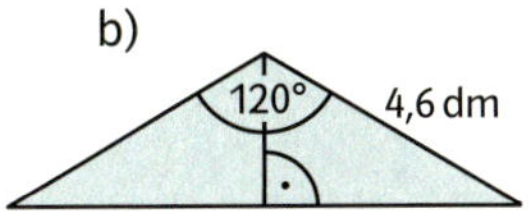

4 Wie viel Prozent Luft ist in dieser Verpackung?

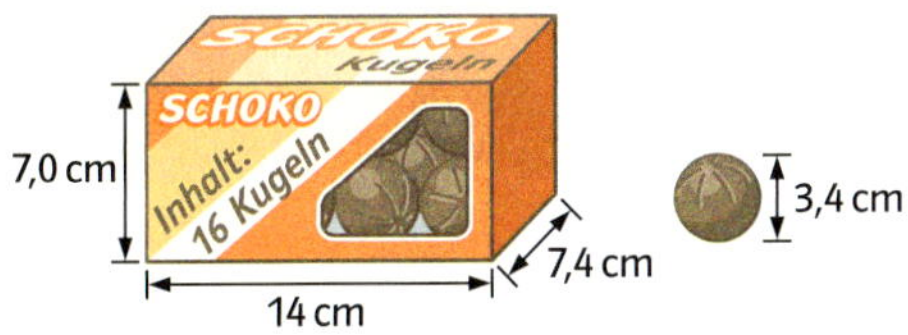

5 Berechne das Volumen und den Materialbedarf der Verpackung. Rechne mit 10 % Zuschlag für Verschnitt und Klebefalze.

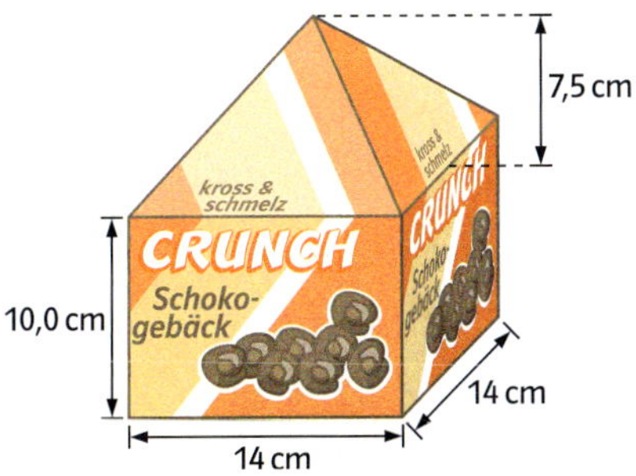

6 Gib M, O und V einer quadratischen Pyramide in Abhängigkeit von e an.

a) $a = 6e$
$h = 4e$

b) $h = 12e$
$h_s = 15e$

Rückspiegel

1 Berechne h_s, h und V einer quadratischen Pyramide mit einer Oberfläche von $39{,}2\,cm^2$ und einer Grundkante von $3{,}0\,cm$.

2 a) Eine Sechseckspyramide hat ein Volumen von $184\,cm^3$ und eine Höhe von $10{,}5\,cm$. Berechne die Oberfläche.
b) Eine Fünfeckspyramide hat eine Mantelfläche von $365{,}5\,cm^2$ und eine Grundkante von $9{,}0\,cm$.
Berechne das Volumen.

3 Bei einem Kegel ist die Höhe doppelt so groß wie der Radius. Sein Volumen beträgt $575\,cm^3$.
Berechne die Oberfläche.

4 Von einem Kegel sind gegeben:
$V = 185{,}2\,cm^3$
$h = 6{,}8\,cm$
Die Mantelfläche des Kegels ist genauso groß wie die Oberfläche einer Kugel.
Berechne das Volumen dieser Kugel.

5 Berechne die Kantenlänge x.

a) $V = 1190\,cm^3$

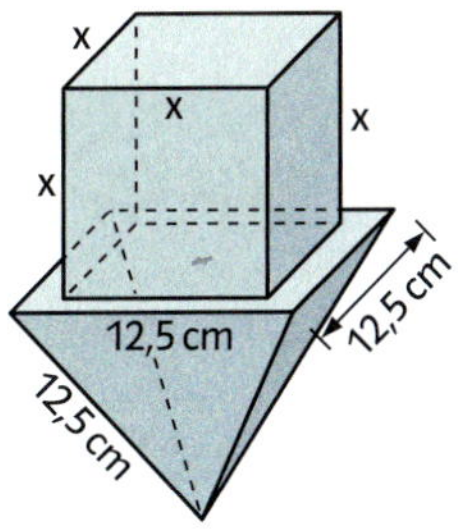

b) $O = 837{,}3\,cm^2$

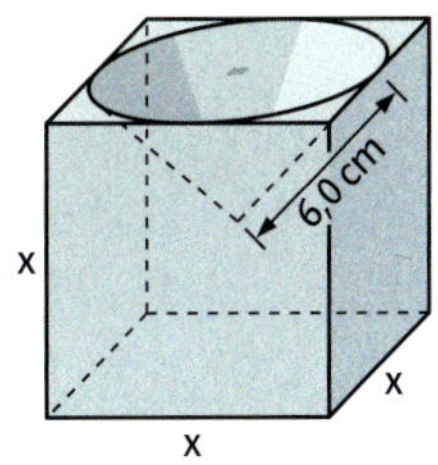

6 Stelle Formeln für die Oberfläche und das Volumen auf. Verwende dabei keine gerundeten Werte.

a)

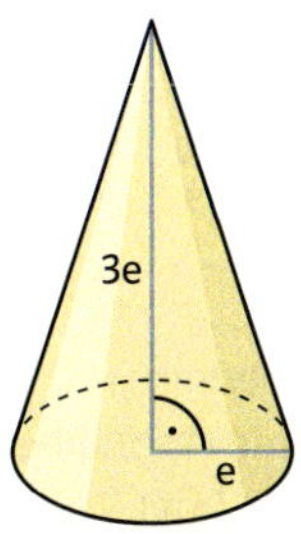

b)

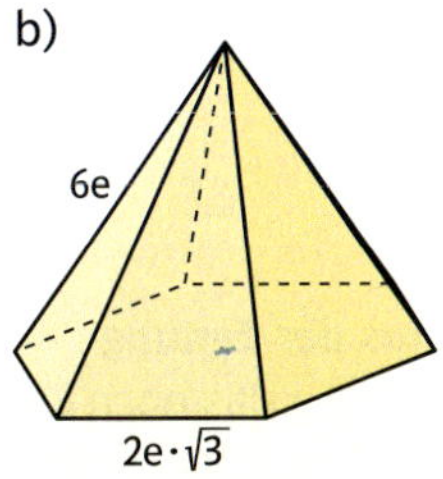

Abrechnen – Hochrechnen

Mathematik kommt im Alltag in unterschiedlichsten Situationen und Formen vor:
- in Rechnungen,
- in Diagrammen,
- in Statistiken,
- in Tabellen.

Frau Großmann tankt nach 626 km. Sie kauft noch eine Zeitschrift.
- Was kannst du aus den Zahlen auf dem Kassenbon berechnen?
- Formuliere selbst einige Aufgaben für deine Partnerin oder deinen Partner.

SPRITSTATION	Säule Nr. 5	
Super 43,63 L (1,439 EUR / LITER)		
Super	EUR	62,78
Zeitschrift	EUR	3,00
Summe	EUR	65,78
MWST 1	19 %	10,02
Netto		52,76
MWST 2	7 %	0,20
Netto		2,80
Gute Fahrt!		

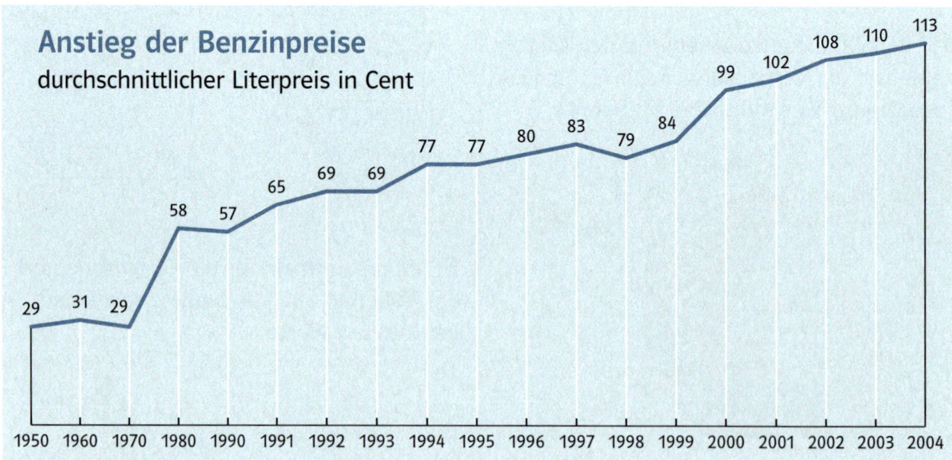

Aus der Zeitung

„Waren das noch Zeiten: Gerade mal 29 Cent kostete 1950 ein Liter Normalbenzin, heute liegt der Preis weit über einem Euro (allerdings sind auch die Einkommen gestiegen). Nach der Benzinpreisexplosion fährt jeder dritte Deutsche weniger Auto. Wo führt das noch hin?“

Umfragedaten werden oft in Fragebögen erfasst. Die Ergebnisse werden bewertet und sind häufig die Grundlage für wirtschaftliche und politische Entscheidungen.

An der Carl-Friedrich-Gauß-Realschule wurden sämtliche Schülerinnen und Schüler der zehnten Klassen zu ihrem Medienverhalten befragt. Rechts siehst du einen Ausschnitt des Fragebogens.

- Entwickle selbst weitere Fragen. Denke dabei nicht nur an den PC und das Internet.
- Überlege dir auch, ob Mehrfachnennungen gewünscht sind oder ob nur eine der angebotenen Antworten angekreuzt werden soll.

Zur Darstellung der Umfrageergebnisse werden meistens Diagramme verwendet.

Verfügst du über einen Internetanschluß zu Hause?

☐ *Ja* ☐ *Nein*

Wie häufig bist du im Internet?

☐ *täglich*
☐ *einmal im Monat*
☐ *einmal in der Woche*
☐ *Sonstiges*

Wozu nutzt du das Internet?

☐ *Recherche* ☐ *Info*

häufigste Internetnutzung (Anzahl der Schüler)

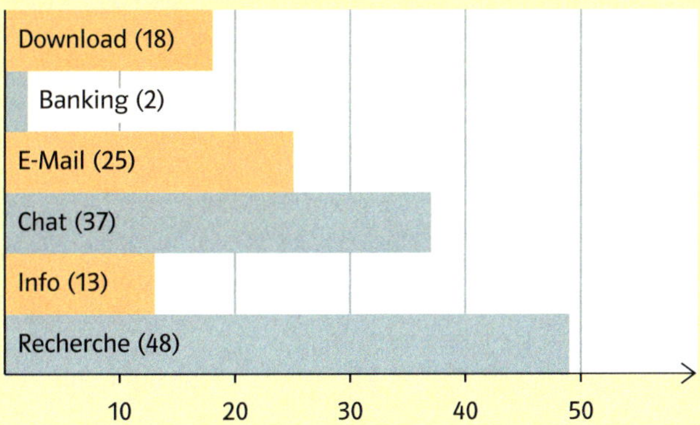

Im oben abgebildeten Diagramm wird die Nutzung des Internets durch die Zehntklässler dargestellt.

- Wie viele Schüler haben an der Umfrage teilgenommen? Mehrfachnennungen waren nicht möglich.

Der Carl-Friedrich-Gauß-Realschule gehören insgesamt 760 Schülerinnen und Schüler an.

- Übertrage die Erkenntnisse auf die gesamte Schule und erstelle sowohl eine Tabelle als auch ein Diagramm für die gesamte Schülerzahl.
- Welche Schwierigkeiten erwartest du?

In diesem Kapitel lernst du,

- wie man mit Prozenten rechnet,
- wie man die Zinsrechnung anwendet,
- welche Diagrammformen wozu sinnvoll verwendet werden,
- wie man die Kennwerte einer statistischen Erhebung bestimmt,
- wie man das Ergebnis einer statistischen Erhebung beurteilt.

1 Prozente und prozentuale Veränderungen

In einer Sonderaktion wegen Geschäftsauflösung wird auf die bereits ermäßigten Preise nochmals ein Rabatt von 30 % gegeben. Svenja nutzt die Gelegenheit und kauft sich einen DVD-Player und einen Flachbildschirm.
→ Svenja schätzt: Ich habe mindestens die Hälfte gespart.

Mithilfe der Prozentrechnung werden Größen oder Zahlen miteinander verglichen.
Der **Grundwert G** entspricht immer 100 %. Der **Prozentwert P** wird mithilfe des **Prozentsatzes p %** als Produkt von Grundwert und Prozentsatz berechnet.
Aus zwei der Werte G, P und p % lässt sich der fehlende dritte Wert mit der Grundformel, dem Dreisatzverfahren oder dem Prozentfaktor berechnen.
Oft ist es vorteilhaft, den Prozentsatz als Dezimalbruch darzustellen. $15\,\% = \frac{15}{100} = 0{,}15$.

Grundformel der Prozentrechnung
Prozentwert = Grundwert mal Prozentsatz
kurz: $\mathbf{P = G \cdot p\,\%}$ oder $P = G \cdot \frac{p}{100}$

Beispiel
Wenn 208 € einem Prozentsatz von 5,2 % entsprechen, kann der Grundwert, das „Ganze", berechnet werden.

$P = G \cdot \frac{p}{100} \quad | : \frac{p}{100}$
$G = P : \frac{p}{100}$
$G = 208\,€ : 0{,}052 = 4000\,€$

Oft wird der Grundwert um einen prozentualen Anteil vermehrt oder vermindert. Man spricht dann vom **vermehrten** oder **verminderten Grundwert**. Diese prozentuale Veränderung kann kurz mit dem **Prozentfaktor q** angegeben werden.
Bei einer Verminderung um 5 % werden aus 100 % dann 95 %, es kann also mit dem Prozentfaktor $q = 0{,}95$ gerechnet werden.

Prozentuale Veränderungen lassen sich mit dem **Prozentfaktor q** ausdrücken und berechnen: $q = 1 + \frac{p}{100}$ oder $q = 1 - \frac{p}{100}$
Vermehrung — Verminderung

! Die gesamte prozentuale Veränderung kann auch ohne den Grundwert berechnet werden:
$q_1 \cdot q_2 = 0{,}85 \cdot 1{,}20 = 1{,}02$
also eine Erhöhung um 2 %.

Beispiel
Der Preis einer Musikanlage von 1499 € wird zuerst um 15 % gesenkt und anschließend wieder um 20 % erhöht. Der neue Preis kann mit den Prozentfaktoren q_1 und q_2 berechnet werden.

$q_1 = 1 - 0{,}15 = 0{,}85$
$q_2 = 1 + 0{,}20 = 1{,}20$
Neuer Preis:
$NP = 1499\,€ \cdot 0{,}85 \cdot 1{,}20$
$NP = 1528{,}98\,€$

Aufgaben

1 Berechne im Kopf.
a) 20 % von 400 €; 5 % von 150 m;
37 % von 200 kg; 0,5 % von 126 km
b) Wie viel Prozent sind: 26 € von 260 €;
8,2 m von 50 m; 34 kg von 200 kg?
c) 5 % sind 150 m; 25 % sind 3,60 €;
20 % sind 15,5 km; 90 % sind 720 kg

2 a) Bei einer Umfrage stimmten 84 % von 650 Schülerinnen und Schülern für die Einrichtung eines offenen Computerraums.
b) Von den 612 abgegebenen Stimmen waren 478 für die Einrichtung einer Cafeteria.
c) Für die Durchführung von Bundesjugendspielen im Winter stimmten 322 Schülerinnen und Schüler. Das entsprach einem Anteil von etwa 56 % aller Stimmen.

3 a) Frau Hamann verdient monatlich 3215,62 €. Sie erhält eine Gehaltserhöhung von 2,3 %.
b) Ein Mitarbeiter von Frau Hamann verdient nach der Erhöhung um 2,3 % jetzt 3056,26 €.
Wie viel verdient er also mehr?
c) Bei Frau Kleiner machte die Gehaltserhöhung von 2,3 % genau 66,61 € aus.

4 a) Kathrin ist als Führerscheinneuling mit 275 % Versicherungsprämie eingestuft. Dies sind jährlich 1438,25 €.
Nach 3 Jahren unfallfreiem Fahren beträgt die Prämie noch 170 %.
Wie viel Euro spart Kathrin im Vergleich zum Beginn?
b) Herr Peters zahlt nach 13 Jahren unfallfreiem Fahren nur noch 40 % der Grundprämie. Nach einem Unfall erhöht sich seine Prämie auf 60 % und wird damit um 120 € teurer. Wie hoch ist die Grundprämie?

5 Der Preis eines Einzelfahrscheins für drei Zonen stieg zu Jahresbeginn von 3,30 € auf 3,60 € und im Oktober nochmals um denselben Betrag.
Berechne die jeweilige prozentuale Erhöhung. Um wie viel Prozent stieg der Preis insgesamt?

6 Der Preis eines Snowboards wird zuerst um 10 % und dann im Räumungsverkauf nochmals um 40 % gesenkt Es kostet jetzt 269 €.
a) Wie hoch war der ursprüngliche Preis?
b) Wie viel Euro machten die einzelnen Preissenkungen aus?
c) Wie viel Prozent betrug der gesamte Preisnachlass?

7 In der Zeitung fand sich die Notiz:
In den letzten 4 Jahren sind die Zimmerpreise in den italienischen Hotels um bis zu 300 % gestiegen!
a) Was könnte ein Zimmer für 126,00 € vor 4 Jahren gekostet haben?
b) Wie könnte das Wachstum in den einzelnen Jahren ausgesehen haben?

8 Drücke die gesamte Veränderung mit einem Prozentfaktor aus.
a) Erhöhung um 10 %, dann um 15 %
b) zweimal um je 12 % erhöht
c) zuerst um 30 % erhöht, dann um 15 % vermindert
d) zuerst um 50 % vermindert, dann um 50 % erhöht

9 In der Zeitschrift einer gesetzlichen Krankenkasse ist diese Grafik abgebildet.

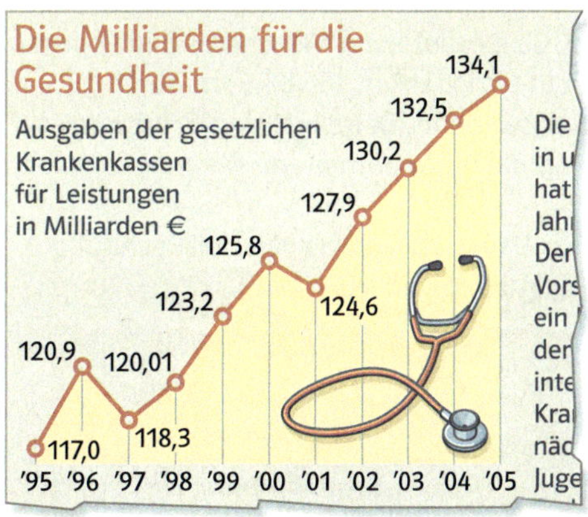

a) Berechne die jährlichen prozentualen Veränderungen.
b) Um wie viel Prozent sind die Ausgaben im gesamten Zeitraum gestiegen?
c) Welche Vermutungen stellst du für die nächsten Jahre an?

! *Achte bei der Formulierung auf den Unterschied zwischen **um** und **auf**!*
*Wird der Preis beispielsweise **um 20 %** ermäßigt, sind es nur noch 80 % des ursprünglichen Preises.*
*Eine Erhöhung **auf 115 %** bedeutet, dass die Ware 15 % teurer geworden ist.*

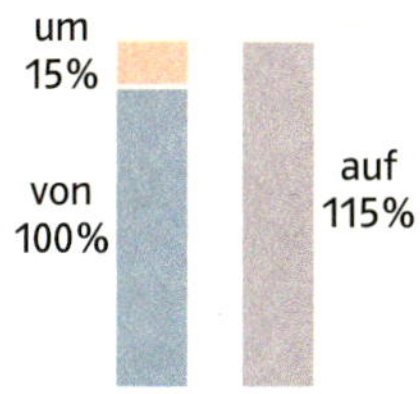

? *Der Preis wurde auf 125 % erhöht. Um wie viel Prozent muss man den Preis reduzieren, um wieder den ursprünglichen Preis zu erhalten?*

10 Auf diesem Rechnungsentwurf hat sich ein Fehler mit Folgen eingeschlichen.

Firma **Mühlmann** und Söhne Mühlheim

Rechnung Nr. 153607

Regalwand	1550,00 €
+ 19% MwSt.	248,00 €
	1788,00 €
abzüglich 3% Skonto	53,64 €
	1734,36 €

Bitte überweisen Sie auf das Konto 1111111111

a) Rechne nach und korrigiere die einzelnen Posten.
b) Um solche Fehler zu vermeiden, kann man sich mit einem Tabellenkalkulationsprogramm ein entsprechendes Rechenblatt herstellen. Überprüfe damit die Rechnung.

Skonto
(italienisch: Abzug): Preisnachlass bei sofortiger oder kurzfristiger Zahlung; wird auch als Barzahlungsrabatt bezeichnet.

11 a) Frau Ahlmann bezahlt für neue Vorhänge einschließlich 19% Mehrwertsteuer und nach Abzug von 2% Barzahlungsrabatt 764,40 Euro.
Berechne den Nettopreis der Vorhänge.
b) Auf einer Rechnung von Herrn Bahmüller sind 85,31 Euro als Mehrwertsteuer ausgewiesen. Er darf noch 3% Skonto abziehen.
c) Beim Kauf einer Waschmaschine spart Frau Christiansen 104,85 Euro durch 15% Sonderrabatt. Berechne den Bruttopreis und die darin enthaltene Mehrwertsteuer.

Nettopreis
Preis ohne Mehrwertsteuer

Bruttopreis
Preis mit Mehrwertsteuer

12 Das ist alles, was von der Rechnung übrig blieb.

Netto-Betrag	€ 9
+ 19% MwSt.	€
Zwischensumme	€ 10
– 2% Skonto	€ 21,81
Endbetrag	€ 10

Mehrwertsteuer

Die Mehrwertsteuer wird nur vom Endverbraucher getragen und mit dem Kaufpreis bezahlt. Jeder Unternehmer erhebt beim Verkauf seiner Waren vom Kunden Mehrwertsteuer, zieht die Mehrwertsteuer ab, die er selbst bezahlt hat und führt den Differenzbetrag ans Finanzamt ab.

Ab 2007 beträgt der Mehrwertsteuersatz 19% statt vorher 16%.

- Ein Fernsehgerät kostete einschließlich 16% Mehrwertsteuer 998 Euro. Was kostet das Gerät mit 19% Mehrwertsteuer?
- Tobias berechnet die Verteuerung in Prozent: „Natürlich 3%!" Um wie viel Prozent haben sich die Preise durch die Änderung des Mehrwertsteuersatzes erhöht?

Für einige Waren (z. B. Bücher, Lebensmittel) wird ein ermäßigter Steuersatz von 7% erhoben.

- Harald hat für einen Bildband 39,90 € bezahlt. Was würde das Buch kosten, wenn er nicht den ermäßigten, sondern den normalen Mehrwertsteuersatz bezahlen müsste?

Der Mehrwertsteuersatz kann vom Staat festgelegt werden. Ab 2007 beträgt er 19%. Zum Vergleich einige Mehrwertsteuersätze aus anderen Ländern (Stand 2007):

Schweden	25%
Belgien	21%
Frankreich	19,6%
Luxemburg	15%
USA (einzelne Staaten)	6%

- Ein Mountainbike wird in Luxemburg mit Mehrwertsteuer für 398,00 € verkauft. Welchen Preis muss die Firma in Deutschland fordern, wenn derselbe Nettopreis verrechnet wird?
- Wie hoch ist der Mehrwertsteuersatz in Italien, wenn das Mountainbike dort 17,30 € weniger als in Schweden kostet?

13 Die Abbildung gibt Informationen über die Lesegewohnheiten der Deutschen im Jahr 2004.

a) Berechne die Anteile am Gesamtumsatz in Prozent und stelle sie in einem Prozentkreis dar.

b) Wie viel Euro des Gesamtumsatzes entfallen auf Kinder und Jugendbücher, wie viel auf den Bereich Schule und Lernen?

c) Vergleiche den Gesamtumsatz in Euro an Taschenbüchern und an Hörbüchern.

d) Kannst du weitere Vergleiche mithilfe der Diagramme anstellen?

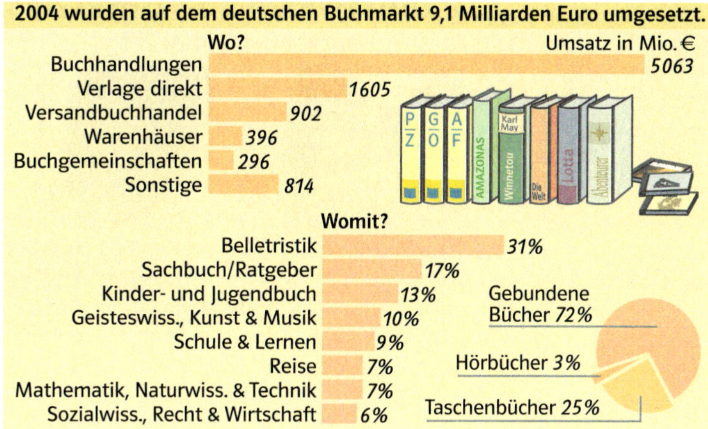

Entwicklung der Weltbevölkerung

In der Tabelle sind die Einwohnerzahlen der einzelnen Kontinente in Millionen angegeben.

Jahr	1960	1970	1980	1990	2000
Europa	667	738	794	841	883
Afrika	281	363	481	648	872
Amerika	416	512	614	724	835
Asien	1639	2066	2538	3053	3631
Ozeanien	16	19	23	26	30

- Stelle für die Jahre 1960, 1980 und 2000 die Anteile der einzelnen Kontinente an der Gesamtbevölkerung der Erde in Prozentstreifen dar. Zeichne die Diagramme untereinander und vergleiche.

- Vergleiche die prozentuale Steigerung der Einwohnerzahlen von Europa und Asien für den Zeitraum von 1960 bis 2000.

Immer wieder wird versucht Prognosen für die Entwicklung der Weltbevölkerung abzugeben.
Dabei werden aufgrund der bekannten Zahlen mathematische Modelle zugrunde gelegt. Dies sind in der Regel rechnerische Methoden, es werden aber auch Diagramme als Hilfe verwendet.

Prognosen besagen, dass 2050 etwa 9 Milliarden Menschen auf der Erde leben werden.

- Welche Einwohnerzahlen erwartest du auf Grund der Zahlen in der Tabelle für die Jahre 2010 und 2020?

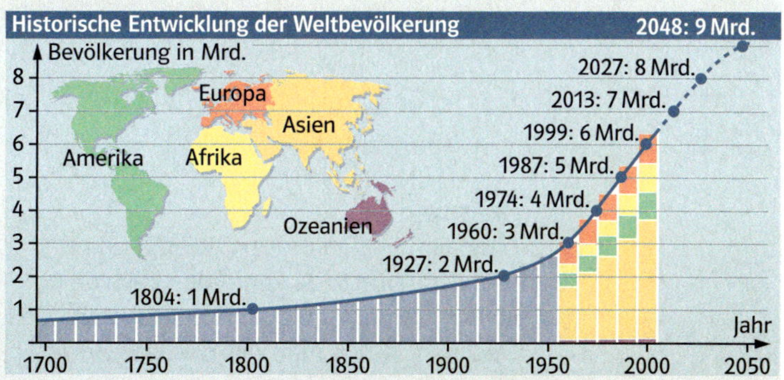

2 Zinsrechnen und Zinseszins

Martina hat 1500 Euro als Guthaben auf der Bank.
Sie erhält einen Zinssatz von 2,5 %.
Nach zwei Jahren und 6 Monaten löst sie ihr Konto auf.
Martina erwartet 93,75 € Zinsen.
Sie ist überrascht, dass ihr Guthaben auf 1595,64 € angewachsen ist.
→ Was meinst du dazu?

Zinsrechnung – Prozentrechnung
Kapital – Grundwert
Zinssatz – Prozentsatz
Zinsen – Prozentwert

In der Zinsrechnung gibt es wie bei der Prozentrechnung drei Größen: das **Kapital K**, den **Zinssatz p %** und die **Zinsen Z**. Der Zinssatz bezieht sich auf 1 Jahr.
Bei der Berechnung von Zinsen für Zeiträume unter einem Jahr muss ein entsprechender Zeitfaktor berücksichtigt werden.
Im Bankwesen gilt: 1 Jahr = 12 Monate = 360 Tage und 1 Monat = 30 Tage.

Zinsen für Zeiträume unter einem Jahr werden berechnet, indem man die Jahreszinsen mit dem Zeitfaktor multipliziert.
Zinsen = Jahreszinsen · Zeitfaktor

$Z = K \cdot \frac{p}{100} \cdot i$	$Z = K \cdot \frac{p}{100} \cdot \frac{m}{12}$	$Z = K \cdot \frac{p}{100} \cdot \frac{t}{360}$
i Bruchteil eines Jahres	m Anzahl der Monate	t Anzahl der Tage

! Formeln gelten nicht für Zeiträume länger als 1 Jahr!

Beispiel

Roman hat 21 Tage lang sein Konto um 980 € überzogen. Der Überziehungszinssatz beträgt 11 %. Mit der Zinsformel kann man die anfallenden Zinsen berechnen.

$Z = K \cdot \frac{p}{100} \cdot \frac{t}{360}$

$Z = 980\,€ \cdot \frac{11}{100} \cdot \frac{21}{360}$

$Z = 6{,}29\,€$

Legt man Geld für mehr als ein Jahr an, werden die Zinsen mitverzinst. Man spricht von **Zinseszinsen**. Bei einer Laufzeit von n ganzen Jahren lässt sich aus dem **Anfangskapital K_0** das **Endkapital K_n** mit der Zinseszinsformel berechnen. Ist die Laufzeit keine ganze Anzahl von Jahren, so wird der ganzzahlige Teil und der Rest getrennt berechnet.

Mit der Zinseszinsformel kann man aus dem Anfangskapital K_0 und dem Zinssatz p % das Endkapital K_n nach n Jahren berechnen:

$$K_n = K_0 \cdot q^n \quad \text{mit} \quad q = 1 + \frac{p}{100}$$

Beispiel

Aus dem Endkapital von 3073,14 € und dem Zinssatz 3,5 % kann man das vor sechs Jahren angelegte Anfangskapital berechnen, indem man die Zinseszinsformel umstellt.

$K_0 = \frac{K_n}{q^n}$

$K_0 = \frac{3073{,}14\,€}{1{,}035^6}$

$K_0 = 2500{,}00\,€$

Das Anfangskapital beträgt 2500,00 €.

Aufgaben

1 a) Herr Baum überzieht sein Konto 58 Tage lang bei einem Zinssatz von 10,5 % um 2350 €.
b) Frau Munz muss bei einem Zinssatz von 15,25 % für 45 Tage Zinsen in Höhe von 23,83 € bezahlen.
c) Bei welchem Zinssatz wächst ein Guthaben in 10 Monaten von 956,50 € auf 977,22 € an?

2 Vergleiche die beiden Angebote.

3000 € bringen in 4 Monaten 100 € Zinsen	4000 € bringen in 3 Monaten 100 € Zinsen

3 Herr Findeisen muss eine Rechnung in Höhe von 4356,50 € bezahlen.
Bei Barzahlung kann er 2 % Skonto abziehen. Er überlegt, ob es günstiger ist, sein Girokonto für 23 Tage um 1456,00 € zu überziehen.
Die Bank verlangt Überziehungszinsen in Höhe von 11,5 %.

4 a) Herr Amann legt einen Betrag von 5000 € mit einem Zinssatz von 4,5 % für 6 Jahre fest an. Wie viel Zinsen werden ihm am Ende gutgeschrieben?
b) Frau Bucher hat nach 5 Jahren bei einem Zinssatz von 4,2 % einen Betrag von 3685,19 € angespart.
Welchen Geldbetrag hat Frau Bucher ursprünglich angelegt?
c) Herr Carle hat vor 4 Jahren 8000 Euro bei seiner Bank fest angelegt. Heute hat er 9394,92 € als Guthaben.
Zu welchem gleich bleibenden Zinssatz hat er sein Geld angelegt?

5 a) Wie würdest du entscheiden?
Ein Kapital 5 Jahre zu 6 % oder 6 Jahre zu 5 % anlegen.
b) Welcher Zinssatz muss gewählt werden, damit ein Kapital in 10 Jahren auf das Doppelte anwächst?

6 Die Hansa-Bank hat zwei aktuelle Angebote, bei denen Zinsen mitverzinst werden.

1. Angebot: 4,75 %	2. Angebot: 4,2 %
· Sparbrief · Laufzeit 4 Jahre · Anlagebetrag ab 5000 Euro	· Festzinssparbuch · Laufzeit 2 Jahre · Anlagebetrag ab 10 000 Euro

a) Das Ehepaar Seitz legt 7500 € laut 1. Angebot an. Wie viel Euro Zinsen werden am Ende ausbezahlt?
b) Der Anlagebetrag von Frau Bolz wächst nach dem 2. Angebot auf 13 029,17 € an. Wie hoch war der angelegte Betrag?

7 a) Miriam zahlt bei einem Zinssatz von 2,75 % auf einen Sparvertrag 500 € ein. Nach einem Jahr und weiteren 7 Monaten löst sie den Vertrag auf.
b) Alexander zahlt einen Geldbetrag zu Beginn des Jahres auf seinen Sparvertrag ein. Der Zinssatz beträgt 2,5 %. Nach einem Jahr und 8 Monaten ist der eingezahlte Betrag auf 1250,50 € angewachsen. Wie hoch war das Anfangskapital?

8 Ein Kapital von 10 000 € wird mit 4 % verzinst. Erstelle eine Tabelle und lies ab, nach welcher Zeit sich das Kapital verdoppelt hat.
Wie ändert sich die Verdopplungszeit, wenn der Zinssatz 5 % oder sogar 6 % beträgt? Mit einem Rechenblatt einer Tabellenkalkulation kannst du dir die Arbeit erleichtern. Stelle die Entwicklung der Zinsen in einem Diagramm dar.

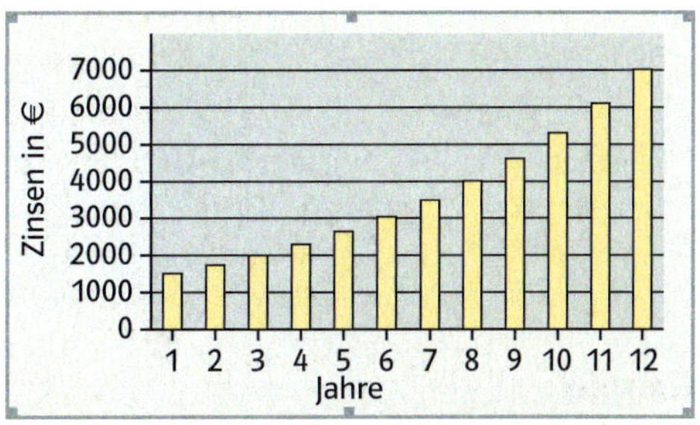

Mit welchem Zinssatz wurde im Diagramm für das Kapital von 10 000 € gerechnet?
Was erkennst du für diesen und ähnlich hohe andere Zinssätze?

3 Sparformen: Zuwachssparen und Ratensparen

Am Ende noch eine dicke Prämie!

Zinssatz 3,8 %
Laufzeit 3 Jahre
Bei Auszahlung des angesparten Betrags noch 5 % Prämie auf den Einzahlungsbetrag!

Jedes Jahr mehr Zinsen!

1. Jahr: 3,5 %
2. Jahr: 4,0 %
3. Jahr: 4,5 %
Auszahlung nach 3 Jahren.

Die Bank hat zwei verschiedene Angebote in ihrem Schaufenster.
→ Anja und Thorsten überlegen, welches Angebot mehr Gewinn bringt.

Wenn man heute Geld bei einer Bank anlegt, gibt es eine Vielzahl verschiedener Angebote. In der Regel beträgt die Laufzeit mehrere Jahre, sodass die Zinsen mitverzinst werden. Beim **Zuwachssparen** werden von Jahr zu Jahr veränderliche Zinssätze angeboten, um eine längere Laufzeit durch höhere Zinssätze zu belohnen.

Zuwachssparen: Aus einem **Anfangskapital K_0** und den veränderlichen Zinssätzen kann das **Endkapital K_n** nach **n Jahren** mithilfe der Zinsfaktoren $q_1, q_2, \ldots, q_n$ berechnet werden:

$$K_n = K_0 \cdot q_1 \cdot q_2 \cdot \ldots \cdot q_n$$

Beispiel

Ein Anfangskapital von 2500 € ist in drei Jahren mit wachsenden Zinssätzen auf 2761,05 € angewachsen. Die Zinssätze im zweiten und im dritten Jahr betrugen 3,3 % und 3,8 %.
Durch Umstellen der Formel für das Zuwachssparen kann der Zinssatz im ersten Jahr berechnet werden.

$K_3 = K_0 \cdot q_1 \cdot q_2 \cdot q_3 \quad | : (K_0 \cdot q_2 \cdot q_3)$

$q_1 = \frac{K_3}{K_0 \cdot q_2 \cdot q_3}$

$q_1 = \frac{2761{,}05\,€}{2500{,}00\,€ \cdot 10{,}33 \cdot 1{,}038}$

$q_1 = 1{,}03$

Im ersten Jahr betrug dann der Zinssatz 3 %.

Verzinsung der Raten:
1. Rate: $R \cdot q^n$
2. Rate: $R \cdot q^{n-1}$
3. Rate: $R \cdot q^{n-2}$
…
letzte Rate: $R \cdot q$

Wird in gleich bleibenden Zeitabständen stets derselbe Geldbetrag eingezahlt, so bezeichnet man diese Sparform als **Ratensparen**. In der Regel bleibt der Zinssatz während der gesamten Laufzeit unverändert.
Die erste Rate wird über n Jahre verzinst, also ist ihr Wert am Ende der Laufzeit $R \cdot q^n$. Die zweite Rate wird ein Jahr weniger verzinst, wächst also auf $R \cdot q^{n-1}$. Die Berechnung der gesamten Sparsumme lässt sich so fortsetzen und in einer Formel zusammenfassen.

Ratensparen: Aus der **jährlichen Sparrate R** und dem **Zinsfaktor q** kann die Sparsumme K_n für eine Laufzeit von n Jahren durch die Formel

$$K_n = R \cdot (q^n + q^{n-1} + q^{n-2} + \ldots + q)$$

berechnet werden.

Beispiel

Bei einer jährlichen Sparrate von 500,00 € und einem Zinssatz von 4,2 % lassen sich die Sparsumme und die erzielten Zinsen nach 4 Jahren berechnen:

$K_4 = R \cdot (q^4 + q^3 + q^2 + q)$

$K_4 = 500{,}00\,€ \cdot (1{,}042^4 + 1{,}042^3 + 1{,}042^2 + 1{,}042)$

$K_4 = 2219{,}01\,€$

$Z = K_4 - 4 \cdot R$

$Z = 219{,}01\,€.$

Aufgaben

1 Herr Fuchs legt 8000 € bei seiner Bank für 3 Jahre zu folgenden Bedingungen an.

1. Jahr:	2. Jahr:	3. Jahr:
3,2 %	3,4 %	3,8 %

Zinsen werden mitverzinst.

a) Auf welchen Betrag wächst das Kapital bis zum Ende des dritten Jahres an?
b) Wie viel Zinsen sind in den einzelnen Jahren angefallen?
c) Um wie viel Prozent hat sich das Kapital insgesamt erhöht?

2 Ein Kapital von 20 000 € ist nach 3 Jahren auf 22 713,87 € angewachsen.

Zinssatz im 1. Jahr: 3,9 %
Zinssatz im 2. Jahr: 4,3 %

a) Wie hoch war der Zinssatz im dritten Jahr?
b) Wie viel Euro Zinsen werden jeweils am Jahresende gutgeschrieben?
c) Mit welchem festen Zinssatz wäre das Kapital im selben Zeitraum auf denselben Endbetrag angewachsen?

3 Für einen Betrag von 15 000 € werden nach 3 Jahren insgesamt 1791,45 € Zinsen gutgeschrieben. Die Zinssätze des ersten und zweiten Jahres sind gleich, der Zinssatz im dritten Jahr beträgt 4,5 %.
a) Wie hoch ist der Zinssatz in den beiden ersten Jahren?
b) Angenommen, das Kapital wäre auf 17 000 € angewachsen, wie hoch wäre dann der Zinssatz im ersten und im zweiten Jahr gewesen?

4 Frau Sommer benötigt in zwei Jahren für Renovierungsarbeiten 15 000 €.
a) Welchen Geldbetrag muss Frau Sommer anlegen, wenn die Bank im ersten Jahr 4 % und im zweiten Jahr 4,5 % bietet? Zinsen werden mitverzinst.
b) Bei welchem gleich bleibenden Zinssatz wächst das in a) berechnete Kapital in zwei Jahren auf denselben Endbetrag?

5 Bundesschatzbriefe sind beliebte Wertpapiere, die mit jährlich wachsenden Zinssätzen verzinst werden. Bei Typ B beträgt die Laufzeit 7 Jahre, und die Zinsen werden dem Kapital zugeschlagen und mitverzinst.
Frau Häfele legt zu diesen Bedingungen 3000,00 € an.
a) Auf wie viel Euro ist das Kapital am Ende der Laufzeit angewachsen?
b) Mit welchem gleich bleibenden Zinssatz wird derselbe Gewinn erzielt?
c) Welchen Betrag müsste sie mindestens anlegen, wenn sie am Ende über 10 000,00 € verfügen will?

Zinssätze
1. Jahr: 4,7 %
2. Jahr: 5,0 %
3. Jahr: 5,3 %
4. Jahr: 5,7 %
5. Jahr: 6,1 %
6. Jahr: 6,5 %
7. Jahr: 7,0 %

6 Herrn Bauer liegen zwei Angebote der Bank zum Ratensparen mit einer Laufzeit von jeweils 4 Jahren vor.
Zinsen werden mitverzinst.
a) Wie hoch ist die Sparsumme nach Ende der Laufzeit?
b) Anfangs ist die Sparsumme nach Angebot A höher als nach Angebot B. Bleibt das immer so?
c) Wie hoch müsste die Jahresrate von Angebot A sein, damit nach 3 Jahren beide dieselbe Sparsumme erreichen?

Unsere Ratensparpläne

Plan A	Jahresrate: 1500 € Zinssatz: 4,2 %
Plan B	Jahresrate: 1200 € Zinssatz: 4,52 %

! *Rechne beide Angebote mit den entsprechenden Monatsraten durch. Beachte, dass der Zinssatz sich auf das Jahr bezieht. Ein Tabellenkalkulationsprogramm ist dafür eine große Hilfe.*

7 Frau Stahl hat 5 Jahre lang jährlich einen bestimmten Betrag auf ihr Sparkonto einbezahlt. Am Ende des fünften Jahres bekommt sie 13 842,65 € ausbezahlt. Der Zinssatz betrug 4,8 %. Zinsen wurden mitverzinst.
a) Wie hoch war ihre jährliche Sparrate?
b) Wie hoch waren die Zinserträge am Ende eines jeden Jahres?

4 Kreditformen: Darlehen und Kleinkredit

Familie Wohlgemuth interessiert sich für diese Anzeige. Sie hat etwa 100 000 € angespart und überlegt, wie viel Geld sie jährlich für ein Darlehen bei der Bank aufbringen muss, um den Traum vom Eigenheim verwirklichen zu können.

Bei Kreditinstituten kann man sich zu bestimmten Bedingungen Geld leihen.
Zum Erwerb eines Hauses oder einer Wohnung bieten Banken **Darlehen** an. Für den Darlehensbetrag verlangen die Banken Zinsen und einen bestimmten Tilgungsanteil. Daraus berechnet man die Rückzahlungsraten, die regelmäßig zurückgezahlt werden.

Darlehen werden im Regelfall mit gleich bleibenden **Rückzahlungsraten** getilgt. Die Zinsen beziehen sich auf die jeweils bestehende Restschuld und werden mit der Tilgungsrate verrechnet. Dies nennt man **Annuitätentilgung**.

Darlehenssumme: 150 000 €
Zinssatz: 4 %
Jährliche Rückzahlungsrate (Zinsen + Tilgung): 10 000 €

Beispiel

Für die Rückzahlung eines Darlehens wird ein **Tilgungsplan** erstellt:

Jahr	Restschuld zu Jahresanfang	Zinsen (4 % der Restschuld)	Tilgung (Rate – Zinsen)	Restschuld zu Jahresende
1	150 000,00 €	6000,00 €	4000,00 €	146 000,00 €
2	146 000,00 €	5840,00 €	4160,00 €	141 840,00 €
3	141 840,00 €	…	…	…

Für Anschaffungen werden von der Bank **Kleinkredite** angeboten. Auch hier vereinbaren Bank und Kunde schriftlich feste Bedingungen für die Rückzahlung.

- Die Laufzeit liegt zwischen 6 und 72 Monaten.
- Der Kreditbetrag wird zu 100 % ausbezahlt.
- Als einmalige Bearbeitungsgebühr sind 2 % des ausgezahlten Betrags üblich.
- Die Rückzahlung erfolgt in monatlichen Raten.

! Achtung beim Lesen der Vertragsbedingungen!

Die Zinsen können unterschiedlich berechnet werden: Entweder mit jährlichem Zinssatz und monatlicher Tilgung oder mit einem festen Zinssatz pro Monat (p. m.), auf den vollen Kreditbetrag.

Kleinkredite werden in vertraglich vereinbarten gleich bleibenden **Rückzahlungsraten** regelmäßig monatlich getilgt. Es wird zusätzlich eine einmalige **Bearbeitungsgebühr** berechnet, die sich auf den vollen Kreditbetrag bezieht.

Zinssatz: **0,45 % pro Monat** bezogen auf den vollen Kreditbetrag
Bearbeitungsgebühr: 2 %
Laufzeit: **24 Monate**

Beispiel

Ein Kredit in Höhe von 15 000,00 € soll aufgenommen werden.

Der Rückzahlungsbetrag berechnet sich aus dem **Kreditbetrag**		15 000,00 €
den **Zinsen** für die 24 Monate:	24 · 15 000,00 € · 0,0045 =	1 620,00 €
und der **Bearbeitungsgebühr**:	15 000,00 € · 0,02 =	300,00 €
Rückzahlungsbetrag:		16 920,00 €
Monatliche Rückzahlungsrate:	16 920,00 € : 24 =	705,00 €

Aufgaben

1 Familie Hausmann benötigt zum Kauf ihrer Doppelhaushälfte noch 120 000,00 €. Die Bank bietet ein Darlehen mit einem Zinssatz von 4,5 %. Die jährliche Rückzahlungsrate beträgt 8400,00 €.
a) Erstelle einen Tilgungsplan.
b) Wie hoch ist die Restschuld zu Beginn des vierten Jahres?
c) Wie viel Prozent der Gesamtschuld sind nach 4 Jahren bezahlt?
d) In welchem Jahr beträgt die Restschuld erstmals weniger als die Hälfte des Darlehensbetrags?
e) Mit dem Rechenblatt einer Tabellenkalkulation kannst du die Höhe der letzten Rate und die Summe der Zinsen insgesamt einfach bestimmen.

2 Frau Bauer möchte sich eine Eigentumswohnung kaufen und braucht noch ein Darlehen in Höhe von 80 000,00 €. Die Bank verlangt einen Zinssatz von 4,3 %. Der anfängliche Tilgungsanteil beträgt 2 % des ursprünglichen Darlehensbetrags.
a) Frau Bauer hat ausgerechnet, dass sie monatlich etwa 400 € zur Rückzahlung aufbringen kann. Kann sie das Angebot der Bank annehmen?
b) Wie ändert sich die Rate, wenn nur 1 % getilgt wird?
c) Prüfe mit einem Tabellenkalkulationsprogramm, wie sich die unterschiedlichen Bedingungen auf die Laufzeit auswirken.

D9 | fx | =D4-C9

	A	B	C	D	E
1	**Tilgungsplan eines Darlehens**				
2					
3	Darlehensbetrag			80 000,00 €	
4	Jährliche Rückzahlungsrate			6000,00 €	
5	Zinssatz			4,30 %	
6					
7/8	Jahr	Restschuld zu Jahresanfang	Zinsen	Tilgung	Restschuld zu Jahresende
9	1	80 000,00 €	3440,00 €	2560,00 €	77 440,00 €
10	2	77 440,00 €	3329,92 €	2670,08 €	74 769,92 €
11	3	74 769,92 €	3215,11 €	2784,89 €	71 985,03 €
12	4	71 985,03 €	3095,36 €	2904,64 €	69 080,38 €
13	5	69 080,38 €	2970,46 €	3029,54 €	66 050,84 €
14	6	66 050,84 €	2840,19 €	3159,81 €	62 891,03 €
15	7	62 891,03 €	2704,31 €	3295,69 €	59 595,34 €
16	8	59 595,34 €	2562,60 €	3437,40 €	56 157,94 €

3 Herr Pohlmann nimmt einen Kleinkredit in Höhe von 3500 € zu folgenden Bedingungen auf:

KREDITBEDINGUNGEN	
Laufzeit:	24 Monate
Bearbeitungsgebühr:	2 %
monatlicher Zinssatz:	0,55 %
Zinsen und einmalige Bearbeitungsgebühr beziehen sich auf den vollen Kreditbetrag.	

a) Was kostet der Kredit insgesamt?
b) Berechne die monatlichen Raten.
c) Um wie viel Prozent liegt der Rückzahlungsbetrag über dem Kreditbetrag?
d) Wie ändern sich die Höhe der Raten und die Kreditkosten, wenn die Laufzeit auf 36 Monate erhöht und der monatliche Zinssatz auf 0,48 % verringert wird?

Zum Vergleich ist es aufschlussreich, die Rückzahlung des Kredits mit einem jährlichen Zinssatz von 6,6 % und monatlicher Tilgung durchzurechnen. Arbeite mit einem Tabellenkalkulationsprogramm.

4 Eine Bank bietet einen Kredit mit einer Laufzeit von 30 Monaten an.
Der monatliche Zinssatz beträgt 0,65 % bezogen auf den vollen Kreditbetrag, die einmalige Bearbeitungsgebühr 2 %.
Die Rückzahlung erfolgt in 29 Raten zu je 345,00 € und einer ersten Rate in Höhe von 322,50 €. Welcher Kreditbetrag wurde aufgenommen?

5 Ein Kredit wird zu folgenden Bedingungen gegeben:

KREDITBEDINGUNGEN	
Kreditbetrag:	10 000 €
Laufzeit:	36 Monate
einmalige Bearbeitungsgebühr:	2,5 %
Rückzahlung:	35 Raten zu je 330 €; eine Rate zu 320 €

Wie hoch ist der monatliche Zinssatz?

6 Herr Greiner hat zur Anschaffung eines Autos einen Kredit in Höhe von 12 000 € aufgenommen.
Die Bank verlangt einen Zinssatz von 6,5 % pro Jahr und eine einmalige Bearbeitungsgebühr von 2 % auf den Auszahlungsbetrag.
Erstelle einen Tilgungsplan mit monatlicher Tilgung und einer Rückzahlungsrate von 600 €. Wie lange dauert die Rückzahlung?

! *Die zu tilgende Summe enthält den Kreditbetrag und die Bearbeitungsgebühr.*

5 Diagramme

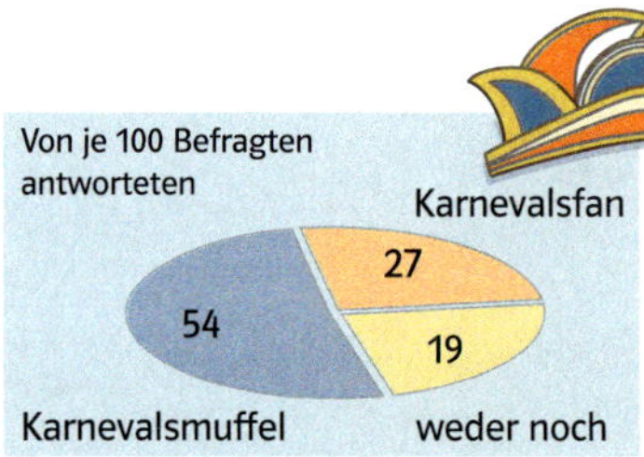

Karnevalsmuffel oder Karnevalsfan

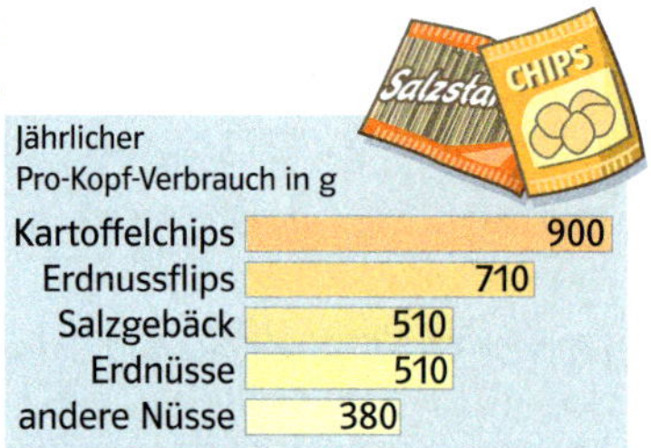

Lieblingknabbereien

In den Diagrammen sind die Ergebnisse zweier Umfragen dargestellt.

→ Stelle die Daten mit anderen Diagrammen dar und vergleiche.

→ Weshalb wurden diese Diagrammtypen verwendet?

→ Kennst du Vor- oder Nachteile bestimmter Diagrammtypen?

Durch **statistische Erhebungen** wie z. B. Umfragen werden in unterschiedlichsten Bereichen große Datenmengen erfasst.
Zur besseren Übersicht kann man diese Daten in **Tabellen** festhalten.
Bestimmte Aspekte des Datenmaterials können allerdings noch besser mit **Diagrammen** veranschaulicht werden. Dabei werden unterschiedliche Diagrammtypen verwendet.

Kreisdiagramme und **Streifendiagramme** verdeutlichen die Verteilung von Anteilen.
Säulen- und Balkendiagramme veranschaulichen Unterschiede und Rangfolgen. Auch zeitliche Veränderungen können so dargestellt werden. Oft eignen sich dafür aber **Liniendiagramme** noch besser.

Beispiele

a) Das Liniendiagramm zeigt, dass die Zahl der Handybesitzer in Deutschland in den Jahren 1992 bis 2000 stark zugenommen hat. Zudem erkennt man, dass sich die Anzahl der Mobilfunkteilnehmer von 1999 bis 2000 annähernd verdoppelt hat.
Die Werte der jeweiligen Jahre sind miteinander verbunden. Dadurch wird die zeitliche Entwicklung besser erkennbar.

b) Gegenüberliegende Balkendiagramme werden häufig zum Vergleichen verwendet. Auffallend ist, dass der Elektroschrott bei den Hausgeräten von 389 000 t auf 968 000 t zugenommen hat. Dies ist eine Steigerung um fast 150 %. Im Bereich der Kommunikationstechnik nahm die Schrottmenge hingegen um rund 28 % ab.
Bei der Labortechnik blieb die Elektroschrottmenge fast gleich.

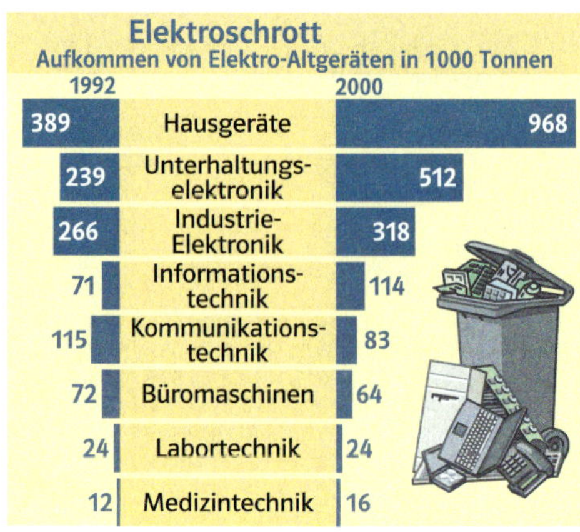

Aufgaben

1 Das Diagramm zeigt, wie viel Geld Mädchen monatlich zur Verfügung haben.

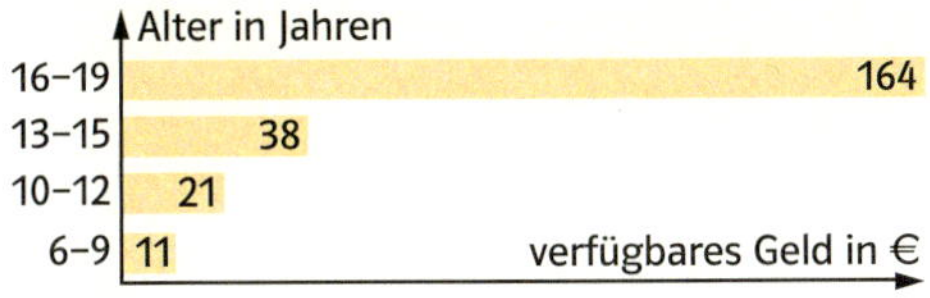

Weshalb wurde ein Balkendiagramm verwendet? Warum ist ein Kreisdiagramm weniger geeignet?

2 Die Tabelle zeigt die durchschnittlichen monatlichen Ausbildungsvergütungen im Jahre 2005.

Ausbildungsberuf	West	Ost
Industriemechaniker/in	741 €	683 €
Einzelhandelskaufmann/-frau	669 €	602 €
Kfz-Mechatroniker/in	564 €	436 €
Bürokauffrau/-mann	562 €	455 €
Arzthelfer/in	522 €	448 €
Bäcker/in	457 €	351 €
Friseur/in	415 €	260 €

a) Zeichne ein Säulendiagramm, in dem alle Daten gemeinsam dargestellt werden.
b) Weshalb ist ein Kreisdiagramm ungeeignet?
c) In welchem Beruf tritt die größte Differenz auf, in welchem die kleinste? Vergleiche auch prozentual.

3 Beschreibe einen zum vorgegebenen Diagramm passenden Sachverhalt. Die Zeitachse ist bereits markiert.

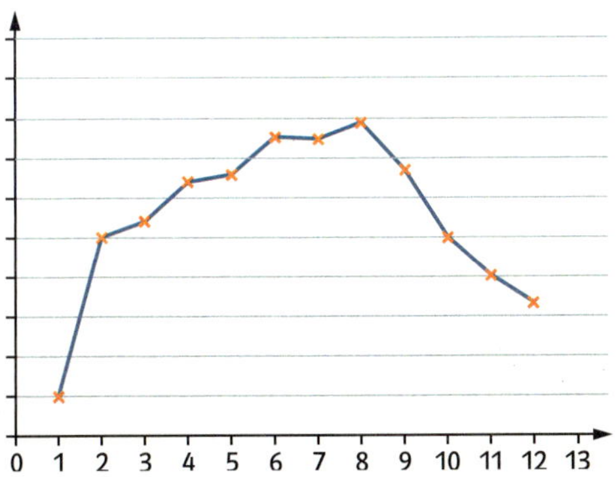

4 Die Tabelle zeigt die Energieträger Deutschlands im Jahr 2005.

Energieträger	Mrd. kWh
Braunkohle	155
Kernenergie	163
Steinkohle	134
Erdgas	70
Mineralölprodukte	11,5
Wasserkraft	28
Windkraft, übrige Energieträger	31

a) Stelle die Daten in einem Balkendiagramm und in einem Säulendiagramm dar.
b) Berechne die prozentualen Anteile.
c) Vergleiche die Daten aus dem Jahr 1990 mit den Daten des Jahres 2005.

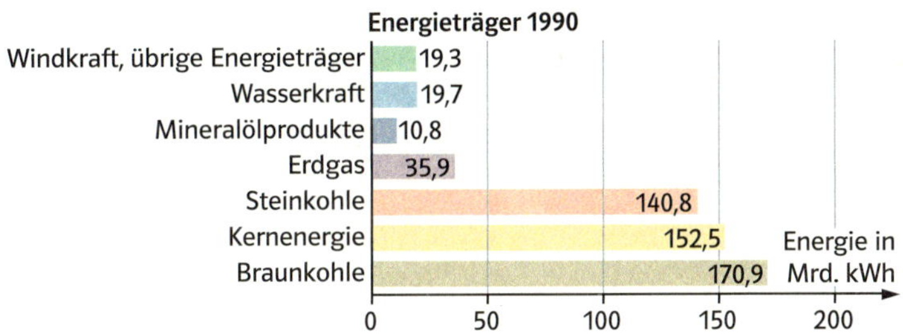

5 Das Diagramm zeigt die Anteile der einzelnen Energieträger am weltweiten Verbrauch von 116,8 Gigawattstunden im Jahr 2001.
a) Berechne die Anteile der Energieträger in Gigawattstunden.
b) Die erneuerbaren Energien haben einen Anteil von 13,5 %. Wandle das Säulendiagramm in ein Kreisdiagramm um.

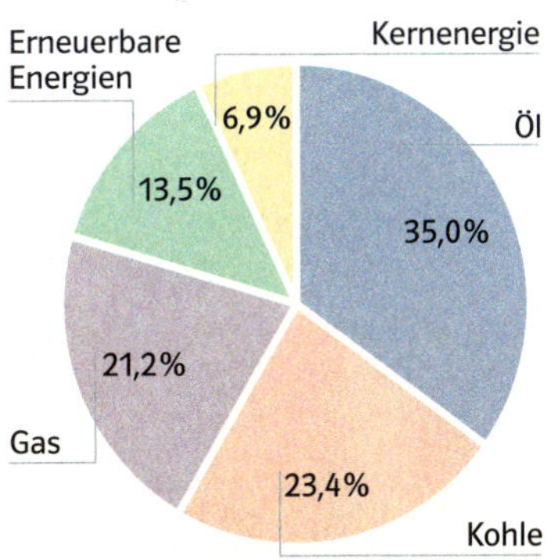

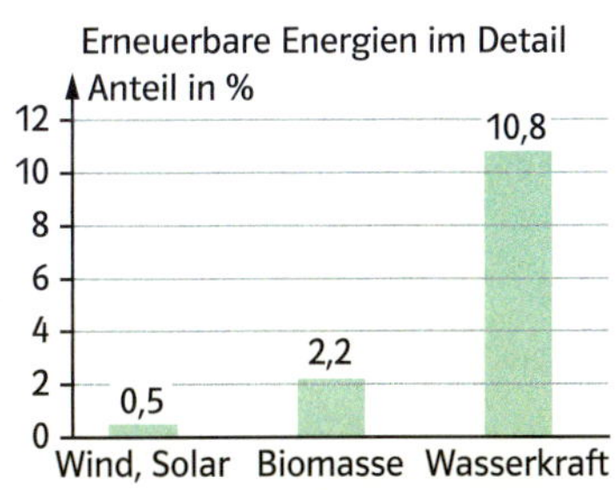

Tipps und Tricks bei Diagrammen

Durch die Auswahl des Diagrammtyps und die Skalierung der Achsen kann man das Augenmerk auf ganz bestimmte Sachverhalte lenken.
Die Jahresumsätze eines Unternehmens lassen sich mit zwei unterschiedlichen Liniendiagrammen darstellen.

Jahr	2002	2003	2004	2005	2006
Umsatz in Mio. €	58,5	55,8	56,2	62,3	67,4

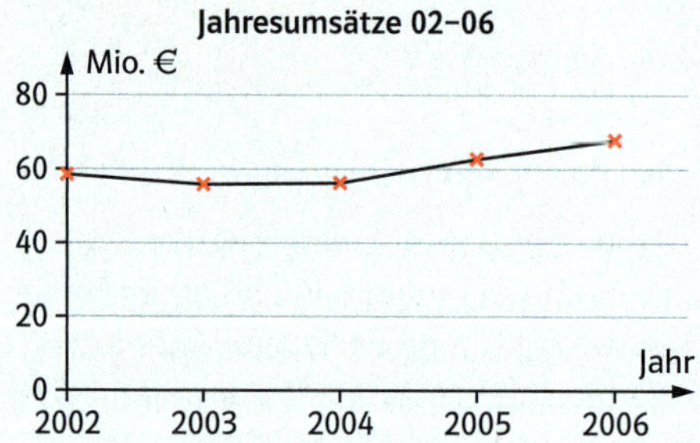

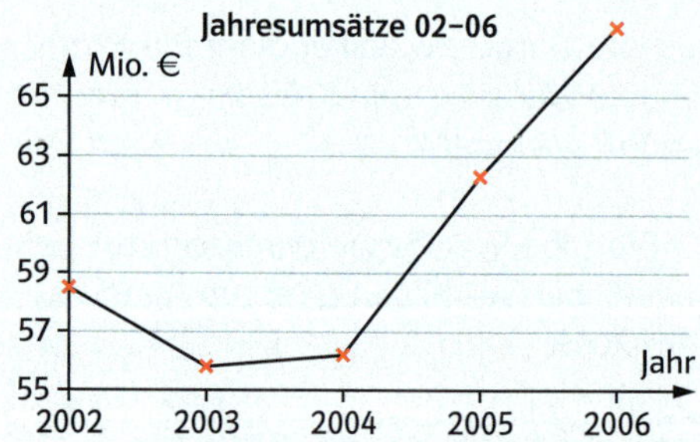

Im linken Diagramm entsteht der Eindruck, dass die Umsätze über die gesamte Zeitdauer relativ konstant geblieben sind. In der rechten Grafik hingegen wird der Zuwachs ab dem Jahr 2004 deutlich in den Vordergrund gerückt. Die beiden Achsen wurden unterschiedlich skaliert. Auf der senkrechten Achse des rechten Diagramms wurde das Intervall von 0 bis 55 vollständig weggelassen.

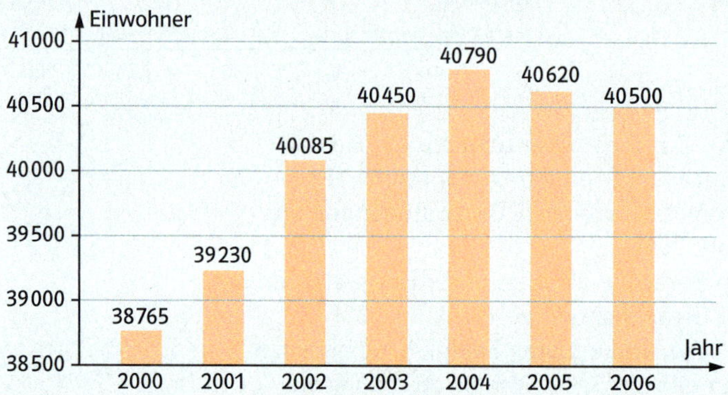

Das Diagramm zeigt die Entwicklung der Einwohnerzahlen einer Stadt.
- Zeichne das Diagramm so, dass die vollständigen Säulenhöhen zu sehen sind.
- Welchen Teil wird der Bürgermeister hervorheben?
Welchen Ausschnitt werden die Kritiker des Bürgermeisters verwenden?

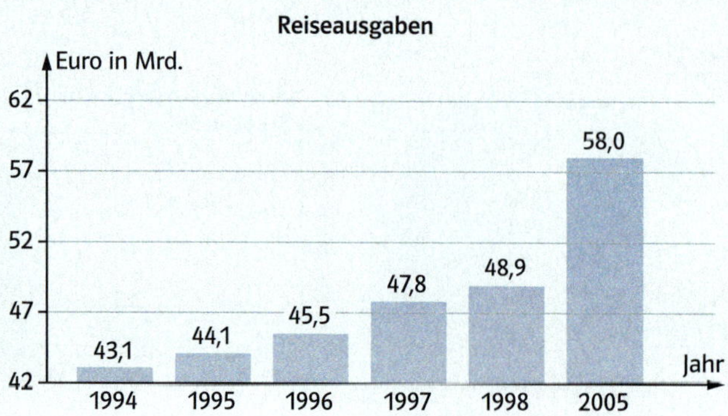

„Die jährlichen Reiseausgaben der Deutschen sind sprunghaft gestiegen."
So die Überschrift einer Grafik in der Tagespresse.
- Was meinst du?
- Zeichne selbst.
- Welche beiden Irrtümer können beim flüchtigen Betrachten des Diagramms entstehen?
- Verfasse einen Bericht für dein Diagramm.

6 Daten auswerten

Die Tabelle zeigt die Entwicklung der Mitgliederzahlen eines Sportvereins, der im Jahre 2002 ein Fitnesscenter eröffnet hat.
→ Bestimme für jeden Bereich die Kennwerte Maximum, Minimum, Spannweite, Zentralwert, Mittelwert, oberes und unteres Quartil.
→ Der Verein kalkuliert für die ersten Jahre mit einer Mitgliederzahl von etwa 250 Personen im Fitnessbereich.

Nachdem vor einigen Jahren der Fitnessbereich eröffnet wurde, legt nun der Vorstand des Sportvereins Zahlen zum Nutzungsverhalten vor.

Jahr	2000	2001	2002	2003	2004	2005	2006
Mitglieder	850	818	886	1025	1146	1063	1020
weiblich	357	340	399	533	585	530	479
Kinder/Jugendl.	340	328	334	389	412	402	382
Fitnessbereich	0	0	88	234	345	289	256

Statistische Erhebungen bzw. Stichproben lassen sich mithilfe von Kennwerten auswerten. Die Urliste zeigt Mirjams monatliche Handy-Gesprächsdauer (in min) an.

Jan	Feb	März	April	Mai	Juni	Juli	Aug	Sept	Okt	Nov	Dez
185	166	204	144	178	210	158	308	166	131	60	190

Aus der Urliste wird eine Rangliste erstellt, aus der sich die Kennwerte leichter entnehmen lassen.

Minimum ← Spannweite → Maximum

60 131 144 158 166 166 178 185 190 204 210 308

unteres Quartil q_u: 151 Zentralwert: 172 oberes Quartil q_o: 197

Quartilabstand q: 46

Maximum: 308
Minimum: 60
Spannweite: 248
Mittelwert: 175

Zur Auswertung von Stichproben oder Listen verwenden wir folgende Kennwerte: **Maximum**, **Minimum**, **Mittelwert** und **Zentralwert**.
Sie kennzeichnen die Lage, die Kennwerte **Spannweite** und **Quartilabstand** erlauben Aussagen über die Verteilung der Daten.

Beispiele

a) In einer Umfrage werden 100 Jugendliche über die Höhe ihres monatlichen Taschengeldes befragt. Das Ergebnis ist in einer Häufigkeitsliste dargestellt.

Betrag (in Euro)	10	20	30	40	50	60	70	80	90	100	150
Anzahl	1	7	22	38	18	8	0	3	0	2	1

Um Rangplätze direkt ablesen zu können, berechnet man in einer weiteren Zeile die aufaddierten Anzahlen als „Zwischensumme".

Zwischensumme	1	8	30	68	86	94	94	97	97	99	100

Dies bedeutet für die Kennwerte:
Minimum: 10 €; Maximum: 150 €; Spannweite: 140 €

Mittelwert: $m = \frac{1 \cdot 10 + 7 \cdot 20 + 22 \cdot 30 + 38 \cdot 40 + 18 \cdot 50 + 8 \cdot 60 + 3 \cdot 80 + 2 \cdot 100 + 1 \cdot 150}{100}\,€ = 43\,€$

Der Zentralwert liegt zwischen dem 50. und 51. Rangplatz: $z = 40\,€$
Das untere Quartil q_u liegt zwischen dem 25. und 26. Rangplatz: q_u: 30 €.
Das obere Quartil q_o liegt zwischen dem 75. und 76. Rangplatz q_o: 50 €.

! *Wenn du nicht mehr weißt, wie die Kennwerte, insbesondere das untere bzw. obere Quartil, bestimmt werden, dann schlage im Basiswissen (Seite 11) nach.*

b) Zur Darstellung von Daten kann man Boxplots verwenden. Die Abbildung zeigt die wöchentliche Zeit, die Schüler der Klasse 10 für ihre Hausaufgaben verwenden.

Der Boxplot gibt Aufschluss über die Verteilung der Daten.

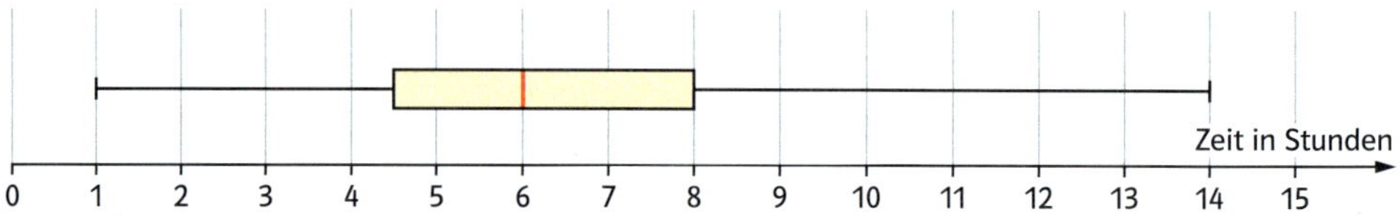

Folgende Kennwerte lassen sich direkt ablesen:
Minimum: 1 Stunde; Maximum: 14 Stunden; Zentralwert: 6 Stunden
unteres Quartil: 4,5 Stunden; oberes Quartil: 8 Stunden; Quartilabstand: 3,5 Stunden

Aufgaben

1 Bestimme für die Ranglisten die Kennwerte Max, Min, Zentralwert, Mittelwert, Spannweite, oberes und unteres Quartil.
a) 0; 3; 5; 5; 6; 7; 11; 11; 14; 15; 17; 19; 23; 26; 29; 30; 30; 34; 41; 45; 64; 71
b) 28; 39; 52; 55; 78; 81; 85; 96; 98; 108; 117; 132; 145; 155; 184; 201; 225; 263
c) 12; 14; 18; 20; 22; 23; 24; 25; 27; 29; 51; 53; 54; 68; 70; 72; 72; 73; 75; 78

2 Was haben die beiden Ranglisten gemeinsam, worin unterscheiden sie sich?
3; 4; 5; 7; 8; 12; 13; 14; 15
3; 3; 4; 6; 8; 8; 11; 12; 15; 15

3 Bestimme alle Kennwerte. Streiche anschließend die beiden kleinsten und größten Werte. Rechne erneut.
0; 34; 35; 36; 38; 40; 42; 43; 44; 48; 51; 57; 63; 69; 77; 78; 80; 80; 81; 82; 84; 158

Geschäftsführer
6200 €
Bürokauffrau
3100 €
6 Putzkräfte
zu je 2200 €
11 Minijobkräfte
zu je 500 €

4 Die Liste zeigt die monatlichen Brutto-Lohnaufwendungen einer Reinigungsfirma.
a) Bestimme den Mittelwert und den Zentralwert.
b) Wie viele Personen haben einen monatlichen Verdienst über dem Mittelwert bzw. über dem Zentralwert?
c) Erstelle ein Diagramm. Welche Diagrammart eignet sich gut, welche weniger?
d) Im Monat August werden noch 15 Ferienarbeiter mit einem Bruttoverdienst von je 750 € eingestellt. Wie verändert sich dadurch der Mittelwert, wie der Zentralwert?
e) Zeichne für den August ein Boxplot.

5 Die Tabelle zeigt die Einnahmen eines Supermarkts.

	16.12.	17.12.	18.12.	19.12.	20.12.	21.12.
€	12 540	8625	9507	11 208	21 577	26 890

a) Vergleiche die durchschnittlichen Tageseinnahmen mit dem Zentralwert.
b) Mit den Einnahmen vom 23.12. und 24.12. sollen die Tageseinnahmen im Schnitt auf 20 000 € erhöht werden. Wie hoch müssten die Einnahmen an diesen beiden Tagen sein?

6 Frau Spatz notiert zwei Wochen lang die Zeit (in Minuten), die sie für den Weg zur Schule benötigt.

Mo	Di	Mi	Do	Fr
25	39	22	28	45
24	28	36	25	28

a) Wie lange benötigt sie durchschnittlich? Vergleiche mit dem Zentralwert.
b) An zwei weiteren Tagen der darauf folgenden Woche braucht Frau Spatz 75 Minuten und 65 Minuten.

7 Gegeben ist eine Liste.
1 1 1,5 1,8 1,8 2 2,2 2,5 3,3
a) Wie groß ist der Zentralwert, wie groß der Mittelwert?
b) Verändere genau einen Datenwert so, dass der Mittelwert kleiner wird als der Zentralwert. Gib die geänderten Werte an.
c) Ändere genau einen Datenwert so, dass Zentralwert und Mittelwert gleich werden.

8 Die Tabelle zeigt die Einnahmen eines Kinobesitzers im Laufe einer Woche.

Mo	Di	Mi	Do	Fr	Sa	So
790 €	350 €	320 €	620 €	600 €	980 €	580 €

a) Wie hoch sind die durchschnittlichen Tageseinnahmen?
b) Schätze, wie viele Besucher über die Woche das Kino besucht haben könnten.
c) Damit das Kino rentabel betrieben werden kann, sind Jahreseinnahmen von mindestens 150 000 € notwendig. Das Kino ist vier Wochen im Jahr geschlossen.

9 Welche statistischen Kennwerte lassen sich für folgende Erhebungen sinnvoll bestimmen? Begründe. Bestimme gegebenenfalls die Kennwerte.
a) Schulweglänge in Minuten.
8; 13; 5; 12; 7; 8; 22; 15; 23; 10; 2; 9; 11; 3; 16; 13; 6; 25; 4; 36; 12; 10; 5; 7
b) Monatsumsätze eines Jahres in Euro.
72 350; 69 890; 81 340; 85 400; 76 860; 73 450; 88 370; 70 280; 73 410; 80 750; 65 430; 89 530
c) Anzahl der in einer Woche verkauften Wertmarken.
204; 189; 328; 0; 555; 470
d) Postleitzahlen aller Beschäftigten eines Betriebs:
71100; 74321; 69578; 72400; 70049; 73023; 74125; 71638; 79432; 10030.

10 Der SV Siegdorf hat 80 Prozent seiner Heimspiele absolviert. Vor Saisonbeginn wurde mit einem Schnitt von 3500 Zuschauern pro Begegnung kalkuliert.

Spiel 1	4250	Spiel 7	3200
Spiel 2	3050	Spiel 8	1850
Spiel 3	2700	Spiel 9	4650
Spiel 4	3800	Spiel 10	1700
Spiel 5	2450	Spiel 11	2600
Spiel 6	2900	Spiel 12	3400

Wird der Sportverein Siegdorf den angestrebten Zuschauerdurchschnitt erreichen? Gib notwendige Zuschauerzahlen für die letzten Saisonspiele an. Bestimme dann sämtliche Kennwerte.

11 Eine Umfrage in der Klasse 10 über die monatlichen Ausgaben für Discobesuche ergab folgendes Ergebnis:

Betrag (in Euro)	10	20	30	40	50
Jungen	4	28	16	13	0
Mädchen	0	7	18	21	6

a) Vergleiche die Mittelwerte von Mädchen und Jungen mit dem gesamten Jahrgang.
b) Bestimme den Zentralwert für die Mädchen, die Jungen, den gesamten Jahrgang.
c) Ermittle die Quartile und zeichne jeweils einen Boxplot.

12 Welche Notentabelle gehört zu welchem Boxplot? Erkläre.
1; 1; 1,5; 1,5; 2; 2; 2; 2,5; 2,5; 3; 3; 3; 3; 3,5; 3,5; 3,5; 3,5; 4; 4; 4,5; 4,5; 4,5; 5; 5; 6
1; 1,5; 1,5; 1,5; 2; 2; 2,5; 2,5; 2,5; 2,5; 2,5; 3; 3,5; 3,5; 3,5; 3,5; 3,5; 4; 4,5; 4,5; 4,5; 4,5; 5; 5; 6

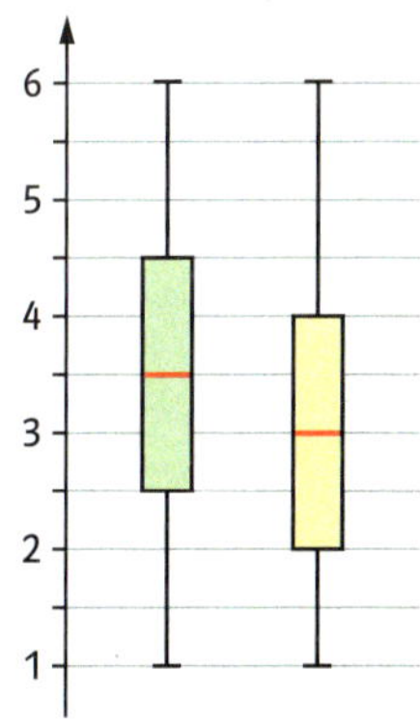

13 Zu einer Stichprobe mit 20 Werten kommt ein extrem großer Wert hinzu. Wie ändern sich Zentralwert, Mittelwert und Quartile?

14 Florian meint: „Wenn man bei den Werten einer Erhebung das Minimum und das Maximum weglässt, ändern sich die restlichen Kennwerte."
Stimmt diese Aussage? Begründe.

7 Daten beurteilen

Wöchentlich versandte SMS									
Klasse 10a					Klasse 10b				
0	10	12	14	15	11	12	12	13	13
15	16	17	17	17	14	14	16	16	17
18	19	21	21	22	19	20	21	24	27
22	23	24	24	26	27	27	28	29	30
28	28	29	30	31	32	32	33	34	35
34	35	39	53	240	36	36	37	38	47

Eine Umfrage über die zuletzt pro Woche versandten SMS in den Klassen 10 a und 10 b ergab das abgebildete Ergebnis.

→ Bestimme jeweils den Zentralwert und den Mittelwert.

→ Erkläre die Unterschiede zwischen 10 a und 10 b.

Inhaber	*20000 €*
Büroleiter	*4500 €*
Angestellte	*3200 €*
Arbeiter	*2400 €*
Arbeiter	*1700 €*
Arbeiter	*1600 €*
Arbeiter	*1600 €*
Azubi	*550 €*
Aushilfe	*330 €*
Aushilfe	*250 €*
Aushilfe	*200 €*
Aushilfe	*150 €*

Da man bei größeren Erhebungen unmöglich alle Werte vergleichen kann, betrachtet man die Kennwerte.
Um beispielsweise die Einkommensstruktur eines Betriebes bewerten zu können, bestimmt man die zugehörigen Kennwerte.
Die Tabelle zeigt die monatlichen Einkommen der Mitarbeiter. Man berechnet folgende Kennwerte:

Mittelwert:	3040 €	unteres Quartil:	290 €
Zentralwert:	1600 €	oberes Quartil:	2800 €

Die Bewertung kann nun in sehr unterschiedlicher Weise erfolgen. Der Firmeninhaber wird eher so argumentieren, dass in seinem Betrieb gut verdient wird. Das durchschnittliche monatliche Einkommen liegt über 3000 €. Die Arbeitnehmer werden aller Voraussicht nach anders argumentieren. Mindestens die Hälfte der Mitarbeiter verdient 1600 € oder weniger. Zudem ist das Einkommen von 75 % aller Mitarbeiter geringer als der Mittelwert. Lässt man etwa das Einkommen des Firmeninhabers außer Betracht, verändert sich der Zentralwert nicht, während der Mittelwert deutlich abnimmt, nämlich auf 1498,18 €. Das durchschnittliche Einkommen liegt dann um mehr als 1500 € niedriger.

Mithilfe von Kennwerten kann man Aussagen über Datenmengen treffen.
Ebenso lassen sich mit den Kennwerten Datenmengen vergleichen.

Beispiel

Eine Umfrage bei zwei Jugendgruppen über die wöchentliche Nutzungsdauer von Chatrooms brachte folgendes Ergebnis. Zeitangaben in Stunden.

Gruppe „Die Stimme“:

0 0 1 1 1 2 2 3 3 5 5 8 10 11 14 16 17 18 20 23

Gruppe „Always online“:

0 1 1 2 5 5 6 7 7 8 8 8 8 9 10 10 11 15 19 20

„Die Stimme“
$m = 8$
$z = 5$
$q_u = 1{,}5$
$q_o = 15$
$q = 13{,}5$

„Always online“
$m = 8$
$z = 8$
$q_u = 5$
$q_o = 10$
$q = 5$

Die Auswertung zeigt, dass beide Gruppen durchschnittlich 8 Stunden pro Woche im Chatroom sind. Allerdings liegt der Zentralwert der Gruppe „Die Stimme“ bei 5 Stunden pro Woche, während die Gruppe „Always online“ einen Zentralwert von 8 Stunden hat. Bei „Always online“ liegt zudem eine ausgeglichenere Verteilung als bei „Die Stimme“ vor, denn die Quartilabstände sind unterschiedlich groß.

Quartilabstand: „Die Stimme“ $q_o - q_u = 15 - 1{,}5 = 13{,}5$
„Always online“ $q_o - q_u = 10 - 5 = 5$

Mindestens die Hälfte der Gruppenmitglieder von „Always online“ unterscheidet sich um höchstens 5 Stunden in der Nutzungsdauer des Chatrooms.

Aufgaben

1 Die Aufstellung zeigt die Kennwerte einer Umfrage dreier Gruppen.

Gruppe	A	B	C
Minimum	0	20	50
Maximum	200	100	100
Mittelwert	70	50	65
Zentralwert	60	50	70
unteres Quartil	30	40	55
oberes Quartil	100	60	75

a) Bestimme jeweils die Spannweite und den Quartilabstand.
b) Vergleiche die drei Gruppen.
Welche Aussagen lassen sich über die Lage und die Verteilung der Daten machen?

2 Die Klassen 8 und 10 wurden über ihre Fernsehgewohnheiten befragt.
Die Auswertung brachte folgendes Ergebnis. Angegeben ist die Fernsehzeit pro Woche in Stunden.

Kennwert	Klasse 8	Klasse 10
Minimum	5	0
unteres Quartil	8	5
Zentralwert	9,5	12
Mittelwert	12,4	16,2
oberes Quartil	15	17
Maximum	50	100

a) Beschreibe die Unterschiede der beiden Klassenstufen.
b) Gibt es Gemeinsamkeiten?
c) Überprüfe:
• 50 % der Zehntklässler liegen in ihren Gewohnheiten näher beieinander als die Achtklässler.
• Die Daten der Zehntklässler sind weiter gestreut als die der Achtklässler.
• Ein Viertel der Achtklässler sieht durchschnittlich eine Stunde pro Tag fern.
d) Mache weitere Aussagen mithilfe der Kennwerte.

3 „Wenn Maximum und Zentralwert übereinstimmen, dann besteht die Datenmenge aus einem einzigen Eintrag." Richtig?

4 Geben Mädchen mehr Geld aus als Jungen? Eine Umfrage brachte folgendes Ergebnis (Angaben in Euro pro Monat).

Jenny	75	Moni	84	Sina	35	Mia	95
Carolin	65	Laura	56	Anna	55	Lena	70
Eronita	50	Albina	100	Meli	40	Katrin	80

Alex	90	Mike	42	Jan	30	Timo	78
Josip	45	Sven	15	Max	80	Antonio	62
David	52	Otto	125	Nino	48	Miro	55

a) Ermittle die Kennwerte zunächst getrennt nach Geschlechtern, dann für die gesamte Stichprobe.
b) Streiche sowohl bei den Mädchen als auch bei den Jungen den größten und den kleinsten Wert. Welche prozentuale Veränderung ergibt sich dann für den Zentralwert bzw. den Mittelwert?
c) Teile die Umfragewerte in folgende Bereiche ein und erstelle ein geeignetes Diagramm: 0–19 €; 20 €–49 €; 50 €–74 €; 75 €–100 €; mehr als 100 €.

5 In den Klassen 10 a und 10 b wird die durchschnittliche Nutzung des Internets (in Stunden pro Woche) ermittelt.
10 a: 0; 1; 1; 2; 3; 3; 3; 3; 4; 4; 4; 5; 5; 5; 5; 6; 7; 8; 8; 8; 8; 9; 9; 10; 12; 15; 18; 49; 70
10 b: 0; 0; 1; 3; 3; 4; 4; 4; 5; 7; 7; 7; 7; 7; 7; 8; 8; 10; 10; 10; 14; 14; 14; 15; 17; 20; 28; 30; 42

a) Welche Gemeinsamkeiten gibt es zwischen den beiden Klassen? Worin unterscheiden sie sich?
b) Zeichne für jede Klasse einen Boxplot.
c) Überprüfe folgende Aussagen:
• Etwa 50 % der Jugendlichen nutzen das Internet mehr als eine Stunde pro Tag.
• Die Klasse 10 b nutzt das Internet durchschnittlich häufiger als die 10 a.

6 Die Tabellen am Rand zeigen die Ergebnisse einer Umfrage bei 72 Schülerinnen zu ihren monatlichen Handykosten in €.
a) Ermittle für beide Gruppen sämtliche Kennwerte. Was fällt dir auf?
b) Was kannst du über den Quartilabstand jeweils aussagen?
c) Charakterisiere die beiden Schülergruppen. Zeichne jeweils einen Boxplot.
d) Fasse alle Daten zusammen und bewerte erneut.

Gruppe A

25	85	56	33
78	18	24	36
30	21	15	195
19	29	77	27
12	88	61	29
22	17	75	59
23	84	11	99
25	76	25	23
66	33	14	10

Gruppe B

33	44	47	27
23	22	24	28
18	32	63	19
17	39	25	25
12	56	43	29
22	29	75	18
23	41	38	44
47	45	41	28
53	15	33	10

7 In den Häufigkeitslisten wurden die Ergebnisse von Befragungen notiert. Die erste Tabelle zeigt die befragte Gruppe, die zweite eine größere Vergleichsgruppe. Bestimme die Kennwerte und mache Aussagen über die Untersuchung.

a) Anzahl der Krankheitstage pro Jahr

Tage	0	5	7	10	12	14	18	21	25	30	30
Häufigkeit	1	6	12	15	3	35	12	10	6	0	0

Tage	0	5	7	10	12	14	18	21	25	30	30
Häufigkeit	13	37	51	43	21	19	10	4	2	0	0

b) Anzahl der gespeicherten MP3-Dateien

Dateien	20	50	100	200	500	1000	2000	5000
Häufigkeit	22	17	7	15	35	2	1	1

Dateien	20	50	100	200	500	1000	2000	5000
Häufigkeit	24	78	59	18	3	4	5	9

8 Die Ergebnisse einer Umfrage sind mit Boxplots dargestellt.

a) Lies die möglichen Kennwerte ab.

b) Welche Aussagen lassen sich über die einzelnen Untersuchungsgruppen machen?

c) Denke dir ein mögliches Befragungsthema aus und schreibe eine Pressenotiz über die Ergebnisse.

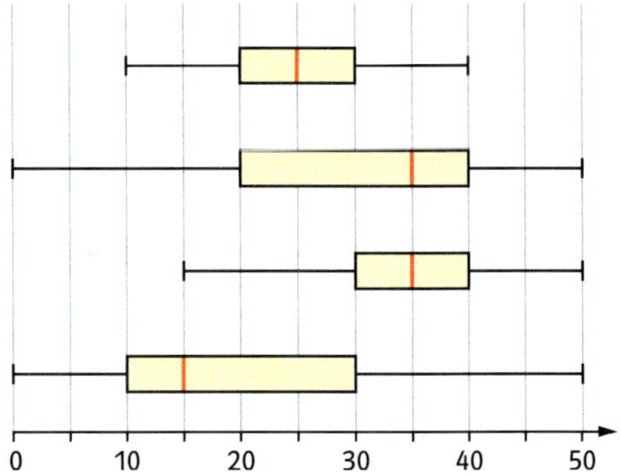

Diagramme und ihre Wirkung

„Ich glaube nur der Statistik, die ich selbst gefälscht habe …" Winston Churchill (1874 – 1965), britischer Staatsmann und Schriftsteller, 1953 Nobelpreis für Literatur

In Zeitschriften oder Infobroschüren findet man immer wieder Diagramme, die bestimmte Aspekte von Daten verzerrt darstellen.

Im Diagramm rechts wird der Eindruck erweckt, dass Erdöl mehr als doppelt so viel Emissionen freisetzt wie Erdgas.

- Betrachte die Form der Darstellung und die Skalierung. Was wurde damit beabsichtigt?
- Vergleiche die beiden Diagramme.

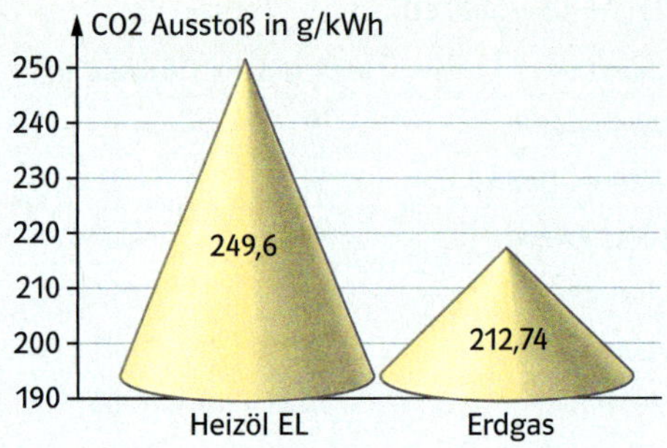

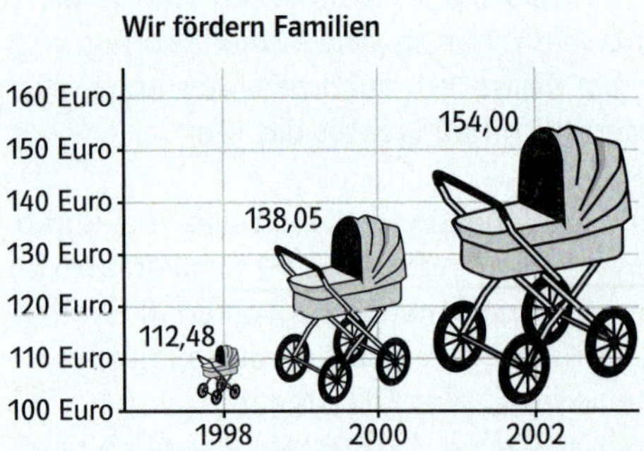

Entwicklung des Kindergeldes für das erste und zweite Kind
Quelle: Bundesministerium für Finanzen

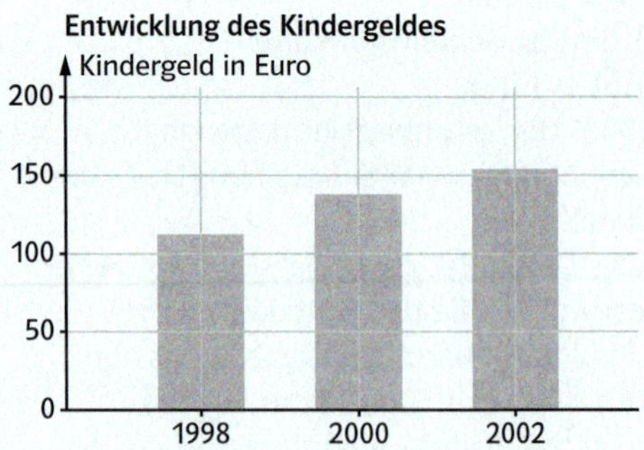

- Ein Betrieb wirbt um Auszubildende und will deshalb außertariflich die Ausbildungsvergütungen in den kommenden drei Jahren für das 1. Lehrjahr von 656 € über 689 € auf 745 € erhöhen. Erstelle eine Grafik, die dafür werben soll.

Zusammenfassung

Zinsrechnung für Teile eines Jahres

Die Zinsrechnung ist eine Anwendung der Prozentrechnung. **Zinsen** für Zeiträume unter einem Jahr werden berechnet, indem man die Jahreszinsen mit einem **Zeitfaktor** multipliziert.

$Z = K \cdot \frac{p}{100} \cdot \frac{t}{360}$

Formel für Tageszinsen; t Anzahl der Tage
1 Jahr = 360 Tage; 1 Monat = 30 Tage

Zinseszins

Wird ein **Anfangskapital** K_0 mehrere Jahre mit demselben **Zinssatz** verzinst, so werden die Zinsen mitverzinst.
Mit der **Zinseszinsformel** wird das **Endkapital** K_n nach n Jahren berechnet.

$K_n = K_0 \cdot q^n$ mit $q = 1 + \frac{p}{100}$
q Zinsfaktor
n Anzahl der Jahre (nur ganze Jahre)

Sparformen

Beim **Zuwachssparen** wird ein Kapital K_0 mit jährlich veränderlichen Zinssätzen verzinst.
Beim **Ratensparen** wird eine jährlich gleich bleibende Rate mit einem gleich bleibenden Zinssatz verzinst.

$K_n = K_0 \cdot q_1 \cdot q_2 \cdot \ldots \cdot q_n$
K_n Endkapital q_n Zinsfaktoren

$K_n = R \cdot (q^n + q^{n-1} + q^{n-2} + \ldots + q)$
K_n Sparsumme R Sparrate

Kreditformen

Darlehen werden für längere Zeiträume gewährt und in gleich bleibenden Raten zurückgezahlt. Das Leihen von kleineren Geldbeträgen nennt man **Kleinkredit**. Die gleich bleibenden Rückzahlungsraten werden monatlich zurückgezahlt.

Tilgung = Rückzahlungsrate − Zins

Rückzahlungsrate
$= \frac{\text{Kreditbetrag + Zinsen + Bearbeitungsgebühr}}{\text{Laufzeit in Monaten}}$

Diagramme

Kreis- bzw. **Streifendiagramme** verdeutlichen die Verteilung von Anteilen.
Säulen- und **Balkendiagramme** veranschaulichen Unterschiede und Rangfolgen. Auch zeitliche Veränderungen können so dargestellt werden. Oft eignen sich dafür aber **Liniendiagramme** noch besser.

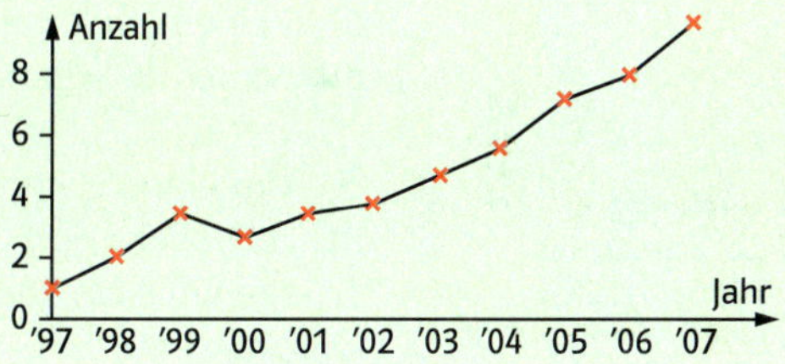

Daten auswerten

Zur Auswertung von Stichproben oder Listen verwenden wir Kennwerte. Sie erlauben Aussagen über die Lage und die Verteilung der Daten.

Die Kennwerte **Maximum**, **Minimum**, **Mittelwert** und **Zentralwert** kennzeichnen die Lage, die Kennwerte **Spannweite** und **Quartilabstand** die Verteilung.

Daten darstellen und beurteilen

Durch den Vergleich verschiedener Kennwerte kann man Datenmengen beurteilen. Boxplots sind dabei eine gute Hilfe zur Veranschaulichung.

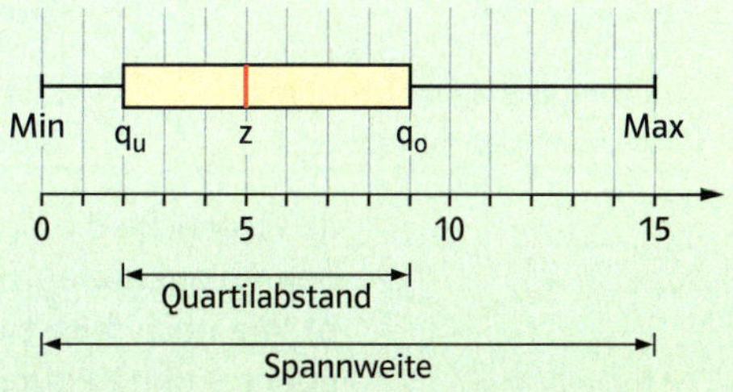

Üben • Anwenden • Nachdenken

1 Hier sind Daten zu den Wahlpflichtfächern an einer Realschule dargestellt.

Klassenstufe	männlich	weiblich	Technik	MUM	Französisch
7	48		41	34	15
8		41	43	29	18
9	44	43	38		21
10	40	38		25	
Summe in %			45,2	33,6	

a) Ergänze die Tabelle in deinem Heft.
b) Stelle die Verteilung in den Wahlpflichtfächern in einem Prozentstreifen dar.
c) Wie viel Prozent mehr Schüler haben Technik statt Französisch?
d) Vergleiche die prozentualen Anteile in Französisch in den einzelnen Klassenstufen.

Sonderangebot
1799 € **bar** oder
24 **Monatsraten** zu 55 € und Restzahlung nach 2 Jahren für 700 €

2 Ein Computer wird zu einem unverbindlichen Kaufpreis von 1950,00 € einschließlich 19 % Mehrwertsteuer angeboten.
a) Berechne die Mehrwertsteuer.
b) Vergleiche das Sonderangebot mit dem unverbindlichen Preis.
c) Um wie viel Prozent ist das Ratenangebot teurer als das Sonderangebot?
d) In einem anderen Computerladen spart man durch 15 % Rabatt 284,25 €.

Girokonto
Sollzinssatz bis 5000 €: 11,25 %
Überziehungszinssatz für mehr als 5000 €: 15,25 %

3 Um eine Rechnung bar zahlen zu können, überzieht Herr Scholz sein Girokonto 17 Tage um 8456,50 €. Durch die Barzahlung kann er 3 % Skonto bei einem Rechnungsbetrag von 11 500 € abziehen.

4 Eine Bank macht diese Angebote:

A Zusatzprämie für lange Laufzeit
Zinssatz: 2,5 %
Prämie von 10 % auf den Einzahlungsbetrag nach 5 Jahren.
Zinsen werden mitverzinst.

B Jährlich 0,5 % mehr Zinsen
Zinssatz im 1. Jahr: 2,5 %
Mindestbetrag: 3000 €
Laufzeit: 5 Jahre
Zinsen werden mitverzinst.

a) Vergleiche die beiden Angebote für einen Anlagebetrag von 5000 €.
b) Wie hoch müsste der Zinssatz beim Angebot A ohne Prämie sein, um denselben Zuwachs zu bekommen?

5 Jonas bekommt auf seinem Sparkonto 2,4 % Zinsen. Zinsen werden mitverzinst.
a) Nach 2 Jahren und 3 Monaten kann er über 527,43 € verfügen. Welchen Betrag hatte er zu Beginn auf seinem Konto?
b) Über welchen Betrag kann er nach weiteren $1\frac{1}{2}$ Jahren verfügen?
c) Berechne die Differenz der Zinsen im dritten und im zweiten Jahr.

6 Daniel legt 5000,00 € auf einem Sparkonto an, das einen Zinssatz von 2,8 % bietet. Zinsen werden mitverzinst.
Am Ende des ersten und des zweiten Jahres hebt er jeweils 300 € ab. Zu Beginn des vierten Jahres zahlt er 600 € wieder ein.
Wie ist der Kontostand am Ende des fünften Jahres? Welcher Kontostand würde sich ohne die Ein- und Auszahlungen ergeben?

7 Sofie zahlt auf einem Ratensparvertrag jeweils zu Beginn des Jahres einen festen Geldbetrag ein. Die Bank gewährt bei einer Laufzeit von 4 Jahren einen Zinssatz von 4,2 %.
a) Wie viel Euro kann Sofie am Ende der 4 Jahre abheben, wenn sie jährlich 800 € einzahlt?
b) Wie hoch müsste die jährliche Sparrate sein, um am Ende 5000 € zu haben?

8 Herr Beckmann möchte einen Kleinkredit in Höhe von 15 000,00 € aufnehmen.
Er hat zwei Angebote:
Bank A: Monatlicher Zinssatz 0,45 % bezogen auf den vollen Kreditbetrag. Laufzeit 30 Monate.
Bank B: Jährlicher Zinssatz 6,8 % bei monatlicher Tilgung. Laufzeit 36 Monate.
Bei beiden Angeboten wird eine einmalige Bearbeitungsgebühr von 2 % bezogen auf den Auszahlungsbetrag erhoben.
a) Berechne für beide Angebote die Rückzahlungsrate.
b) Vergleiche die Kreditkosten.
c) Wie verändern sich die Kreditkosten, wenn die Laufzeit bei beiden Angeboten 24 Monate beträgt und der Zinssatz bei A auf 0,48 % erhöht wird?

9 Zur Finanzierung einer Lagerhalle benötigt die Firma Plasto noch 80 000,00 €. Die Bank verlangt für ein Darlehen 4,8 % Zinsen (bezogen auf die jeweilige Restschuld zu Beginn des Jahres). Als Rückzahlungsrate werden 6000,00 € jährlich vereinbart.
a) Erstelle einen Tilgungsplan.
b) Am Ende des dritten Jahres wird eine Sondertilgung in Höhe von 20 000,00 € vereinbart. Wie hoch ist die Restschuld zu Beginn des fünften Jahres?
c) Ermittle mithilfe eines Tabellenkalkulationsprogramms die Summe der zu zahlenden Zinsen mit und ohne Sondertilgung und die jeweilige Laufzeit des Darlehens.

10 Schreibe zur Abbildung eine passende Pressenotiz.

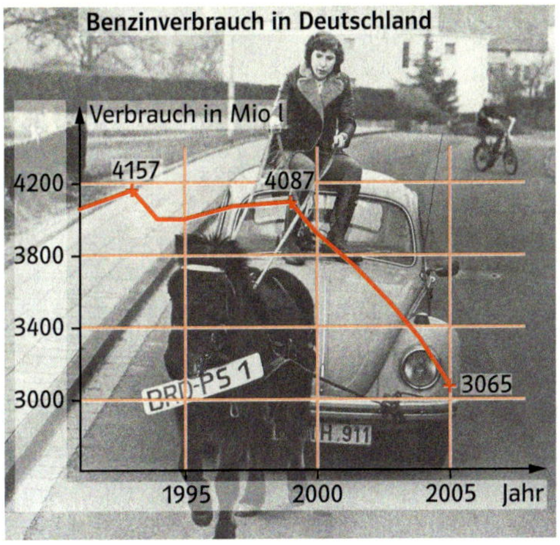

11 Erstelle ein zur Pressenotiz passendes Diagramm.

Immer weniger Jugendliche greifen zur Zigarette
Im Jahr 2001 rauchten noch 28 Prozent der 12- bis 17-Jährigen, 2005 waren es nurmehr 20 Prozent. Von der erwachsenen Bevölkerung raucht etwa ein Drittel.
Die Tabakindustrie verkauft immer weniger Zigaretten. Zwischen 1999 und 2001 lag der Absatz in Deutschland bei jährlich 140 Milliarden Zigaretten. 2004 lag die Zahl bei 112 Milliarden, für 2005 wurden weniger als 100 Milliarden erwartet.
Ulmer Südwestpresse, 03.03.2004

12 Vergleiche die vier beliebtesten Ballspielarten (Fußball, Tennis, Handball und Volleyball).

a) Gib den jeweiligen Anteil in Prozent an.
b) Zeichne zum Vergleich ein Säulendiagramm und ein Kreisdiagramm.
c) Es spielen 58,8 % Prozent mehr Handball als Volleyball. Stelle weitere Vergleiche an.

13 Die Tabelle zeigt die Anzahl der Verletzten bei Verkehrsunfällen in Deutschland.
a) Bestimme für jede Fahrzeugart Minimum, Maximum, Mittelwert und Zentralwert.
b) Um wie viel Prozent liegt das Minimum bzw. Maximum bei jeder Fahrzeugart unter bzw. über dem Mittelwert?
c) Kennst du Gründe, weshalb die Anzahl der Verletzten bei den Pkw-Unfällen immer mehr abnimmt?
d) Erstelle für das Jahr 1997 und das Jahr 2004 ein Kreisdiagramm. Was fällt dir auf?
e) Prüfe folgende Aussagen:
- Die Anzahl der Verletzten hat seit dem Jahr 1999 jährlich abgenommen.
- Im Jahr 1999 gab es die meisten Verletzten.
- Die Anzahl aller Verletzten bei Zweiradunfällen im Jahr 1997 weicht weniger als 1 Prozent von der Zahl im Jahr 2004 ab.

	Fahrräder	Mofas	Mopeds	Motorräder	Pkw	Busse
1997	71 988	6644	11 152	41 226	308 184	4742
1998	67 677	6867	11 931	38 711	311 221	4564
1999	75 034	7326	12 113	42 818	319 994	5202
2000	72 738	7178	12 038	40 167	309 496	5068
2001	71 079	6914	11 819	37 699	306 427	5019
2002	70 163	6801	11 070	37 366	291 977	4817
2003	75 659	6955	11 249	38 339	272 965	4910
2004	73 162	6601	11 158	34 453	259 605	4978

14 Zwei Kliniken vergleichen die Anzahl der Rettungseinsätze. Das Diagramm zeigt die Anzahl der Einsätze pro Tag über eine Zeitdauer von 300 Tagen.

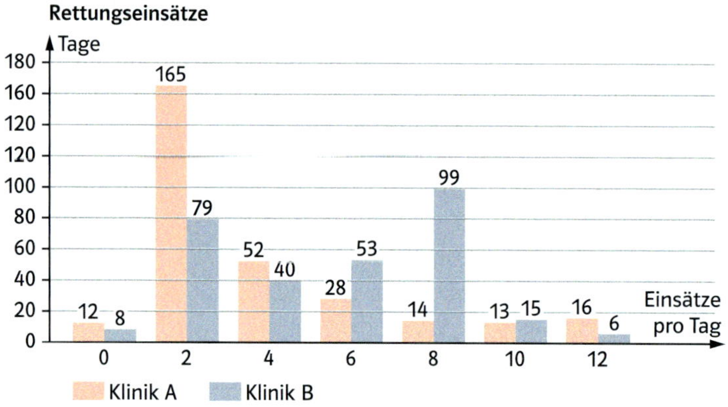

a) Bestimme die Kennwerte für beide Kliniken.
Tipp: Eine Häufigkeitsliste mit Zwischensummen hilft.
b) Zeichne für beide Kliniken Boxplots.
c) Überprüfe die Aussage: Für Klinik B liegen 50% aller Einsätze im Bereich von 6 bis 8 Einsätzen pro Tag.

15 In einer 50 000-Einwohner-Stadt soll ein neues Einkaufszentrum gebaut werden. Bei einer Bürgerbefragung wurden 120 Personen befragt. 78 der Befragten waren gegen den Bau des Einkaufszentrums.

16

Pünktlich wie die Eisenbahn! Oder auch nicht?

Wie pünktlich ist die Bahn?
Zum Streitgespräch lädt ein:
Fahrgastverband „pro Bahn"

Auf das oben angekündigte Streitgespräch sollst du dich vorbereiten. Dazu liegt dir eine Statistik über die Pünktlichkeit der Züge des letzten Monats vom Kölner Hbf vor. In der Statistik wird zwischen Nah- und Fernzügen unterschieden.

Hbf Köln
Statistik der Zugverspätungen; Anzahl der Züge
Mai 2006

Min.	0	1–2	3–5	6–10	11–15
Nah	1639	4737	2541	988	348
Fern	1034	2651	1374	469	393

Min.	16–20	21–25	26–30	31–40	41–50
Nah	250	152	109	47	20
Fern	167	77	38	51	39

Min.	51–60	61–90	91–120	über 120	
Nah	14	10	1	2	
Fern	27	45	49	9	

a) Du sollst als Vertreter des Fahrgastverbandes „pro Bahn" am Streitgespräch teilnehmen. Du sollst darlegen, dass die Bahn sehr unpünktlich ist. Werte die Statistik so aus, dass deine Verärgerung über die Unpünktlichkeit nachvollziehbar ist. Fertige geeignete Schaubilder an.
Tipp: Wähle jeweils den Mittelwert der angegebenen Minuten, um mit der Häufigkeitsliste rechnen zu können.
Tipp: Vielleicht ist es günstig, mehrere Spalten der Häufigkeitsliste zusammenzufassen.
b) Du sollst als Vertreter der Bahn am Streitgespräch teilnehmen. Deshalb möchtest du darlegen, dass die Bahn doch relativ pünktlich ist. Werte die Statistik dahingehend aus und fertige geeignete Schaubilder an.
Tipp: Denke an die Ausreißer.

Rückspiegel

1 Zwanzig Personen nahmen an einem halbjährigen Training teil. Ihre Leistungswerte wurden vorher (obere Zeile) und nachher (untere Zeile) gemessen. Fünf Leistungsstufen wurden festgelegt: A: 0 bis 2,9; B: 3 bis 4,9; C: 5 bis 6,9; D: 7 bis 8,9; E: 9 und mehr.

7,5	6,8	2,9	6,7	5,0	2,8	10,6	7,4	6,7	5,9	8,6	9,2	7,4	6,8	10,1	4,8	3,6	8,5	9,1	6,7
7,3	6,2	5,8	12,0	7,2	3,1	11,0	1,2	10,5	9,1	8,6	8,1	11,3	6,9	16,2	5,1	4,0	9,9	11,2	8,1

a) Erstelle für beide Urlisten Ranglisten.
b) Stelle die in die Stufen einsortierten Daten auf zwei Arten in Diagrammen dar.
c) Wie viel Prozent erreichten bei der zweiten Messung die Stufe C?
d) Wie viel Prozent der Gruppe erreichten vorher bzw. nachher mindestens Stufe D?

2 Die Fahrgäste wurden nach der Anzahl der Busfahrten innerhalb eines Monats gefragt.

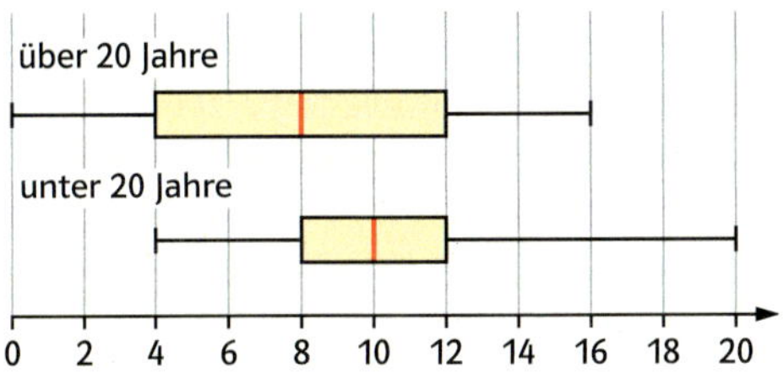

a) Lies die Kennwerte ab.
b) Vergleiche die beiden Boxplots.

3 Ein Snowboard wurde am Ende des Winters erst um 20 % und dann um 30 % ermäßigt und danach für 610,75 € angeboten. Um wie viel Euro und wie viel Prozent liegt der Preis unter dem ursprünglichen Preis?

4 Manuel legt 2500 € für drei Jahre an. Im ersten Jahr erhält er 2,5 %, im zweiten Jahr 2,8 % Zinsen. Am Ende der drei Jahre hat er ein Guthaben von 2718,55 € auf seinem Konto. Wie hoch ist der Zinssatz im dritten Jahr?

5 Ein Darlehen in Höhe von 120 000 € soll mit einer jährlichen Rückzahlungsrate von 9600 € und einem Zinssatz von 4,5 % finanziert werden. Erstelle den Tilgungsplan für die ersten drei Jahre. Wie viel Euro Zinsen sind bis dann bezahlt worden?

a) Berechne Zentralwerte, Mittelwerte sowie obere und untere Quartile.
b) Erstelle für beide Erhebungen einen Boxplot.
c) Wie haben sich die Mittelwerte, wie die Zentralwerte verändert?
d) Welche Wirkungen zeigte das Training?

2 Das Schaubild zeigt die Schwimmbadbesuche von 10 Personen.
a) Erstelle eine Rangliste.
b) Bestimme die Kennwerte.
c) Zeichne einen Boxplot.

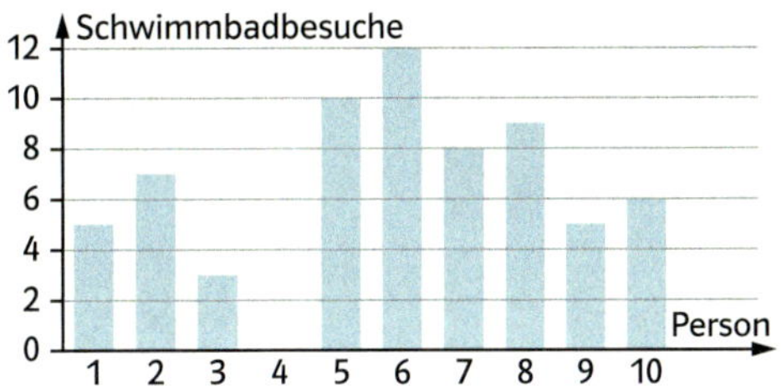

3 Ein Fernsehgerät wird vom Händler für 1990 € einschließlich 19 % Mehrwertsteuer angeboten. Er bietet zusätzlich 2 % Skonto. Im Katalog steht dasselbe Gerät für 1650 € ohne Mehrwertsteuer.

4 Martina will mit einem Ratensparvertrag in 4 Jahren 3000 € ansparen. Die Bank zahlt 3,2 % Zinsen. Zinsen werden mitverzinst. Am Ende gibt es noch eine Prämie von 8 % auf den insgesamt angesparten Betrag. Was muss sie jährlich einzahlen?

5 Vergleiche die beiden Kreditangebote für einen Kredit über 12 000 €. Bei beiden wird eine Bearbeitungsgebühr von 2 % auf den vollen Kreditbetrag erhoben. Die Zinsen beziehen sich über die volle Laufzeit auf den vollen Kreditbetrag.

A:
Laufzeit 24 Monate
0,4 % pro Monat
B:
Laufzeit 36 Monate
0,32 % pro Monat

• Prüfungsvorbereitung

Du hast jetzt den gesamten Stoff der Realschule im Fach Mathematik gelernt und stehst kurz vor der Abschlussprüfung.
Mit den Aufgaben in diesem Kapitel kannst du dich gut auf die Prüfung vorbereiten.

Tipps für die Zeit bis zur Prüfung

- Beginne frühzeitig mit der Vorbereitung auf die Prüfung, so kannst du zusätzlichen Stress vermeiden.
- Erstelle einen Lern- und Zeitplan für die letzten Wochen vor der Prüfung, mit dem du den gesamten Stoff wiederholst.
- Bilde mit anderen eine Lerngruppe, um gegenseitig Fragen stellen und Aufgaben erklären zu können.
- Am Tag vor der Prüfung solltest du nicht mehr lernen. Stelle alle Materialien und Hilfsmittel (Bleistifte, Farben, Füller, Taschenrechner, Geodreieck, Schablonen, Zirkel, …) sorgfältig zusammen.

Tipps für die schriftliche Prüfung

- Beginne die Prüfung ohne Hektik, konzentriere dich auf deine Aufgaben und arbeite während der gesamten Zeit in einem dir angemessenen Tempo.
- Lies alle Aufgaben gewissenhaft durch. Wähle eine Aufgabe aus, mit der du beginnen möchtest, weil du weißt, dass du sie lösen kannst.
- Gib nicht sofort auf, wenn du bei einer Aufgabe Schwierigkeiten bekommst.
  Beiße dich aber auch nicht zu lange an einem Problem fest, wechsle dann lieber zur nächsten Aufgabe.
- Gönne dir nach einer erledigten Aufgabe eine kleine Pause zum Entspannen und konzentriere dich dann voll auf die nächste Aufgabe.
- Bei manchen Aufgaben hilft dir eine Skizze, ein Diagramm oder eine Tabelle weiter.
- Überprüfe die Ergebnisse, die du gefunden hast, und überlege, ob sie auch sinnvoll sind.

Aufgabe

In einem Behälter befinden sich 5 schwarze, 4 gelbe und 3 rote Kugeln.
Lena zieht gleichzeitig zwei Kugeln.

Mit welcher Wahrscheinlichkeit zieht sie zwei verschiedenfarbige Kugeln?

Lösung:

Das gleichzeitige Ziehen bedeutet Ziehen ohne Zurücklegen.

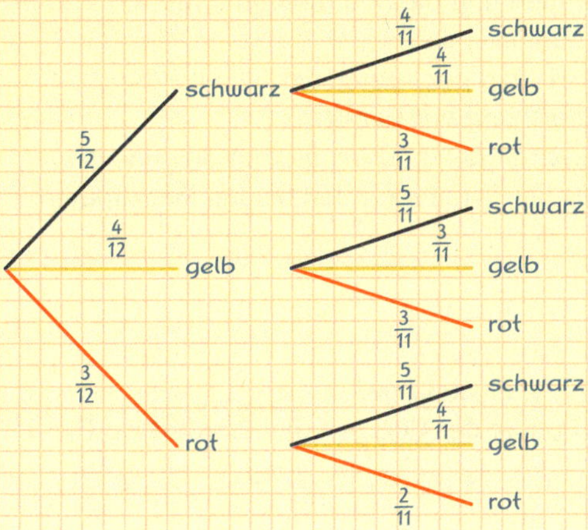

$\frac{5}{12} \cdot \frac{4}{11} = \frac{20}{132} = P(s, s)$

$\frac{4}{12} \cdot \frac{3}{11} = \frac{12}{132} = P(g, g)$

$\frac{3}{12} \cdot \frac{2}{11} = \frac{6}{132} = P(r, r)$

Die Wahrscheinlichkeit, zwei verschiedenfarbige Kugeln zu ziehen, kann über das Gegenereignis bestimmt werden.

$$\begin{aligned} P(\text{gleichfarbige Kugeln}) &= P(s, s) + P(g, g) + P(r, r) \\ &= \frac{20}{132} + \frac{12}{132} + \frac{6}{132} \\ &= \frac{38}{132} = \frac{19}{66} \end{aligned}$$

$$\begin{aligned} P(\text{verschiedenfarbige Kugeln}) &= 1 - P(\text{gleichfarbige Kugeln}) \\ &= 1 - \frac{19}{66} \end{aligned}$$

$$P(\text{verschiedenfarbige Kugeln}) = \frac{47}{66}$$

Ergebnis: Die Wahrscheinlichkeit, verschiedenfarbige Kugeln zu ziehen, beträgt $\frac{47}{66}$.

Algebra

P 1 Löse das Gleichungssystem rechnerisch.

(1) $2(x - 3y) - (5x - 2y) = 10$
(2) $7y - 5(3x + 4y) = 85$

P 2 Löse das Gleichungssystem rechnerisch und überprüfe durch Zeichnung.

(1) $2(3x - y) - (x + 2y) = 14$
(2) $3(2x + 3y) - 2(y - x) = 9$

P 3 Löse das lineare Gleichungssystem.

(1) $\frac{x + y}{5} = 1 - 2x$
(2) $\frac{2x - 4y}{3} - \frac{x + 9y}{4} = 2$

P 4 Löse rechnerisch.

(1) $\frac{3x - 6y}{5} - \frac{2x + 2y}{4} = -2$
(2) $\frac{x + 7y}{2} - (5x - y) = 18$

P 5 Eine Gerade g verläuft durch die beiden Punkte $P(-2{,}5 \mid -2)$ und $Q(5 \mid 1)$, eine zweite Gerade h durch die Punkte $R(-1 \mid 3{,}5)$ und $T(4 \mid -1{,}5)$.
Bestimme die Gleichungen der beiden Geraden und die Koordinaten ihres Schnittpunkts.

P 6 Eine Gerade g hat die Steigung $m = 2$ und geht durch den Punkt $P(8 \mid 12)$.
Bestimme durch Rechnung die Funktionsgleichung der Geraden.
Berechne die Koordinaten der Schnittpunkte mit der x-Achse und mit der y-Achse.
Welchen Flächeninhalt hat das Dreieck, das die Gerade mit den beiden Koordinatenachsen bildet?

P 7 Eine Gerade g verläuft durch die beiden Punkte $P(-7 \mid 7)$ und $Q(5 \mid -17)$.
Berechne die Gleichung der Geraden.
Unter welchem Winkel schneidet die Gerade g die x-Achse?
Wie groß ist der Winkel, wenn die beiden Punkte der Geraden die Koordinaten $P_1(-7 \mid 6)$ und $Q_1(5 \mid -6)$ haben?

P 8 Die beiden Geraden g_1: $y = -x + 4$ und g_2: $y = \frac{1}{2}x + 1$ bilden mit der y-Achse ein Dreieck. Berechne die Koordinaten der Eckpunkte des Dreiecks.
Wie groß ist sein Umfang?

P 9 Gegeben sind die Gleichungen der Geraden g, h und k:

g: $y = \frac{2}{3}x + 1$
h: $3y = x + 6$
k: $4x - 6y + 15 = 0$

Bestimme die Anzahl der Schnittpunkte und begründe deine Antwort.
Welche Geradengleichung müsste man ändern, damit alle drei Geraden keinen Punkt gemeinsam haben? Gib eine mögliche Gleichung dieser Geraden an.

P 10 Löse die quadratische Gleichung.

$3x(x-1) - (x^2 - 5x + 9) = x^2 + 6$

P 11 Löse die Gleichung.

$(3x + 2)^2 - (2x - 1)^2 = (1 - x)(3x - 1) + 12$

P 12 Löse die Gleichung.

$\left(\frac{1}{2}x - 1\right)^2 - \frac{1}{2}(x - 1)(x + 1) = \frac{1}{4}$

P 13 Bestimme die Lösungsmenge.

$\frac{x(x + 1)}{5} - \frac{x - 1}{2} = 1$

P 14 Bestimme die Lösungsmenge.

$\frac{x - 6}{6} - \frac{7x - 8}{3} = \frac{1}{2}x^2$

P 15 Bestimme die Definitionsmenge und löse die Gleichung.

$\frac{5x}{(x - 2)(x + 4)} = \frac{2}{x - 3}$

P 16 Gib die Definitionsmenge und die Lösungsmenge an.

$\frac{10}{2x + 3} - \frac{15}{6x + 9} = \frac{x^2 + 24}{4x^2 + 12x + 9}$

P 17 Bestimme die Definitionsmenge und die Lösungsmenge.

$\frac{3 - 2x}{x - 1} + 2 = \frac{x + 1}{x + 5}$

P 18 Bestimme die Definitionsmenge und die Lösungsmenge.

$\frac{5}{x + 2} = \frac{5}{x^2 - 4}$

P 19 Bestimme die Definitionsmenge und die Lösungsmenge.

$\frac{x}{4} = \frac{x^2 - 2x - 3}{x + 1}$

P 20 Bestimme die Definitionsmenge und die Lösungsmenge.

$\frac{x}{2} + \frac{3 + x}{3x} = \frac{x + 9}{6}$

P 21 Bestimme die Definitionsmenge und die Lösungsmenge.

$\frac{x + 2}{x - 1} = \frac{x - 1}{x + 2} = \frac{9}{(x + 2)(x - 1)}$

P 22 Die Parabel p hat den Scheitel $S(-5{,}5|-6{,}25)$.
Bestimme die Gleichung der Parabel in der Form $y = x^2 + px + q$.
Berechne die Koordinaten der Schnittpunkte mit der x-Achse und der y-Achse.
Wie groß ist der Flächeninhalt des Dreiecks aus diesen drei Punkten?

P 23 Gegeben ist die quadratische Funktion $y = (x + 2)^2 - 1$.
Berechne die Koordinaten der Schnittpunkte mit der x-Achse und der y-Achse.
Die Gerade g verläuft durch den Schnittpunkt der Parabel mit der y-Achse und durch den Scheitel der Parabel.
Bestimme rechnerisch die Gleichung dieser Geraden.

P 24 Eine Parabel hat die Gleichung $y = x^2 - 6x + 5$.
Berechne die Koordinaten des Scheitelpunkts und zeichne die Parabel in ein Koordinatensystem.
Berechne die Koordinaten der Schnittpunkte mit der x-Achse.
Wie groß ist der Umfang des Dreiecks aus den beiden Schnittpunkten mit der x-Achse und dem Scheitel der Parabel?

P 25 Eine Parabel p_1 der Form $y = ax^2$ und eine Parabel p_2 der Form $y = x^2 + c$ haben den Punkt $P(2|2)$ gemeinsam.
Bestimme die Funktionsgleichungen der beiden Parabeln und die Koordinaten des zweiten Schnittpunkts der beiden Parabeln.
Zeichne ihre Schaubilder in ein Koordinatensystem.

P 26 Zwei Parabeln p_1 und p_2 sind durch ihre Gleichungen $y = x^2 + 10x + 22$ und $y = x^2 - 4x + 7$ gegeben. Bestimme die Koordinaten der Scheitelpunkte der Parabeln und berechne die Entfernung der beiden Scheitelpunkte.
Zeichne die Schaubilder in ein Koordinatensystem.

P 27 Zeichne die Schaubilder der vier Parabeln mit den folgenden Gleichungen in ein Koordinatensystem.

$y = x^2 - 3$
$y = -x^2 + 3$
$y = (x - 3)^2 + 1$
$y = x^2 + 6x + 10$

Wenn man die Scheitelpunkte verbindet, erhält man ein Viereck. Um welche Art von Viereck handelt es sich?
Berechne Umfang und Flächeninhalt des Vierecks.

P 28 Ermittle die Koordinaten der Scheitelpunkte und die zugehörigen Funktionsgleichungen.
Beschreibe Lage und Form der Parabeln.

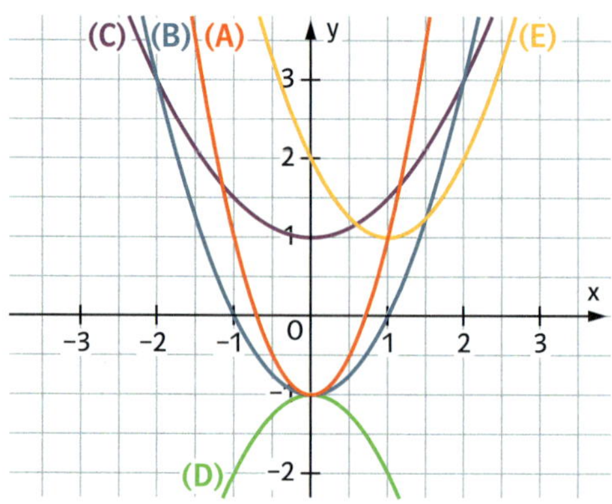

P 29 Eine nach oben geöffnete, verschobene Normalparabel schneidet die x-Achse in den Punkten $N_1(-2|0)$ und $N_2(4|0)$.
Bestimme die Koordinaten des Scheitels der Parabel und gib die Funktionsgleichung in der Form $y = x^2 + px + q$ an.
Wie lautet die Funktionsgleichung einer nach unten geöffneten Normalparabel mit denselben Nullstellen?

P 30 Der Punkt $P(-1|14)$ liegt auf einer Parabel mit der Gleichung $y = x^2 + px + 7$.
Bestimme die Funktionsgleichung der Parabel in Scheitelform.
Welche Parabelgleichung erhält man für den Punkt $Q(1|14)$?
In welchem Punkt schneiden sich die beiden Parabeln?
Zeichne beide Parabeln in ein Koordinatensystem.

P 31 Das Schaubild der quadratischen Funktion $y = x^2 - 4x + q$ verläuft durch den Punkt $P(4|5)$. Bestimme die Gleichung der Parabel p_1 und die Koordinaten des Scheitelpunkts.
Eine nach unten geöffnete, verschobene Normalparabel p_2 hat den Scheitel $S_2(0|5)$.
Berechne die Koordinaten der Schnittpunkte beider Parabeln.

P 32 Eine Gerade g und eine Parabel p sind durch ihre Gleichungen gegeben:
$g: y = x + 5$; $p: y = x^2 + 3x + 3{,}75$.
Berechne die Koordinaten der Schnittpunkte P und Q von Gerade und Parabel.
Wie weit sind die beiden Schnittpunkte voneinander entfernt?

P 33 Eine nach oben geöffnete, verschobene Normalparabel hat den Scheitel $S(-4|-2)$. Eine Gerade hat die Gleichung $y = x + b$ und geht durch den Scheitelpunkt der Parabel.
Bestimme die beiden Funktionsgleichungen und zeichne Gerade und Parabel in ein Koordinatensystem (Längeneinheit 1 cm).
Berechne die Koordinaten der Schnittpunkte von Gerade und Parabel.

P 34 Gegeben sind die Parabel $p: y = x^2 - 6x + 5$ und die Gerade $g: y = -x + 1$.
Zeichne die Parabel und die Gerade in ein Koordinatensystem (LE 1 cm).
Berechne die Koordinaten der Schnittpunkte von Gerade und Parabel.
Wie viele Punkte haben die Gerade $h: y = -2x + 1$ die Parabel p gemeinsam?

P 35 Die Parabel p_1 hat die Gleichung $y = x^2 + 2x + 6$, die Parabel p_2 hat die Gleichung $y = 2x^2 + 3$. Zeichne die Schaubilder beider Parabeln in ein Koordinatensystem.
Berechne die Koordinaten der Schnittpunkte.
Auf welcher Parabel liegen die Punkte $R(-3|21)$ und $T(-2|6)$?

P 36 Die Parabel p_1 hat die Gleichung $y = x^2 - 10x + 18$, die Parabel p_2 ist eine nach oben geöffnete, verschobene Normalparabel mit dem Scheitel $S_2(-1|5)$.
Berechne die Koordinaten des Schnittpunkts der beiden Parabeln.
Wie weit ist dieser Schnittpunkt vom Ursprung des Koordinatensystems entfernt?

P 37 Eine nach unten geöffnete, verschobene Normalparabel p_1 mit dem Scheitel $S_1(0|3)$ und eine zweite Parabel p_2 mit der Gleichung $y = \frac{1}{2}x^2 - 3$ schneiden sich in den Punkten P und Q.
Berechne die Koordinaten der beiden Schnittpunkte und ihre Entfernung voneinander.

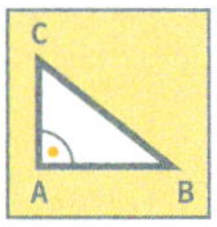

P 38 Für das rechtwinklige Dreieck ABC gilt:
$\overline{CD} = 1{,}5\,cm$
$\alpha = 28{,}7°$
Berechne den Umfang des Teildreiecks ABD.

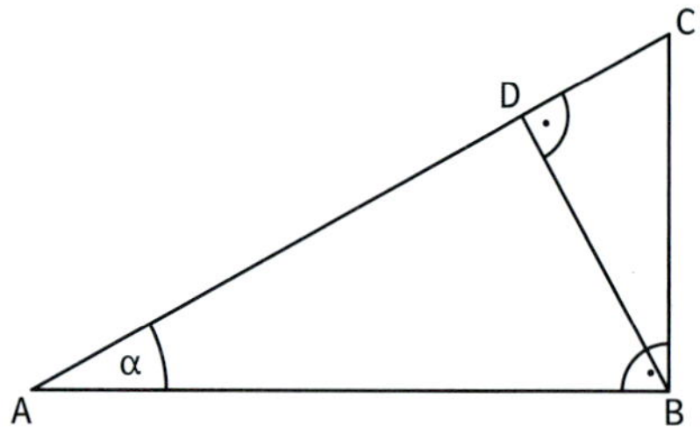

P 39 Vom Dreieck ABC sind gegeben:
$\overline{AM} = 7{,}0\,cm$
$\overline{BC} = 8{,}6\,cm$
$\beta = 46{,}2°$
M halbiert die Strecke $\overline{BC}$.
Berechne die Länge der Strecke $\overline{AC}$, den Winkel α und den Flächeninhalt des Dreiecks.

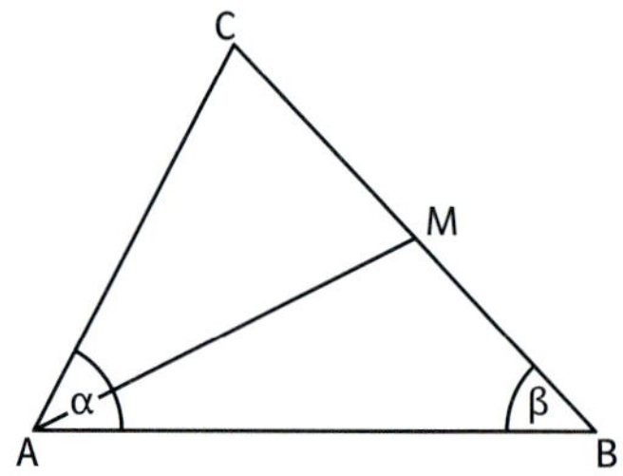

P 40 Die Länge der Seite $\overline{AE} = \overline{BE} = 9{,}5\,cm$ und die beiden Winkel $\delta = 28{,}8°$ und $\varepsilon = 44{,}6°$ sind gegeben.
Außerdem ist AC || ED und $\overline{BD} = \overline{CD}$.
Berechne den Flächeninhalt des Dreiecks BDE.

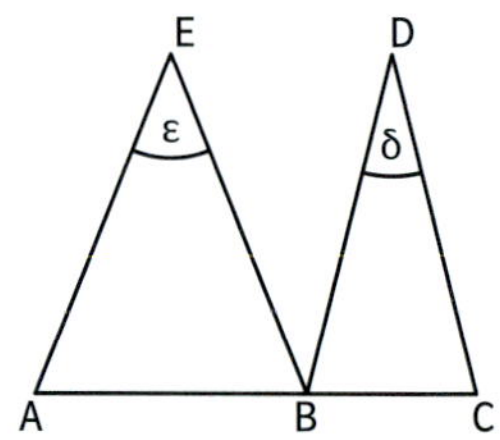

P 41 Vom Dreieck ABC sind bekannt:
$\overline{AB} = 6{,}8\,cm$
$\alpha = 62°$
$\beta = 48°$
Um wie viele Zentimeter ist der Umfang des Dreiecks ABC größer als der Umfang des Dreiecks ABD?

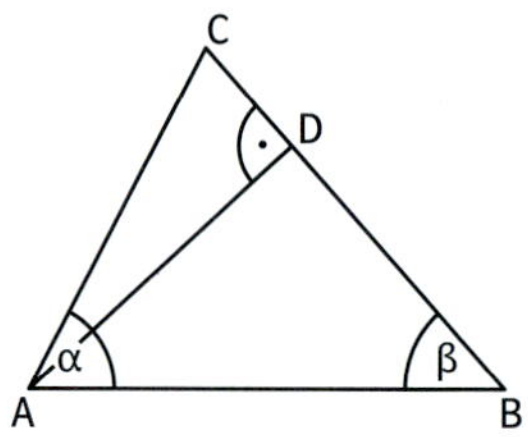

P 42 Vom rechtwinkligen Dreieck sind gegeben:
$\overline{AC} = 6{,}8\,cm$
$\beta = 32{,}0°$
Der Punkt D liegt von B und C gleich weit entfernt.
Berechne die Länge der Strecke $\overline{AD}$.

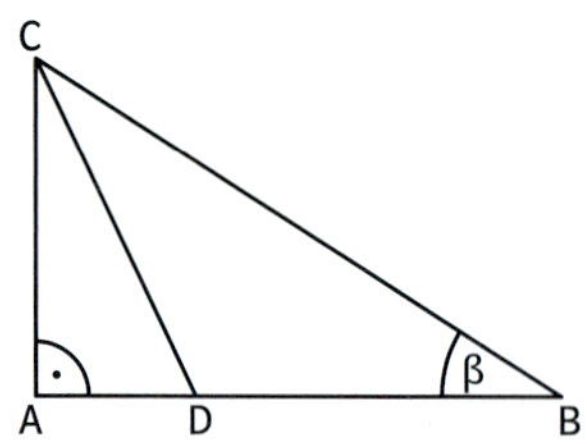

P 43 Die beiden rechtwinkligen Dreiecke ABC und ABE haben die Seite $\overline{AB}$ gemeinsam.
Es gilt:
$\overline{AB} = 14{,}5\,cm$
$\overline{BE} = 12{,}7\,cm$
$\beta = 65{,}6°$
Berechne den Abstand zwischen D und $\overline{AB}$.

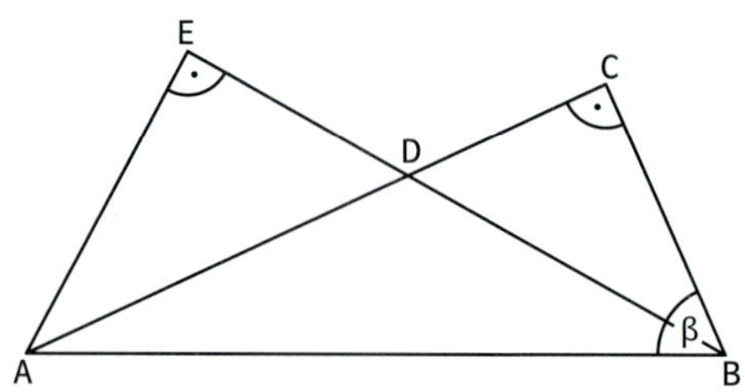

P 44 Vom Rechteck ABCD sind bekannt:
$\overline{AD} = 5{,}5\,\text{cm}$
$\alpha_1 = 16{,}2°$
der Flächeninhalt $A = 44\,\text{cm}^2$
Berechne die Länge der Strecke $\overline{AE}$.

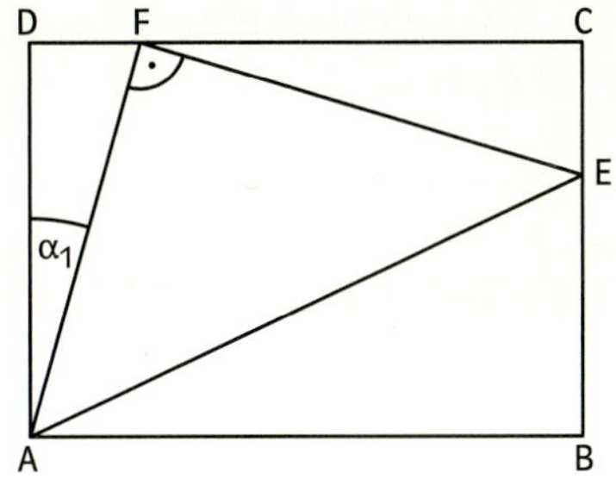

P 45 Für das rechtwinklige Trapez ABCD gilt:
$\overline{AB} = 10{,}0\,\text{cm}$
$\overline{AD} = 5{,}6\,\text{cm}$
$\gamma_1 = 39{,}0°$
$\delta_1 = 28{,}5°$
Berechne die Länge der Strecke $\overline{CD}$.
Wie groß ist der Flächeninhalt des Dreiecks DEC?

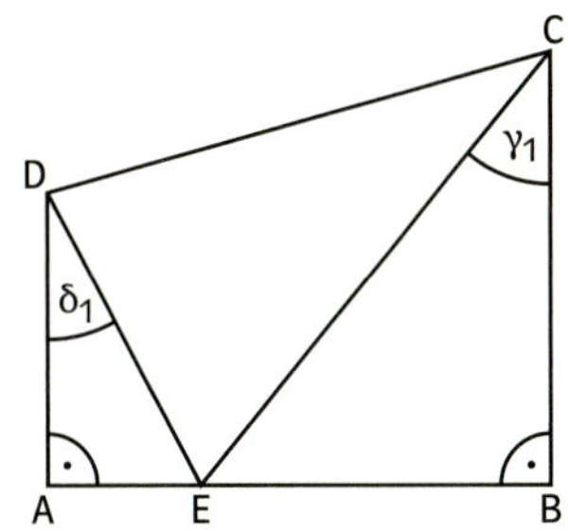

P 46 Die beiden Dreiecke ABC und ACD haben die Seite $\overline{AC}$ gemeinsam.
Es gilt:
$\overline{AC} = 12{,}5\,\text{cm}$
$\alpha = 42{,}6°$
$\beta = 71{,}0°$
Der Flächeninhalt des Dreiecks ACD ist um 50 % größer als der des Dreiecks ABC.
Berechne die Länge der Seite $\overline{AD}$.

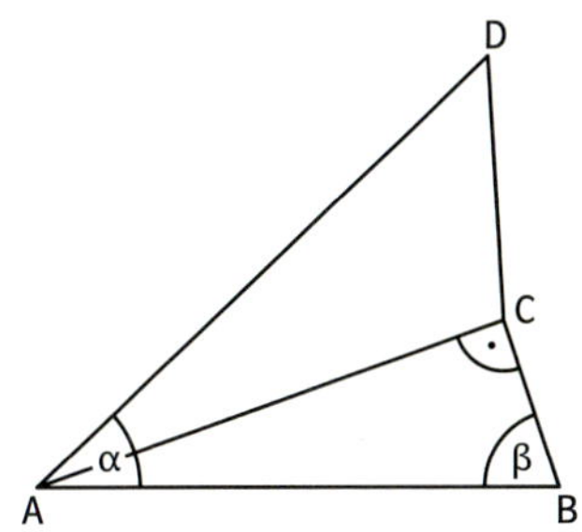

P 47 Das allgemeine Trapez ABCD ist gegeben durch:
$\overline{BD} = 12{,}8\,\text{cm}$
$\alpha = 72{,}3°$
$\beta = 55{,}6°$
Berechne den Umfang und den Flächeninhalt des Trapezes.

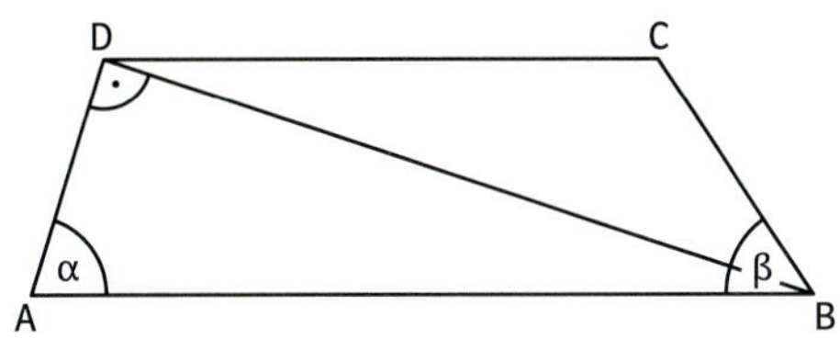

P 48 Das achsensymmetrische Trapez ABCD ist durch die Seitenlängen
$a = 12{,}6\,\text{cm}$
$b = d = 8{,}6\,\text{cm}$
$c = 7{,}2\,\text{cm}$ gegeben
Wie viel Prozent der Trapezfläche nimmt das Dreieck ABE ein?

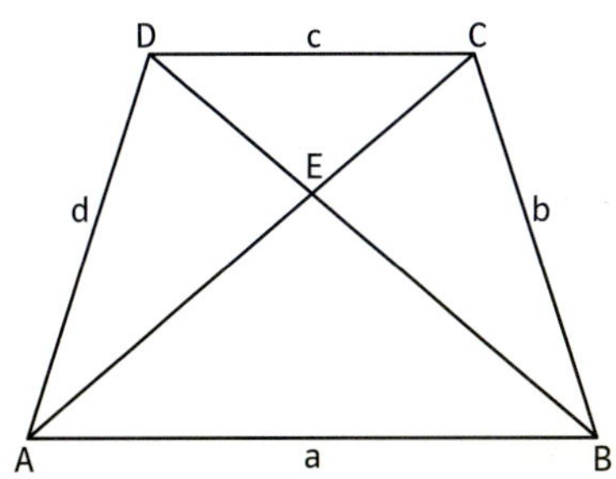

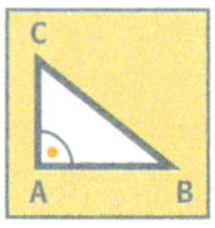

P 49 Von den zwei rechtwinkligen Dreiecken sind gegeben:
$\overline{AB} = 9{,}1\,cm$
$\alpha = 38{,}6°$
$\beta = 30{,}5°$
Berechne die Entfernung der Punkte C und D.

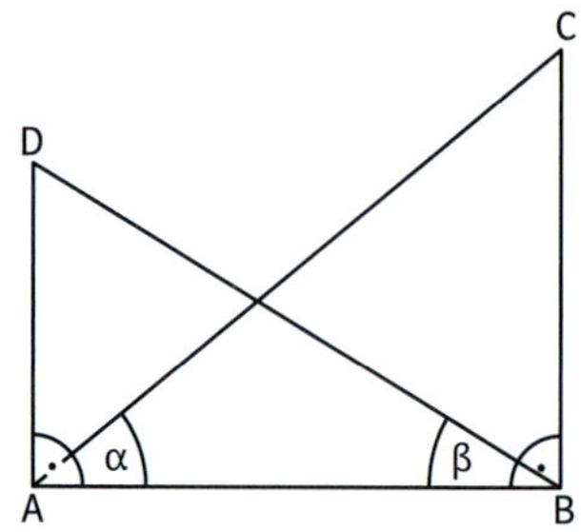

P 50 Von der Figur ABCDE sind gegeben:
$\overline{AE} = 7{,}3\,cm$
$\overline{DE} = 4{,}7\,cm$
$\overline{AB} = 9{,}8\,cm$
$\varepsilon = 124°$
Berechne den Winkel γ_1 und die Länge der Strecke $\overline{BD}$.

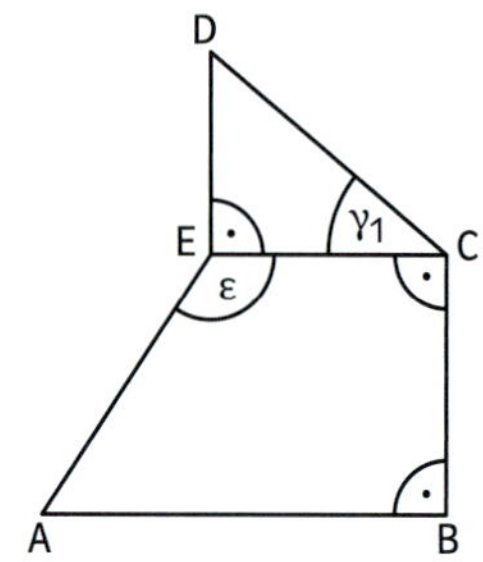

P 51 Vom Fünfeck ABCDE sind gegeben:
$\overline{AB} = 7{,}8\,cm$
$\overline{BC} = 6{,}2\,cm$
$\overline{CD} = 8{,}3\,cm$
$\beta = 112{,}5°$
Außerdem gilt: $\overline{AB} \parallel \overline{CE}$.
Berechne die Länge der Seite $\overline{AE}$ und den Winkel ε.

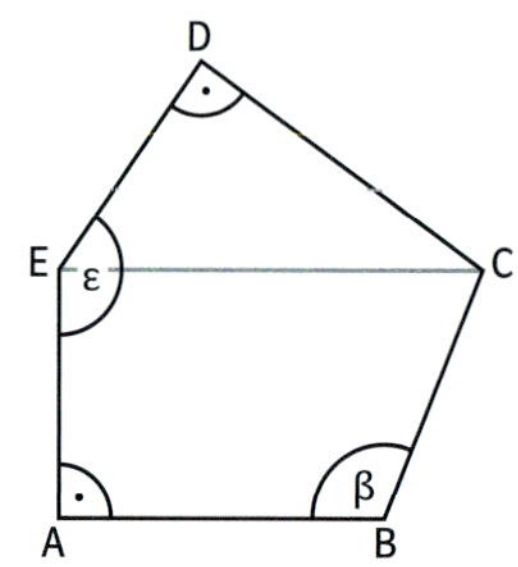

P 52 Gegeben ist ein Fünfeck ABCDE mit den Maßen:
$\overline{CD} = 5{,}4\,cm$
$\overline{DE} = 6{,}7\,cm$
$\overline{AE} = 6{,}1\,cm$
$\alpha = 118{,}4°$
Berechne die Länge der Seite $\overline{AB}$ und den Flächeninhalt des Fünfecks.

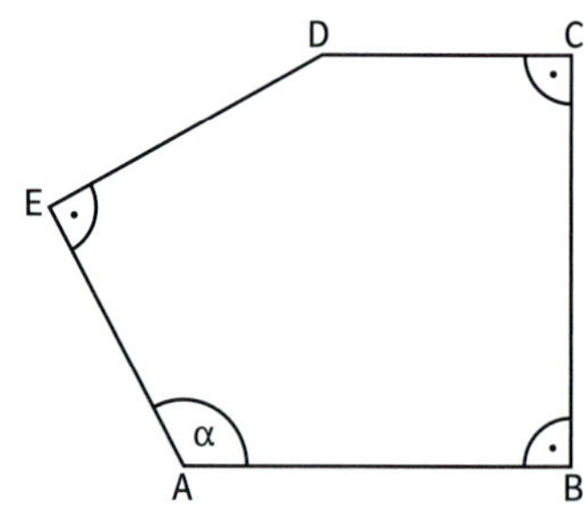

P 53 Ein regelmäßiges Achteck hat die Seitenlänge 6,0 cm.
Berechne die Länge der Diagonale $\overline{AE}$ und den Flächeninhalt des Dreiecks ABE.
Berechne den Flächeninhalt des Trapezes BCDE. Was fällt auf?

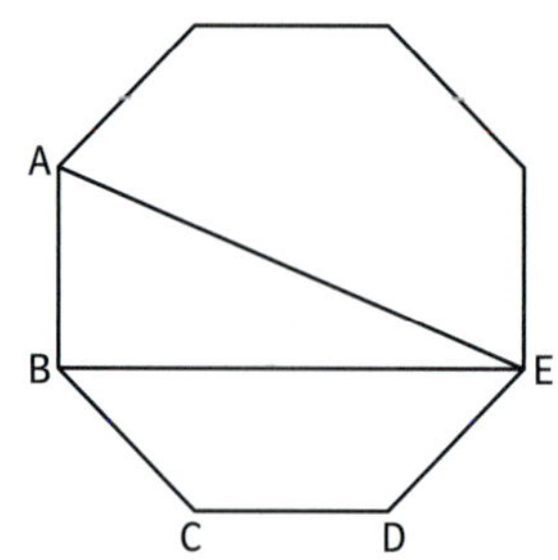

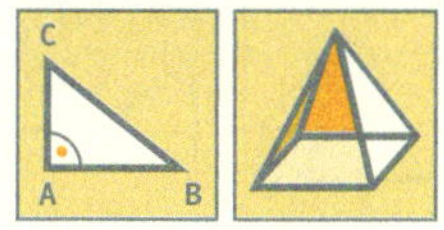

P 54 Die Würfelkante a ist 15,0 cm lang.
Bekannt sind außerdem:
∢ FAB = 16,0°
∢ EDC = 50,0°
$\overline{BC}$ = 15,0 cm
Berechne die Größe des Winkels ADE und die Länge der Strecke $\overline{AD}$.

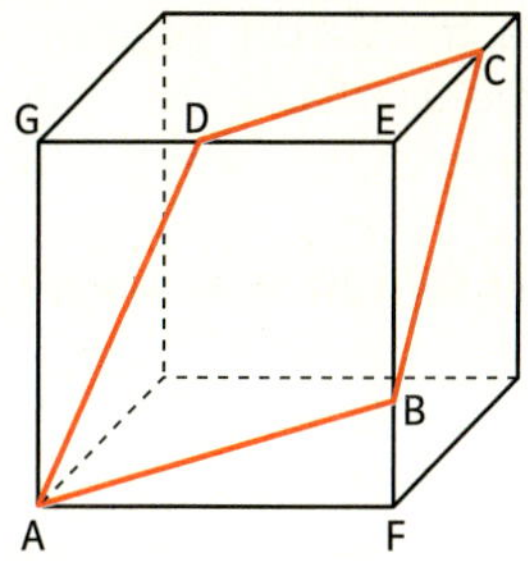

P 55 Für das Quadratprisma gilt:
a = 5,0 cm
h = 8,0 cm
Berechne die Winkel und den Flächeninhalt des Dreiecks ABC.

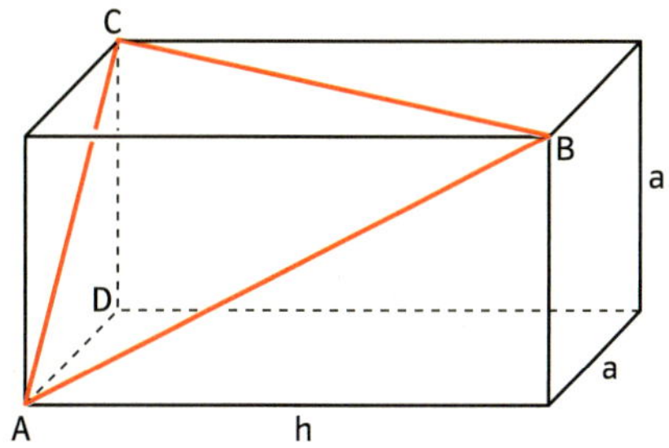

P 56 Eine quadratische Pyramide ist durch die Grundkante a = 9,6 cm und die Seitenkante s = 24,4 cm gegeben.
C und D halbieren die Seitenkanten der Pyramide.
Berechne die Größe der Winkel α und γ.
Zeichne ein Netz der Pyramide, in dem die Trapezseiten eingezeichnet sind.

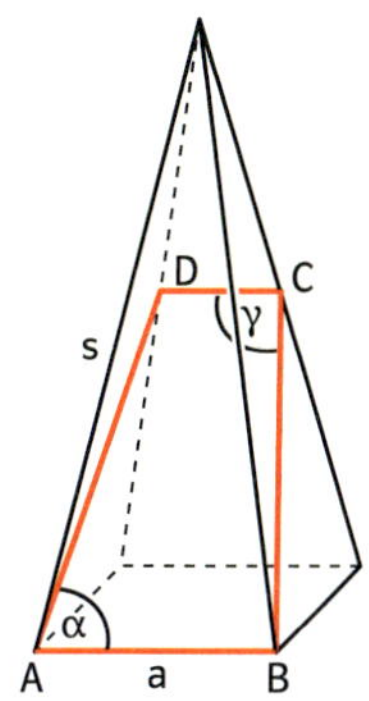

P 57 Von der quadratische Pyramide sind bekannt:
a = 7,0 cm
h = 8,0 cm
Der Punkt P halbiert die Seitenkante s.
Berechne die Länge des Streckenzuges PQR.

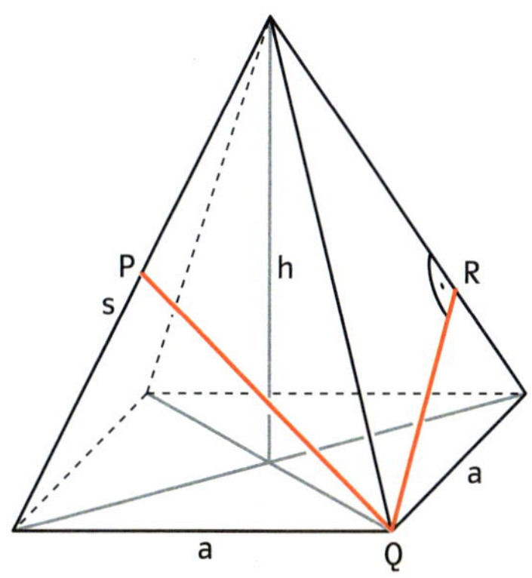

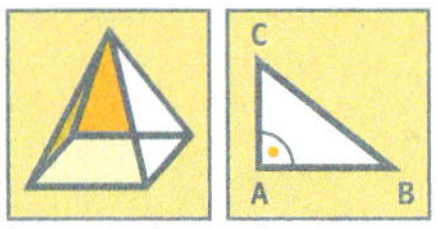

P 58 Von einer quadratische Pyramide sind das Volumen $V = 953{,}3\,cm^3$ und die Grundkante $a = 12{,}4\,cm$ gegeben.
Berechne die Oberfläche der Pyramide und den Winkel zwischen Grundkante und Seitenkante.

P 59 Gegeben ist eine quadratische Pyramide mit
Grundkante $a = 12{,}5\,cm$ und
Seitenkante $s = 18{,}2\,cm$.
Berechne das Volumen der Pyramide und die Größe der Winkel β und γ.

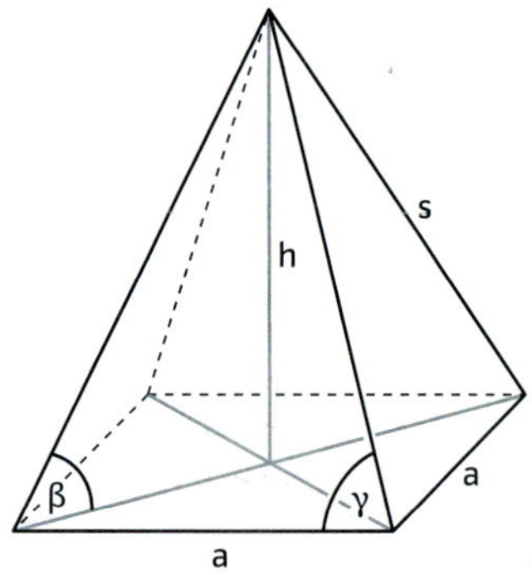

P 60 Die Seitenflächen einer quadratische Pyramide sind gleichseitige Dreiecke mit einem Flächeninhalt von jeweils $65{,}0\,cm^2$.
Berechne die Oberfläche der Pyramide und das Volumen.

P 61 Ein gleichseitiges Dreieck mit der Seitenlänge 12,4 cm ist in einer ersten quadratischen Pyramide ein Diagonalschnitt, in einer zweiten Pyramide ist es ein Parallelschnitt.
Welche der beiden Pyramiden hat das größere Volumen?
Berechne den Unterschied in Kubikzentimeter.
Was vermutest du aufgrund der Ergebnisse?

P 62 Eine quadratische Pyramide und ein Würfel haben dasselbe Volumen und dieselbe Körperhöhe, nämlich 8,5 cm.
Berechne die Oberfläche der Pyramide und des Würfels.
Um wie viel Prozent unterscheiden sie sich?

P 63 Von einer regelmäßigen Sechseckspyramide sind gegeben:
$h_s = 11{,}8\,cm$ (Seitenflächenhöhe) und
$M = 265{,}5\,cm^2$ (Mantelfläche).
Berechne die Grundkante a und das Volumen der Pyramide.

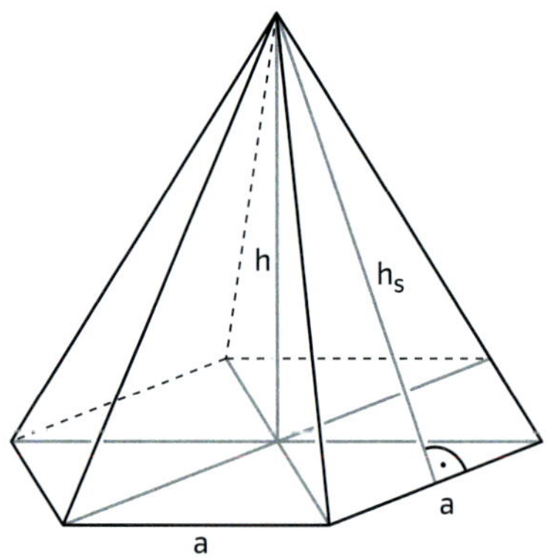

P 64 Von einer regelmäßigen Sechseckspyramide sind die Mantelfläche $M = 145{,}0\,cm^2$ und die Oberfläche $O = 205{,}0\,cm^2$ gegeben.
Berechne den Umfang eines Seitenflächendreiecks.
Wie groß ist die Oberfläche einer Kugel, die denselben Rauminhalt wie die Pyramide hat?

P 65 Von einer regelmäßigen Fünfeckspyramide sind bekannt:
a = 8,0 cm (Grundkante)
s = 12,4 cm (Seitenkante)
Berechne die Oberfläche und die Körperhöhe h der Pyramide.

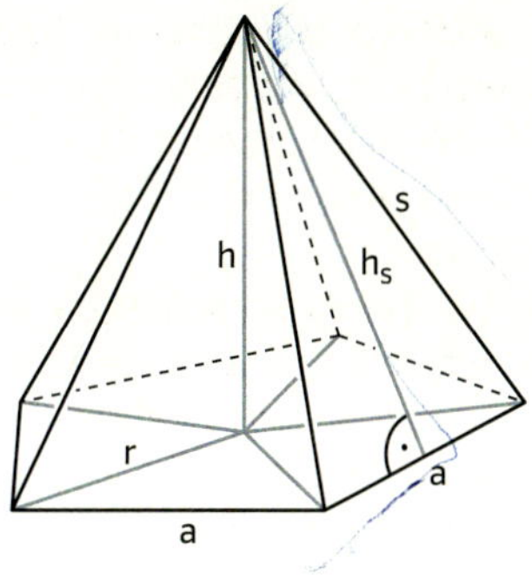

P 66 Von einer regelmäßigen Neuneckspyramide sind gegeben:
a = 20,0 cm (Grundkante)
M = 2700 cm^2 (Mantelfläche)
Berechne das Volumen der Pyramide.

P 67 Das Dreieck zeigt eine Seitenfläche einer regelmäßigen Achteckspyramide.
Berechne die Oberfläche und das Volumen der Pyramide.

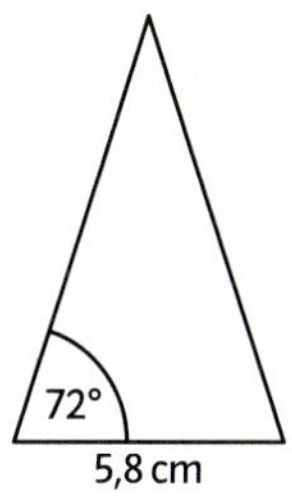

P 68 Für einen Kegel gilt:
Mantellinie s = 15,0 cm.
Die Mantelfläche ist doppelt so groß wie die Grundfläche.
Berechne das Volumen des Kegels.

P 69 Ein Kegel und ein Zylinder haben dasselbe Volumen.
Für den Kegel gilt:
r_k = 6,8 cm
s_k = 8,5 cm
Der Zylinder ist doppelt so hoch wie der Kegel.
Berechne die Mantelfläche des Zylinders.

P 70 Ein Zylinder hat das Volumen V_Z = 1000 cm^3 und die Höhe h_Z = 12,0 cm.
Ein Kegel hat dasselbe Volumen und eine gleich große Grundfläche wie der Zylinder.
Welcher der beiden Körper hat die größere Oberfläche?

P 71 Der Achsenschnitt eines Kegels ist ein gleichseitiges Dreieck mit dem Flächeninhalt 250 cm^2.
Wie groß sind Volumen und Oberfläche des Kegels?

P 72 Ein Kegel und eine Halbkugel sind aus massivem Holz. Beide haben dasselbe Volumen. Die Halbkugel hat eine Oberfläche von 236 cm^2. Die Höhe des Kegels ist doppelt so groß wie der Durchmesser seines Grundkreises.
Berechne die Mantelfläche des Kegels.

P 73 Aus einem Würfel mit der Kantenlänge $a = 12{,}0\,cm$ ist eine quadratische Pyramide herausgearbeitet (siehe Skizze). Berechne das Volumen und die Oberfläche des Restkörpers.
Bei einem anderen Körper ist die Pyramide auf eine Würfelfläche aufgesetzt. Um wie viel Prozent ist das Volumen dieses Körpers größer als das des Restkörpers?

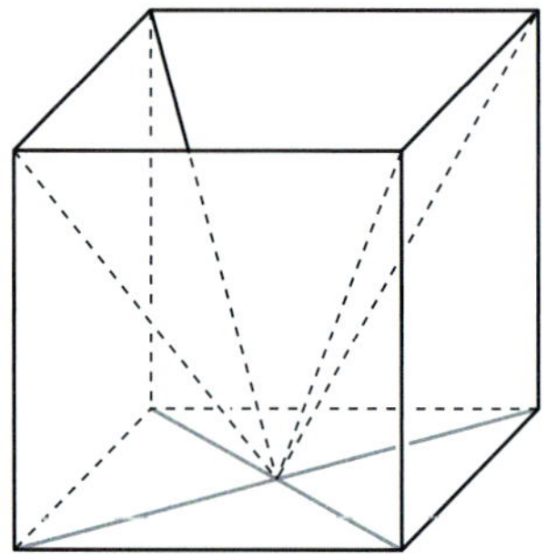

P 74 Auf eine quadratische Säule wird eine quadratische Pyramide gesetzt (siehe Skizze).
Folgende Maße sind gegeben:

Säulengrundkante	$a_1 = 4{,}55\,m$
Säulenhöhe	$h_1 = 7{,}30\,m$
Pyramidengrundkante	$a_2 = 5{,}80\,m$
Pyramidenhöhe	$h_2 = 6{,}15\,m$

Berechne die Oberfläche des zusammengesetzten Körpers.

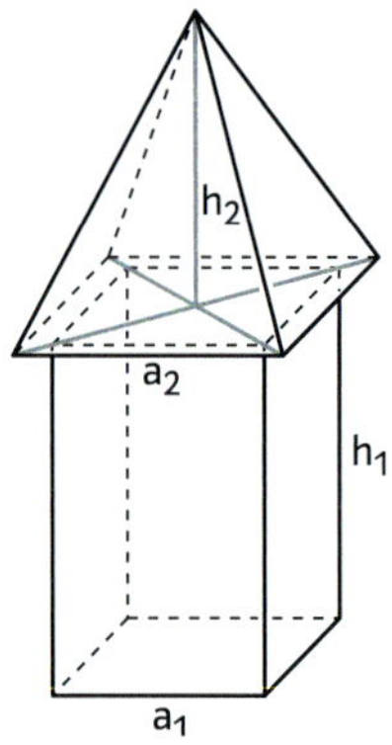

P 75 Zwei quadratische Pyramiden sind auf ihren Grundflächen aufeinander gesetzt.
Die gemeinsame Grundkante ist 6,0 cm lang. Die Seitenkanten der unteren Pyramide sind genauso lang wie ihre Grundkante. Die Seitenflächenhöhe der oberen Pyramide ist doppelt so lang wie die der unteren Pyramide.
Berechne die Gesamthöhe und das Volumen der Doppelpyramide.

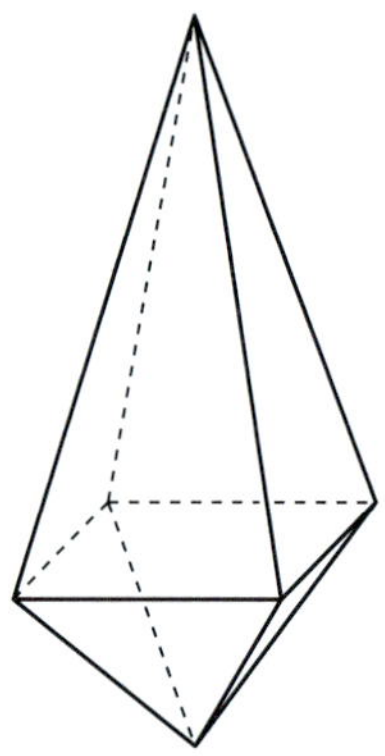

P 76 Ein Kegel ist auf einen Zylinder aufgesetzt. Es sind bekannt:
$r = 7{,}5\,cm$
und die Oberfläche des zusammengesetzten Körpers
$O = 766\,cm^2$.
Die Mantelfläche des Kegels ist gleich groß wie die Mantelfläche des Zylinders.
Berechne den Winkel ε und die Gesamthöhe des zusammengesetzten Körpers.

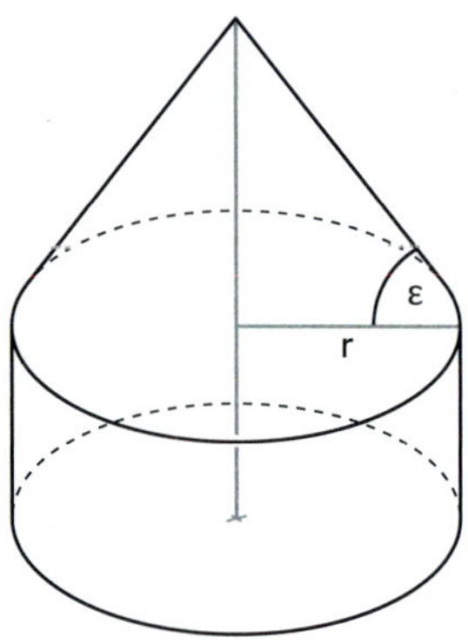

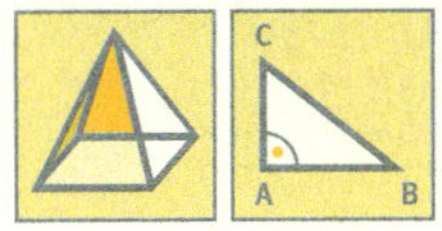

P 77 Vom Quader sind bekannt:
$a = 14{,}8\,\text{cm}$
$b = 10{,}1\,\text{cm}$
$O = 726{,}9\,\text{cm}^2$ (Oberfläche)
$\varepsilon = 61{,}6°$
Berechne den Umfang des Dreiecks RST.

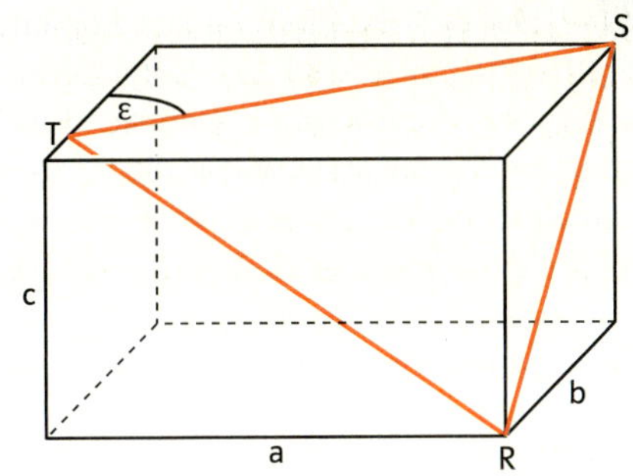

P 78 Der Mantel einer quadratische Pyramide besteht aus vier gleichseitigen Dreiecken. Für die Pyramide gilt:
$a = 8{,}0\,\text{cm}$ (Grundkante).
Zeichne das Schrägbild der Pyramide. Trage den im Netz eingezeichneten Streckenzug in das Schrägbild ein. (BC ∥ AE)
Berechne die Länge des Streckenzugs.

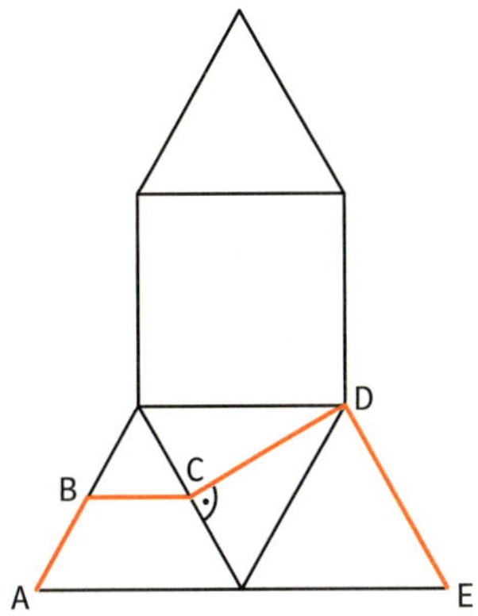

P 79 Auf dem Mantel einer 12,8 cm hohen quadratische Pyramide mit der Grundkante $a = 7{,}4\,\text{cm}$ ist der Streckenzug PM_1QM_2R eingezeichnet.
P, Q und R halbieren die Seitenkanten, M_1 und M_2 sind die Seitenmitten der Grundkanten.
Zeichne ein Netz der Pyramide mit dem Streckenzug und berechne dessen Länge.

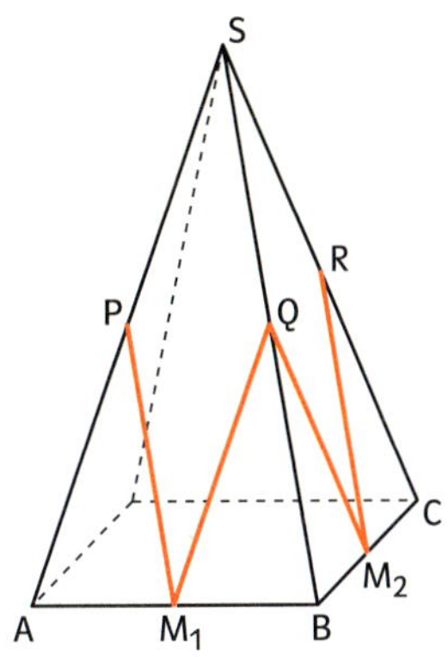

P 80 In einen 12,4 cm hohen Kegel mit einem Grundkreisradius von 5,2 cm ist das Dreieck ABH eingezeichnet.
H halbiert die Körperhöhe des Kegels.
Der Winkel zwischen den Strecken $\overline{AM}$ und $\overline{BM}$ beträgt 60,0°.
Berechne die Differenz der Flächeninhalte der beiden Dreiecke ABS und ABH.

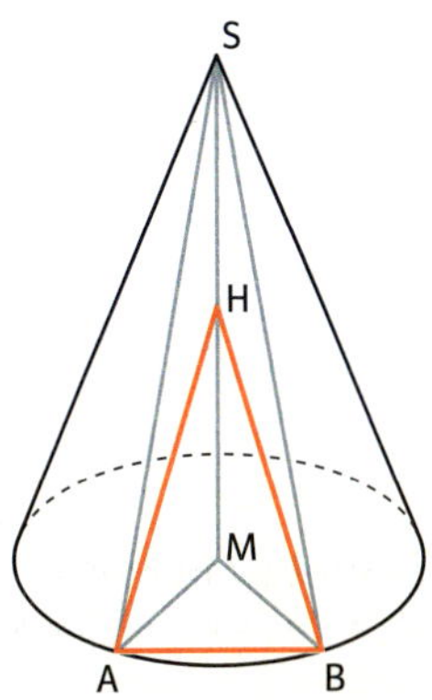

Sachrechnen

P 81 Von den Schülerinnen und Schülern der Klassenstufe 10 einer Realschule haben 26 Französisch, dies sind 20,8 % der Zehntklässler. Im Fach Technik sind es 65 Schüler und Schülerinnen, die übrigen haben sich für das Fach Mensch und Umwelt entschieden. Zeichne ein Kreisdiagramm für die Verteilung der drei Fächer. Wie verändern sich die Prozentsätze, wenn nur 28 beim Fach Mensch und Umwelt bleiben und die anderen MUM-Schüler sich zu gleichen Teilen für Französisch und Technik entscheiden?

P 82 Herkunftsländer der Schülerinnen und Schüler der Max-Eyth-Realschule:

Herkunftsland	Anzahl	Anteil in %
Deutschland	352	
Türkei		
Griechenland	43	
Italien		6,25
Sonstige	28	
Gesamt	512	

Berechne die fehlenden Angaben in der Tabelle und stelle die Anteile in einem Prozentkreis und die Anzahl in einem Balkendiagramm dar. Vergleiche.

P 83 In der Jahresstatistik einer TÜV-Prüfstelle wurden folgende Mängel festgestellt:

Auspuffanlage	jedes elfte Auto
Fußbremse	6,7% der Autos
Handbremse	56 von 500 Autos
Ölverlust	$\frac{1}{6}$ aller Autos

Ordne die Art der Mängel nach Häufigkeit.
Warum ist ein Kreisdiagramm zur Darstellung nicht geeignet?

P 84
In dem Säulendiagramm sind die Schülerzahlen der Albert-Einstein-Realschule in den letzten drei Schuljahren dargestellt. Berechne den jährlichen Zuwachs in Prozent.
Für die nächsten beiden Schuljahre wird mit einer Steigerung um jeweils 8 % gerechnet. Berechne die Schülerzahlen und zeichne das Säulendiagramm für alle fünf Schuljahre.
Wie hoch ist der gesamte Zuwachs in den fünf Schuljahren in Prozent?

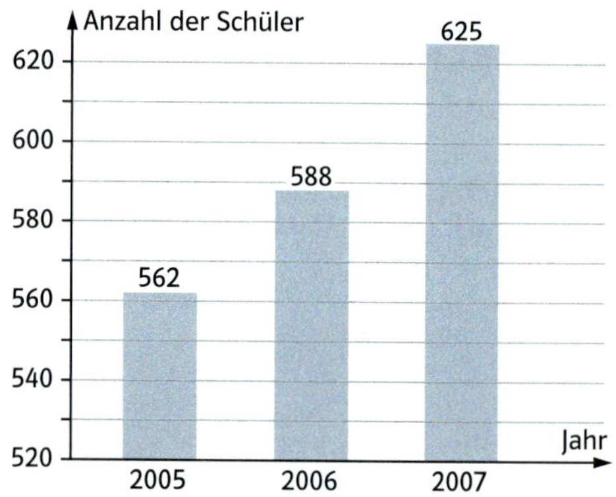

P 85 Frau Scholl tankt 43,55 Liter Superbenzin. Auf dem Beleg sind 9,45 € Mehrwertsteuer ausgewiesen, der Mehrwertsteuersatz beträgt 19 %.
Ihr Mann tankt 40 Liter Normalbenzin, das 2 ct pro Liter billiger ist.
Wie viel Euro muss Herr Scholl bezahlen?

P 86 In den Ländern Europas ist der Mehrwertsteuersatz unterschiedlich hoch.
Ein Fernsehgerät kostet in Deutschland einschließlich 19 % Mehrwertsteuer 749,00 €.
Wie hoch wäre der entsprechende Preis bei 16 % bzw. 22 % Mehrwertsteuer?
Um wie viel Prozent liegt der höchste über dem niedrigsten Preis?

P 87 Vergleiche die beiden Kreditangebote. Für welches würdest du dich entscheiden? Begründe deine Entscheidung durch Rechnung.

5000 € für nur 325 € Zinsen im Jahr!	10 000 € für einen Zinssatz von 5,7 %

P 88 Auf einem Sparkonto wurden für ein Guthaben von 589,00 € in 245 Tagen Zinsen in Höhe von 10,02 € gutgeschrieben. Wie hoch ist der Zinssatz, den die Bank berechnet? Auf welchen Betrag ist das Guthaben nach weiteren zwei Monaten angewachsen?

P 89 Herr Brümmer hat sein Girokonto um 1500 € überzogen. Bei einem Zinssatz von 10,5 % verlangt die Bank 7,44 € Zinsen.
Wie lange hat Her Brümmer sein Konto überzogen?
Wie viel Zinsen hätte er bei einem Zinssatz von 15,5 % mehr bezahlen müssen?

P 90 Frau Grau möchte eine Rechnung sofort bezahlen, um Skonto abziehen zu können. Dazu muss sie ihr Girokonto 19 Tage lang um 1800,00 € überziehen.
Die Bank berechnet einen Zinssatz von 12,0 %.
Der zu zahlende Rechnungsbetrag ist 3456,50 €, wovon 2 % Skonto abgezogen werden können. Lohnt es sich, das Konto zu überziehen?

P 91 Das Guthaben von Marlene ist mit Zinsen innerhalb von 165 Tagen auf einen Betrag von 1616,13 € angewachsen. Der Zinssatz beträgt 2,2 %.
Wie hoch war das Guthaben zu Anfang?

P 92 Ein Betrag von 2400 € wird bei einem Zinssatz von 3,2 % für vier Jahre fest angelegt. Die Zinsen werden mitverzinst.
Wie viel Euro Zinsen erhält man im dritten Jahr mehr als im zweiten Jahr?
Um wie viel Prozent ist das Guthaben insgesamt angewachsen?

P 93 Herr Schall braucht in vier Jahren 15 000,00 € für ein neues Auto.
Welchen Betrag muss er bei der Bank anlegen, wenn das Geld mit 3,5 % verzinst wird und die Zinsen mitverzinst werden?
Wie viel Zinsen erhält er im zweiten Jahr?
Um wie viel Prozent ist das Anfangskapital in den vier Jahren angewachsen?

P 94 Die Bank wirbt mit dem Slogan: „In vier Jahren durchschnittlich mehr als 5 % Zinsen pro Jahr!"
Sie bietet einen gleich bleibenden Zinssatz von 3,3 % auf einen Anlagebetrag von 10 000 €. Zusätzlich gibt es am Ende der Laufzeit eine Prämie von 8 % auf den zu Beginn eingezahlten Betrag.
Prüfe die Werbung durch Rechnung.

P 95 Ein Geldbetrag ist in einem Jahr und acht Monaten auf 2513,25 € gewachsen.
Die Bank gewährt einen Zinssatz von 2,8 %.
Wie hoch war der angelegte Betrag?
Auf welchen Betrag wäre der angelegte Betrag bei demselben Zinssatz nach $2\frac{1}{2}$ Jahren angewachsen?

P 96 Frau Rauch hat 5000,00 € auf einem Konto 3 Jahre lang angelegt.

Zinssatz im 1. Jahr: 2,5 %
Zinssatz im 2. Jahr: 2,9 %
Zinsen werden mitverzinst.

Wie viel Euro Zinsen bekommt sie im zweiten Jahr mehr als im ersten Jahr?
Nach Ablauf der drei Jahre bekommt sie 5452,93 € ausbezahlt. Wie hoch war der Zinssatz im dritten Jahr?
Bei welchem jährlich gleich bleibenden Zinssatz hätte Frau Rauch genauso viel Zinsen bekommen?

P 97 Herr Stuber legt Geld bei seiner Bank zu folgenden Bedingungen an:

Zinssatz im 1. Jahr: 2,8 %
Zinssatz im 2. Jahr: 3,0 %
Zinssatz im 3. Jahr: 3,3 %
Zinssatz im 4. Jahr: 3,7 %
Zinsen werden mitverzinst.

Am Ende des vierten Jahres kann Herr Stuber über 9074,01 € verfügen.
Wie hoch war das Anfangskapital? Um wie viel Prozent hat sich das Kapital insgesamt erhöht?

P 98 Martina zahlt drei Jahre lang jeweils zu Jahresanfang einen bestimmten Geldbetrag auf ein Sparkonto ein. Der Zinssatz beträgt 3,8 %. Zusätzlich erhält sie am Ende noch eine Prämie von 5% auf die Summe der eingezahlten Beträge.
Nach Ablauf der drei Jahre kann sie über 4060,60 € verfügen.
Wie hoch muss die jährliche Rate sein?

P 99 Peter zahlt zwei Jahre hintereinander am Jahresanfang 1000,00 € auf ein Sparkonto ein. Das Geld wird zu 3,2 % verzinst. Zinsen werden mitverzinst.
Nach drei Jahren und sieben Monaten löst er das Konto auf. Wie viel Euro kann er nun abheben?

P 100 In dem Auszug der Tabelle ist die Entwicklung eines Tilgungsplans im neunten und zehnten Jahr der Rückzahlung dargestellt. Es handelt sich um eine Annuitätentilgung.

	A	B	C	D	E
1	Jahr	Restschuld zu Jahresanfang	Zinsen	Tilgung	Restschuld zu Jahresende
2	8				
3	9	83.250,61 €	3.496,53 €	5.503,47 €	77.747,14 €
4	10	77.747,14 €	3.265,38 €	5.734,62 €	72.012,52 €
5	11				

Welcher Zinssatz wird von der Bank berechnet?
Wie hoch war die Restschuld zu Jahresende nach elf Jahren?
Wie viel Zinsen mussten im achten Jahr bezahlt werden?

P 101 Familie Kleinschmidt nimmt einen Kleinkredit in Höhe von 15 000,00 € auf.
Wie hoch sind die monatlichen Raten?
Wie verändern sich die Kreditkosten, wenn die Laufzeit auf 24 Monate verkürzt wird und sich der monatliche Zinssatz auf 0,52 % erhöht?

Laufzeit: 36 Monate
einmalige Bearbeitungsgebühr: 2 %
monatlicher Zinssatz: 0,48 %

Zinsen u. Bearbeitungsgebühr beziehen sich auf den vollen Kreditbetrag.

P 102 Die Jungen und Mädchen der Klasse 10 a haben in einem Test folgende Punktzahlen erreicht:

Jungen: 15; 11; 18; 24; 5; 10; 20; 10; 19; 8; 18; 16
Mädchen: 17; 30; 7; 28; 3; 4; 30; 29; 10; 8; 11; 3

Vergleiche die Mittelwerte der beiden Teilgruppen mit dem der gesamten Klasse.
Ermittle die Kennwerte, die für die Darstellung in Boxplots notwendig sind. Zeichne die beiden Boxplots.
Welche Unterschiede stellst du fest?

P 103 In den beiden Boxplots sollen die Testergebnisse von zwei Motorenreihen miteinander verglichen werden. Es wurde die Lebensdauer in Stunden gemessen.

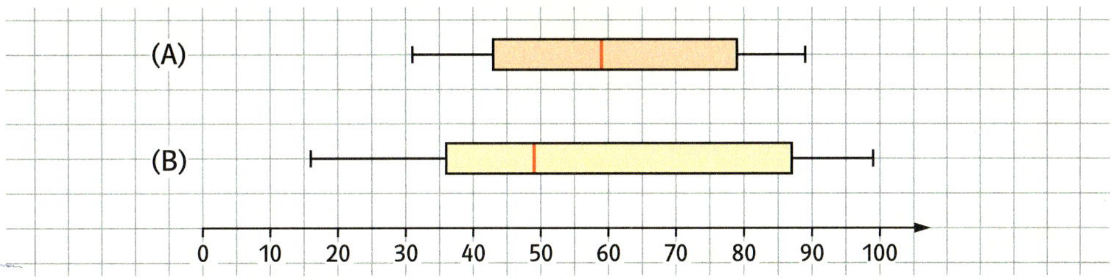

Vergleiche Zentralwert, Spannweite und Quartilabstand der beiden Reihen.
Welche Reihe hat die zuverlässigeren Motoren?
Begründe deine Entscheidung.

P 104 Die Zuschauerzahlen in den bisherigen Heimspielen zweier Handballvereine werden verglichen.

TSV Ahausen: 717; 1045; 1180; 1154; 1260; 1260; 1260; 1260
SG Bergheim: 1857; 2367; 1265; 789; 812; 790; 775; 760

Wer hatte durchschnittlich mehr Zuschauer?
Was ist für die nächsten Heimspiele aufgrund der bisherigen Zahlen zu erwarten?
Stelle die Entwicklung der Zuschauerzahlen in einem gemeinsamen Schaubild dar.

P 105 Die Klassen 6 bis 8 einer Realschule haben sich mit folgenden Ergebnissen an einer Sammelaktion für Batterien beteiligt.
Die Zahlen geben das Sammelergebnis in Kilogramm an.

6 a: 54	7 a: 67	8 a: 59
6 b: 286	7 b: 77	8 b: 52
6 c: 66	7 c: 72	8 c: 302

Gib das Ergebnis der Sammelaktion mithilfe geeigneter Kennwerte bekannt.
Vergleiche die Mittelwerte und Zentralwerte der Klassenstufen mit den Gesamtwerten.
Überprüfe folgende Aussagen:
„Die 8er-Klassen haben 100 % mehr als die 7er-Klassen gesammelt."
„Zwei Klassen sammelten gemeinsam mehr als 50 % der Gesamtmenge."
„Mehr als zwei Drittel der Klassen sammelte weniger als der Durchschnitt aller Klassen."
Stelle die Sammelergebnisse mit einem Säulendiagramm und einem Boxplot dar.
Vergleiche die unterschiedlichen Darstellungen.

P 106 Das Glücksrad wird einmal gedreht. Wie hoch ist die Wahrscheinlichkeit, dass die Farbe Gelb getroffen wird?
Mit welcher Wahrscheinlichkeit steht der Zeiger nicht auf einem blauen Feld?

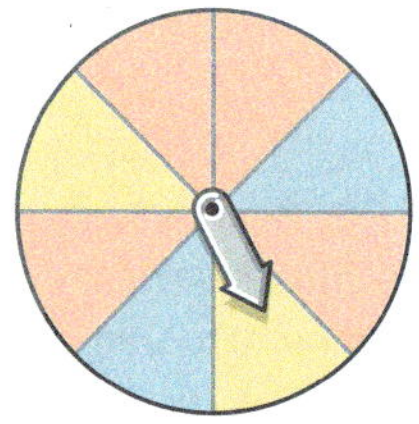

P 107 Ein Glücksrad ist in 60 gleich große Felder geteilt. 20 Felder sind blau, 24 Felder sind grün, 12 Felder sind rot. Der Rest hat die Farbe Gelb.
Das Glücksrad wird zweimal gedreht.
Mit welcher Wahrscheinlichkeit bleibt der Zeiger zweimal auf der Farbe Rot stehen?
Wie hoch ist die Wahrscheinlichkeit, dass der Zeiger einmal die Farbe Blau und einmal die Farbe Gelb trifft?

P 108 Aus dem Behälter mit 14 Kugeln wird gezogen.
Wie groß ist die Wahrscheinlichkeit, mit dem ersten Zug eine rote Kugel zu ziehen?
Es wird zweimal hintereinander gezogen. Die erste Kugel wird nach dem Ziehen wieder zurückgelegt. Mit welcher Wahrscheinlichkeit werden zwei gelbe Kugeln gezogen?
Wie verändert sich die Wahrscheinlichkeit, zwei gelbe Kugeln zu ziehen, wenn die erste Kugel nicht zurückgelegt wird?

P 109 Zwei Spielwürfel werden nacheinander geworfen. Mit welcher Wahrscheinlichkeit werden zwei Sechsen gewürfelt? Wie groß ist die Wahrscheinlichkeit, keine 5 zu würfeln? Wie groß ist die Wahrscheinlichkeit, genau eine 1 zu würfeln?

P 110 Die drei Glücksräder haben zwar unterschiedliche Aufteilungen, sämtliche Felder jedes Glücksrades sind jedoch gleich groß. Wie groß ist jeweils die Wahrscheinlichkeit, die Zahl 2 zu treffen?
Mit welcher Wahrscheinlichkeit erscheint beim grünen Glücksrad eine ungerade Zahl?
Jedes der drei Glücksräder wird 120-mal gedreht. Wie oft kann man dann jeweils ein geradzahliges Ergebnis erwarten?

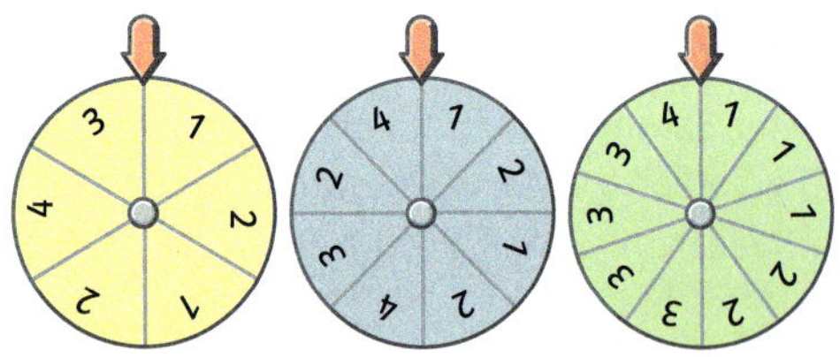

P 111 In dem Behälter befinden sich 3 blaue, 5 rote und 7 gelbe Kugeln.
Es werden zwei Kugeln nacheinander gezogen. Die zuerst gezogene Kugel wird wieder in den Behälter zurückgelegt. Mit welcher Wahrscheinlichkeit werden zwei gleichfarbige Kugeln gezogen?

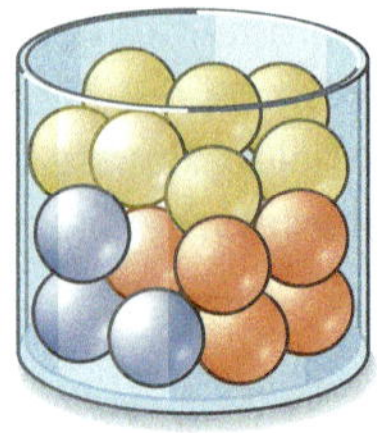

P 112 Auf dem Parkplatz eines Autohändlers stehen vom gleichen Modell fünf silberne, drei schwarze und zwei rote Fahrzeuge. Die Fahrzeugschlüssel wurden versehentlich in dieselbe Box gelegt.
Ein Kunde interessiert sich für zwei Fahrzeuge. Der Auszubildende greift wahllos zwei Schlüssel heraus. Wie groß ist die Wahrscheinlichkeit, nur Schlüssel von gleichfarbigen Autos aus der Box zu nehmen? Benutze zur Lösung ein Baumdiagramm.
Wie groß ist die Wahrscheinlichkeit, den Schlüssel von genau einem silbernen Fahrzeug herauszunehmen?

Zufall

P 113 Eine Streichholzschachtel blieb beim Werfen mit folgenden Häufigkeiten auf den bezeichneten Flächen liegen.

Grundflächen G	Reibeflächen R	Seitenflächen S
408	81	11

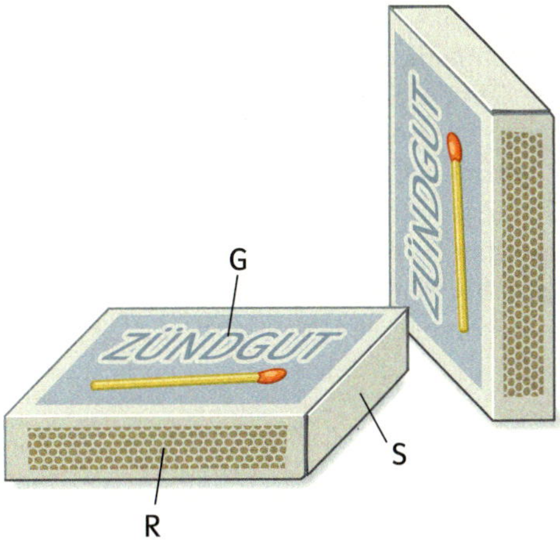

Mario wirft eine Streichholzschachtel 50-mal. Wie häufig landet die Schachtel vermutlich auf einer der Reibeflächen R?
Tina wirft zwei Schachteln gleichzeitig. Wie groß ist die Wahrscheinlichkeit, dass die Schachteln nicht auf einer der Grundflächen G liegen bleiben?
Mit welcher Wahrscheinlichkeit bleibt nur eine der beiden Schachteln auf einer der Reibeflächen liegen?

P 114 Die acht gleich großen Felder eines Glücksrads sind mit den Farben Rot, Blau, Gelb und Grün eingefärbt.
Das Rad wird zweimal nacheinander gedreht. Wie groß ist die Wahrscheinlichkeit, nur gleiche Farben zu treffen?
Mit welcher Wahrscheinlichkeit trifft man genau ein rotes und ein blaues Feld?

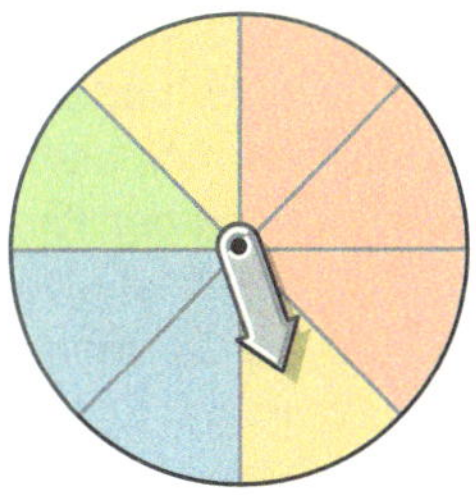

P 115 Beide Kreisel sind jeweils in sechs gleich große Felder eingeteilt. Zuerst wird Kreisel (1), dann Kreisel (2) gedreht.

Wie groß ist die Wahrscheinlichkeit, dass keiner der beiden Kreisel auf einer geraden Zahl liegen bleibt?
Mit welcher Wahrscheinlichkeit ist die Summe der beiden Zahlen größer als 12?
Wie groß ist die Wahrscheinlichkeit, dass das Produkt der beiden Zahlen durch 3 teilbar ist?

Algebra

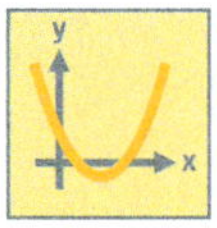

W 1 a) Eine Gerade g_1 geht durch die Punkte $P(-4{,}5|-6{,}5)$ und $Q(6|-3)$.
Eine weitere Gerade g_2 mit der Steigung $m = -1$ verläuft durch $R(-2|1)$.
Berechne die Koordinaten des Schnittpunktes T der beiden Geraden.
Der an der y-Achse gespiegelte Schnittpunkt T ist Scheitelpunkt S einer nach oben geöffneten, verschobenen Normalparabel p. Berechne die Koordinaten der Schnittpunkte von Parabel p und Gerade g_2.
b) Bestimme die Definitions- und die Lösungsmenge der Gleichung.
$\frac{6}{x+2} - \frac{1-2x}{x-2} + \frac{6x}{2x^2-8} = 0$

W 2 a) Eine nach oben geöffnete, verschobene Normalparabel p_1 mit der Gleichung $y = x^2 - 10x + q$ geht durch den Punkt $P(2|5)$.
Berechne die Koordinaten der Schnittpunkte mit der x-Achse.
Die Gerade g schneidet die Achsen in $Q(0|3)$ und $R(3|0)$. Bestimme die Funktionsgleichung der Gerade und zeichne die Parabel sowie die Gerade in ein Koordinatensystem.
Berechne die Koordinaten der Schnittpunkte von Parabel p_1 und Gerade g.
Der Scheitel der Parabel p_1 wird um sieben Einheiten nach links und um drei Einheiten nach oben verschoben. Dadurch entsteht die Parabel p_2.
Berechne nun die Schnittpunkte von g und p_2.
b) Bestimme die Definitions- und die Lösungsmenge der Gleichung.
$\frac{2x-4}{x-4} + \frac{4-x}{x^2-8x+16} = 1$

W 3 a) Eine Parabel p_1 hat die Gleichung $y = x^2 + 2x + 5$. Eine nach oben geöffnete, verschobene Normalparabel p_2 geht durch die Punkte $A(2|3)$ und $B(5|0)$.
Berechne die Koordinaten der beiden Scheitelpunkte.
Die Gerade g verläuft durch die beiden Scheitelpunkte. Gib ihre Gleichung an.
Der Schnittpunkt von p_1 und p_2 ist der Scheitelpunkt einer weiteren nach oben geöffneten verschobenen Normalparabel p_3.
Berechne die Gleichung der Parabel p_3.
b) Eine nach oben geöffnete, verschobene Normalparabel p hat den Scheitel $S(3|-3)$.
Die Gerade g_1 hat die Gleichung $y = 2x - 4$.
Bestimme die Anzahl der Schnittpunkte von p und g_1.
Verschiebe die Gerade g_1 parallel, sodass Gerade und Parabel nur einen gemeinsamen Punkt besitzen. Berechne die Gleichung dieser verschobenen Geraden g_2.

W 4 a) Zeichne die beiden Parabeln p_1 mit $y = -\frac{1}{2}x^2 + \frac{1}{2}$ und p_2 mit $y = x^2 - 6x + 5$ in ein Koordinatensystem. Ermittle die Koordinaten der Schnittpunkte aus der Zeichnung und überprüfe die abgelesenen Werte durch Rechnung.
Welche Steigung besitzt die Gerade g, die durch die beiden Schnittpunkte verläuft?
b) Bestimme die Definitions- und die Lösungsmenge der Gleichung.
$\frac{4x+1}{x+1} - \frac{12}{2x^2-2} = \frac{2x-1}{x-1}$

Algebra

W 5 a) Eine nach oben geöffnete, verschobene Normalparabel p_1 hat den Scheitel $S_1(-3|0)$. Die Parabel p_2 hat die Gleichung $y = -x^2 + 5$.
Welche Entfernung haben die Schnittpunkte der beiden Parabeln?
Die Gerade g verläuft durch die beiden Parabelschnittpunkte.
Berechne die Gleichung von g.
Welchen spitzen Winkel bildet die Gerade g mit der x-Achse?
b) Bestimme die Definitions- und die Lösungsmenge der Gleichung.
$\frac{8 - 20x}{9x^2 - 4} - \frac{x + 6}{3x - 2} = 1$

W 6 a) Eine nach oben geöffnete, verschobene Normalparabel p geht durch die Punkte $A(-5|8)$ und $B(0|3)$. Eine Gerade g hat die Steigung $m = 2$ und schneidet die Parabel p im Punkt $P(-3|0)$.
Berechne die Koordinaten des zweiten Schnittpunkts von Parabel und Gerade.
Die Gerade g sowie die x-Achse und die y-Achse grenzen ein Dreieck ein. Berechne den Umfang und den Flächeninhalt des Dreiecks.
b) Eine nach oben geöffnete verschobene Normalparabel p hat den Scheitel $S(1|-4)$.
Eine Gerade g_1 hat die Steigung $m = 1$ und geht durch den Punkt $P(-3|-2)$.
Die Gerade g_2 ist parallel zu g_1 und hat mit der Parabel p genau einen Punkt gemeinsam.
Berechne die Gleichung von g_2.
Eine weitere Parallele g_3 hat mit der Parabel p keinen Punkt gemeinsam. Gib eine mögliche Gleichung an und bestimme einen Punkt, der auf dieser Geraden liegt.

W 7 a) Eine nach oben geöffnete, verschobene Normalparabel p_1 geht durch die Punkte $A(7|7{,}5)$ und $B(4|4{,}5)$. Der Scheitel der Parabel p_1 wird um vier Einheiten nach links und um zwei Einheiten nach unten verschoben. Dadurch entsteht die Parabel p_2.
Gib die Funktionsgleichung von p_2 in der Form $y = x^2 + px + q$ an. Berechne die Gleichung der Geraden g, die durch die Scheitelpunkte der beiden Parabeln verläuft.
Die Gerade g schneidet die x-Achse.
Berechne den Schnittwinkel der Geraden g mit der x-Achse.
b) Die Gerade g_1 geht durch die Punkte $A(-2|8)$ und $B(7|-1)$. Die Gerade g_2 hat die Steigung $m = \frac{1}{4}$ und geht durch $Q(0|1)$.
Eine Parabel der Form $y = ax^2$ verläuft durch den Schnittpunkt der beiden Geraden.
Bestimme die Funktionsgleichung der Parabel.
Berechne den zweiten Schnittpunkt der Parabel mit der Geraden g_2.

W 8 a) Eine Parabel p der Form $y = x^2 + px + 7$ verläuft durch den Punkt $A(-10|27)$.
Berechne die Koordinaten der Schnittpunkte mit der x-Achse und der y-Achse.
Alle Schnittpunkte der Parabel mit den Achsen bilden ein Dreieck. Berechne die Winkel des Dreiecks.
b) Die Parabel p_1 mit der Gleichung $y = -x^2 + 3$ hat mit der Parabel p_2 der Form $y = x^2 - 4x + q$ genau einen Punkt gemeinsam.
Bestimme die Funktionsgleichung der Parabel p_2 und berechne die Koordinaten des gemeinsamen Punktes T.
Verändere die Variable q der Gleichung von p_2 so, dass die Parabeln zwei Schnittpunkte mit ganzzahligen Koordinaten haben.

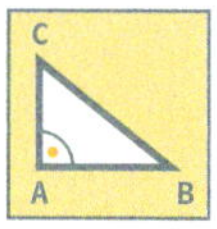

W 9 a) Die Seite $\overline{AB}$ des Rechtecks ABCD ist zugleich die Basis des gleichschenkligen Dreiecks ABG.
Es gilt:
$A_{ABG} = 21{,}8\,cm^2$ (Flächeninhalt Dreieck)
$\overline{AB} = 7{,}8\,cm$
$\overline{AE} = 5{,}1\,cm$
Wie viel Prozent der Dreiecksfläche gehören zur gemeinsamen Überdeckungsfläche?

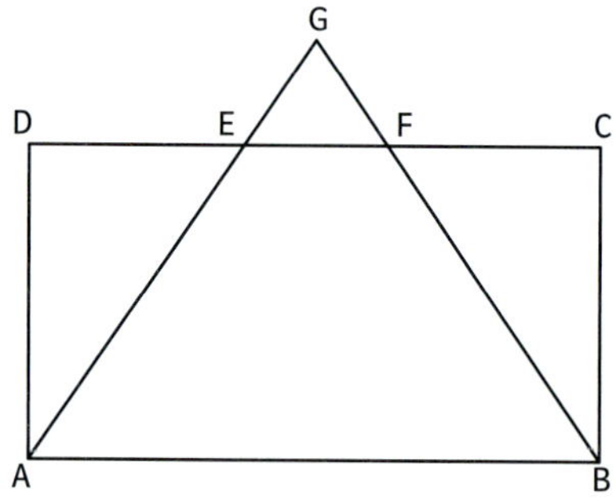

b) Zeige ohne Verwendung gerundeter Werte, dass für die Figur ABCD gilt:
$A = 5e^2\sqrt{3}$ und
$u = 2e(3 + 2\sqrt{3})$.

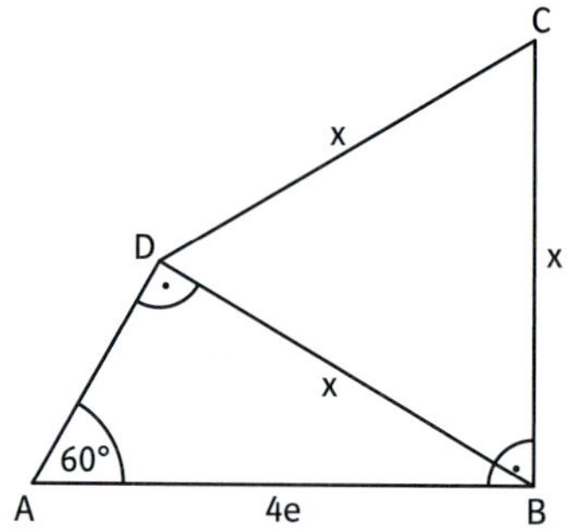

W 10 a) Das symmetrische Trapez ABCE und das rechtwinklige Dreieck ECD haben die Seite $\overline{CE}$ gemeinsam.
Es ist bekannt:
$\overline{AB} = 4{,}6\,cm$
$\overline{BC} = \overline{AE} = 3{,}5\,cm$
$\beta = 118°$
Berechne den Flächeninhalt des Vierecks EFGD.

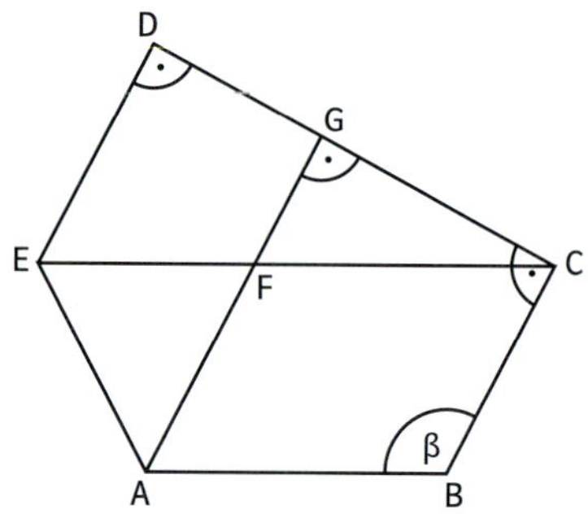

b) Zeige ohne Verwendung gerundeter Werte, dass sich der Umfang des Vierecks ABCD mit der Formel
$u = 2e(9 + 5\sqrt{3})$
berechnen lässt.

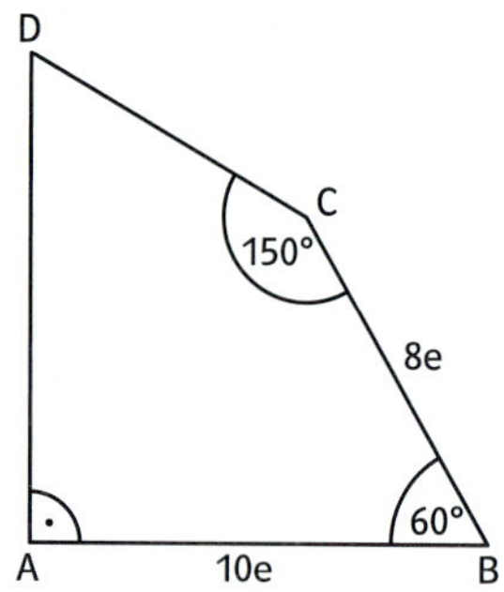

W 11 a) Ein Fünfeck ist aus zwei rechtwinkligen Trapezen zusammengesetzt.
Gegeben sind die Größen:
$\overline{AB} = 16{,}5\,cm$
$\overline{CF} = 20{,}5\,cm$
$\overline{DE} = 12{,}8\,cm$
$\beta = 118{,}5°$
$A = 295\,cm^2$ (Flächeninhalt des gesamten Fünfecks)
Berechne den Winkel γ und den Umfang des Fünfecks.

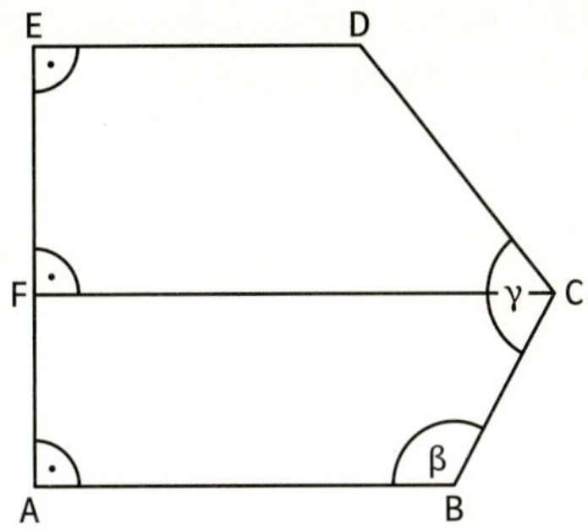

b) Zeige, dass sich Umfang und Flächeninhalt des Trapezes ABCD in Abhängigkeit von e mit den Formeln
$u = e(3 + 2\sqrt{2} + \sqrt{3} + \sqrt{6})$
$A = \frac{e^2}{2}(3 + \sqrt{3} + 2\sqrt{6})$
berechnen lassen.

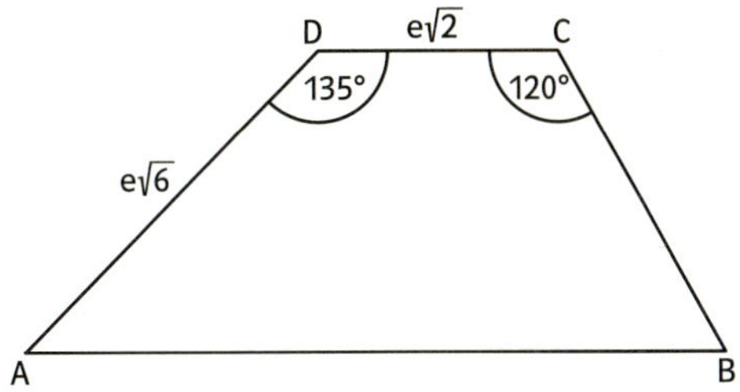

W 12 a) Von dem rechtwinkligen Dreieck ABC sind die Seiten
$\overline{AB} = 8{,}9\,cm$ und $\overline{BC} = 14{,}3\,cm$ bekannt.
M halbiert die Seite $\overline{AB}$.
Berechne die Größe des Winkels ε und den Flächeninhalt des Dreiecks AME.

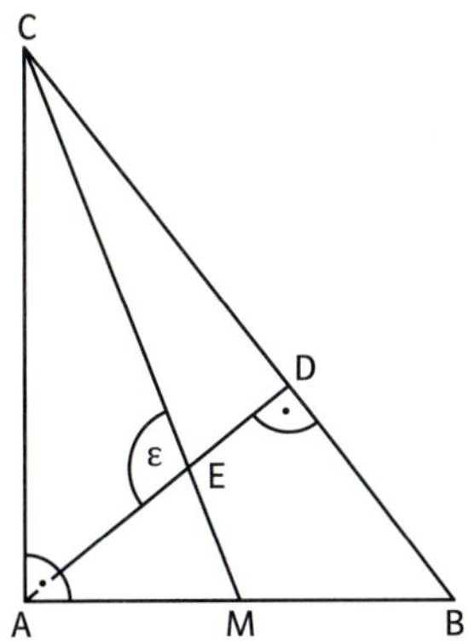

b) Im rechtwinkligen Dreieck ABC mit $\overline{AB} = 8e$ wird die Seite $\overline{BC}$ durch den Punkt M halbiert.
Zeige ohne Verwendung gerundeter Werte, dass für den Winkel α_1 gilt:
$\tan\alpha_1 = \frac{\sqrt{3}}{5}$.

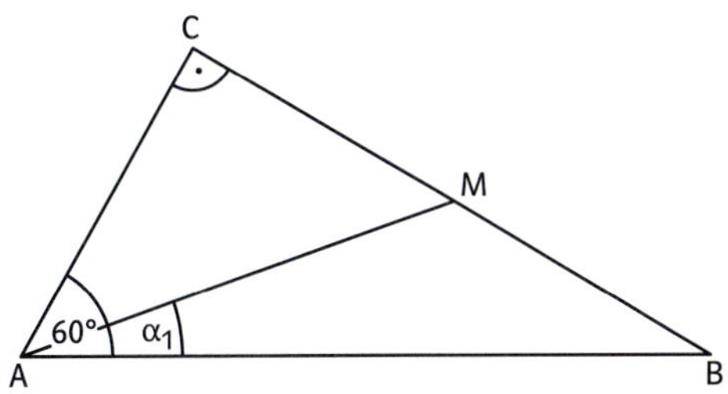

Stereometrie

W 13 a) Aus einem Kegel wird ein halber Kegel herausgeschnitten.
Es gilt:
$s_1 = 16{,}0\,cm$
$s_2 = 10{,}0\,cm$
$r_1 = 9{,}6\,cm$
Um wie viel Prozent verändert sich dadurch die Oberfläche?

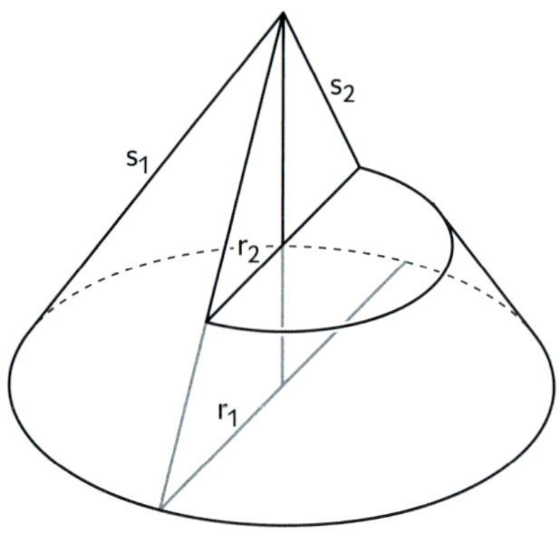

b) Die beiden quadratische Pyramiden haben eine gemeinsame Grundfläche.
Es gilt:
$s_1 = 2e$ (Seitenkante obere Pyramide)
$a = 2e$ (gemeinsame Grundkante)
$M_2 = 12e^2$ (Mantelfläche der unteren Pyramide)
Zeige ohne Verwendung gerundeter Werte, dass sich die Gesamthöhe der Doppelpyramide mit $h_{ges} = 3e\sqrt{2}$ berechnen lässt.

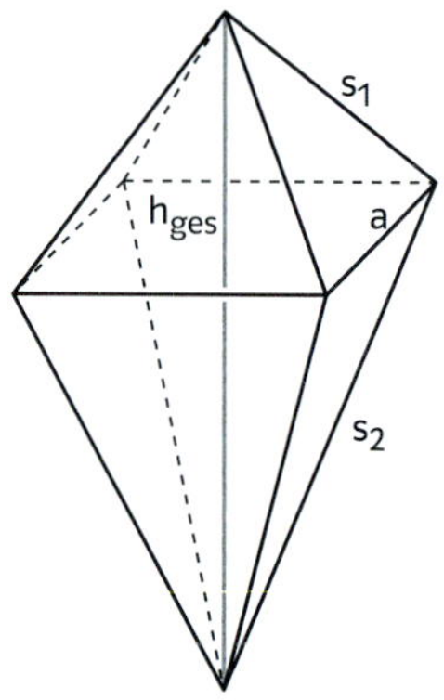

W 14 a) Auf ein quadratisches Prisma ist eine Quadratpyramide aufgesetzt.
Es gilt:
$\overline{ES} = s = 9{,}6\,cm$
$\varepsilon = 150°$
$O_{ges} = 440\,cm^3$ (gesamte Oberfläche)
Berechne den Winkel γ und den Flächeninhalt des Vierecks ACSE.

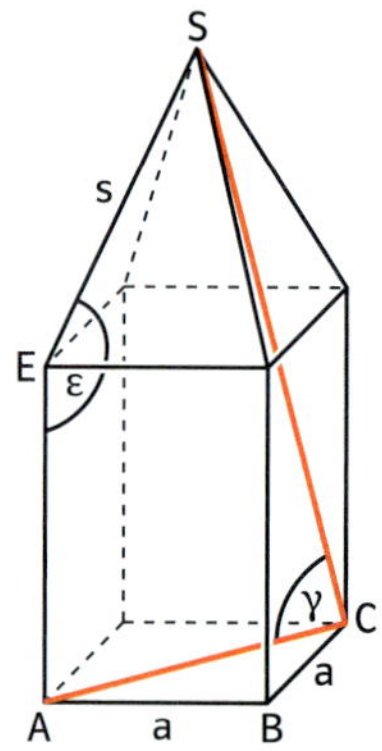

b) Das Netz einer quadratische Pyramide ist in ein Quadrat eingezeichnet.
Weise ohne Verwendung gerundeter Werte nach, dass das Volumen der Pyramide mit der Formel
$V = \frac{4}{3}e^3\sqrt{3}$
berechnet werden kann.
Zeige, dass für den Winkel zwischen Seitenkante und Grundfläche gilt:
$\sin\alpha = \frac{\sqrt{15}}{5}$

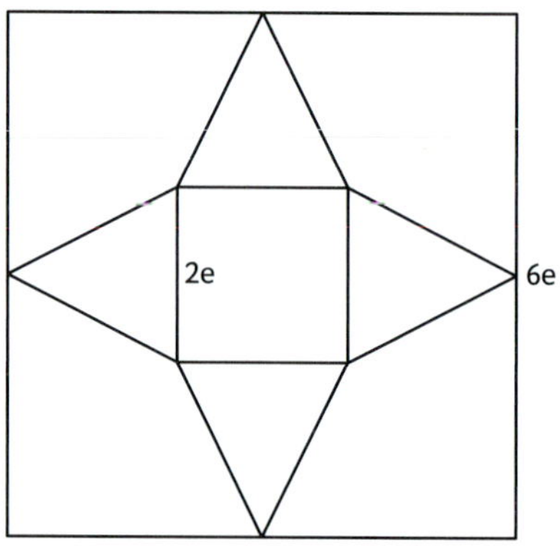

W 15 a) In das Netz einer quadratischen Pyramide sind die Strecken $\overline{BM}$ und $\overline{NP}$ eingezeichnet. Die Punkte M, N und P sind Seitenmitten.
Für die Pyramide gilt:
Grundkante $a = 8{,}6\,cm$
Körperhöhe $h = 9{,}4\,cm$
Zeichne das Schrägbild der Pyramide und übertrage die beiden Strecken $\overline{BM}$ und $\overline{NP}$.
Berechne die Länge der Strecken $\overline{BM}$ und $\overline{NP}$.

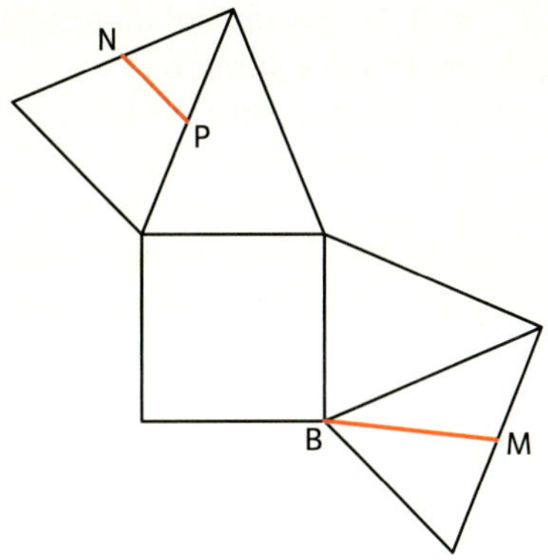

b) Von der quadratischen Pyramide sind bekannt:
$a = 12{,}0\,cm$
$h = 8{,}4\,cm$
Von der Pyramide wird eine Ecke abgetrennt.
Um wie viel Prozent verringert sich dadurch die Oberfläche der Pyramide?

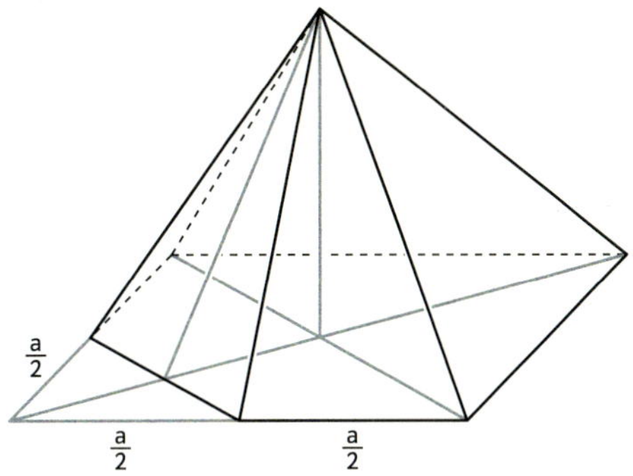

W 16 a) Von einer quadratischen Pyramide, die aus massivem Holz besteht, wurden $\frac{3}{8}$ abgesägt.
Es gilt:
$h = 8{,}5\,cm$
$s = 11{,}2\,cm$
Wie verändert sich dadurch die Oberfläche? Gib den Unterschied in Quadratzentimeter an.

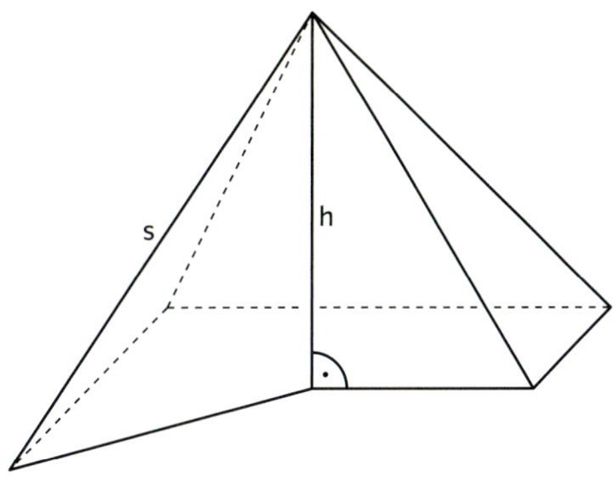

b) Zwei Kegel mit demselben Grundkreisradius sind an ihren Grundflächen aufeinandergesetzt (siehe nebenstehender Achsenschnitt).
Der zusammengesetzte Körper hat ein Volumen von $500\,cm^3$.
Berechne die Oberfläche des zusammengesetzten Körpers.

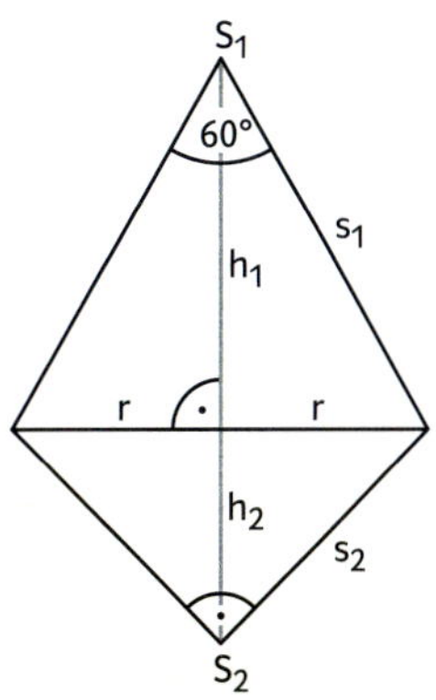

W 17 a) Beim Werfen auf den Basketballkorb trifft Alexandra mit einer Wahrscheinlichkeit von 30 %, Katja mit 60 %.
Wie groß ist die Wahrscheinlichkeit, dass Alexandra bei zwei Würfen jeweils trifft?
Wie hoch ist die Wahrscheinlichkeit, dass Katja bei zwei Würfen überhaupt nicht trifft?
Katja wirft zweimal. Mit welcher Wahrscheinlichkeit erzielt sie genau einen Korb?
b) Aus beiden Behältern werden jeweils zwei Kugeln ohne Zurücklegen gezogen. Wie groß ist die Wahrscheinlichkeit, jeweils verschiedenfarbige Kugeln zu ziehen?
Die Kugeln beider Behälter werden in einen einzigen Behälter umgefüllt. Es werden erneut zwei Kugeln ohne Zurücklegen gezogen. Berechne die Wahrscheinlichkeit, zwei verschiedenfarbige Kugeln zu ziehen.

W 18 a) Auf einem Glücksrad mit gleich großen Feldern stehen die natürlichen Zahlen von 1 bis 10. Es wird zweimal hintereinander gedreht. Die jeweiligen Ergebnisse werden miteinander multipliziert. Stelle alle möglichen Ergebnisse in einer Tabelle dar.
Wie groß ist die Wahrscheinlichkeit, ein Produkt mit einer einstelligen Zahl zu erhalten?
Mit welcher Wahrscheinlichkeit erhält man ein Produkt, das durch 5 teilbar ist?
Wie hoch ist die Wahrscheinlichkeit, keine Quadratzahl als Ergebnis zu erhalten?
b) Das Glücksrad hat folgende Mittelpunktswinkel:

weiß	54°
gelb	162°
rot	108°
blau	36°

Es wird zweimal nacheinander gedreht. Mit welcher Wahrscheinlichkeit bleibt das Rad auf unterschiedlichen Farben stehen?

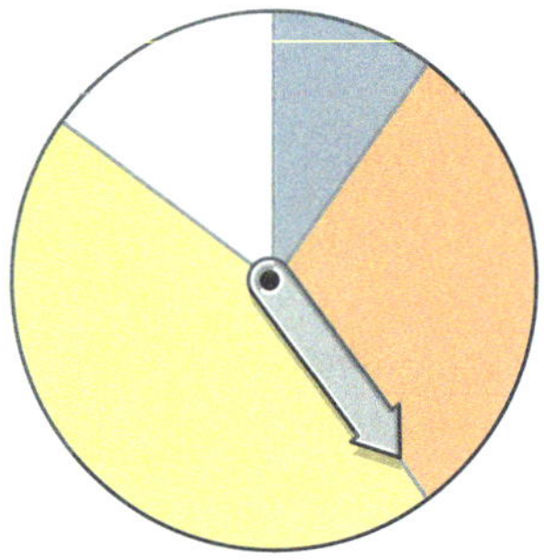

W 19 a) Mario würfelt mit zwei Würfeln. Wie hoch ist die Wahrscheinlichkeit, mindestens eine 6 zu bekommen?
Wie hoch ist die Wahrscheinlichkeit, weder eine 1 noch eine 2 zu würfeln?
Mit welcher Wahrscheinlichkeit würfelt Mario genau eine 6?

b) Bei einem Quiz wurden mehreren Personen acht Fragen gestellt.
Die Tabelle zeigt, wie viele Personen eine, zwei, … , acht Fragen richtig beantwortet haben.

Anzahl der richtigen Antworten	1	2	3	4	5	6	7	8
Anzahl der Personen	0	0	2	5	7	23	8	1

Wie viel Prozent der Quizteilnehmer hatten sechs richtige Antworten?
Aus den Teilnehmern wird zufällig eine Person ausgewählt. Wie groß ist die Wahrscheinlichkeit, dass sie mehr als vier Fragen richtig beantwortet hat?
Aus dem Teilnehmerkreis werden zwei Personen ausgelost. Mit welcher Wahrscheinlichkeit haben beide Teilnehmer genau sieben Fragen richtig beantwortet?

W 20 a) Bei einem Schulfest wird eine Tombola veranstaltet. Unter den insgesamt 500 Losen gibt es als Hauptpreis ein Fahrrad und außerdem 100 Kleinpreise. Die übrigen Lose sind Nieten. Frau Schmid zieht zwei Lose. Zeichne ein Baumdiagramm und schreibe an die Pfade die jeweiligen Wahrscheinlichkeiten.
Mit welcher Wahrscheinlichkeit zieht Frau Schmid mindestens einen Preis, jedoch nicht das Fahrrad?
Wie groß ist die Wahrscheinlichkeit, zwei Preise zu ziehen?
Wie groß ist die Wahrscheinlichkeit, genau einen Preis zu erhalten?
b) Max hat in seiner Hosentasche drei 2-€-Münzen, fünf 1-€-Münzen, sechs 20-ct-Münzen und zwei 10-ct-Münzen. Er zieht wahllos zwei Münzen.
Mit welcher Wahrscheinlichkeit hat er einen Betrag
- von 3 € in der Hand?
- von weniger als 4 € in der Hand?
- von weniger als 1 € in der Hand?

Zufall

W 21 a) Ein Würfel ist wie in nebenstehendem Netz beschriftet. Der Würfel wird einmal geworfen.
Berechne die Wahrscheinlichkeiten der Ereignisse:
- Die geworfene Augenzahl ist ungerade.
- Die geworfene Augenzahl ist nicht durch 2 oder 3 teilbar.

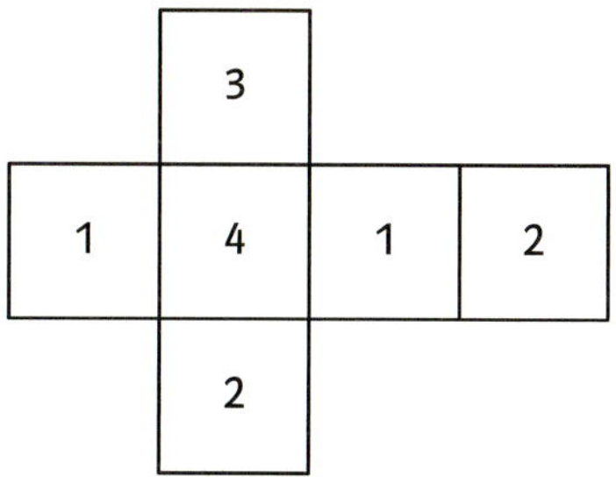

Der Würfel wird zweimal nacheinander geworfen. Wie hoch ist die Wahrscheinlichkeit, einen Pasch (zwei gleiche Zahlen) zu bekommen?
b) Im Behälter befinden sich zwölf Kugeln mit den Farben Gelb, Rot und Schwarz. Die Kugeln sind nummeriert von 1–12. Mario zieht ohne Zurücklegen zwei Kugeln nacheinander.
Wie groß ist die Wahrscheinlichkeit, zwei rote Kugeln zu ziehen?
Wie hoch ist die Wahrscheinlichkeit, dass wenigstens eine der zwei gezogene Zahlen durch 3 teilbar ist?

W 22 a) Mit einem Gewinnspiel sollen Gelder für einen guten Zweck eingenommen werden. In einem Gefäß befinden sich zehn blaue, sechs rote und vier gelbe Kugeln. Die Teilnehmer ziehen zwei Kugeln gleichzeitig.
Folgende Gewinnvarianten werden diskutiert.
(1) Es gibt einen Gewinn, wenn beide Kugeln gleichfarbig sind.
(2) Es gibt einen Gewinn, wenn je eine Kugel rot und eine gelb ist.
(3) Es gibt einen Gewinn, wenn nur eine der beiden Kugeln gelb ist.
Mit welcher Variante wird wohl am meisten Geld für den guten Zweck eingenommen?
b) Der Würfel ist mit den Augenzahlen 1 bis 6, das Tetraeder mit 1 bis 4 beschriftet. Beide werden gleichzeitig geworfen.
Wie groß ist die Wahrscheinlichkeit, dass Würfel und Tetraeder auf Flächen mit unterschiedlichen Werten liegen bleiben?

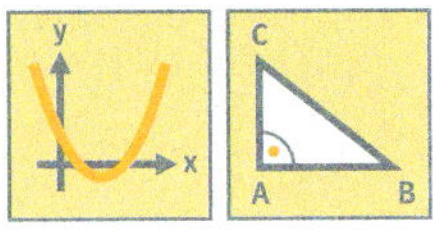

W 23 a) Eine Gerade g verläuft durch die Punkte $A(-1|-3)$ und $B(5|3)$. Eine nach oben geöffnete, verschobene Normalparabel p hat den Scheitel $S(2|-2)$.
Berechne die Koordinaten der Schnittpunkte P und Q von Parabel und Gerade.
Der Schnittpunkt der Parabel p mit der y-Achse heißt R, der Schnittpunkt der Geraden g mit der y-Achse heißt T.
In welchem Verhältnis steht der Flächeninhalt des Dreiecks PRT zum Flächeninhalt des Dreiecks QRT?
b) Der Flächeninhalt des Vierecks ABCD beträgt
$A = \frac{5}{4}e^2\sqrt{3}$.
Zeige ohne Verwendung gerundeter Werte, dass für den Winkel γ gilt:
$\tan\gamma = \frac{8}{9}\sqrt{3}$.

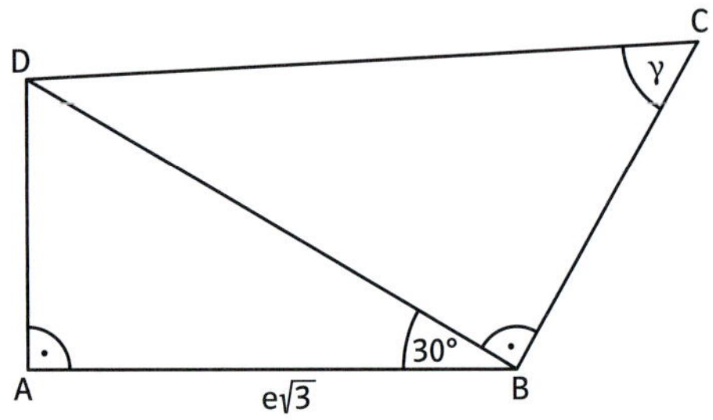

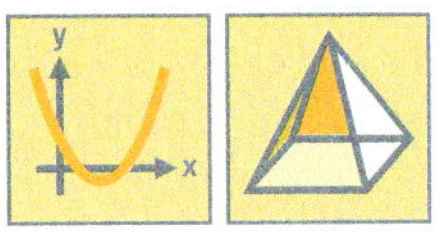

W 24 a) Der Mantel einer Quadratpyramide besteht aus vier gleichseitigen Dreiecken. Die Pyramide hat eine Oberfläche von $202\,cm^2$.
Berechne das Volumen der Pyramide.
b) Das Schaubild zeigt zwei nach oben geöffnete verschobene Normalparabeln. Haben die beiden Parabeln einen gemeinsamen Punkt? Wenn ja, dann bestimme die Koordinaten des Schnittpunkts.
Verschiebe die Parabel p_2 so, dass sie mit p_1 keinen gemeinsamen Punkt hat. Gib eine mögliche Funktionsgleichung an.

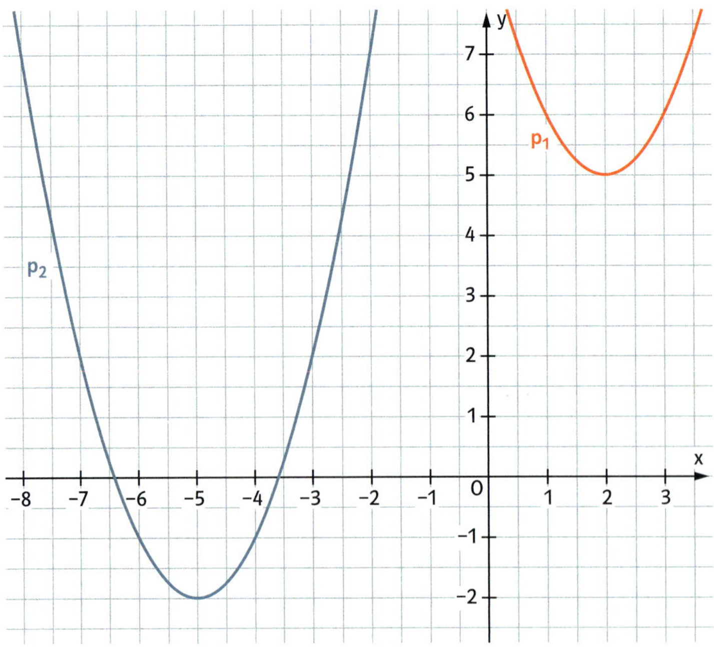

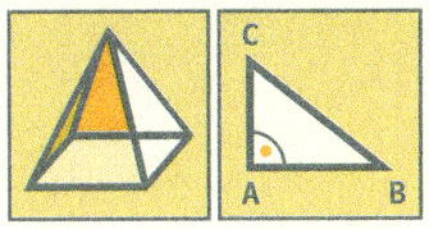

W 25 a) Für eine quadratische Pyramide gilt:
$a = 10{,}0\,\text{cm}$ (Grundkante)
$h_s = 8{,}8\,\text{cm}$ (Höhe der Seitenfläche)
Die Pyramide wird parallel zu einer Grundkante halbiert. Die halbe Pyramide hat die Oberfläche $O = 174\,\text{cm}^2$. Berechne das Volumen der halben Pyramide.
Um wie viele Zentimeter muss die Körperhöhe h verlängert werden, damit das Volumen der halben Pyramide gleich groß ist wie das Volumen der ursprünglichen Pyramide?

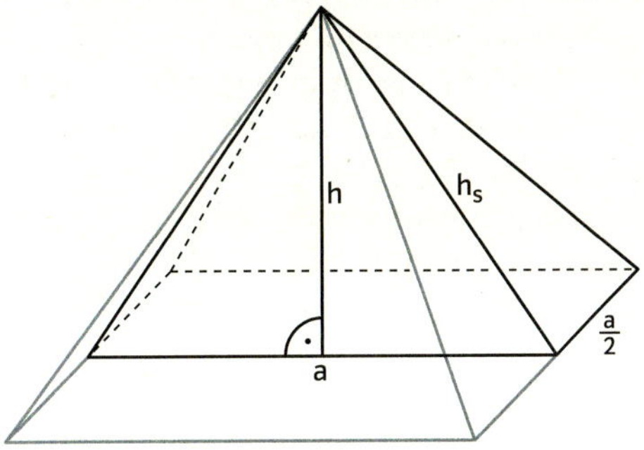

b) Vom Viereck ABCD sind bekannt:
$\overline{CE} = 3e\sqrt{2}$
$\overline{AD} = 6e$
Zeige ohne Verwendung gerundeter Werte, dass gilt:
$\overline{AB} = 3e$.
Weise zudem nach, dass für den Winkel α_1 gilt: $\tan\alpha_1 = \sqrt{2}$.

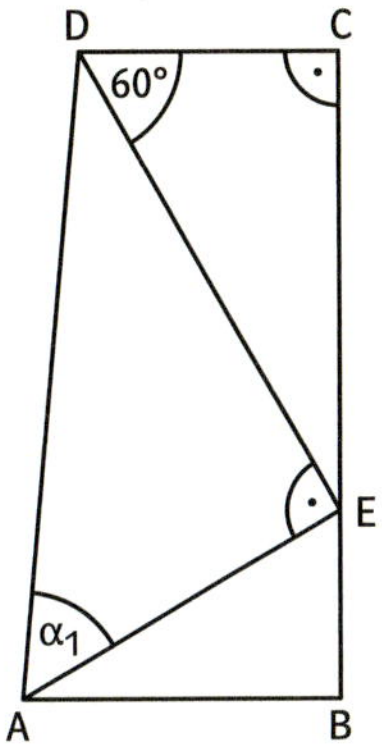

W 26 a) Von einer quadratischen Pyramide sind gegeben:
$V = 252\,\text{cm}^3$
$h = 10{,}0\,\text{cm}$
M halbiert die Seitenkante s.
Berechne den Flächeninhalt des Vierecks ABMG.

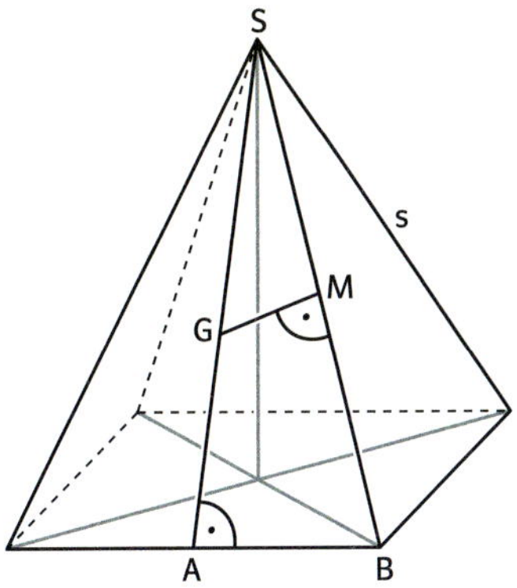

b) Im Rechteck ABQR liegt das Dreieck PQR.
Weise ohne Verwendung gerundeter Werte nach, dass für die Dreiecksfläche PQR gilt:
$A = \frac{2e^2\sqrt{3}}{3}$.

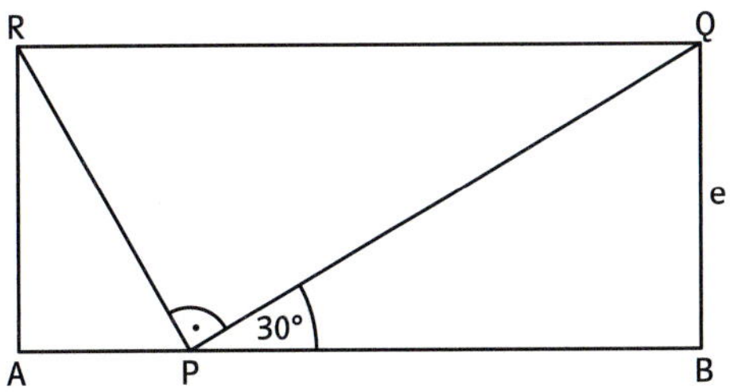

gemischte Aufgaben

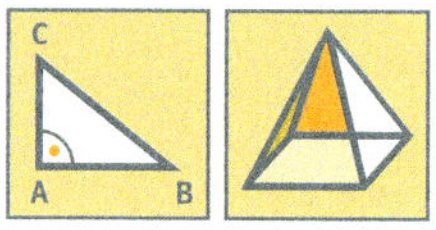

W 27 a) Gegeben ist das Rechteck ABCD. Es ist bekannt:
$\overline{AB} = 12{,}0\,\text{cm}$
$\overline{CE} = 8{,}2\,\text{cm}$
$\gamma_1 = 30{,}0°$
M ist die Seitenmitte von $\overline{BC}$.
Berechne den Winkel δ_2 und die Länge der Strecke $\overline{EF}$.

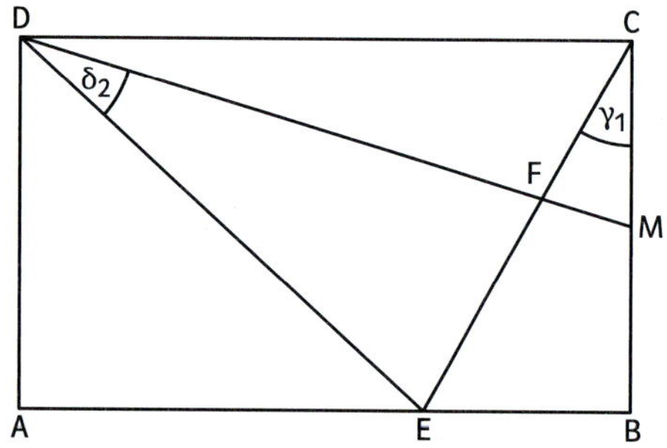

b) Im Würfel liegt das Dreieck ABC. Der Punkt A halbiert die Würfelkante.
Weise nach, dass gilt:
$\cos\varepsilon = \frac{\sqrt{10}}{5}$.

Die Fläche ABC schneidet eine Ecke des Würfels ab. Zeichne ein Netz des entstehenden Würfelrestkörpers. Wähle 4,0 cm für die Kantenlänge des Würfels.

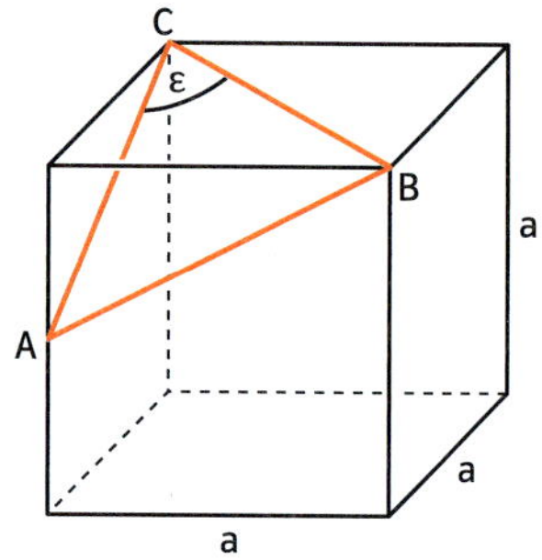

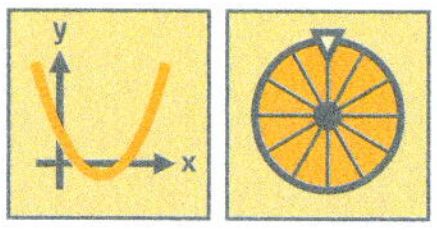

W 28 a) Ordne jeder Parabel die richtige Funktionsgleichung zu. Begründe deine Entscheidung.

(1) $y = \frac{1}{2}x^2 - 3$

(2) $y = 2x^2 - 2$

(3) $y = (x - 3)^2 + 3$

(4) $y = x^2 + 6x - 7$

(5) $y = -\frac{1}{2}x^2 - 2$

(6) $y = x^2 + 6x + 7$

(7) $y = (x + 3)^2 - 3$

(8) $y = -\frac{1}{2}x^2 - 3$

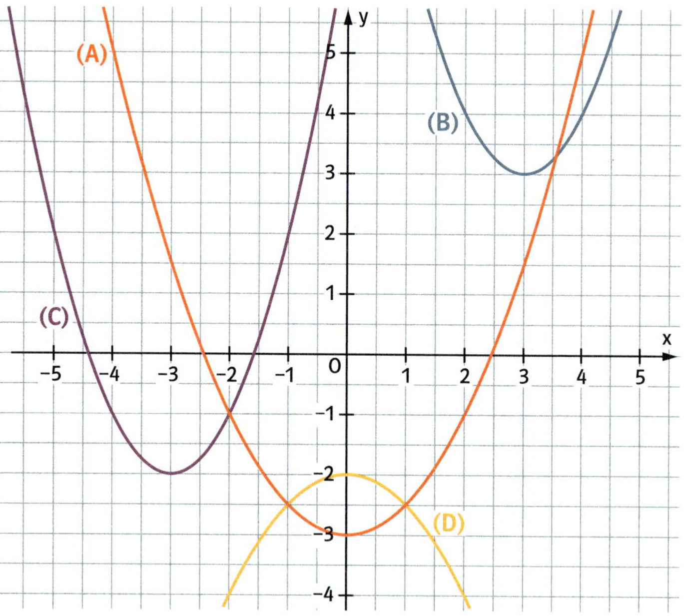

b) Stefanie verkauft bei einer Tombola Lose. Im Behälter sind noch zehn Lose, drei davon sind Gewinne. Stefanie verkauft drei Lose an Frau Schwarz.
Wie hoch ist die Wahrscheinlichkeit, dass Frau Schwarz mindestens eine Niete zieht?

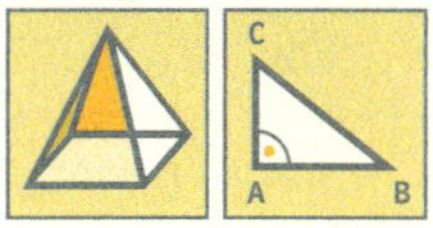

W 29 a) Von einer quadratischen Pyramide ist bekannt:
Grundkante $a = 9{,}2\,\text{cm}$.
Ferner gilt:
$\overline{CH} = \frac{\overline{HS}}{3} = 5{,}4\,\text{cm}$.

Berechne den Winkel γ.
Um wie viel Quadratzentimeter unterscheidet sich der Dreiecksflächeninhalt A_{ACS} vom Dreiecksflächeninhalt A_{CBS}?

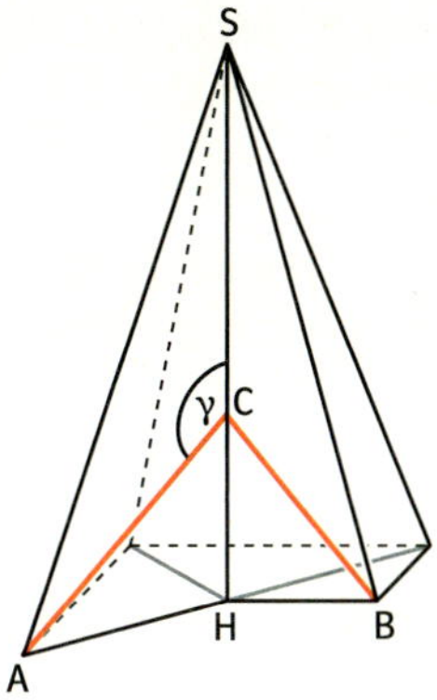

b) Aus zwei gleich großen Quadraten mit der Seitenlänge e werden auf unterschiedliche Weise zwei Kegelmäntel ausgeschnitten.
Welche beiden Kegel haben zusammen das größere Volumen?

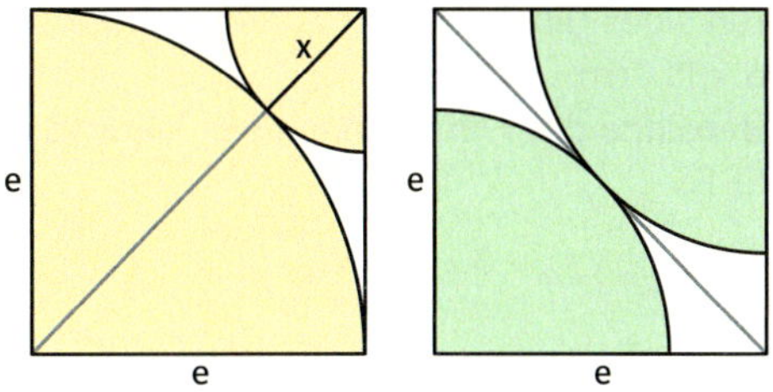

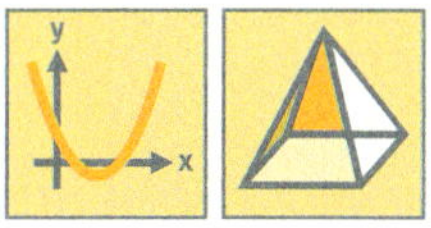

W 30 a) Eine Parabel p_1 mit dem Scheitel S_1 hat die Gleichung $y = x^2 + 6x + 7$.
Verschiebt man die Parabel p_1 um fünf Einheiten nach rechts und fünf Einheiten nach unten, dann entsteht die Parabel p_2. Beide Parabeln schneiden sich im Punkt P.
Die beiden Scheitelpunkte und der Punkt P sind die Eckpunkte eines Dreiecks.
Berechne die Winkel des Dreiecks S_1S_2P.
b) Die Skizze zeigt einen Parallelschnitt durch einen Würfel mit zwei auf die Grundflächen aufgesetzten quadratischen Pyramiden. S_1 und S_2 sind die Spitzen der Pyramiden.
Zeige, dass die Oberfläche des zusammengesetzten Körpers mit der Formel
$O = 6e^2 + \frac{2}{3}e^2\sqrt{3}$
berechnet werden kann.

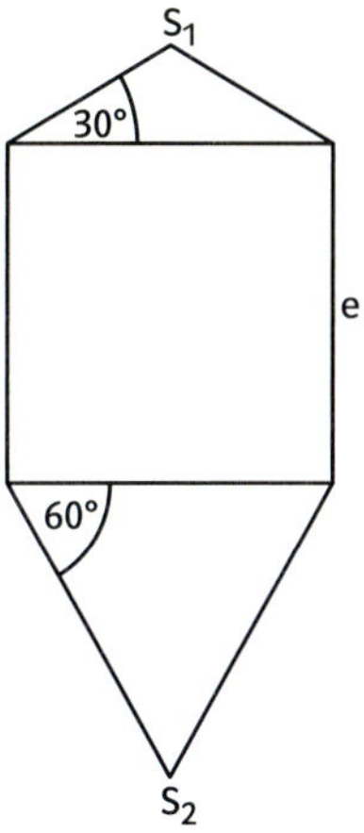

gemischte Aufgaben

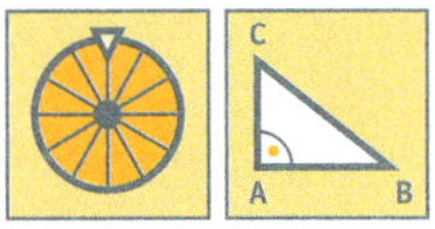

W 31 a) Ein Glücksrad mit acht gleich großen Feldern ist mit den Ziffern 1 bis 8 beschriftet. Das Rad wird zweimal nacheinander gedreht.
Wie groß ist die Wahrscheinlichkeit, dass
- nur durch 3 teilbare Zahlen getroffen werden,
- man nur gleiche Zahlen erhält,
- der Zeiger mindestens einmal auf der Zahl 5 stehen bleibt,
- der Zeiger weder auf der 1 noch auf der 2 stehen bleibt?

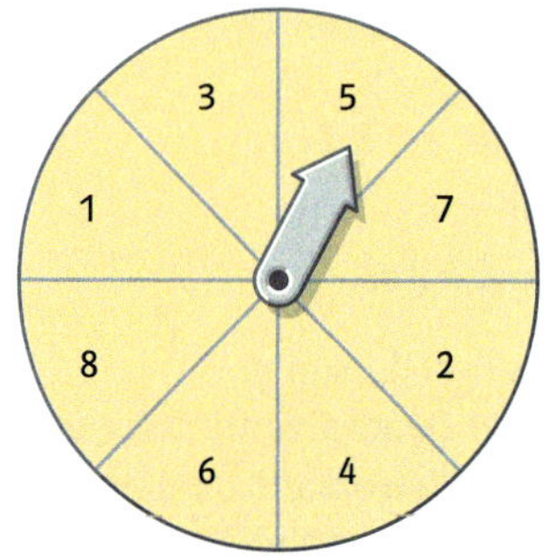

b) Die Punkte E und F sind Seitenmitten eines Quadrats mit der Seitenlänge $a = 10{,}0\,\text{cm}$.
Berechne den Flächeninhalt des Vierecks EBFG.

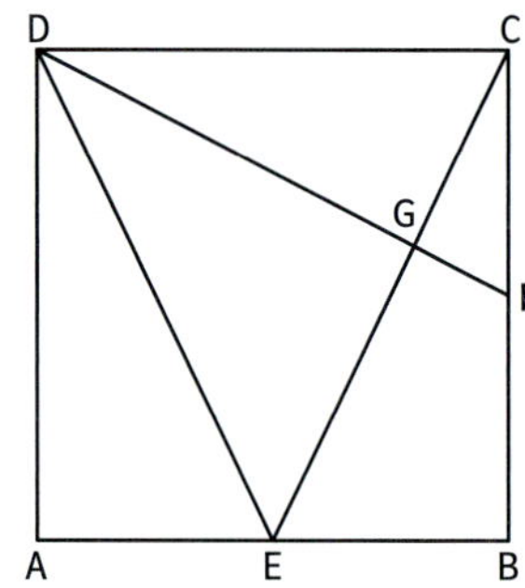

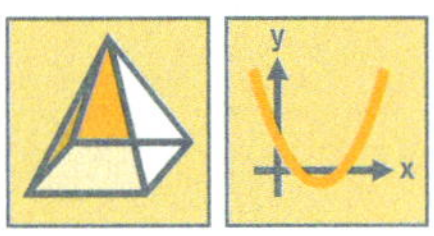

W 32 a) Die Oberfläche einer quadratischen Pyramide beträgt $84{,}0\,\text{cm}^2$.
Die Mantelfläche ist um ein Drittel größer als die Grundfläche.
Berechne das Volumen der Pyramide.
Wie groß ist der Winkel zwischen Seitenkante und Grundkante?
b) Eine nach oben geöffnete verschobene Normalparabel p mit der Gleichung $y = x^2 + px + 18$ verläuft durch den Punkt $P(6|6)$. Die Gerade g schneidet die y-Achse im Punkt $Q(0|13)$ und geht durch den Punkt $R(4|5)$.
Berechne die Koordinaten der Schnittpunkte von Parabel und Gerade. Verschiebe anschließend die Gerade g so, dass sie die Parabel berührt. Wie lautet die Gleichung h der verschobenen Gerade?
Berechne die Koordinaten des gemeinsamen Punktes B von p und h.

W 33 a) Zwei nach oben geöffnete verschobene Normalparabeln p_1 und p_2 gehen durch den Punkt P(1|16). Ihre Scheitelpunkte S_1 und S_2 liegen auf der x-Achse. Berechne die Funktionsgleichungen beider Parabeln.
Die Punkte S_1 und S_2 liegen auf einer weiteren nach oben geöffneten, verschobenen Normalparabel p_3. Berechne die Koordinaten des Scheitelpunkts S_3.
Wie groß ist der Flächeninhalt des Dreiecks $S_1S_2S_3$?
b) Das Viereck ABCD ist ein Quadrat.
E und F sind die Mitten der Quadratseiten.
Der Streckenzug BEF hat die Länge 18,25 cm.
Berechne den Flächeninhalt des Quadrats.
Sonja behauptet: „Die Vierecksfläche ABEF ist größer als zwei Drittel der Quadratfläche." Stimmt diese Aussage?

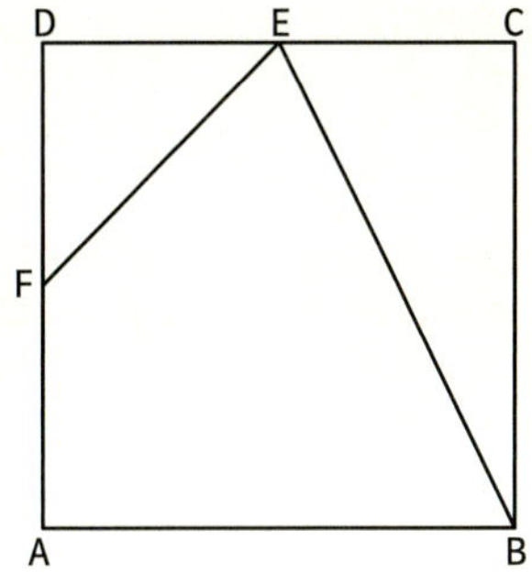

gemischte Aufgaben

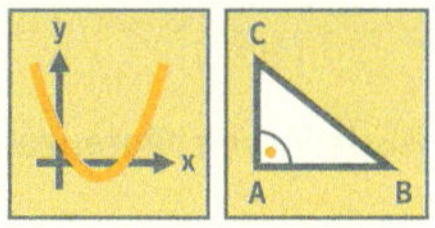

W 34 a) Lisa und Laura überlegen sich für das Schulfest ein Gewinnspiel. Der erzielte Gewinn soll für einen guten Zweck verwendet werden.
Das verwendete Glücksrad hat lauter gleich große Felder. Lisa schlägt folgende Spielregel vor:
Das Glücksrad wird einmal gedreht. Trifft der Zeiger auf Rot oder auf Blau, verliert der Spieler 2 €. Zeigt er auf Gelb, gewinnt er 3 €.
Was hältst du von dem Spiel?
Laura überlegt eine Spiel-Variante.
Das Glücksrad wird zweimal nacheinander gedreht. Sie glaubt, dass die Wahrscheinlichkeit, zweimal nacheinander gleiche Farben zu erhalten, genauso groß ist wie die, zwei verschiedenfarbige Felder zu treffen.
b) Vom Würfel wurden zwei Ecken abgeschnitten. Zeichne das Netz des entstandenen Restkörpers. Verwende dazu a = 5 cm.
Zeige ohne Verwendung gerundeter Werte, dass sich die Oberfläche des neu entstandenen Körpers mit der Formel
$O = \frac{a^2}{8}(43 + \sqrt{3})$
berechnen lässt.

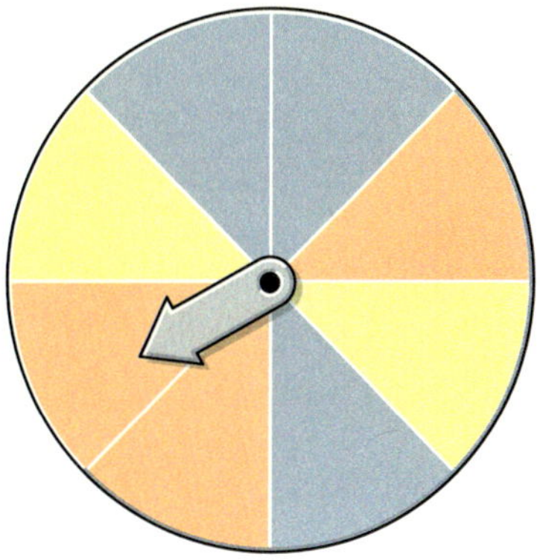

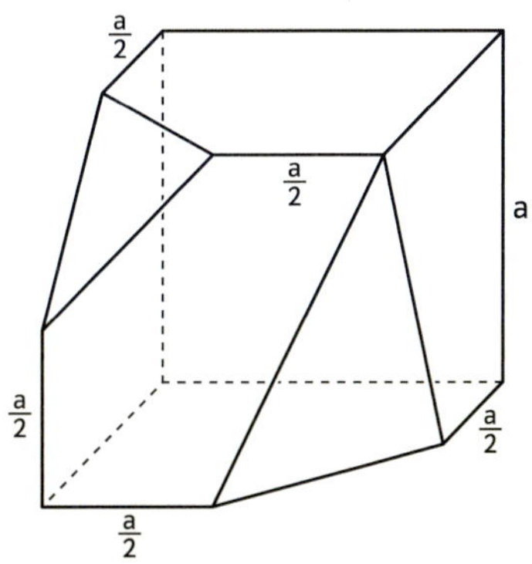

Lösungen des Basiswissens

Basiswissen | Potenzen, Seite 6

1

a) 0,008 b) $\frac{1}{8}$ c) −8
d) −16 e) 16 f) $\frac{1}{16}$
g) −1 h) −0,000 01 i) $\frac{1}{100\,000}$

2

a) 16 b) 24 c) $2^7 = 128$
d) 0 e) $16 - 8 = 8$ f) $2^1 = 2$
g) $2^6 = 64$ h) $2^6 = 64$ i) $2^8 = 256$

3

a) a^5 b) b^{12} c) $c\,d^5$
d) x^2 e) $6x^{10}$ f) y^4
g) $6a^4$ h) $5a^2$ i) $2(a^2 + a^3) = 2a^2(1 + a)$
j) $6x^9$ k) $5x^5$

4

a) a^{3n} b) $6b^{2x+1}$ c) c^{2y+1}
d) a^{2n} e) $6e^4$ f) m^{3a-1}

5

a) $(xy)^3$ b) $(2a)^4$ c) $3(ab)^5$
d) $\left(\frac{x}{y}\right)^7$ e) $3^3 = 27$ f) $2\left(\frac{e}{g}\right)^3$

6

a) $8a^3$ b) $9b^4$ c) c^4d^8
d) $4x^6$ e) $\frac{x^6}{9}$ f) $\frac{125}{x^3}$

7

a) $a^5 + a^3$ b) $6b^4 - 8b^3$
c) $x^4 - 1$ d) $x^6 + 2x^3y^3 + y^6$
e) $4a^6 - 12a^3b^2 + 9b^4$ f) $a^6 - 4$

8

a) $\frac{1}{a^3}$ b) $\frac{1}{b}$ c) $\frac{2}{c^2}$
d) $\frac{1}{ab}$ e) $\frac{x}{4}$ f) $\frac{1}{y^5}$

9

a) a^{2x} b) $24b^2$ c) $9x^4$
d) $2a^{2x}b^y$

Basiswissen | Wurzeln, Seite 7

1

a) 12 b) 1,8 c) 0,3
d) $7x$ e) $11y^2$ f) $2ab^2$
g) $\frac{4}{7}$ h) $\frac{13x}{15}$ i) $\frac{1}{32y^2}$
j) $3y$ k) $2x$ l) $0{,}3z^2$

2

a) $6x$ b) $9a$ c) 0,6
d) $360xy$ e) $30ab$ f) $\frac{6x}{y}$
g) $24xy$ h) $\frac{8x}{3y}$

3

a) $10\sqrt{2}$ b) $\sqrt{7} + \sqrt{11}$ c) $\sqrt{3} + 4\sqrt{5}$
d) $\sqrt{5a} - \sqrt{3a}$ e) $3x\sqrt{y} - 3y\sqrt{x}$

4

a) $2\sqrt{5}$ b) $5\sqrt{3}$ c) $12\sqrt{2}$
d) $4a\sqrt{3b}$ e) $11x\sqrt{3xy}$ f) $6x^2y\sqrt{7xy}$
g) $\frac{7\sqrt{2x}}{16}$ h) $\frac{7x\sqrt{3}}{22y}$ i) $\frac{4x\sqrt{2z}}{11}$

5

a) $\frac{2\sqrt{5}}{5}$ b) $\frac{\sqrt{7}}{7}$ c) $\frac{\sqrt{2}}{3}$
d) $\sqrt{x}$ e) $\frac{\sqrt{7a}}{2}$ f) $\sqrt{3x} - \sqrt{x}$

6

a) $6x$ b) 1 c) $9xyz$
d) $2ab$ e) $\frac{14x}{15}$ f) $\frac{3}{10}$

7

a) $2\sqrt{2}$ b) 0 c) $12x\sqrt{5y}$ d) $2a\sqrt{3ab}$

8

a) 27 b) 8 c) 9 d) $\sqrt{6} - 1$

Basiswissen | Ähnlichkeit, Seite 8

1
Mögliche Lösungsdreiecke
$A_1B_1C_1$ mit $A_1(7|4)$; $B_1(13|6)$; $C_1(9|10)$
$A_2B_2C_2$ mit $A_2(11|2)$; $B_2(14|3)$; $C_2(12|5)$
Die Dreiecke $A_1B_1C_1$ und $A_2B_2C_2$ können auch anders liegen.

2
a) $\overline{SB'} = 7{,}2\,\text{cm}$ b) $\overline{AB} = 2{,}2\,\text{cm}$

3
$\frac{a_1}{b_1} = 1{,}75$; $\frac{a_2}{b_2} \approx 1{,}73$; $\frac{a_3}{b_3} = 1{,}75$
Die Rechtecke R_1 und R_3 sind zueinander ähnlich, das Rechteck R_2 ist zu R_1 und R_3 nicht ähnlich.

4
a) $A = \frac{1}{2} \cdot 6 \cdot 5\,\text{cm}^2 = 15\,\text{cm}^2$; $k = \frac{7{,}2}{6} = 1{,}2$;
$A_1 = k^2 \cdot A = 21{,}6\,\text{cm}^2$
b) $A_2 = 2A$; $k^2 = 2$; $k = \sqrt{2}$; $c_2 = k \cdot c = 8{,}5\,\text{cm}$; $h_{c2} = 7{,}1\,\text{cm}$

Basiswissen | Flächenberechnungen, Seite 9

1
$a = 6\,\text{cm}$; $h_c = 4{,}8\,\text{cm}$; $u = 24\,\text{cm}$

2
$A = 31{,}2\,\text{cm}^2$; $u = 28{,}0\,\text{cm}$

3
$u = 22{,}5\,\text{cm}$

4
$A = 60{,}7\,\text{cm}^2$; $u = 45{,}7\,\text{cm}$

5
a) $r = 6{,}8\,\text{cm}$; $A_S = 15{,}3\,\text{cm}^2$
b) $r = 6{,}6\,\text{cm}$; $b = 23{,}0\,\text{cm}$

Basiswissen | Satz des Pythagoras, Seite 10

1
a) $x = 4{,}0\,\text{cm} + 9{,}4\,\text{cm} = 13{,}4\,\text{cm}$
b) $x = 11{,}4\,\text{cm} - 6{,}5\,\text{cm} = 4{,}9\,\text{cm}$

2
$u = 43{,}4\,\text{cm}$; $h = 17{,}0\,\text{cm}$; $A = 71{,}4\,\text{cm}^2$

3
$\overline{AB} = \sqrt{12^2 + \left(\frac{a}{6}\right)^2} = \sqrt{148}$
$\overline{BC} = \sqrt{12^2 + 6^2} = \sqrt{180}$
$\overline{CD} = 12\sqrt{2} = \sqrt{288}$
$\overline{DA} = \sqrt{12^2 + \left(\frac{a}{3}\right)^2} = \sqrt{160}$
$\overline{ABCDA} = 55{,}2\,\text{cm}$

4
$h_s = \sqrt{36 + 9} = 6{,}7\,\text{cm}$
$\frac{d}{2} = 4{,}2\,\text{cm}$
$s = \sqrt{4{,}2^2 + 6^2} = 7{,}3$
$s = 7{,}3\,\text{cm}$

5
Balkenlänge $x = 7{,}4 + 2{,}8 + 2{,}8 + 1{,}2 + 2{,}9 + 2{,}7 + 2{,}4 + 3{,}0 + 1{,}2 = 26{,}4$
Die Gesamtlänge der Balken im Fachwerk beträgt 26,4 m.
Die Länge des längsten senkrechten Balkens und der beiden schrägen Balken kann mithilfe des Satzes von Pythagoras berechnet werden. Für die kürzeren senkrechten Stücke braucht man die Ähnlichkeit:
$\frac{2{,}9}{6{,}8} = \frac{x_1}{5{,}6}$ und $\frac{2{,}4}{5{,}6} = \frac{x_2}{2{,}8}$

Basiswissen | Daten, Seite 11

1

Rangliste:
2; 5; 6; 8; 11; 11; 12; 12; 12; 14; 16; 16; 17; 17; 18; 18; 19; 19; 20; 20; 21; 22; 23; 23; 24; 25; 26

n = 27		6,75	13,5	20,25	
Platz	1.	7.	14.	21.	27.
Quartil	Min = 2	q_u = 12	z = 17	q_o = 21	Max = 26

Quartilabstand: 21 − 12 = 9
Spannweite: 26 − 2 = 24
Boxplot:

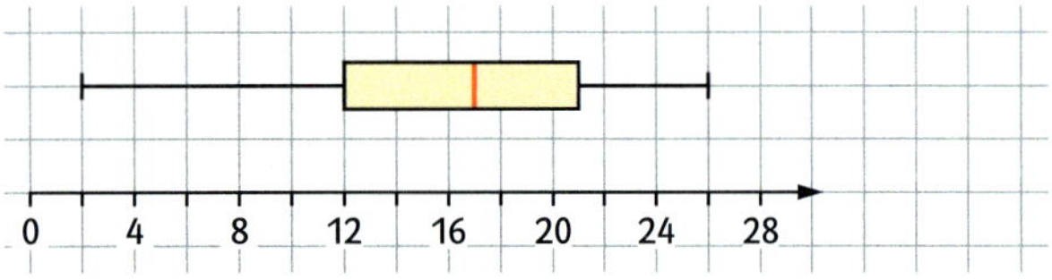

2

	Min	q_u	z	q_o	Max	q	w
a)	15	20	24	30	36	10	21
b)	5	8	12	15	28	7	23

Boxplot:

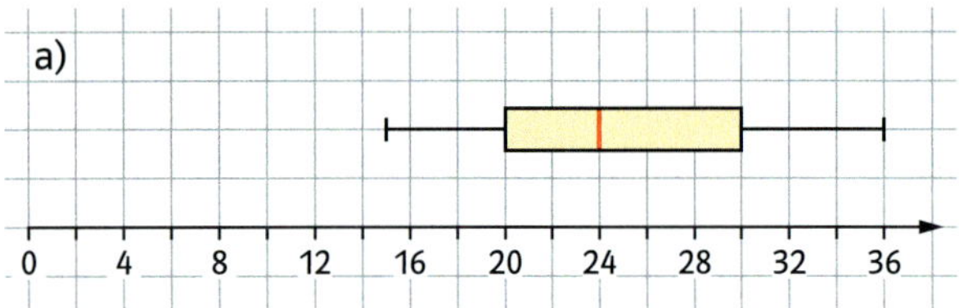

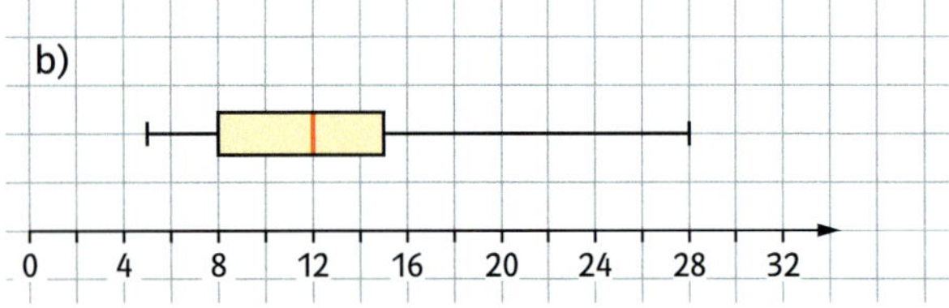

3

n = 22		5,5	11	16,5	
Platz	1.	6.	11./12.	17.	22.
Quartil	Min = 0	q_u = 1	z = 3,5	q_o = 9	Max = 31

Quartilabstand: 9 − 1 = 8
Spannweite: 31 − 0 = 31
Boxplot:

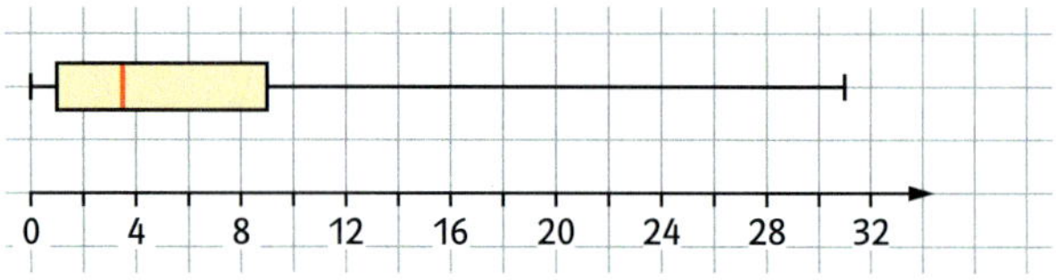

Lösungen der Rückspiegel

Rückspiegel, Seite 33, links

1

a) P(zwei blaue Kugeln) = $\frac{3}{10} \cdot \frac{3}{10} = \frac{9}{100} = 9\,\%$

b) P(zwei blaue Kugeln) = $\frac{3}{10} \cdot \frac{2}{9} = \frac{6}{90} \approx 6{,}7\,\%$

2

a)

	1	2	3	4	5	6
1	(1,1)	(1,2)	(1,3)	(1,4)	(1,5)	(1,6)
2	(2,1)	(2,2)	(2,3)	(2,4)	(2,5)	(2,6)
3	(3,1)	(3,2)	(3,3)	(3,4)	(3,5)	(3,6)
4	(4,1)	(4,2)	(4,3)	(4,4)	(4,5)	(4,6)
5	(5,1)	(5,2)	(5,3)	(5,4)	(5,5)	(5,6)
6	(6,1)	(6,2)	(6,3)	(6,4)	(6,5)	(6,6)

b) P(Pasch) = $\frac{6}{36} = \frac{1}{6} \approx 16{,}7\,\%$

3

a) P(einmal rot, einmal blau) = $\frac{2}{32} = \frac{1}{16} = 6{,}25\,\%$

b) P(unterschiedliche Farben) = $\frac{42}{64} = \frac{21}{32} = 65{,}625\,\%$

4

a) P(mindestens ein Gewinn) = 36 %
b) P(genau ein Gewinn) = 32 %
c) P(kein Gewinn) = 64 %
d) P(höchstens ein Gewinn) = 96 %

5

$-4 \cdot 0{,}3 - 2 \cdot 0{,}1 + 0 \cdot 0{,}2 + 3 \cdot 0{,}3 + 6 \cdot 0{,}1 = 0{,}1$

6

$2\,€ \cdot 0{,}16 + 3\,€ \cdot 0{,}06 + 8\,€ \cdot 0{,}02 + 18\,€ \cdot 0{,}01 - 2\,€ \cdot 0{,}75 = -0{,}66\,€$

oder mit einmaligem Abzug des Einsatzes:

$4\,€ \cdot 0{,}16 + 5\,€ \cdot 0{,}06 + 10\,€ \cdot 0{,}02 + 20\,€ \cdot 0{,}01 - 1 \cdot 2\,€ = -0{,}66\,€$

Pro Spiel ist mit einem durchschnittlichen Verlust von 66 ct zu rechnen.

Rückspiegel Seite 33, rechts

1

a) P(mindestens eine rote Kugel) = $\frac{75}{100} = 75\,\%$

b) P(mindestens eine rote Kugel) = $\frac{7}{9} = 77{,}8\,\%$

2

a)

	1	2	3	4	5	6
1	2	3	4	5	6	7
2	3	4	5	6	7	8
3	4	5	6	7	8	9
4	5	6	7	8	9	10
5	6	7	8	9	10	11
6	7	8	9	10	11	12

P(Augensumme größer als 9) = $\frac{6}{36} = \frac{1}{6} \approx 16{,}7\,\%$

3

P(genau zweimal rot) = $\frac{4}{64} = \frac{1}{16} = 6{,}25\,\%$

P(mindestens einmal rot) = $\frac{28}{64} = \frac{7}{16} = 43{,}75\,\%$

P(höchstens einmal rot) = $\frac{60}{64} = \frac{15}{16} = 93{,}75\,\%$

P(kein rot) = $\frac{36}{64} = \frac{9}{16} = 56{,}25\,\%$

4

a) P(kein Gewinn) = $\frac{1892}{2450} \approx 77{,}2\,\%$

P(zwei Gewinne) = $\frac{30}{2450} \approx 1{,}2\,\%$

P(genau ein Gewinn) = $\frac{528}{2450} \approx 21{,}6\,\%$

b) Die Summe der Wahrscheinlichkeiten von Aufgabe a) ist 100 % = 1.
Begründung: Wenn man zwei Lose zieht, hat man nur die drei Möglichkeiten: nichts, mit nur einem Los oder sogar mit beiden Losen zu gewinnen. Die drei Möglichkeiten stellen also ein sicheres Ereignis dar, dessen Wahrscheinlichkeit 1 ist.

5

$$10\,€ \cdot 0{,}05 + 50\,€ \cdot 0{,}02 + 100\,€ \cdot 0{,}01 + 500\,€ \cdot 0{,}005 - x = 0\,€$$
$$5\,€ - x = 0\,€$$
$$x = 5\,€$$

Bei einem Einsatz von 5 € wäre das Spiel fair.

6

Die Wahrscheinlichkeit, 5 € zu gewinnen ist x.

$2\,€ \cdot 0{,}16 + 10\,€ \cdot 0{,}03 + 5\,€ \cdot x - 2\,€ = -0{,}16\,€$

$-1{,}38\,€ + 5\,€ \cdot x = -0{,}16\,€$

$5\,€ \cdot x = 1{,}22\,€$

$x = 0{,}244 = 24{,}4\,\%$

Mit einer Wahrscheinlichkeit von 24,4 % werden 5 € gewonnen.

Rückspiegel, Seite 63, links

1

a) $S(0|-5)$ b) $S(0|0)$ c) $S(3|0)$ d) $S(-1|-4)$

2

A $y = (x + 3)^2 - 2{,}5$ B $y = 1{,}5x + 3$
C $y = (x + 1)^2 - 1{,}5$ D $y = (x - 1)^2 - 3$
E $y = -\frac{1}{2}x + 1$ F $y = (x - 1{,}5)^2 + 1{,}5$
G $y = (x + 1{,}5)^2 + 2{,}5$

3

a) $S(-2|1)$ b) $S(3|-2)$
c) $S(2{,}5|1{,}25)$ d) $S(-4{,}5|-20{,}25)$

4

a) p_1: $x_1 = 1$; $x_2 = 3$; p_2: $x_2 = 1$; $x_2 = -3$; $T(1|0)$
b) p_1: $x_1 = 1$; $x_2 = -7$; p_2: $x_1 = 0{,}5$; $x_2 = -4$; $T(2|9)$

5

$h = 72\,m$; $w = 800$; $y = a \cdot x^2$
Einsetzen:
$72 = a \cdot 400^2$; $a = 0{,}00045$; $y = 0{,}00045\,x^2$

Rückspiegel, Seite 63, rechts

1

P_3 liegt auf p_1; P_1 liegt auf p_2;
P_4 liegt auf p_3; P_2 liegt auf p_4

2

A $y = (x + 1)^2 - 4$ B $y = (x - 3)^2 - 1$
C $y = y(x - 2)^2 - 3$ D $y = -\frac{1}{2}x^2 + 2$

3

a) $Q(-3|5)$; $R(1|13)$ b) $Q(2|3{,}5)$; $R(-1|6{,}5)$
c) $Q(5{,}5|5)$; $R(0{,}5|0)$ d) kein Schnittpunkt
e) $Q(2{,}2|-5{,}76)$ f) $Q(2|-3)$

4

a) $S(-3|-1{,}5)$ b) $S(2|-5)$

5

Scheitel der Flugkurve $S(0|28)$
a) $0 = -x^2 + 28$; $x_{1,2} = \sqrt{28} \approx 5{,}3\,m$
Etwa 5,3 m vom Felsrand entfernt.
b) Der Scheitel liegt 28 m über der Wasserfläche. Der Springer springt demnach zuerst 1 m in die Höhe.

Rückspiegel, Seite 93, links

1

a) $\beta = 55{,}3°$; $a = 4{,}6\,cm$; $b = 6{,}6\,cm$
b) $a = 7{,}2\,cm$; $\beta = 41{,}0°$; $\gamma = 64{,}9°$
c) $a = 5{,}7\,cm$; $b = 7{,}01\,cm$; $\gamma = 75{,}9°$

2

a) Höhe: $h = 4{,}50 \cdot \sin 65° = 4{,}08$. Die Leiter reicht 4,08 m hoch.
b) Erster Lösungsweg: $4{,}50 \cdot \sin 80° = 4{,}43$
Beim Anstellwinkel 80° reicht die Leiter 4,43 m hoch. Die Höhe 4,35 m ist also ohne Gefahr möglich.
Zweiter Lösungsweg: Der Anstellwinkel α bei 4,35 m Höhe ergibt sich aus $\sin\alpha = \frac{4{,}35}{4{,}50}$ und beträgt 75,2°. Da er kleiner ist als 80°, ist die Höhe 4,35 m zulässig.

3

a)

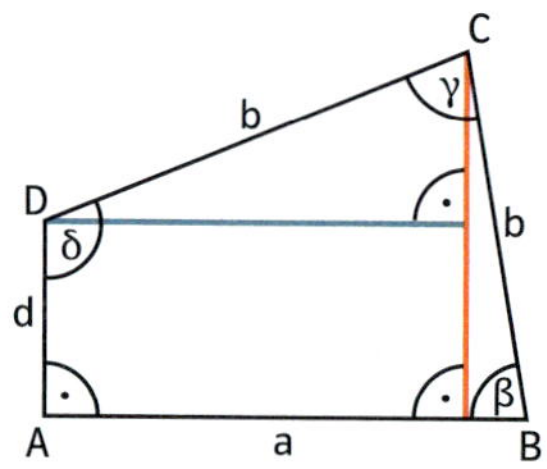

b)

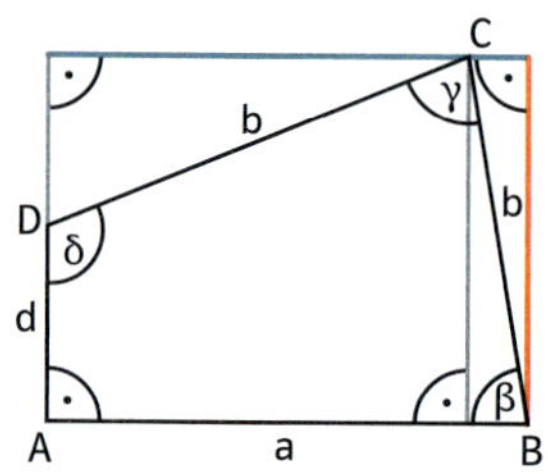

Zu a) und b): Wegen des rechten Winkels bei A sind die Parallelen zur Seite $\overline{AB}$ zugleich auch Senkrechte zur Seite $\overline{AD}$ und umgekehrt.
c) $A = 35{,}2\,cm^2$

4

$\sin\alpha_1 = \frac{\sqrt{2}e}{2e} = \frac{1}{2}\sqrt{2}$; $\alpha_2 = 45°$; $\overline{AB} = 2e \cdot \cos 45° = \frac{1}{2}e\sqrt{2}$
$\alpha_2 = 75° - 45° = 30°$; $\overline{AD} = 2e \cdot \cos 30° = e \cdot \sqrt{3}$
$u = e \cdot (1 + 2\sqrt{2} + \sqrt{3})$

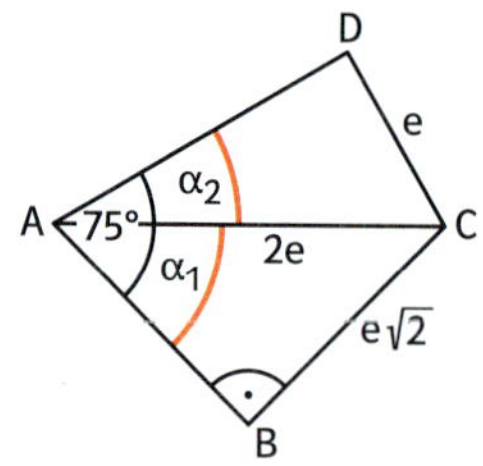

$A = \frac{1}{2}(\sqrt{2}e)^2 + \frac{1}{2}\sqrt{3}e \cdot e = \left(1 + \frac{1}{2}\sqrt{3}\right)e^2$

5

$\overline{EB} = 7{,}9\,cm$; $\overline{BC} = 8{,}4\,cm$; $\overline{EC} = 11{,}5\,cm$
$\varepsilon = 47{,}1°$; $\gamma = 42{,}9°$

Rückspiegel, Seite 93, rechts

1

a) $\beta = 27{,}6°$; $c = 8{,}5\,cm$; $a = 3{,}9\,cm$
b) $c = 5{,}5\,cm$; $\alpha = 33{,}3°$; $\gamma = 40{,}0°$
c) Da der Gegenwinkel der kleineren Seite a gegeben ist, gibt es zwei Lösungen.
Erste Lösung: $b_1 = 9{,}1\,cm$; $\beta_1 = 71{,}2°$; $\gamma_1 = 70{,}1°$
Zweite Lösung: $b_2 = 5{,}0\,cm$; $\beta_2 = 31{,}3°$; $\gamma_2 = 110{,}0°$

2

a) Für die Länge l der Rampe gilt: $l = \frac{3{,}40}{\sin 5°} = 39{,}0$
Die Rampe ist etwa 39 m lang.
b) Nach 6 m; 12 m; … ; 36 m ist je ein Absatz nötig. Die Rampe verlängert sich dadurch um 9 m auf 48 m.

3

Es ist günstig, das Viereck durch die Teilungslinie $\overline{DE}$ zu zerlegen und zugleich durch das Dreieck BFC zu ergänzen. Die Teilungslinie $\overline{GC}$ wird nur für die Berechnung von c benutzt.
$A = 34{,}6\,cm^2$; $u = 27{,}9\,cm$

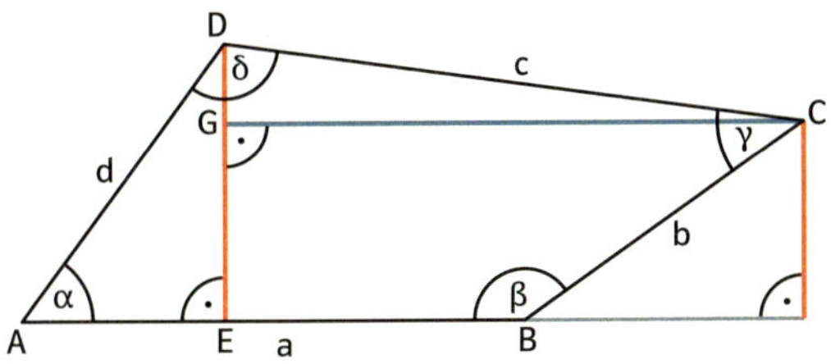

4

$\sin\beta = \frac{4e}{8e} = \frac{1}{2}$; $\beta = 30°$; $\alpha_3 = 60°$
$\overline{BC} = \frac{1}{2}\sqrt{3} \cdot 8e = 4e\sqrt{3}$
$\cos\alpha_2 = \frac{2e\sqrt{2}}{4e} = \frac{1}{2}\sqrt{2}$; $\alpha_2 = 45°$
$\overline{CD} = 2e\sqrt{2}$
$\alpha_1 = 135° - \alpha_2 - \alpha_3 = 30°$
$\overline{DE} = \overline{AD} \cdot \sin\alpha_1 = e\sqrt{2}$
$\overline{AE} = \overline{AD} \cdot \cos\alpha_1 = 2\sqrt{2} \cdot \frac{1}{2}e \cdot \sqrt{3} = e \cdot \sqrt{6}$
$u = e \cdot (8 + 3\sqrt{2} + 4\sqrt{3} + \sqrt{6})$
$A = A_{\triangle ABC} + A_{\triangle ACD} + A_{\triangle ADE}$
$= \frac{1}{2}e^2 \cdot (4\sqrt{3} \cdot 4 + 2\sqrt{2} \cdot 2\sqrt{2} + \sqrt{6} \cdot \sqrt{2})$
$= e^2 \cdot (16\sqrt{3} + 8 + 2\sqrt{3})$
$= e^2 \cdot (4 + 9\sqrt{3})$

5

Das Dreieck MGH ist gleichschenklig.
$\overline{GH} = 7{,}0\,cm$; $\overline{MH} = 10{,}3\,cm$; $\overline{MG} = 10{,}3\,cm$
$\beta = 66{,}4°$; $\gamma = 66{,}4°$; $\alpha = 47{,}9°$

Rückspiegel, Seite 121, links

1

a) $M = 140\,cm^2$; $O = 240\,cm^2$; $V = 163{,}3\,cm^3$
b) $M = 1{,}6\,m^2$; $O = 2{,}3\,m^2$; $V = 0{,}2\,m^3$

2

a) $O = 329{,}0\,cm^2$; $V = 374{,}4\,cm^3$
b) $O = 62{,}5\,dm^2$; $V = 30{,}8\,dm^3$

3

a) $O = 10{,}9\,m^2$; $V = 1{,}8\,m^3$
b) $O = 107{,}5\,dm^2$; $V = 38{,}3\,dm^3$

4

In der Verpackung sind etwa 54,6 % Luft.

5

$V = 2450\,cm^3$; Materialbedarf: $1148\,cm^2$

6

a) $M = 60\,e^2$; $O = 96\,e^2$; $V = 48\,e^3$
b) $M = 540\,e^2$; $O = 864\,e^2$; $V = 1296\,e^3$

Rückspiegel, Seite 121, rechts

1

$h_s = 5{,}0\,cm$; $h = 4{,}8\,cm$; $V = 14{,}4\,cm^3$

2

a) $O = 203{,}8\,cm^2$
b) $V = 696{,}8\,cm^3$

3

$O = 429{,}4\,cm^2$

4

$V = 149{,}2\,cm^3$

5

a) $x = 9{,}0\,cm$ b) $x = 11{,}8\,cm$

6

a) $O = \pi e^2(1 + \sqrt{10})$
$V = \pi e^3$
b) $O = 18\,e^2(\sqrt{3} + \sqrt{11})$
$V = 36\,e^3\sqrt{2}$

Rückspiegel, Seite 147, links

1

a)

1	2	3	4	5	6	7	8	9	10
2,8	2,9	4,8	5,0	5,9	6,7	6,7	6,7	6,7	6,8
1,2	3,1	4,0	5,1	5,8	6,2	6,9	7,2	7,3	8,1

11	12	13	14	15	16	17	18	19	20
6,8	7,4	7,4	7,5	8,5	8,6	9,1	9,2	10,1	10,6
8,1	8,6	9,1	9,9	10,5	11,0	11,2	11,3	12,0	16,2

b) Säulen-, Balken- oder Kreisdiagramm

Stufe	Trainingsbeginn	Nach einem halben Jahr
A	2	1
B	2	2
C	7	4
D	5	5
E	4	8

c) 25 %

d) vorher 45 %; nachher 65 %

2

a) Unter 20 Jahre
- Min: 4
- Max: 20
- Spannweite: 16
- Zentralwert: 10
- q_u: 8
- q_o: 12

Über 20 Jahre
- Min: 0
- Max: 16
- Spannweite: 16
- Zentralwert: 8
- q_u: 4
- q_o: 12

b) Die Spannweite ist in beiden Fällen gleich groß.
Bei den unter 20-Jährigen ist der Quartilabstand deutlich geringer als bei den über 20-Jährigen.

3

Der Preis liegt um 479,88 € bzw. um 44 % unter dem ursprünglichen Preis.

4

Der Zinssatz im 3. Jahr beträgt 3,2 %.

5

Jahr	Restschuld zu Jahresanfang	Zinsen	Tilgung	Restschuld zu Jahresende
1	120 000,00 €	5400,00 €	4200,00 €	115 800,00 €
2	115 800,00 €	5211,00 €	4389,00 €	111 411,00 €
3	111 411,00 €	5013,50 €	4586,51 €	106 824,49 €

Die Summe der Zinsen beträgt 15 624,50 €.

Rückspiegel, Seite 147, rechts

1

a) vorher: Min = 2,8; q_u = 5,45; z = 6,8; q_o = 8,55
Max = 10,6; m = 6,855

nachher: Min = 1,2; q_u = 6,0; z = 8,1; q_o = 10,75
Max = 16,2; m = 8,155

b)

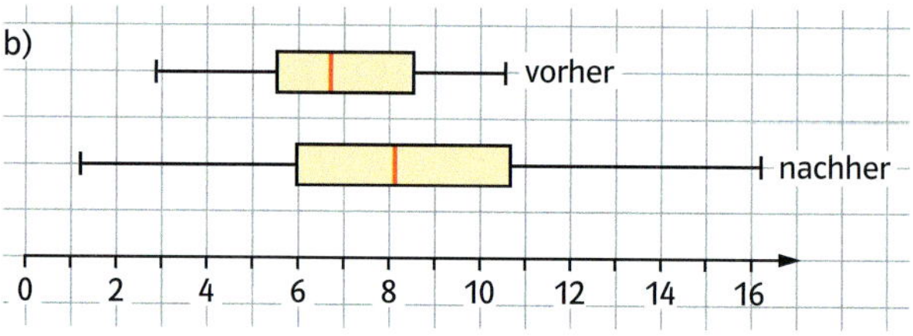

c) Beide Kennwerte haben sich erhöht.

d) Der Quartilabstand wurde größer. Das Training macht die Unterschiede innerhalb der Gruppe größer.

2

a)

Rangplatz	1	2	3	4	5	6	7	8	9	10
Wert	5	7	3	0	10	12	8	9	5	6

b) Minimum: 0
Maximum: 12
Zentralwert: 6,5
q_u: 5
q_o: 9
Mittelwert: 6,5
Quartilabstand: $q_o - q_u = 9 - 5 = 4$

c)

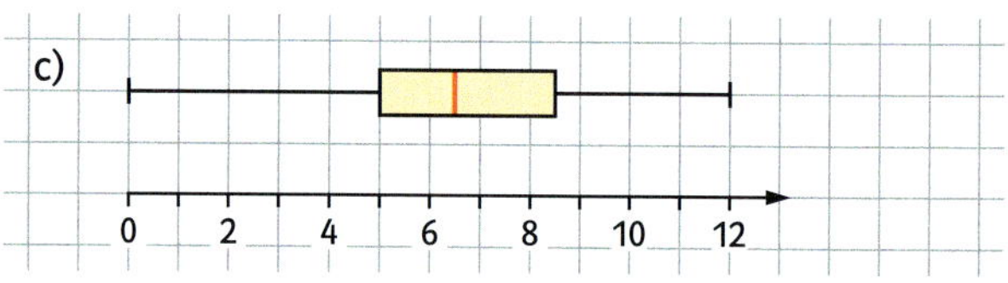

3

Beim Händler ist das Gerät um 13,30 € billiger.

4

Sie muss jährlich 645,11 € einzahlen.

5

Die Kreditkosten sind bei B um 230,40 € höher, die monatliche Rate ist um 179,60 € geringer.

Lösungen der Prüfungsvorbereitung

Pflichtteil

P 1
$x = -10;\ y = 5$

P 2
$x = 2;\ y = -1$

P 3
$x = 0{,}5;\ y = -0{,}5$

P 4
$x = -3;\ y = 1$

P 5
g: $y = \frac{2}{5}x - 1$; h: $y = -x + 2{,}5$
Schnittpunkt $S(2{,}5\,|\,0)$

P 6
g: $y = 2x - 4$
Schnittpunkt mit der x-Achse $N(2\,|\,0)$
Schnittpunkt mit der y-Achse $B(0\,|\,-4)$
Flächeninhalt $A = 4$ FE

P 7
g: $y = -2x - 7$
$\alpha = 63{,}4°;\ \alpha_1 = 45{,}0°$

P 8
$P(2\,|\,2);\ Q(0\,|\,4);\ R(0\,|\,1)$
$u = 8{,}1$ LE

P 9
Zwei Schnittpunkte, da g ∥ k.
h ändern; z. B. h: $y = \frac{2}{3}x + 6$

P 10
$L = \{3; -5\}$
$x^2 + 2x - 15 = 0$

P 11
$L = \{0{,}5; -2\}$
$x^2 + 1{,}5x - 1 = 0$

P 12
$L = \{1; -5\}$
$x^2 + 4x - 5 = 0$

P 13
$L = \{2{,}5; -1\}$
$x^2 - 1{,}5x - 2{,}5 = 0$

P 14
$L = \{\frac{2}{3}; -5\}$
$x^2 + \frac{13}{3}x - \frac{10}{3} = 0$

P 15
$D = \mathbb{R} \setminus \{2; 3; -4\}$
$L = \{\frac{16}{3}; 1\}$
$x^2 - \frac{19}{3}x + \frac{16}{3} = 0$

P 16
$D = \mathbb{R} \setminus \{-1{,}5\}$
$L = \{9; 1\}$
$x^2 - 10x + 9 = 0$

P 17
$D = \mathbb{R} \setminus \{1; -5\}$
$L = \{3; -2\}$
$x^2 - x - 6 = 0$

P 18
$D = \mathbb{R} \setminus \{2; -2\}$
$L = \{3\}$; -2 wird ausgeschlossen
$x^2 - x - 6 = 0$

P 19
$D = \mathbb{R} \setminus \{-1\}$
$L = \{4\}$; -1 wird ausgeschlossen
$x^2 - 3x - 4 = 0$

P 20
$D = \mathbb{R} \setminus \{0\}$
$L = \{2; 1{,}5\}$
$x^2 - 3{,}5x + 3 = 0$

P 21
$D = \mathbb{R} \setminus \{1; -2\}$
$x^2 + x - 2 = 0$
$L = \{\ \}$

P 22
$y = x^2 + 11x + 24$
mit der x-Achse: $N_1(-3\,|\,0);\ N_2(-8\,|\,0)$
mit der y-Achse: $B(0\,|\,24)$
$A = 60$ FE

P 23
mit der x-Achse: $N_1(-1\,|\,0);\ N_2(-3\,|\,0)$
mit der y-Achse: $B(0\,|\,3)$
g: $y = 2x + 3$

P 24
S(3 | − 4); Zeichnung
$N_1(1|0)$; $N_2(5|0)$
u = 12,9 LE

P 25
$y = \frac{1}{2}x^2$ und $y = x^2 - 2$;
Q(−2 | 2)

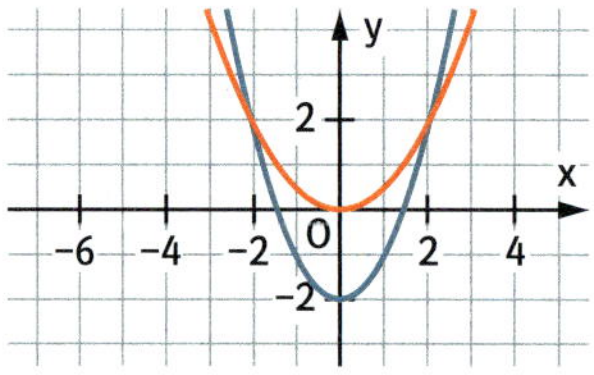

P 26
$S_1(-5|-3)$; $S_2(2|3)$;
$\overline{S_1S_2} = 9{,}2$ LE

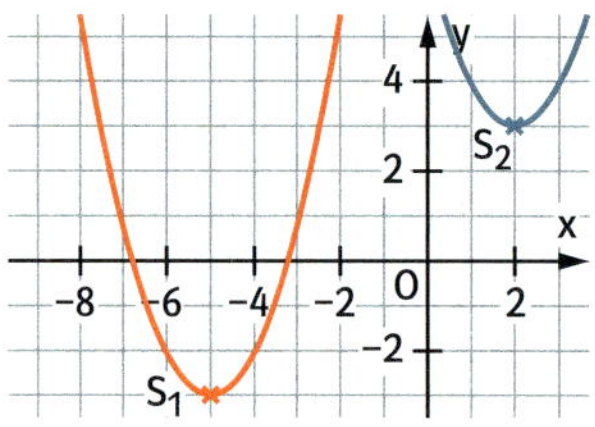

P 27
$S_1(0|-3)$; $S_2(0|3)$;
$S_3(3|1)$; $S_4(-3|1)$
Das Viereck ist ein Drachen.
u = 17,2 LE; A = 18 FE

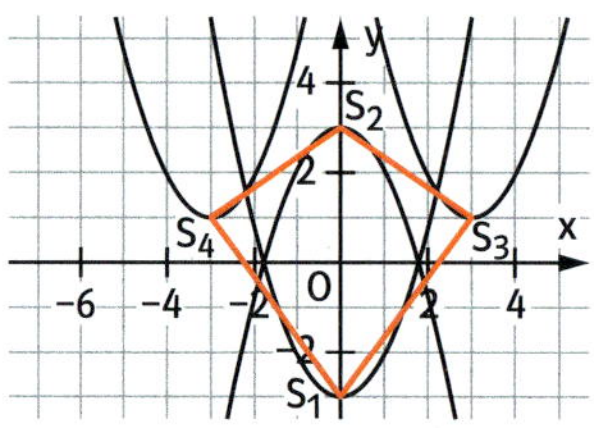

P 28
A: $S_A(0|-1)$; $y = 2x^2 - 1$; schmal, nach oben geöffnet
B: $S_B(0|-1)$; $y = x^2 - 1$; nach unten verschobene Normalparabel
C: $S_C(0|1)$; $y = \frac{1}{2}x^2 + 1$; breit, nach oben geöffnet
D: $S_D(0|-1)$; $y = -x^2 - 1$; nach unten verschobene und nach unten geöffnete Normalparabel
E: $S_E(1|1)$; $y = (x - 1)^2 + 1$; nach rechts und nach oben verschobene Normalparabel

P 29
S(1 | −9); $y = x^2 - 2x - 8$; $y = -x^2 + 2x + 8$

P 30
$y = (x - 3)^2 - 2$
Für Q(1 | 14) erhält man
$y = (x + 3)^2 - 2$
Schnittpunkt P(0 | 7)

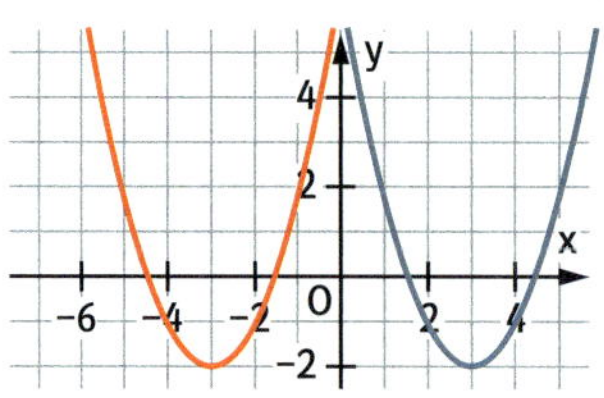

P 31
p_1: $y = (x - 2)^2 + 1$; $S_1(2|1)$
Schnittpunkte: $P_1(0|5)$; $P_2(2|1)$

P 32
P(0,5 | 5,5); Q(−2,5 | 2,5); $\overline{PQ} = 4{,}2$ LE

P 33
$y = (x + 4)^2 - 2$
und $y = x + 2$
Schnittpunkte P(−3 | −1)
und Q(−4 | −2)

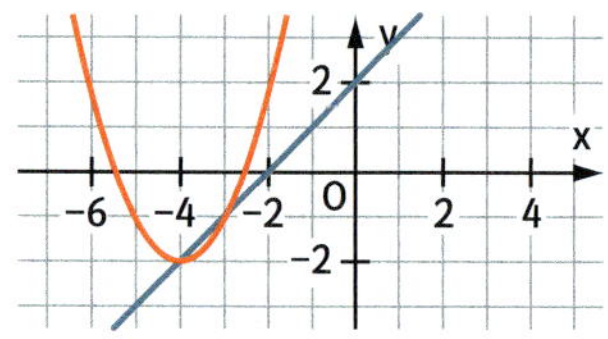

P 34
P(4 | −3); Q(1 | 0)
h und p haben einen
Punkt gemeinsam: T(2 | −3).

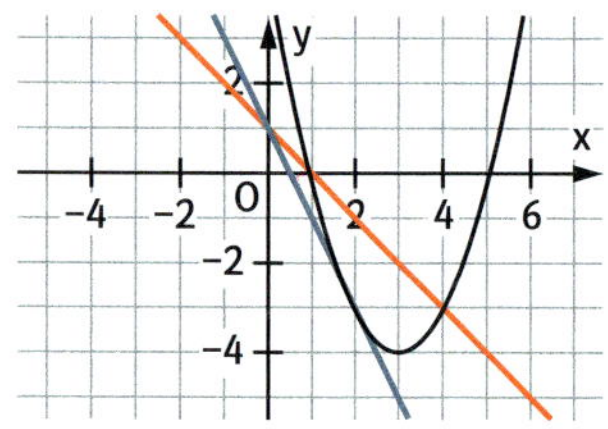

P 35
Schnittpunkte
P(3 | 21) und Q(−1 | 5)
R liegt auf p_2 und
T liegt auf p_1.

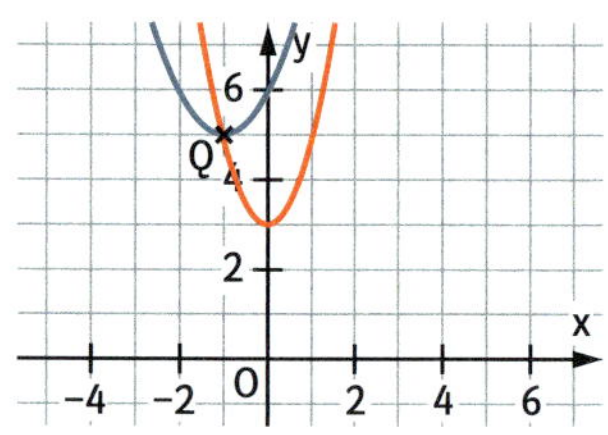

P 36
Schnittpunkt P(1 | 9); $\overline{OP} = 9{,}1$ LE

P 37
Schnittpunkte P(−2 | −1); Q(2 | −1); $\overline{PQ} = 4$ LE

P 38
$\overline{BD} = 2{,}7$ cm; $\overline{AD} = 5{,}0$ cm; $\overline{AB} = 5{,}7$ cm
u = 13,4 cm

P 39
$\overline{AC} = 7{,}0$ cm; $\alpha = 62{,}1°$; $A = 28{,}7\,cm^2$

P 40
$A = 25{,}8\,cm^2$

P 41
$u_{ABC} = 18{,}6$ cm; $u_{ABD} = 16{,}4$ cm
Differenz 2,2 cm

P 42
$\overline{AD} = 3{,}3\,cm$

P 43
Abstand 3,6 cm

P 44
$\overline{AE} = 8{,}8\,cm$

P 45
$\overline{CD} = 10{,}4\,cm$; $A = 32{,}6\,cm^2$

P 46
$A_{ABC} = 26{,}88\,cm^2$; $\overline{AD} = 16{,}1\,cm$

P 47
$u = 31{,}8\,cm$; $A = 44{,}9\,cm^2$

P 48
$A_{ABE} = 32{,}8\,cm^2$; $A_{ABCD} = 80{,}9\,cm^2$
Das Dreieck nimmt 40,5 % der Trapezfläche ein.

P 49
$\overline{CD} = 9{,}3\,cm$

P 50
$\gamma_1 = 39{,}4°$; $\overline{BD} = 12{,}2\,cm$

P 51
$\overline{AE} = 5{,}7\,cm$; $\varepsilon = 144{,}7°$

P 52
$\overline{AB} = 8{,}4\,cm$; $A = 79{,}4\,cm^2$

P 53
$\overline{AE} = 15{,}7\,cm$; $A_{Dreieck} = 43{,}5\,cm^2$
Das Trapez hat denselben Flächeninhalt wie das Dreieck.

P 54
$\sphericalangle ADE = 112{,}4°$; $\overline{AD} = 16{,}5\,cm$

P 55
$\alpha = \gamma = 68{,}0°$; $\beta = 44{,}0°$; $A = 30{,}9\,cm^2$

P 56
$\alpha = 80{,}1°$; $\gamma = 99{,}9°$

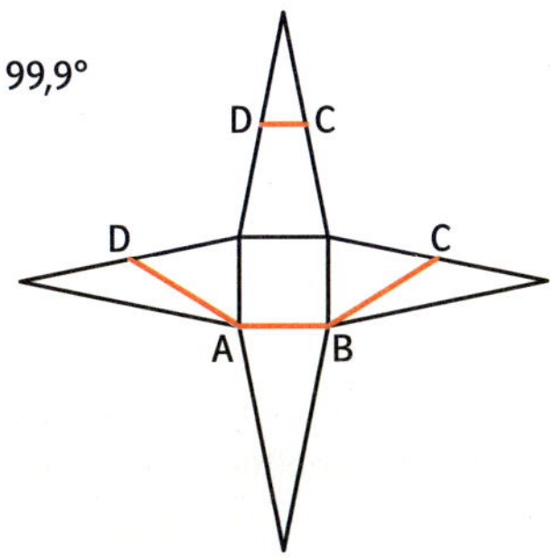

P 57
$PQR = 13{,}3\,cm$

P 58
$O = 640{,}1\,cm^2$; Winkel $72{,}5°$

P 59
$V = 828{,}6\,cm^3$; $\beta = 60{,}9°$; $\gamma = 69{,}9°$

P 60
$O = 410{,}0\,cm^2$; $V = 433{,}2\,cm^3$

P 61
$V_1 = 275{,}3\,cm^3$; $V_2 = 550{,}5\,cm^3$
Unterschied: $275{,}2\,cm^3$
Die zweite Pyramide hat etwa das doppelte Volumen.

P 62
$O_W = 433{,}5\,cm^2$; $O_P = 547{,}6\,cm^2$
Die Pyramidenoberfläche ist um 26,3 % größer.

P 63
$a = 7{,}5\,cm$; $V = 479{,}8\,cm^3$

P 64
$u = 25{,}5\,cm$; $O = 155{,}7\,cm^2$

P 65
$O = 345\,cm^2$; $h = 10{,}4\,cm$

P 66
$V = 9939\,cm^3$

P 67
$O = 369{,}6\,cm^2$; $V = 299{,}4\,cm^3$

P 68
$V = 765{,}2\,cm^3$

P 69
$M = 178{,}2\,cm^2$

P 70
$O_Z = 555{,}0\,cm^2$; $O_K = 617{,}8\,cm^2$
Der Kegel hat die größere Oberfläche.

P 71
$V = 3149\,cm^3$; $O = 1361\,cm^2$

P 72
$M = 204\,cm^2$

P 73
$V = 1152\,cm^3$; $O = 1042\,cm^2$
Das Volumen ist um 100 % größer.

P 74
O = 245 m²

P 75
h = 14,2 cm; V = 170,3 cm³

P 76
ε = 53,1°; h_{ges} = 16,3 cm

P 77
$\overline{ST}$ = 16,8 cm; $\overline{RS}$ = 13,3 cm; $\overline{RT}$ = 17,2 cm; u = 47,3 cm

P 78
Länge des Streckenzugs 18,9 cm.

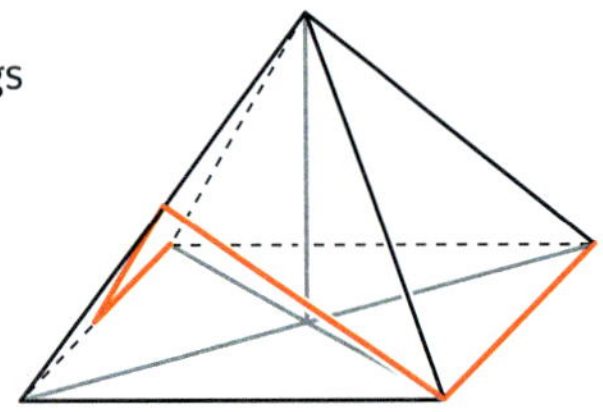

P 79
Länge des Streckenzugs PM_1QM_2R = 27,6 cm

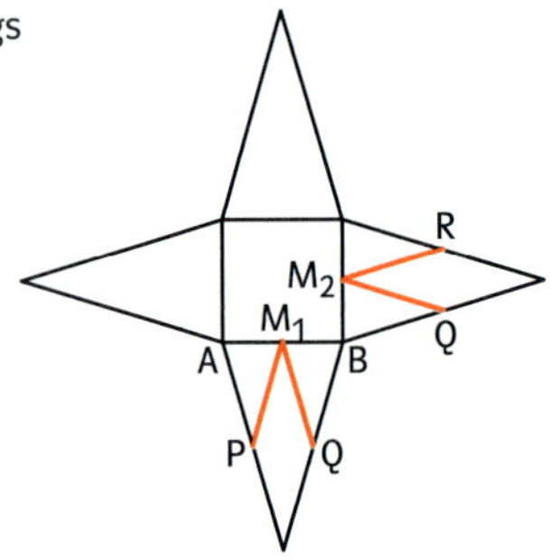

P 80
Differenz der Flächeninhalte 14,4 cm²

P 81
Mensch und Umwelt: 34 von 125
Kreisdiagramm: MUm 98°; F 75°; T 187°
neue Prozentsätze: MUm 22,4 %; T 54,4 %; F 23,2 %

P 82
Anzahl: Türkei 57; Italien 32
Anteil in %: Deutschland 68,8 %; Türkei 11,1 %
Griechenland 8,4 %; Sonstige 5,5 %

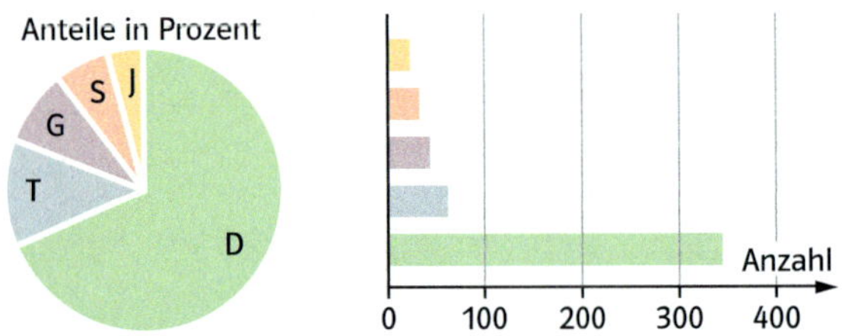

Der Prozentkreis zeigt die Verteilung der Anteile, im Balkendiagramm kann man schnell eine Rangfolge ablesen.

P 83
Öl 16,7 %; Handbremse 11,2 %; Auspuff 9,1 %;
Fußbremse 6,7 %
Da Mehrfachnennungen möglich sind, ist das Kreisdiagramm ungeeignet. Zudem ist der Grundwert nicht bekannt.

P 84
Zuwachs 2006: 4,6 %; 2007: 6,3 %
Schülerzahl 2008: 675; 2009: 729
Säulendiagramm

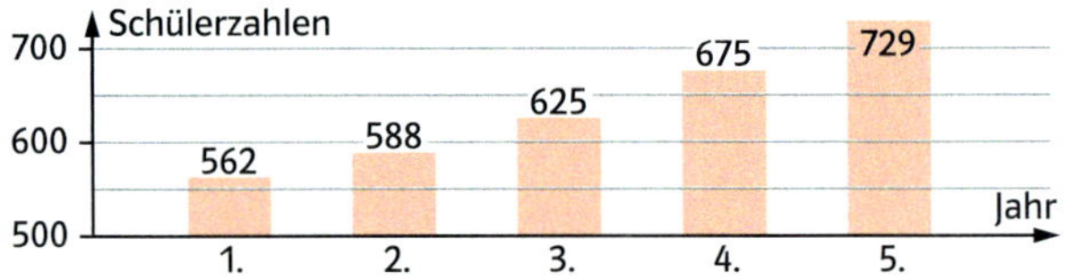

Der gesamte Zuwachs beträgt 29,7 %.

P 85
Herr Scholl muss 54,36 € bezahlen.

P 86
mit 16 %: 730,12 €; mit 22 %: 767,88 €
Der höchste Preis liegt um 5,2 % über dem niedrigsten.

P 87
Der Zinssatz im linken Angebot ist 6,5 %.
Das rechte Angebot ist also besser, man muss aber 10 000 € leihen.

P 88
Zinssatz 2,5 %; Endkapital 601,48 €

P 89
17 Tage überzogen; 3,54 € mehr Zinsen

P 90
Es lohnt sich; beim Überziehen spart man 57,73 €.

P 91
Anfangskapital 1600,00 €

P 92
2,53 € mehr Zinsen; um 13,4 % insgesamt angewachsen.

P 93
Er muss 13 071,63 € anlegen.
Im 2. Jahr erhält er 473,52 € Zinsen.
Das Kapital ist um 14,75 % angewachsen.

P 94
Die Bank zahlt 2186,79 € Zinsen mit Prämie. Bei 5 % würde man nur 2155,06 € Zinsen erhalten, also ist die Werbeaussage wahr.

P 95
Es wurden 2400 € angelegt.
Nach $2\frac{1}{2}$ Jahren wäre er auf 2571,79 € gewachsen.

P 96
Im 2. Jahr bekommt sie 23,63 € mehr.
Zinssatz im 3. Jahr: 3,4 %.
Gleichbleibender Zinssatz 2,93 %.

P 97
Anfangskapital 8000 €; es sind 13,4 % Zinsen dazu gekommen.

P 98
Jährliche Rate: 1200 €

P 99
Er kann 2204,53 € abheben.

P 100
Die Bank berechnet einen Zinssatz von 4,2 %.
Restschuld nach 11 Jahren 66 037,05 €.
Zinsen im 8. Jahr: 3718,35 €

P 101
Monatliche Rate 497 €
Die Kreditkosten sind um 420 € geringer.

P 102
Mittelwert gesamt: 14,8
Jungen: $m = 14{,}5$; $z = 15{,}5$; $q_u = 10$; $q_o = 18{,}5$;
Min = 5; Max = 24
Mädchen: $m = 15{,}0$; $z = 10{,}5$; $q_u = 5{,}5$; $q_o = 28{,}5$;
Min = 3 ; Max = 30

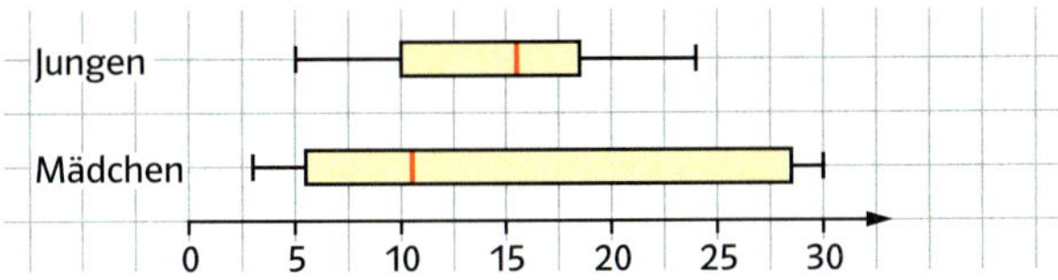

Die Unterschiede bei den Jungen sind geringer, Spannweite und Quartilabstand sind kleiner.

P 103
A: Min 31; Max 89; $q_u = 43$; $q_o = 79$; $z = 59$; Spannweite 58; $q = 36$
B: Min 16; Max 99; $q_u = 36$; $q_o = 87$; $z = 49$; Spannweite 83; $q = 51$
Reihe A ist zuverlässiger, denn der Zentralwert ist größer, Spannweite und Quartilabstand sind kleiner als bei B.

P 104
SG hatte durchschnittlich 35 Zuschauer mehr. TSV hatte zuletzt stets „ausverkauft“, es sind erneut 1260 Zuschauer zu erwarten. Bei SG kann man mit etwa 750 Zuschauern rechnen, da ein Rückgang zu beobachten ist.

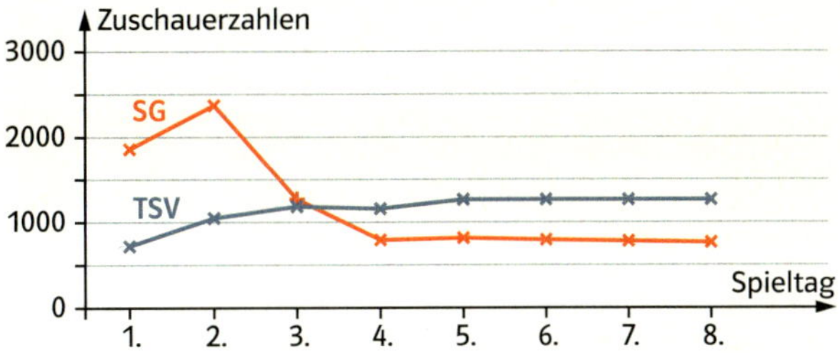

P 105
Kennwerte:
$m_{ges} = 115$; $m_6 = 135{,}3$; $m_7 = 72$; $m_8 = 137{,}7$;
$z_{ges} = 67$; $z_6 = 66$; $z_7 = 72$; $z_8 = 59$
Die 8er-Klassen haben 91,2 % mehr als die 7er gesammelt.
8c und 6b sammelten 588 kg, also mehr als 50% der Gesamtmenge von 1035 kg.
Mehr als zwei Drittel der Klassen (7 Klassen) sammelten weniger als der Durchschnitt.

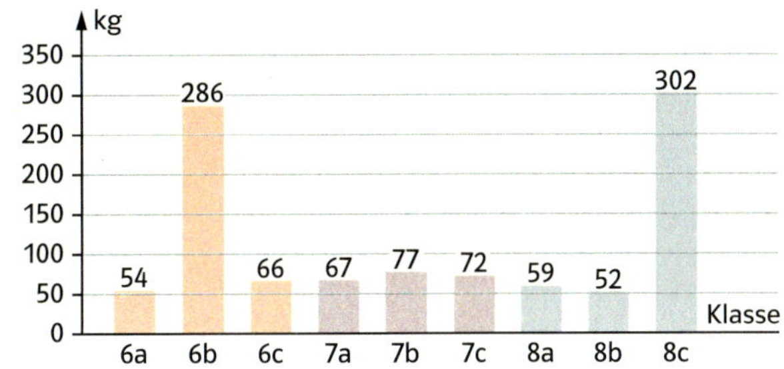

Minimum 52; $q_u = 59$; $z = 67$; $q_o = 77$; Maximum 302

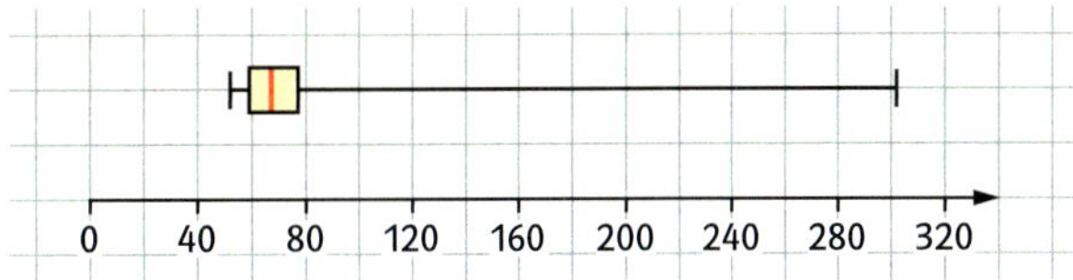

Das Säulendiagramm zeigt die Sammelergebnisse der einzelnen Klassen, der Boxplot zeigt die Verteilung. In beiden Diagrammen werden die „Ausreißer“ nach oben deutlich.

P 106
$P(\text{gelb}) = \frac{1}{4} = 25\,\%$; $P(\text{nicht blau}) = \frac{3}{4} = 75\,\%$

P 107
$P(\text{rot, rot}) = \frac{1}{25} = 4\,\%$; $P(\text{blau, gelb; gelb, blau}) = \frac{2}{45}$

P 108
$P(\text{rot}) = \frac{3}{7}$
mit Zurücklegen: $P(\text{gelb, gelb}) = \frac{16}{49}$
ohne Zurücklegen: $P(\text{gelb, gelb}) = \frac{4}{13}$

P 109

$P(6, 6) = \frac{1}{36}$

$P(\text{keine } 5) = 1 - \frac{11}{36} = \frac{25}{36}$

Tabelle als Lösungshilfe

	1	2	3	4	5	6
1	1,1	1,2	1,3	1,4	1,5	1,6
2	2,1	2,2	2,3	2,4	2,5	2,6
3	3,1	3,2	3,3	3,4	3,5	3,6
4	4,1	4,2	4,3	4,4	4,5	4,6
5	5,1	5,2	5,3	5,4	5,5	5,6
6	6,1	6,2	6,3	6,4	6,5	6,6

$P(\text{genau eine } 1) = \frac{10}{36} = \frac{5}{18}$

P 110

$P(2) = \frac{1}{3}$; $P(2) = \frac{3}{8}$; $P(2) = \frac{1}{5}$; $P(\text{ungerade}) = \frac{7}{10}$

60-mal; 75-mal; 36-mal

P 111

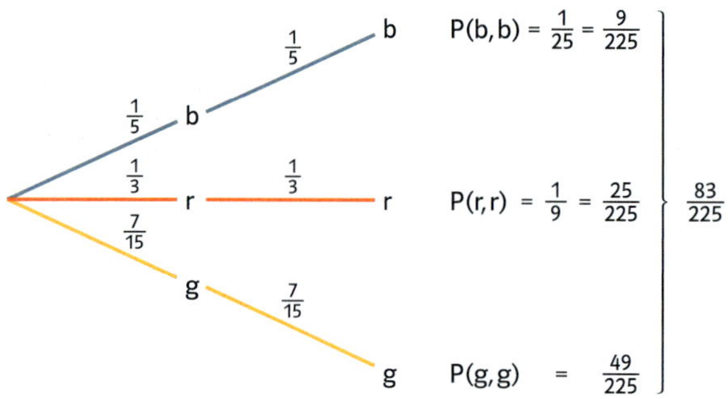

P 112

Baumdiagramm für gleichfarbige Autos

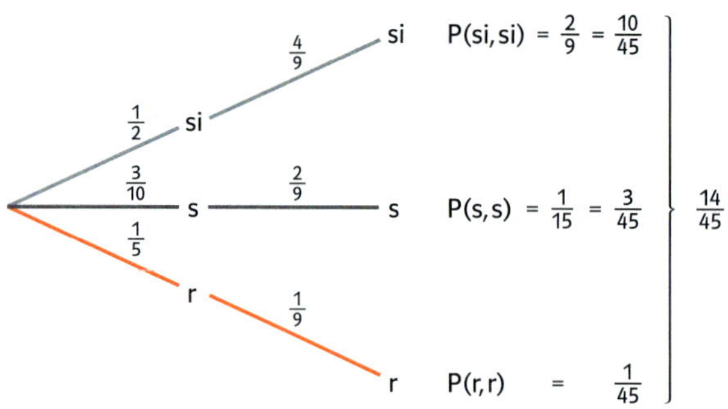

P(genau 1 silbernes Fahrzeug)

$= \frac{5}{10} \cdot \frac{3}{9} + \frac{5}{10} \cdot \frac{2}{9} + \frac{3}{10} \cdot \frac{5}{9} + \frac{2}{10} \cdot \frac{5}{9} = \frac{5}{9}$

P 113

Bei 50 Würfen landet die Schachtel ungefähr 8-mal auf einer der Reibeflächen.

$P(\text{nicht } G) = 0{,}162^2 + 0{,}162 \cdot 0{,}022 + 0{,}022 \cdot 0{,}162 + 0{,}022^2$

$= 3{,}4\,\%$

$P(\text{nur einmal } R) = 27{,}2\,\%$

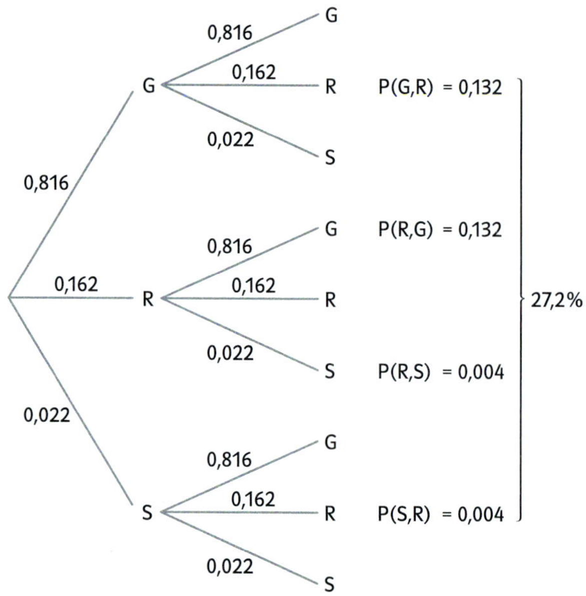

P 114

Baumdiagramm für gleiche Farben.

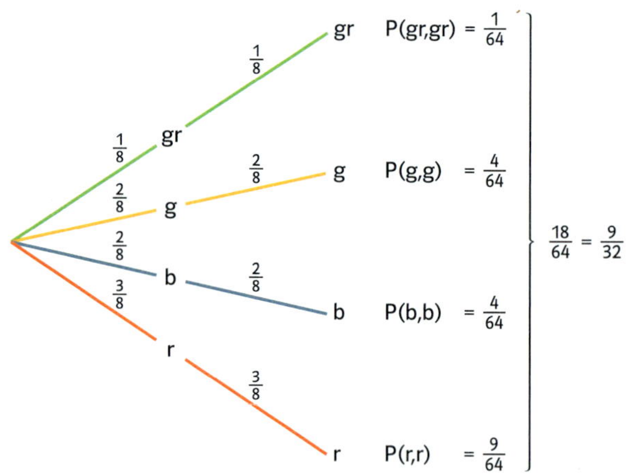

$P(\text{rot, blau oder blau, rot}) = \frac{3}{8} \cdot \frac{2}{8} + \frac{2}{8} \cdot \frac{3}{8} = \frac{3}{16}$

P 115

P(nicht gerade) = $\frac{2}{9}$

P(Summe > 12) = $\frac{1}{3}$

P(Produkt durch 3 teilbar) = $\frac{5}{9}$

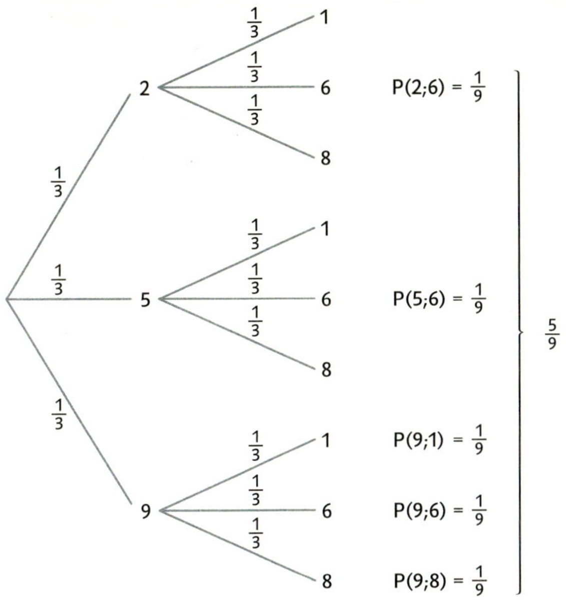

Die Ergebnisse lassen sich alternativ auch in einer Tabelle darstellen.

Wahlteil

W 1

a) g_1: $y = \frac{1}{3}x - 5$

g_2: $y = -x - 1$

Schnittpunkt der beiden Geraden g_1 und g_2: T(3|−4)

p: $y = (x + 3)^2 - 4$

Schnittpunkte von g_2 und p: U(−1|0); V(−6|5)

b) $D = \mathbb{R} \setminus \{2; -2\}$; $L = \{1; -7\}$

W 2

a) Gleichung von p_1: $y = x^2 - 10x + 21$

Schnittpunkte mit der x- Achse: $N_1(3|0)$; $N_2(7|0)$

Gerade: $y = -x + 3$

Schnittpunkte von g und p_1: V(3|0); W(6|−3)

p_2: $y = (x + 2)^2 - 1$

Schnittpunkte von g und p_2: Q(0|3); T(−5|8)

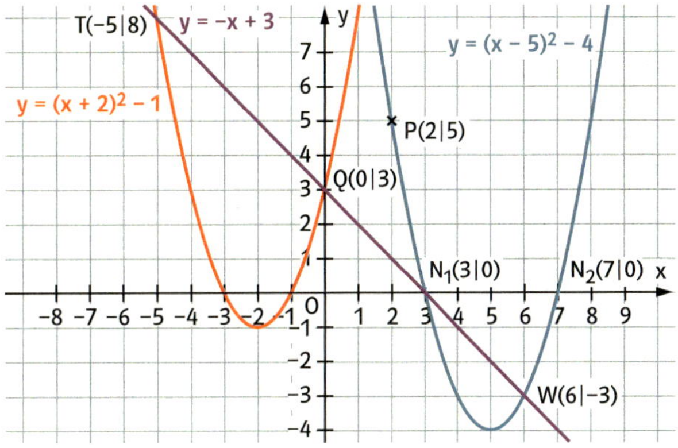

b) $D = \mathbb{R} \setminus \{4\}$; $x_1 = 1$; $x_2 = 4$; $L = \{1\}$

Der Wert $x = 4$ gehört nicht zur Definitionsmenge.

W 3

a) $S_1(-1|4)$; $S_2(4|-1)$

g: $y = -x + 3$

Schnittpunkt von p_1 und p_2: T(1|8)

p_3: $y = (x - 1)^2 + 8$ bzw. $y = x^2 - 2x + 9$

b) Da die Diskriminante positiv ist, haben die Parabel p und die Gerade g_1 zwei Schnittpunkte.

g_2: $y = 2x - 10$

W 4

a)

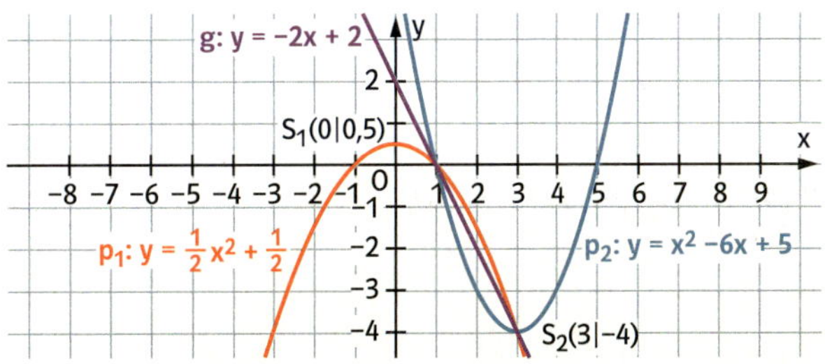

Schnittpunkte von p_1 und p_2: $P(1|0)$; $Q(3|-4)$
Steigung von g: $m = -2$
b) $D = \mathbb{R} \setminus \{1; -1\}$
$x_1 = 3$; $x_2 = -1$; $L = \{3\}$
Der Wert $x = -1$ gehört nicht zur Definitionsmenge.

W 5

a) Entfernung der beiden Schnittpunkte: $e = 3{,}16\,LE$
Gleichung der Gerade g: $y = 3x + 7$
$\alpha = 71{,}6°$
b) $D = \mathbb{R} \setminus \{\frac{2}{3}; -\frac{2}{3}\}$; $L = \{0; -\frac{10}{3}\}$

W 6

a) p: $y = x^2 + 4x + 3$
g: $y = 2x + 6$
Zweiter Schnittpunkt von p und g: $Q(1|8)$
Umfang $u = 15{,}7\,LE$; Flächeninhalt $A = 9\,FE$
b) p: $y = (x-1)^2 - 4$
g_1: $y = x + 1$; g_2: $y = x - 5{,}25$
mögliche Gerade g_3: $y = x - 6$
möglicher Punkt auf g_3: $P(5|-1)$

W 7

a) p_1: $y = x^2 - 10x + 28{,}5$ bzw. $y = (x-5)^2 + 3{,}5$
p_2: $y = (x-1)^2 + 1{,}5$
Gerade durch die Scheitelpunkte g: $y = \frac{1}{2}x + 1$
Schnittwinkel $\alpha = 26{,}6°$ bzw. $153{,}4°$
b) g_1: $y = -x + 6$
g_2: $y = \frac{1}{4}x + 1$
Schnittpunkt von g_1 und g_2: $T_1(4|2)$
p: $y = \frac{1}{8}x^2$
Zweiter Schnittpunkt: $T_2(-2|0{,}5)$

W 8

a) $N_1(-1|0)$; $N_2(-7|0)$; $Q(0|7)$
$\alpha = 45°$; $\beta = 98{,}1°$; $\gamma = 36{,}9°$
b) p_2: $y = (x-2)^2 + 1$ bzw. $y = x^2 - 4x + 5$
gemeinsamer Punkt $T(1|2)$
z.B. für $q = 3$: $y = x^2 - 4x + 3$
Schnittpunkte für diesen Fall: $R(0|3)$ und $S(2|-1)$

W 9

a)

Schritt	Formel	Wert
1	$h = \frac{2 \cdot A_{ABG}}{\overline{AB}}$	$h = 5{,}59\,cm$
2	$\tan\alpha = \frac{h}{\frac{1}{2} \cdot \overline{AB}}$	$\alpha = 55{,}10°$
3	$\overline{DE} = \overline{AE} \cdot \cos\alpha$	$\overline{DE} = 2{,}92\,cm$
4	$\overline{CF} = \overline{DE}$	$\overline{CF} = 2{,}92\,cm$
5	$\overline{EF} = \overline{AB} - \overline{DE} - \overline{CF}$	$\overline{EF} = 1{,}96\,cm$
6	$k = \frac{\overline{EF}}{\overline{AB}}$	$k = 0{,}251$
7	$A_{EFG} = k^2 \cdot A_{ABG}$	$A_{EFG} = 1{,}37\,cm^2$
8	$A_{ABFE} = A_{ABG} - A_{EFG}$	$A_{ABFE} = 20{,}43\,cm^2$
9	$p\% = \frac{A_{ABFE}}{A_{ABG}}$	$p\% = 93{,}72\,\%$

93,7% der Dreiecksfläche gehören zur gemeinsamen Überdeckungsfläche.

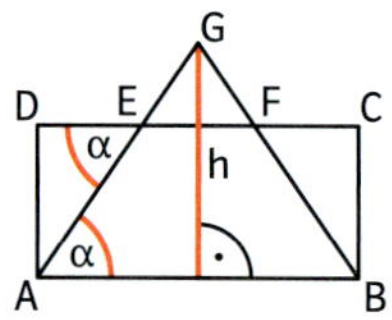

b) Nachweis der beiden Formeln:
$\overline{AD} = 2e$; $\overline{BD} = 2e\sqrt{3}$
Flächeninhalt Dreieck ABD:
$A_1 = \frac{2e \cdot 2e\sqrt{3}}{2} = 2e^2\sqrt{3}$
Flächeninhalt Dreieck BCD:
$A_2 = \frac{x^2}{4}\sqrt{3} = \frac{(2e\sqrt{3})^2}{4} \cdot \sqrt{3} = 3e^2\sqrt{3}$
$A = A_1 + A_2 = 5e^2\sqrt{3}$
$u = 4e + 2e + 2 \cdot 2e\sqrt{3}$
$u = 6e + 4e\sqrt{3}$
$u = 2e(3 + 2\sqrt{3})$

W 10

a)

Schritt	Formel	Wert
1	$\overline{CH} = \overline{BC} \cdot \sin(\beta - 90°)$	$\overline{CH} = 1{,}64\,cm$
2	$\overline{CE} = 2 \cdot \overline{CH} + \overline{AB}$	$\overline{CE} = 7{,}88\,cm$
3	$\gamma_1 = 180° - \beta$	$\gamma_1 = 62°$
4	$\gamma_2 = 90° - \gamma_1$	$\gamma_2 = 28°$
5	$\overline{CD} = \overline{CE} \cdot \cos\gamma_2$	$\overline{CD} = 6{,}96\,cm$
6	$\overline{DE} = \overline{CE} \cdot \sin\gamma_2$	$\overline{DE} = 3{,}70\,cm$
7	$A_{CDE} = \frac{1}{2} \cdot \overline{CD} \cdot \overline{DE}$	$A_{CDE} = 12{,}88\,cm^2$
8	$\overline{CF} = \overline{AB}$	$\overline{CF} = 4{,}6\,cm$
9	$k = \frac{\overline{CF}}{\overline{CE}}$	$k = 0{,}584$
10	$A_{CGF} = k^2 \cdot A_{CDE}$	$A_{CGF} = 4{,}39\,cm^2$
11	$A_{EFGD} = A_{CDE} - A_{CGF}$	$A_{EFGD} = 8{,}49\,cm^2$

Der Flächeninhalt des Vierecks EFGD beträgt $8{,}5\,cm^2$.

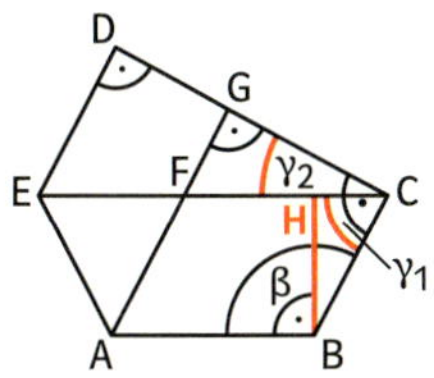

b) Nachweis der Formel:

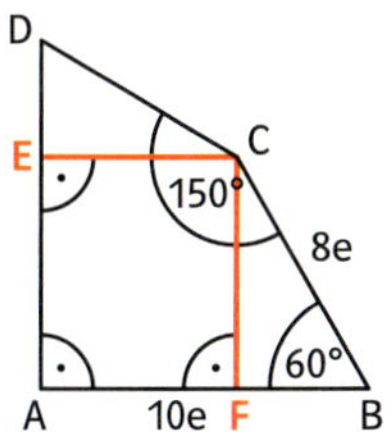

$\overline{BF} = 4e$; $\overline{CE} = 6e$; $\overline{DE} = 2e\sqrt{3}$; $\overline{CD} = 4e\sqrt{3}$

$\overline{AE} = 4e\sqrt{3}$

$u = 10e + 8e + 4e\sqrt{3} + 2e\sqrt{3} + 4e\sqrt{3}$

$u = 18e + 10e\sqrt{3}$

$u = 2e(9 + 5\sqrt{3})$

W 11

a)

Schritt	Formel	Wert
1	$\gamma_1 = 180° - \beta$	$\gamma_1 = 61{,}5°$
2	$\overline{CG} = \overline{CF} - \overline{AB}$	$\overline{CG} = 4{,}0\,cm$
3	$\overline{BG} = \frac{\overline{CG}}{\tan(\beta - 90°)}$	$\overline{BG} = 7{,}37\,cm$
4	$A_{ABCF} = \frac{1}{2}(\overline{AB} + \overline{CF}) \cdot \overline{BG}$	$A_{ABCF} = 136{,}35\,cm^2$
5	$A_{CDEF} = A_{ABCDE} - A_{ABCF}$	$A_{CDEF} = 158{,}65\,cm^2$
6	$\overline{EF} = \frac{A_{CDEF}}{\frac{1}{2} \cdot (\overline{CF} + \overline{DE})}$	$\overline{EF} = 9{,}53\,cm$
7	$\overline{DH} = \overline{EF}$	$\overline{DH} = 9{,}53\,cm$
8	$\overline{CH} = \overline{CF} - \overline{DE}$	$\overline{CH} = 7{,}7\,cm$
9	$\tan\gamma_2 = \frac{\overline{DH}}{\overline{CH}}$	$\gamma_2 = 51{,}06°$
10	$\gamma = \gamma_1 + \gamma_2$	$\gamma = 112{,}56°$
11	$\overline{BC} = \frac{\overline{CG}}{\sin(\beta - 90°)}$	$\overline{BC} = 8{,}38\,cm$
12	$\overline{DH} = \overline{EF}$	$\overline{DH} = 9{,}53\,cm$
13	$\overline{CD} = \sqrt{\overline{CH}^2 + \overline{DH}^2}$	$\overline{CD} = 12{,}25\,cm$
14	$\overline{AF} = \overline{BG}$	$\overline{AF} = 7{,}37\,cm$
15	$\overline{AE} = \overline{EF} + \overline{AF}$	$\overline{AE} = 16{,}9\,cm$
16	$u = \overline{AB} + \overline{BC} + \overline{CD} + \overline{DE} + \overline{AE}$	$u = 66{,}83\,cm$

Es gilt $\gamma = 112{,}6°$ und $u = 66{,}8\,cm$.

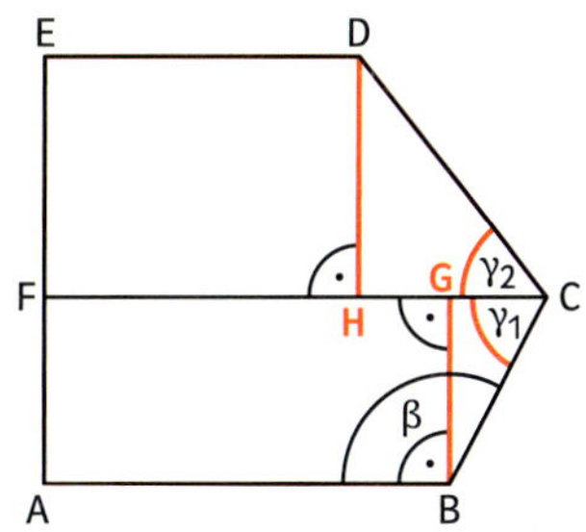

b) Nachweis der beiden Formeln:

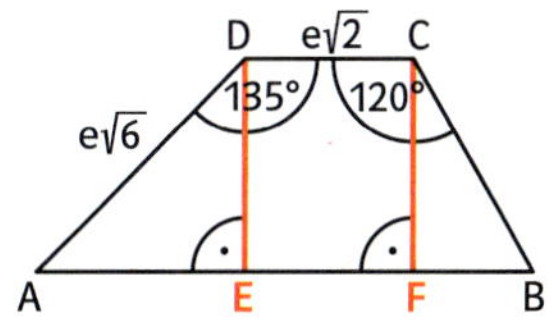

$\overline{AE} = \overline{DE} = \overline{CF} = e\sqrt{3}$; $\overline{BF} = e$; $\overline{BC} = 2e$

$u = e\sqrt{3} + e\sqrt{2} + e + 2e + e\sqrt{2} + e\sqrt{6}$

$u = 3e + 2e\sqrt{2} + e\sqrt{3} + e\sqrt{6} = e(3 + 2\sqrt{2} + \sqrt{3} + \sqrt{6})$

$A = \frac{(e\sqrt{3} + e\sqrt{2} + e) + e\sqrt{2}}{2} \cdot e\sqrt{3}$

$A = \frac{e^2}{2}(3 + \sqrt{3} + 2\sqrt{6})$

W 12

a)

Schritt	Formel	Wert
1	$\sin\gamma = \frac{\overline{AB}}{\overline{BC}}$	$\gamma = 38{,}49°$
2	$\beta = 90° - \gamma$	$\beta = 51{,}51°$
3	$\alpha_2 = 90° - \beta$	$\alpha_2 = 51{,}51°$
4	$\alpha_1 = 90° - \alpha_2$	$\alpha_1 = 51{,}51°$
5	$\overline{AC} = \sqrt{\overline{BC}^2 - \overline{AB}^2}$	$\overline{AC} = 11{,}19\,\text{cm}$
6	$\tan\gamma_2 = \frac{\frac{1}{2}\overline{AB}}{\overline{AC}}$	$\gamma_2 = 21{,}69°$
7	$\varepsilon = 180° - \gamma_2 - \alpha_1$	$\varepsilon = 106{,}80°$
8	$\gamma_1 = 90° - (180° - \varepsilon)$	$\gamma_1 = 16{,}80°$
9	$\overline{AD} = \overline{AB} \cdot \cos\alpha_2$	$\overline{AD} = 6{,}97\,\text{cm}$
10	$\overline{CD} = \sqrt{\overline{AC}^2 - \overline{AD}^2}$	$\overline{CD} = 8{,}75\,\text{cm}$
11	$\overline{CE} = \frac{\overline{CD}}{\cos\gamma_1}$	$\overline{CE} = 9{,}14\,\text{cm}$
12	$A_{AEC} = \frac{1}{2} \cdot \overline{AC} \cdot \overline{CE} \cdot \sin\gamma_2$	$A_{AEC} = 18{,}90\,\text{cm}^2$
13	$\overline{AM} = \frac{1}{2} \cdot \overline{AB}$	$\overline{AM} = 4{,}45\,\text{cm}$
14	$A_{AMC} = \frac{1}{2} \cdot \overline{AM} \cdot \overline{AC}$	$A_{AMC} = 24{,}90\,\text{cm}^2$
15	$A_{AME} = A_{AMC} - A_{AEC}$	$A_{AME} = 6{,}00\,\text{cm}^2$

Es gilt $\varepsilon = 106{,}8°$ und $A_{AME} = 6{,}0\,\text{cm}^2$.

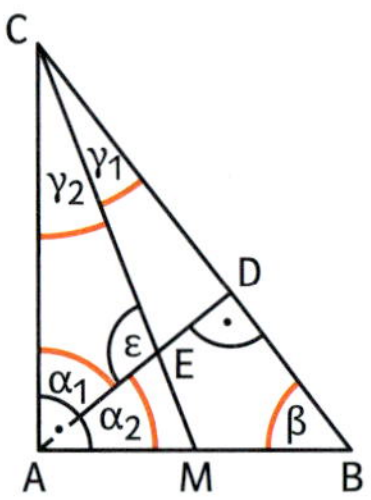

b) Nachweis von $\tan\alpha_1 = \frac{\sqrt{3}}{5}$

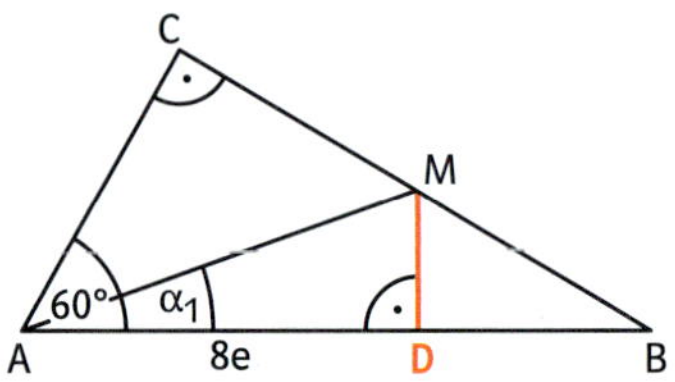

$\overline{AC} = 4e$; $\overline{BC} = 4e\sqrt{3}$; $\overline{CM} = \overline{BM} = 2e\sqrt{3}$
$\overline{DM} = e\sqrt{3}$; $\overline{BD} = 3e$; $\overline{AD} = 5e$

$\tan\alpha_1 = \frac{e\sqrt{3}}{5e} = \frac{\sqrt{3}}{5}$

W 13

a) Über den 2. Strahlensatz erhält man:
$\frac{r_2}{r_1} = \frac{s_2}{s_1}$; $r_2 = 6{,}0\,\text{cm}$
Wegfallende Mantelfläche:
$M = \frac{\pi r s}{2} = \frac{\pi \cdot 6{,}0 \cdot 10{,}0}{2} = 94{,}25\,\text{cm}^2$
Neue Flächen:
Dreieck: $A = \frac{d_2 \cdot h_2}{2} = \frac{12 \cdot 8}{2} = 48\,\text{cm}^2$

Halbe Kreisfläche: $\frac{\pi \cdot r_2^2}{2} = \frac{\pi \cdot 6{,}0^2}{2} = 56{,}55\,\text{cm}^2$

Zunahme: $(48 + 54{,}55) - 94{,}25 = 10{,}3\,\text{cm}^2$
$O_{Kegel} = 772{,}1\,\text{cm}^2$
Die Oberfläche nimmt damit um 1,3 % zu.
b) Nachweis der Formel:

Parallelschnitt

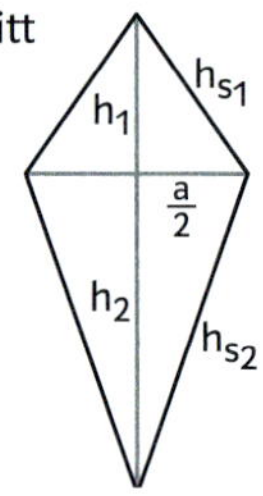

Es gilt:
$h_{s1} = \frac{2e}{2}\sqrt{3} = e\sqrt{3}$ (Höhe im gleichseitigen Dreieck)
Somit gilt: $h_1 = e\sqrt{2}$ (Satz von Pythagoras)
Aus $M = 12e^2$ folgt: $h_{s2} = 3e$
Damit gilt: $h_2 = 2e\sqrt{2}$
Für die Gesamthöhe gilt somit:
$h_{ges} = h_1 + h_2 = e\sqrt{2} + 2e\sqrt{2} = 3e\sqrt{2}$

W 14

a) Das Viereck ACSE liegt auf der Schnittfläche des Diagonalschnittes durch den Körper. $\overline{AC} = d$.
Für die Oberfläche gilt:
$O = a^2 + 4 \cdot a \cdot h_{Pr} + 2a h_S$
$\varepsilon_1 = \varepsilon - 90° = 150° - 90° = 60°$
$\frac{d}{2} = 4{,}8\,\text{cm}$; $a = 6{,}79\,\text{cm}$
$h_{Pyr} = 8{,}31\,\text{cm}$; $h_s = 8{,}98\,\text{cm}$
$440 = 6{,}79^2 + 4 \cdot 6{,}79 \cdot h_{Pr} + 2 \cdot 6{,}79 \cdot 8{,}98$
$h_{Pr} = 10{,}01\,\text{cm}$; $h_{ges} = 18{,}32\,\text{cm}$; $\gamma = 75{,}3°$
Für den Flächeninhalt des Vierecks ACSE gilt:

$A_{ACSE} = \frac{h_{ges} + h_{Pr}}{2} \cdot \frac{d}{2} + \frac{h_{ges} \cdot \frac{d}{2}}{2}$

$A_{ACSE} = \frac{18{,}31 + 10{,}0}{2} \cdot 4{,}8 + \frac{18{,}31 \cdot 4{,}8}{2}$

$A_{ACSE} = 112\,\text{cm}^2$

b) Nachweis der Formel:
Es gilt: $a = 2e$ und $h_s = 2e$
Mit dem Satz von Pythagoras erhält man: $h = e\sqrt{3}$.
Damit ist $V = \frac{4}{3}e^3\sqrt{3}$.
Für die Seitenkante s gilt: $s = e\sqrt{5}$

Also: $\sin\alpha = \frac{e\sqrt{3}}{e\sqrt{5}} = \frac{\sqrt{15}}{5}$

W 15

a) Schrägbild

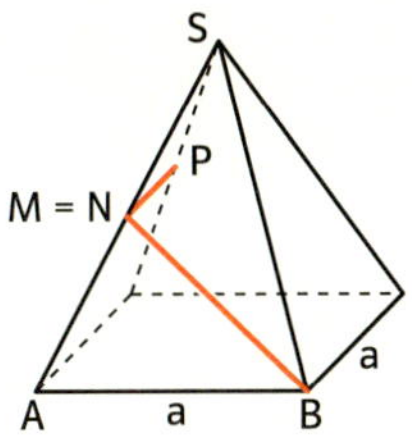

Es gilt:

$\overline{AS} = 11{,}20\,\text{cm}$; $\alpha = 67{,}42°$; $\overline{AM} = 5{,}60\,\text{cm}$

$\overline{FM} = 5{,}17\,\text{cm}$; $\overline{AF} = 2{,}15\,\text{cm}$; $\overline{BF} = 6{,}45\,\text{cm}$; $\overline{BM} = 8{,}27\,\text{cm}$

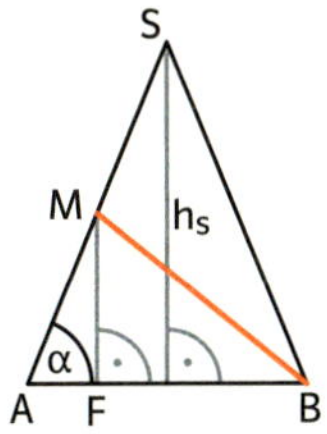

Nach dem 2. Strahlensatz gilt:

$\overline{NP} = \frac{\overline{AB}}{2}$

$\overline{NP} = 4{,}3\,\text{cm}$

b) $h_s = 10{,}32\,\text{cm}$

Oberfläche der ursprünglichen Pyramide: $O = 391{,}8\,\text{cm}^2$

Weggenommen wird die Fläche A_1: ein Manteldreieck und ein Achtel der Grundfläche.

$A_1 = \frac{a \cdot h_s}{2} + \frac{a^2}{8} = \frac{12 \cdot 10{,}32}{2} + \frac{12^2}{8} = 79{,}92\,\text{cm}^2$

Hinzu kommt die Fläche A_2:

$A_2 = \frac{f \cdot h_f}{2} = \frac{8{,}49 \cdot 9{,}41}{2} = 39{,}95\,\text{cm}^2$

Flächendifferenz $D = A_1 - A_2 = 79{,}92 - 39{,}95 = 40{,}0\,\text{cm}^2$

Prozentuale Verringerung: $p\,\% = \frac{40{,}0}{391{,}8} = 10{,}2\,\%$

W 16

a) Es gilt: $a = 10{,}31\,\text{cm}$; $h_s = 9{,}94\,\text{cm}$

Abgezogen werden: $\frac{3}{8}$ der Grundfläche und $1\frac{1}{2}$ Manteldreiecke.

$A_1 = \frac{3}{8} \cdot a^2 + \frac{3}{2} \cdot \frac{a \cdot h_s}{2} = \frac{3}{8} \cdot 10{,}31^2 + \frac{3}{2} \cdot \frac{10{,}31 \cdot 9{,}94}{2}$

$A_1 = 116{,}72\,\text{cm}^2$

Hinzu kommen: zwei rechtwinklige Schnittdreiecke

$A_2 = \frac{h \cdot \frac{d}{2}}{2} + \frac{h \cdot \frac{a}{2}}{2} = \frac{8{,}5 \cdot 7{,}29}{2} + \frac{8{,}5 \cdot 5{,}16}{2} = 52{,}89\,\text{cm}^2$

Abnahme: $116{,}72 - 52{,}89 = 63{,}83\,\text{cm}^2$

b) Für den zusammengesetzten Körper gilt:

$V_{ges} = \frac{1}{3}\pi r^2 \cdot h_1 + \frac{1}{3}\pi r^2 \cdot h_2$

Weiter gilt: $h_1 = r \cdot \sqrt{3}$; $h_2 = r$

Somit gilt für das Volumen:

$V_{ges} = \frac{1}{3}\pi r^2 \cdot r \cdot \sqrt{3} + \frac{1}{3}\pi r^2 \cdot r$

Hieraus ergibt sich für $r = 5{,}59\,\text{cm}$.

Für die Mantellinien s_1 und s_2 gilt:

$s_1 = 2 \cdot r = 11{,}18\,\text{cm}$; $s_2 = r \cdot \sqrt{2} = 7{,}91\,\text{cm}$

Die Oberfläche des zusammengesetzten Körpers berechnet sich mit:

$O = M_1 + M_2 = \pi \cdot r \cdot s_1 + \pi \cdot r \cdot s_2$

$O = \pi \cdot 5{,}59 \cdot 11{,}18 + \pi \cdot 5{,}59 \cdot 7{,}91$

$O = 335{,}2\,\text{cm}^2$

W 17

a) Alexandra trifft bei beiden Würfen:

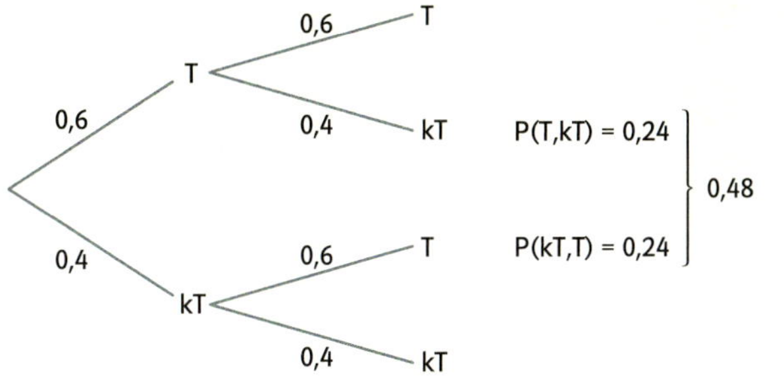

P(zwei Treffer) = $0{,}3 \cdot 0{,}3 = 0{,}9 = 9\,\%$

Katja trifft bei keinem der beiden Würfe:

P(kein Treffer) = $0{,}4 \cdot 0{,}4 = 0{,}16 = 16\,\%$

Katja erzielt bei zwei Würfen genau einen Korb:

P(genau ein Treffer) = $2 \cdot 0{,}4 \cdot 0{,}6 = 0{,}48 = 48\,\%$

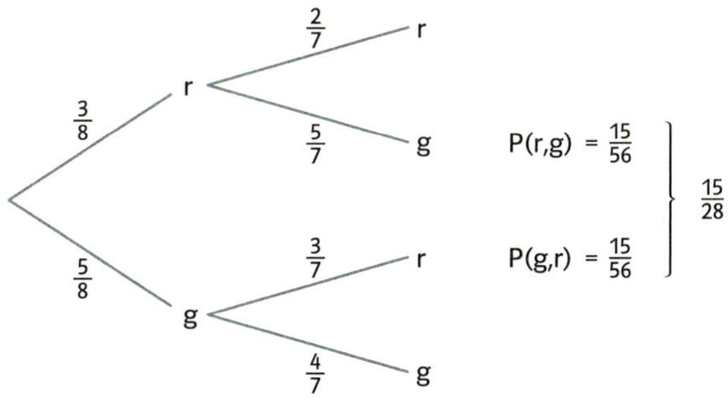

b) Behälter 1: P(verschiedenfarbige Kugeln)

$\frac{3}{8} \cdot \frac{5}{7} + \frac{5}{8} \cdot \frac{3}{7} = \frac{30}{56} = \frac{15}{28}$

Behälter 2: P(verschiedenfarbige Kugeln)

$\frac{5}{9} \cdot \frac{4}{8} + \frac{4}{9} \cdot \frac{5}{8} = \frac{40}{72} = \frac{5}{9}$

Behälter zusammen: P(verschiedenfarbige Kugeln)

$\frac{8}{17} \cdot \frac{9}{16} + \frac{9}{17} \cdot \frac{8}{16} = \frac{144}{272} = \frac{9}{17}$

W 18

a)

	1	2	3	4	5	6	7	8	9	10
1	1	2	3	4	5	6	7	8	9	10
2	2	4	6	8	10	12	14	16	18	20
3	3	6	9	12	15	18	21	24	27	30
4	4	8	12	16	20	24	28	32	36	40
5	5	10	15	20	25	30	35	40	45	50
6	6	12	18	24	30	36	42	48	54	60
7	7	14	21	28	35	42	49	56	63	70
8	8	16	24	32	40	48	56	64	72	80
9	9	18	27	36	45	54	63	72	81	90
10	10	20	30	40	50	60	70	80	90	100

P(Produkt mit einstelligem Wert) = 0,23 = 23 %
P(Produkt durch 5 teilbar) = 0,36 = 36 %
P(keine Quadratzahl) = 1 – 0,18 = 0,82 = 82 %

b)

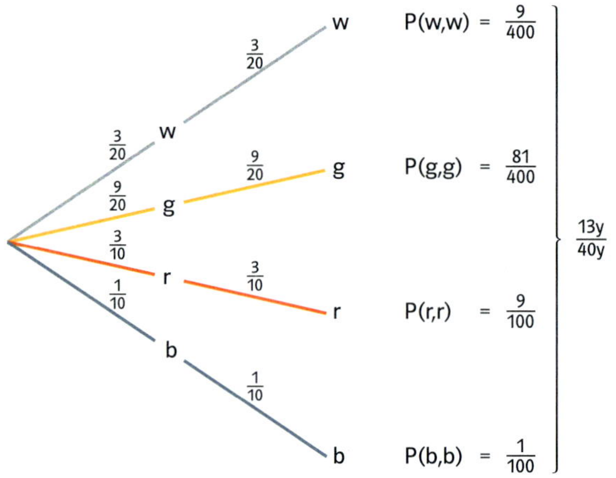

P(unterschiedliche Farben) = $1 - \frac{13}{40} = 67{,}5\,\%$

W 19

a) vorteilhafte Lösung über Tabelle

P(mindestens eine 6) = $\frac{11}{36}$

P(weder eins noch zwei) = $\frac{4}{9}$

P(genau eine 6) = $\frac{5}{18}$

b) 50 % der Teilnehmer hatten 6 richtige Antworten.

P(mehr als 4 richtige Antworten) = $\frac{39}{46} = 84{,}8\,\%$

P(genau 7 richtige Antworten) = $\left(\frac{8}{46}\right)^2 = 3{,}0\,\%$

W 20

a)

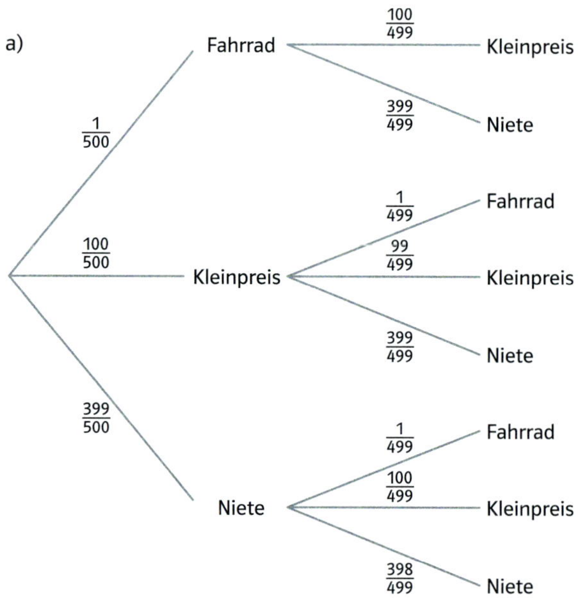

P(mindestens ein Preis, aber nicht das Fahrrad) =
$\frac{100}{500} \cdot \frac{99}{499} + \frac{100}{500} \cdot \frac{399}{499} + \frac{399}{500} \cdot \frac{100}{499} = 35{,}95\,\%$

P(zwei Gewinne) =
$\frac{1}{500} \cdot \frac{100}{499} + \frac{100}{500} \cdot \frac{1}{499} + \frac{100}{500} \cdot \frac{99}{499} = 4{,}05\,\%$

P(genau einen Gewinn) =
$\frac{1}{500} \cdot \frac{399}{499} + \frac{100}{500} \cdot \frac{399}{499} + \frac{399}{500} \cdot \frac{1}{499} + \frac{399}{500} \cdot \frac{100}{499} = 32{,}3\,\%$

b)

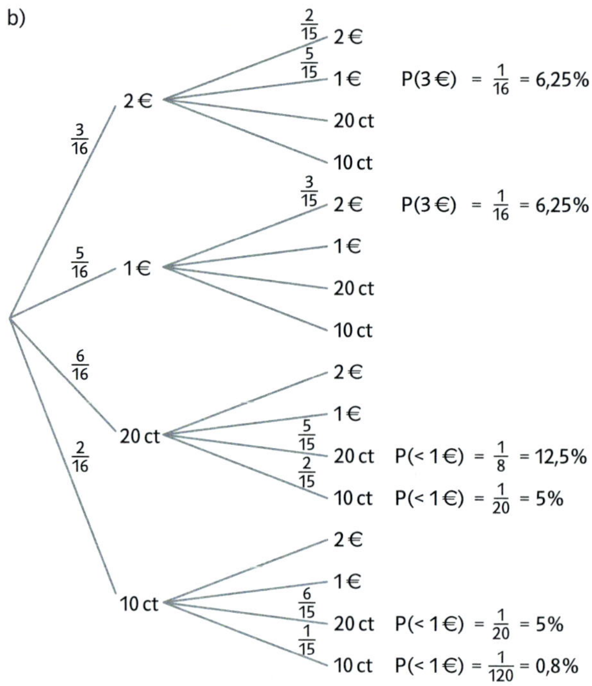

$P(3\,€) = 6{,}25\,\% + 6{,}25\,\% = 12{,}5\,\%$

$P(\text{weniger als } 4\,€) = 1 - \frac{3}{16} \cdot \frac{2}{15} = 97{,}5\,\%$

$P(\text{weniger als } 1\,€) = 12{,}5\,\% + 5\,\% + 5\,\% + 0{,}8\,\% = 23{,}3\,\%$

W 21

a) $P(\text{ungerade}) = \frac{1}{2} = 50\,\%$

$P(\text{nicht durch 2 oder 3 teilbar}) = \frac{1}{3} = 33{,}3\,\%$

$P(\text{Pasch}) = \frac{5}{18} = 27{,}8\,\%$

b) $P(\text{rot, rot}) = \frac{5}{33}$

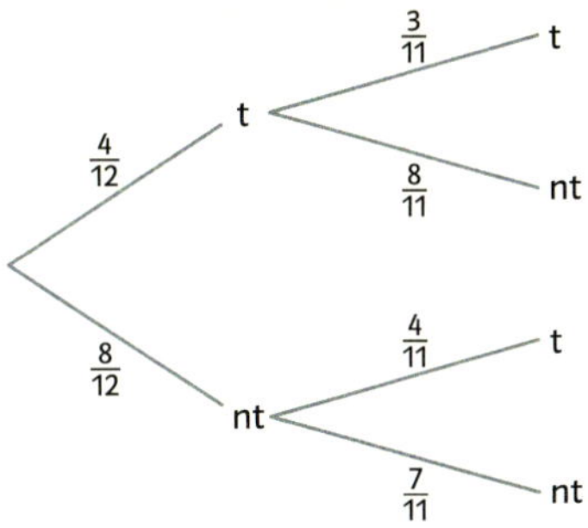

$P(\text{nt,nt}) = \frac{56}{132} = \frac{14}{33}$

P(mindestens eine der Zahlen ist durch 3 teilbar)

$= 1 - \frac{14}{33} = \frac{19}{33} = 57{,}6\,\%$

W 22

a) P(gleichfarbige Kugeln)

$= \frac{90}{380} + \frac{30}{380} + \frac{12}{380} = \frac{132}{380} = \frac{33}{95} = 34{,}7\,\%$

$P(\text{gelb und rot}) = \frac{12}{95} = 12{,}6\,\%$

$P(\text{nur eine gelbe Kugel}) = \frac{32}{95} = 33{,}7\,\%$

Mit der Spielvariante eine gelbe und eine rote Kugel wird für den guten Zweck am meisten Geld eingenommen, die Wahrscheinlichkeit ist am geringsten.

Die Spielvariante „gelb und rot" ist für den Spieler sehr schlecht, da die Wahrscheinlichkeit deutlich kleiner als $\frac{1}{2}$ ist.

b) $P(1;1) = P(2;2) = P(3;3) = P(4;4) = \frac{1}{24}$

$P(\text{verschiedene Augenzahlen}) = 1 - 4 \cdot \frac{1}{24} = \frac{5}{6}$

W 23

a) Gerade g: $y = x - 2$

Parabel p: $y = x^2 - 4x + 2$

Schnittpunkte: $P(4|2)$; $Q(1|-1)$

Flächeninhalt $A_{PRT} = \frac{4 \cdot 4}{2} = 8\,\text{FE}$

Flächeninhalt $A_{QRT} = \frac{4 \cdot 1}{2} = 2\,\text{FE}$

Verhältnis der Flächeninhalte: 4 : 1

b) Nachweis für $\tan\gamma = \frac{8}{9}\sqrt{3}$

$\overline{AD} = e$; $\overline{BD} = 2e$

Aus $A = \frac{5}{4}e^2\sqrt{3}$ erhält man: $\overline{BC} = \frac{3}{4}e\sqrt{3}$

$\tan\gamma = \frac{2e}{\frac{3}{4}e\sqrt{3}} = \frac{8}{3\sqrt{3}} = \frac{8}{9}\sqrt{3}$

W 24

a) Für die Oberfläche gilt:

$O = a^2 + 2a \cdot h_s$

$202 = a^2 + 2a \cdot \frac{a}{2}\sqrt{3}$

$a = 8{,}60\,\text{cm}$

$h = 6{,}08\,\text{cm}$

$V = 149{,}9\,\text{cm}^3$

b) Ja, die Parabeln schneiden sich im Punkt $T(-1|14)$.

Verschiebt man p_2 um 7 LE waagerecht nach rechts, so entsteht die Parabel p_3 mit $y = (x - 2)^2 - 2$.

Sie hat mit p_1 keinen Punkt gemeinsam.

Alle Parabeln mit der Gleichung $y = (x - 2)^2 + a$; $a \neq 5$; haben mit p_1 keinen Punkt gemeinsam.

W 25

a) Für die Oberfläche der halbierten Pyramide gilt:

$O = \frac{a^2}{2} + a h_s + \frac{a \cdot h}{2}$

$h = 7{,}2\,\text{cm}$

$V_{halb} = 120\,\text{cm}^3$

Verlängerung der Höhe um 7,2 cm

b) Nachweis der Behauptungen:

$\overline{CD} = e\sqrt{6}$; $\overline{DE} = 2e\sqrt{6}$

$\overline{AE} = 2e\sqrt{3}$ (Satz von Pythagoras)

$\overline{BE} = e\sqrt{3}$; $\overline{AB} = 3e$

$\tan\alpha_1 = \frac{2e\sqrt{6}}{2e\sqrt{3}}$; $\tan\alpha_1 = \sqrt{2}$

W 26

a) $a = 8{,}69\,\text{cm}$ (Grundkante)

$h_s = 10{,}90\,\text{cm}$ (Höhe der Seitenfläche)

$s = 11{,}74\,\text{cm}$ (Seitenkante)

$\gamma = 21{,}8°$

$A_{SGM} = 6{,}89\,\text{cm}^2$

$A_{ABS} = 23{,}68\,\text{cm}^2$

$A_{ABMG} = 16{,}8\,\text{cm}^2$

b) Nachweis der Formel:

$\overline{BP} = e\sqrt{3}$; $\overline{PQ} = 2e$; $\overline{AP} = \frac{e}{3}\sqrt{3}$

$\overline{PR} = \frac{2}{3}e\sqrt{3}$

$A = \frac{2e \cdot \frac{2}{3}e\sqrt{3}}{2}$

$A = \frac{2e^2\sqrt{3}}{3}$

W 27

a)

Schritt	Formel	Wert
1	$\overline{BE} = \overline{CE} \cdot \sin\gamma_1$	$\overline{BE} = 4{,}1\,cm$
2	$\overline{BC} = \sqrt{\overline{CE}^2 - \overline{BE}^2}$	$\overline{BC} = 7{,}1\,cm$
3	$\overline{AE} = \overline{AB} - \overline{BE}$	$\overline{AE} = 7{,}9\,cm$
4	$\overline{AD} = \overline{BC}$	$\overline{AD} = 7{,}1\,cm$
5	$\overline{DE} = \sqrt{\overline{AE}^2 + \overline{AD}^2}$	$\overline{DE} = 10{,}62\,cm$
6	$\tan\delta_1 = \frac{\overline{AE}}{\overline{AD}}$	$\delta_1 = 48{,}05°$
7	$\tan\delta_3 = \frac{\overline{CM}}{\overline{CD}}$	$\delta_3 = 16{,}48°$
8	$\delta_2 = 90° - \delta_1 - \delta_3$	$\delta_2 = 25{,}47°$
9	$\varepsilon_3 = 90° - \gamma_1$	$\varepsilon_3 = 60°$
10	$\varepsilon_1 = 90° - \delta_1$	$\varepsilon_1 = 41{,}95°$
11	$\varepsilon_2 = 180° - \varepsilon_1 - \varepsilon_3$	$\varepsilon_2 = 78{,}05°$
12	$\overline{EG} = \overline{DE} \cdot \sin\delta_2$	$\overline{EG} = 4{,}58\,cm$
13	$\varepsilon_4 = 90° - \delta_2$	$\varepsilon_4 = 64{,}53°$
14	$\varepsilon_5 = \varepsilon_2 - \varepsilon_4$	$\varepsilon_5 = 13{,}52°$
15	$\overline{EF} = \frac{\overline{EG}}{\cos\varepsilon_5}$	$\overline{EF} = 4{,}71\,cm$

Der Winkel δ_2 misst 25,5°, die Länge $\overline{EF}$ beträgt 4,7 cm.

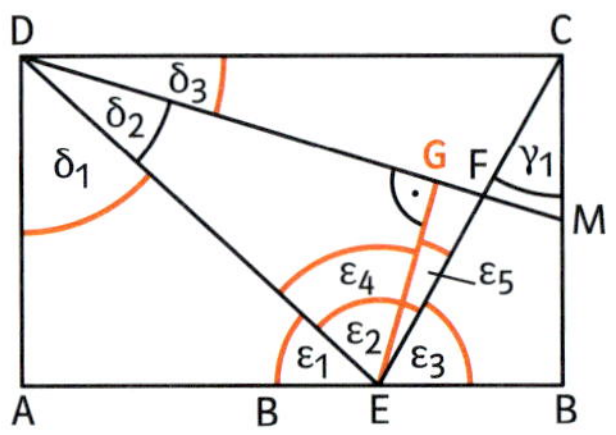

b) Nachweis der Formel:

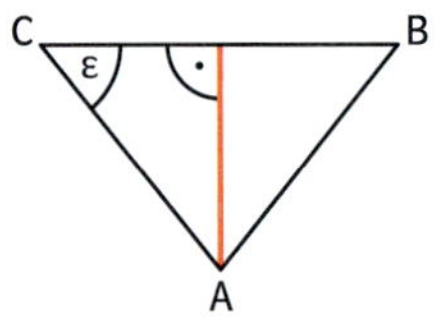

$\overline{AB} = \overline{AC} = \frac{a}{2}\sqrt{5}$

$\overline{BC} = a\sqrt{2}$

$\cos\varepsilon = \frac{\frac{a}{2}\sqrt{2}}{\frac{a}{2}\sqrt{5}} = \frac{\sqrt{10}}{5}$

Verkleinerte Skizze des Netzes:

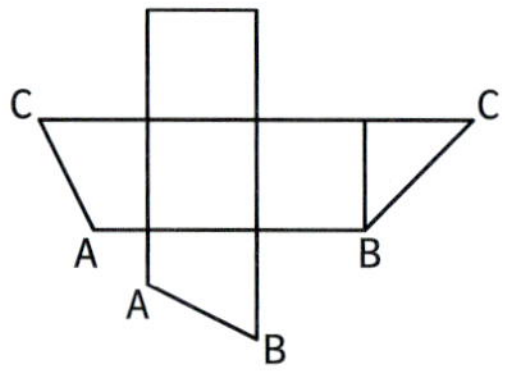

W 28

a) (A) → (1) Parabel ist breiter als Normalparabel und hat den Scheitel $S(0|3)$.

(B) → (3) Verschobene Normalparabel mit dem Scheitel $S(3|3)$.

(C) → (6) Gleichung $y = x^2 + 6x + 7$ lässt sich in $y = (x + 3)^2 - 2$ umformen. Scheitel $S(-3|-2)$.

(D) → (5) Parabel ist breiter als Normalparabel und hat den Scheitel $S(0|-2)$.

b) Dreistufiger Zufallsversuch. Lösung über Gegenereignis.

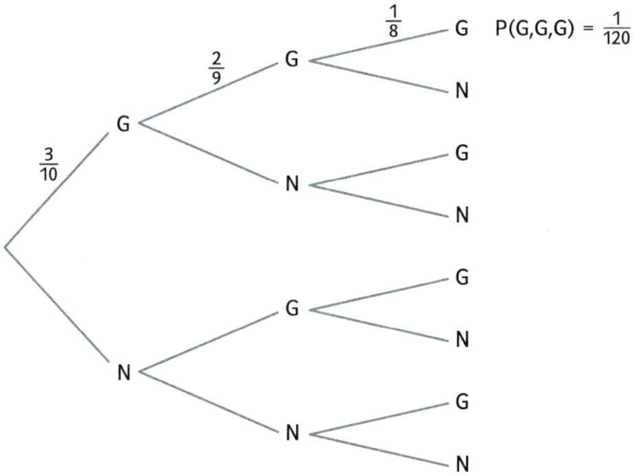

$P(\text{mindestens eine Niete}) = 1 - \frac{1}{120} = \frac{119}{120} = 99{,}2\,\%$

W 29

a) $\overline{AH} = \frac{a}{2}\sqrt{2} = \frac{9{,}2}{2}\sqrt{2} = 6{,}51\,cm$

Beide Dreiecke sind rechtwinklig bei H.

Für den Nebenwinkel des Winkels γ gilt:

$\tan\gamma' = \frac{\overline{AH}}{\overline{CH}}$; $\gamma' = 50{,}3°$; $\gamma = 129{,}7°$

$A_{ACS} = A_{AHS} - A_{AHC}$

$A_{ACS} = \frac{6{,}51 \cdot 16{,}2}{2} - \frac{6{,}51 \cdot 5{,}4}{2} = 35{,}15\,cm^2$

$A_{CBS} = A_{HBS} - A_{HBC}$

$A_{CBS} = \frac{4{,}6 \cdot 16{,}2}{2} - \frac{4{,}6 \cdot 5{,}4}{2} = 24{,}84\,cm^2$

Der Flächeninhalt des Dreiecks ACS ist um 10,3 cm² größer größer als der Flächeninhalt des Dreiecks CBS.

b) Kegel mit der Mantellinie e: s = e

Bogenlänge und Grundkreisumfang $u = \frac{1}{2}\pi e$;

$r = \frac{1}{4}e$; $h = \sqrt{s^2 - r^2} = \frac{1}{4}e\sqrt{15}$

$V = \frac{1}{3 \cdot 4^3}\sqrt{15}\,\pi e^3 = 0{,}0634\,e^3$

Die Volumina der Kegel mit $s = (\sqrt{2} - 1)e$ bzw. $s = \frac{\sqrt{2}}{2}e$ entstehen aus dem Volumen des ersten Kegels durch Multiplikation mit dem Faktor $(\sqrt{2} - 1)^3$ bzw. $\left(\frac{\sqrt{2}}{2}\right)^3$.

Die Volumina sind $0{,}005\,40\,e^3$ bzw. $0{,}0224\,e^3$.

Damit hat das erste Kegelpaar ein größeres Gesamtvolumen als das zweite:

$(0{,}0634 + 0{,}005\,40)e^3 > 2 \cdot 0{,}0224\,e^3$

W 30

a)

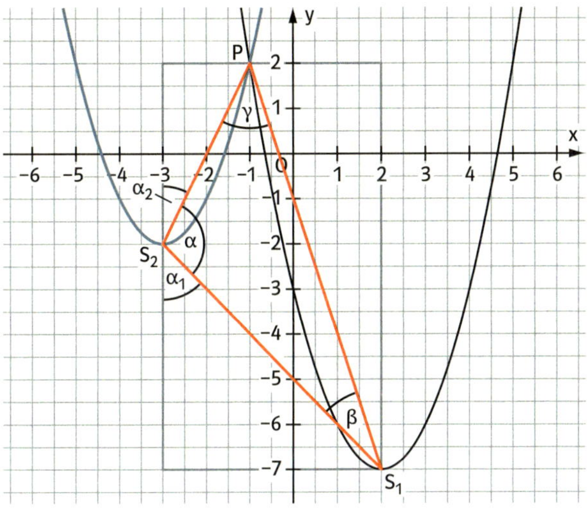

p_2: $y = (x - 2)^2 - 7$ bzw. $y = x^2 - 4x - 3$

Schnittpunkt $P(-1|2)$

$\tan\alpha_1 = \frac{5}{5} = 1$; $\alpha_1 = 45°$

$\tan\alpha_2 = \frac{2}{4}$; $\alpha_2 = 26{,}6°$

$\alpha = 180° - \alpha_1 - \alpha_2 = 180° - 45° - 26{,}6° = 108{,}4°$

Entsprechend gilt: $\beta = 26{,}6°$ und $\gamma = 45°$

b) Nachweis der Formel:

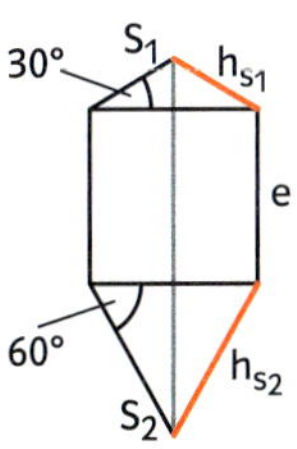

$O = M_{Pyr1} + M_{Würfel} + M_{Pyr2}$

$O = 2e h_{s1} + 4e^2 + 2e h_{s2}$

$h_{s1} = \frac{e}{3}\sqrt{3}$

$h_{s2} = e$

$O = 2e \cdot \frac{e}{3}\sqrt{3} + 4e^2 + 2e \cdot e$

$O = 6e^2 + \frac{2}{3}e^2\sqrt{3}$

W 31

a) P(durch 3 teilbar) $= \frac{1}{16}$

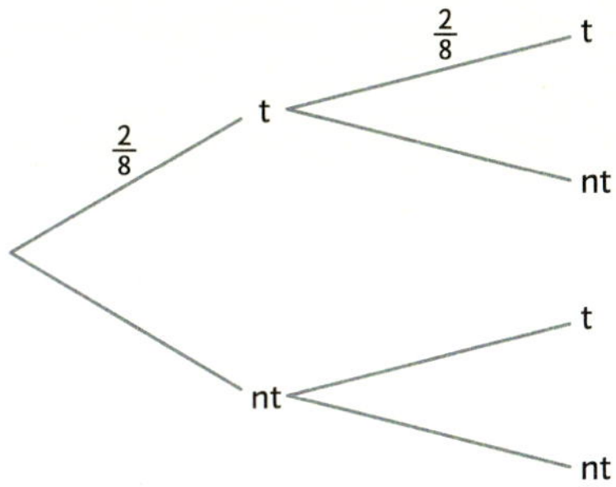

$P(t,t) = \frac{4}{64} = \frac{1}{16}$

P(gleiche Zahlen) $= \frac{1}{8}$

P(mindestens eine 5) $= \frac{15}{64}$

P(weder 1 noch 2) $= \frac{9}{16}$

b)

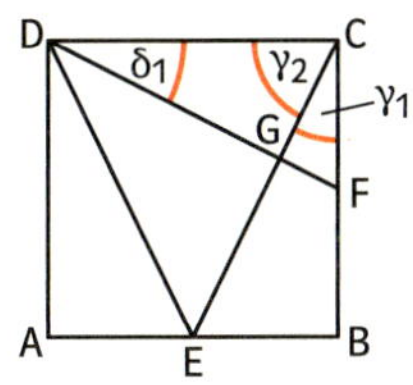

$A_{EBFG} = A_{Quadrat} - A_{AECD} - A_{FCG}$

$A_{AECD} = \frac{10 + 5}{2} \cdot 10 = 75\,cm^2$

$\tan\gamma_1 = \frac{\overline{BE}}{\overline{BC}}$; $\gamma_1 = 26{,}6°$

$\tan\delta_1 = \frac{\overline{CF}}{\overline{CD}}$; $\delta_1 = 26{,}6°$

Also gilt: $\gamma_2 = 63{,}4°$

Damit ist das Dreieck FCG rechtwinklig.

$\overline{FG} = 2{,}24\,cm$ (exakter Wert: $\sqrt{5}$ cm)

$\overline{CG} = 4{,}47\,cm$ (exakter Wert: $\sqrt{20}$ cm)

$A_{GFC} = 5{,}0\,cm^2$

$A_{EBFG} = 100 - 75 - 5 = 20\,cm^2$

W 32

a) $O = G + M = a^2 + 2a h_s$

Mit $M = \frac{4}{3}G$ gilt:

$O = a^2 + \frac{4}{3}a^2 = \frac{7}{3}a^2$

$a = 6{,}0\,cm$

$h_s = 4{,}0\,cm$

$h = 2{,}65\,cm$

$V = 31{,}8\,cm^3$

Winkel zwischen Seitenkante und Grundkante:

$\varepsilon = 53{,}1°$

b) Parabel p: $y = x^2 - 8x + 18$

Gerade g: $y = -2x + 13$

Schnittpunkte von p und g: $V(1|11)$; $W(5|3)$

Berührgerade h: $y = -2x + 9$

Berührpunkt B: $B(3|3)$

W 33

a) Ansatz: $y = (x - d)^2$

Mit $P(1|16)$ erhält man:

p_1: $y = (x + 3)^2$ mit $S_1(-3|0)$ und p_2: $y = (x - 5)^2$ mit $S_2(5|0)$

Scheitelpunkt von p_3: $S_3(1|-16)$

Flächeninhalt A = 64 FE

b) $\overline{EF} = \frac{a}{2}\sqrt{2}$; $\overline{BE} = \frac{a}{2}\sqrt{5}$

Somit gilt: $18{,}25 = \frac{a}{2}\sqrt{2} + \frac{a}{2}\sqrt{5} = \frac{a}{2}(\sqrt{2} + \sqrt{5})$; also

a = 10,0 cm.

Flächeninhalt Quadrat: $A = 100\,cm^2$

Das Dreieck FED ist ein Achtel der Quadratfläche.

Das Dreieck BCE ist ein Viertel der Quadratfläche.

Das Viereck ABED umfasst somit $\frac{5}{8}$ der Quadratfläche, ist damit kleiner als $\frac{2}{3}$ der Quadratfläche. Sonja irrt also.

W 34

a) Der Vorschlag von Lisa führt zu folgendem Erwartungswert:

$\frac{3}{8} \cdot (-2\,€) + \frac{3}{8} \cdot (-2\,€) + \frac{2}{8} \cdot 3\,€ = -0{,}75\,€$

Der Erwartungswert ist negativ.

Wird zum Beispiel 100-mal gespielt, sind 75 € Ertrag zu erwarten. Das Spiel ist zwar nicht fair, aber es sollen ja Spenden gesammelt werden.

Würde bei Rot bzw. Blau jeweils nur ein Euro zu bezahlen sein, wäre der Erwartungswert null, das Spiel somit fair.

Spielvariante von Laura:

$P(\text{gleiche Farben}) = \frac{9}{64} + \frac{9}{64} + \frac{4}{64} = \frac{11}{32}$

$P(\text{verschiedene Farben}) = 1 - \frac{11}{32} = \frac{21}{32}$

Laura irrt. Die Wahrscheinlichkeiten sind deutlich verschieden.

b) Verkleinerte Skizze eines möglichen Netzes

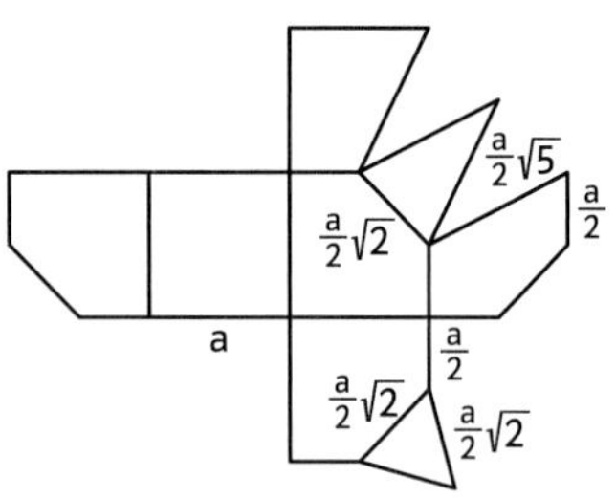

Nachweis der Formel:

$O = a^2 + 3 \cdot \frac{7}{8}a^2 + \frac{6}{8}a^2 + \frac{5}{8}a^2 + A_{Dreieck1} + A_{Dreieck2}$

$O = \frac{40}{8}a^2 + \frac{\left(\frac{a}{2}\sqrt{2}\right)^2}{4} \cdot \sqrt{3} + \frac{\frac{a}{2}\sqrt{2} \cdot \frac{3a}{4}\sqrt{2}}{2}$

$O = \frac{43}{8}a^2 + \frac{a^2}{8} \cdot \sqrt{3}$

$O = \frac{a^2}{8}(43 + \sqrt{3})$

Register

Mathematische Symbole

=	gleich
<	kleiner als
>	größer als
$\mathbb{N}$	Menge der natürlichen Zahlen
$\mathbb{R}$	Menge der reellen Zahlen
$\mathbb{Z}$	Menge der ganzen Zahlen
$\mathbb{Q}$	Menge der rationalen Zahlen
$g \perp h$	die Geraden g und h sind zueinander senkrecht
⊾	rechter Winkel
$g \parallel h$	die Geraden g und h sind parallel
g, h, …	Buchstaben für Geraden
A, B, … , P, Q, …	Buchstaben für Punkte
$\alpha, \beta, \gamma, \delta, \ldots$	griechische Buchstaben für Winkel
$\overline{AB}$	Strecke mit den Endpunkten A und B
$A(-2\|4)$	Punkt im Koordinatensystem mit dem x-Wert −2 und y-Wert 4
π	Kreiszahl

Maßeinheiten und Umrechnungen

Zeiteinheiten

Jahr	Tag	Stunde	Minute	Sekunde
1 a =	365 d			
	1 d =	24 h		
		1 h =	60 min	
			1 min =	60 s

Gewichtseinheiten

Tonne	Kilogramm	Gramm	Milligramm
1 t =	1000 kg		
	1 kg =	1000 g	
		1 g =	1000 mg

Längeneinheiten

Kilometer	Meter	Dezimeter	Zentimeter	Millimeter
1 km =	1000 m			
	1 m =	10 dm		
		1 dm =	10 cm	
			1 cm =	10 mm

Flächeneinheiten

Quadrat-kilometer	Hektar	Ar	Quadrat-meter	Quadrat-dezimeter	Quadrat-zentimeter	Quadrat-millimeter
$1\,km^2$ =	100 ha					
	1 ha =	100 a				
		1 a =	$100\,m^2$			
			$1\,m^2$ =	$100\,dm^2$		
				$1\,dm^2$ =	$100\,cm^2$	
					$1\,cm^2$ =	$100\,mm^2$

Raumeinheiten

Kubikmeter	Kubikdezimeter	Kubikzentimeter	Kubikmillimeter
$1\,m^3$ =	$1000\,dm^3$		
	$1\,dm^3$ =	$1000\,cm^3$	
	1 l =	1000 ml	
		$1\,cm^3$ =	$1000\,mm^3$

Bildquellenverzeichnis

U1.1: Getty Images (Image Bank), München – 3.3; 4.1: Getty Images (Stone), München – 4.2: iStockphoto (paulrdunn), Calgary, Alberta – 5.1: Getty Images (Greg Elms/Lonely P) – 12.1: (Stone), München – 12.4: Avenue Images GmbH (PhotoDisc), Hamburg – 24.2: Corbis (Urban Zintel/Stock4B), Düsseldorf – 34.1: iStockphoto (paulrdunn), Calgary, Alberta – 36.1: Avenue Images GmbH (Image Source), Hamburg – 38.1: BigStockPhoto.com (travelling-light), Davis, CA – 40.4: Getty Images (photonica/Doug Plumm), München – 56.3: mecom (Bongarts), Hamburg – 56.4: Werner Otto (Fotofinder), Oberhausen – 56.5: BigStockPhoto.com (jramelia), Davis, CA – 57.1: vario images (Faltermaier), Bonn – 57.2: Picture-Alliance (dpa-Sportreport), Frankfurt – 64.1: Corbis (Owaki/Kulla), Düsseldorf – 64.2: Zumbühl, Roland, Arlesheim – 64.3: iStockphoto (mddphoto), Calgary, Alberta – 64.4: Avenue Images GmbH (Mark Karrass), Hamburg – 72.1: Fotolia LLC (Monja Wessel) – 72.2: (James Wei), New York – 72.5: MEV, Augsburg – 72.6: Helga Lade (BIM), Frankfurt – 72.8: Arne Wiechern, Hamburg – 81.4: Getty Images RF (PhotoDisc) – 88.1: (Arrnulf Husmo), München – 89.2: Corel Corporation, Unterschleissheim – 89.4: phæno gGmbH, Wolfsburg – 91.3: Arne Wiechern, Hamburg – 91.5: Fnoxx, Arnulf Hettrich (Arnulf Hettrich), Stuttgart – 94.1: Getty Images (Greg Elms/Lonely Planet Images), München – 96.1: Picture-Alliance (Kalaene), Frankfurt – 110.2: Dreamstime (Pamelajane), Brentwood, TN – 110.3: schulverlag blmv AG, Bern und Klett und Balmer AG, Zug, 2004/Fotografin: Stephanie Tremp – 111.2: Mauritius (Hubatka), Mittenwald – 111.3: Fotex (Lehner), Hamburg – 118.1: Mauritius (Otto), Mittenwald – 119.1: Getty Images (Stone), München – 119.2: Landeshauptstadt Stuttgart, Stuttgart – 122.2: Getty Images (The Image Bank) – 122.4: (Stockbyte), München – 123.1: Avenue Images (Stock Disc), Hamburg – 127.2: iStockphoto (RF), Calgary, Alberta – 128.1: Fotosearch RF, Waukesha, WI – 131.1: Getty Images (Taxi/Ebby May), München – 139.1: Picture-Alliance (ZB), Frankfurt – 141.2: Corbis (Allana Wesley White), Düsseldorf – 145.1: Süddeutscher Verlag, München – 146.2: Getty Images, München – 146.3: Deutsche Bahn (Kirsche), Berlin – 4.3: Corbis (Owaki/Kulla), Düsseldorf – 148.1: Getty Images (Stone), München – 148.2: MEV, Augsburg – 148.3: DigitalVision (Digital Vision), Maintal-Dörnigheim – 148.4: Bananastock RF, Watlington/Oxon

Alle übrigen Fotos entstammen dem Archiv des Ernst Klett Verlages, Stuttgart.

Nicht in allen Fällen war es uns möglich, den uns bekannten Rechteinhaber ausfindig zu machen. Berechtigte Ansprüche werden selbstverständlich im Rahmen der üblichen Vereinbarungen abgegolten.